Juan Luis Arsuaga

La respuesta

imago mundi

Juan Luis Arsuaga

La respuesta

Ediciones Destino Colección Imago Mundi **Volumen 405**

Ediciones Destino, un sello editorial de Editorial Planeta, S. A.
Avda. Diagonal, 662-664, 08034 Barcelona (España)
www.planetadelibros.com
www.edestino.es

Primera edición: mayo de 2026
ISBN: 978-84-233-6989-8
Depósito legal: B. 25.113-2026
Composición: Realización Planeta
Impresión y encuadernación: Rodesa, S. L.
Printed in Spain - Impreso en España

PEFC
PEFC/14-38-00305
PEFC Certificado
Este libro procede de bosques gestionados de forma sostenible
www.pefc.es

Si la naturaleza era la respuesta, ¿cuál era la pregunta?

Jorge Wagensberg

El juego de la vida consiste en convertir energía en hijos, y cada rasgo ha sido afinado por la selección natural para maximizar el retorno evolutivo de cada caloría gastada.

Herman Pontzer

ÍNDICE

Prólogo

LA TRIBU HUMANA

A partir de un cierto momento, y después de descartar otras opciones, tuve definitivamente claro que el título del libro iba a ser *La respuesta*. Suena muy bien y conecta con la necesidad humana de respuestas. La filosofía solo es eso, hacerse preguntas y buscar respuestas. Y la ciencia, que nació como filosofía natural, se hace preguntas de un tipo especial, preguntas científicas sobre el mundo material y las leyes que actúan sobre la materia.

La duda estaba en cuál era la pregunta. Había pensado en el siguiente subtítulo: «Si el ser humano es la pregunta, la evolución es la respuesta». Es una frase que repito muy a menudo cuando quiero explicar la evolución humana. Porque de lo que de verdad se trata es de explicar al ser humano actual, a vosotros y a mí, a través del registro fósil y de la biología comparada entre los seres humanos y nuestros parientes más cercanos, los llamados *grandes simios*, el grupo al que en realidad pertenecemos porque nosotros también lo somos.

Entonces hablé con Juanjo Millás y me dijo que el título le atraía y que él no podría dejar de comprar un libro que viera en el mostrador de una librería y que se titulara *La respuesta*. Pero le parecía que el subtítulo tenía el inconveniente de que repetía la palabra *respuesta*, cosa que a mí también me mortificaba. Entonces cayó en la cuenta de que nuestro común amigo Jorge Wagensberg había escrito algo similar en un libro de aforismos. «¡Es verdad! —le dije—, a mí también me suena.»

Como no nos acordábamos de cuál era exactamente la frase la buscamos con el móvil y apareció el aforismo de Jorge: «¿Si la naturaleza era la respuesta, cuál era la pregunta?». Juanjo me dijo entonces que le gustaba mucho si lo ponía como una cita al principio del libro y suprimía el subtítulo. Y así lo hice, como habéis podido ver.

«Queda muy bien, pero ¿cuál es la pregunta?», le comenté a Juanjo. «No lo sé —me contestó—, pero me gusta.» Si Juanjo estuviera familiarizado con el habla moderna habría dicho que *le vuela la cabeza*, que es lo que me sucedió a mí.

Este es el origen del título del libro, pero no es el origen del libro en sí mismo. Su concepción tuvo lugar en la montaña, con motivo de una marcha que se celebra todos los años y cruza la sierra de Guadarrama en uno de los dos sentidos. En esta ocasión iba de Rascafría, en el valle alto del Lozoya (Comunidad de Madrid), a La Granja de San Ildefonso (Segovia). El valle del Lozoya saldrá en este libro más veces porque excavamos allí unos yacimientos de cueva a los que hemos dado el nombre conjunto de Valle de los Neandertales. Conforme ascendíamos por la ladera nevadísima se iban viendo cada vez mejor los yacimientos en el fondo del valle.

Acababa yo de publicar en esta misma editorial, en Destino, mi libro *Vida. La gran historia*, y una montañera y activista por la conservación de las cumbres, que venía en el grupo, se lo había leído. «Me ha gustado mucho —me dijo—. Ahí cuentas todas las teorías sobre la evolución desde el mismo origen de la vida hasta el ser humano, que ocupa medio libro. Es un tratado muy completo de la historia de la vida en el que no falta nadie que haya dicho algo importante.» «¿Pero...?», le pregunté yo, intuyendo que me quería decir algo. Su contestación fue esta: «¿Por qué no escribes un libro en el que cuentes *lo que piensas tú*?».

Yo tenía un programa en Radio Nacional de España que se llamaba «El placer de admirar». En este programa me dedicaba a entrevistar a investigadores que habían hecho descubrimientos interesantes o simplemente a especialistas que representaban diferentes territorios de la actividad científica en un sentido muy amplio, amplísimo, del término.

El título se debía a que hay tanto que aprender de gente tan interesante, tan abnegada y tan poco reconocida que ya iba siendo hora de que ejercitáramos el sentimiento más noble que existe, y que es el de admirar *a otros* (ya nos admiramos bastante a nosotros mismos, me parece).

Por recomendación de la dirección de la radio pública empecé a alternar las entrevistas con charlas propias en las que iba contando la evolución humana de una manera muy relajada, personal y sencilla, casi como si fuera un cuento. Me parecía que lo imponía el carácter radiofónico del relato, que me arrastraba hacia la literatura oral.

En todos mis libros me dirijo al lector hablándole de *usted*, pero en la radio me salía con mucha más naturalidad el *vosotros*, sin querer por ello infantilizar a la audiencia, sino más bien para tratarla como si fuera un grupo de amigos. La narración fue adquiriendo sin darme cuenta un carácter íntimo, a la manera de una charla junto al fuego.

Ocurrió también que fui a un congreso internacional de evolución humana en París y descubrí que era el único allí de mi generación. «Last man standing», el último que sigue en pie, como dice la canción de Bruce Springsteen. Así fue como me convertí en el personaje que interpreto en este libro, y que en realidad soy: el Viejo de la Tribu que cuenta a la comunidad, en un lenguaje todo lo alejado que sea posible de los tecnicismos, una vieja historia, la de la Tribu Humana.

Cuando terminé el programa pensé que podía servirme de ese personaje (el Viejo de la Tribu) y de ese tono sencillo pero trascendente para escribir el libro que la montañera-activista me había pedido.

Aquí lo tenéis, espero que os guste.

SOY EL VIEJO DE LA TRIBU

Me propongo contaros una larga historia a la manera en la que hablan los chamanes cuando cuentan la saga de la tribu en cualquier lugar del mundo. También lo hacían en Altamira. Todo el mundo está sentado alrededor del fuego. El chamán o la chamana, el hombre o la mujer sabia de la tribu, se pone de pie y recita una vez más las palabras sagradas: «Hace mucho mucho tiempo, cuando el mundo era niño...».

Ahora tenemos una explicación científica para entender por qué existe la gente, pero la ciencia puede ser tan emocionante como un cuento o una leyenda si se sabe hablar en el lenguaje ancestral.

Os habla pues el Viejo de la Tribu, y quiero contaros la historia de nuestros orígenes. Alguien la ha titulado «La historia más bella del mundo». Es la historia de nuestra evolución, y a través de ella descubriremos por qué estamos aquí. La pregunta de las preguntas, el misterio de los misterios. Iremos recorriendo, a lo largo de estas páginas, los paisajes de nuestra evolución hasta llegar a nuestro atribulado presente. Esta historia no os es ajena. Es la vuestra. Y empezó en la selva.

En el principio era la selva.

La selva se extendía por todos los continentes hace solo ocho millones de años.

La selva ocupaba también una buena parte de Europa.

La selva es un *bioma*, es decir, un *paisaje bioclimático*. Los paisajes están hechos de vida, clima y roca. Pensad en paisajes. Puede que los que conozcáis sean paisajes modificados por el ser humano, paisajes intervenidos, paisajes culturales, en definitiva, pero no importa, también tienen valor. Son naturaleza y al mismo tiempo son cultura y son historia.

En el paisaje en el que estáis pensando puede haber estaciones climáticas, o tal vez no cambie durante el año, depende de dónde viváis. Pero seguro que tenéis un clima, y que la vegetación está adaptada a ese clima. Y las setas (que no son plantas), y los pájaros, y los insectos y demás animales también lo están. Pero ese paisaje tiene un suelo y tiene un relieve, que es la forma que adopta la Tierra en el lugar en el que estáis pensando.

Ya sabéis ahora lo que es un *bioma*: un paisaje que ocupa una gran extensión de la Tierra. No sé dónde vivís porque la Tribu Humana es muy amplia; tal vez vuestro paisaje sea el bosque atlántico que se desnuda en invierno, tal vez sea el bosque mediterráneo, que permanece siempre verde, tal vez sea la alta montaña, con sus pinares y masas de abetos, tal vez sea un lugar árido sin árboles, tal vez sea una selva tropical como la de nuestros antepasados.

Los grandes biomas terrestres del planeta son estos: la selva, la sabana, la estepa, el bosque y la tundra. Estos biomas a su vez pueden subdividirse, porque hay muchos tipos de bosque, como acabamos de ver. Empezamos nuestra historia evolutiva en la selva y hemos ido extendiéndonos a los otros biomas, como veremos a lo largo de las páginas de este libro.

También hay diferentes tipos de selva. La de nuestros orígenes es la selva lluviosa o pluvisilva. Un lugar húmedo y oscuro. Son pocos los rayos de sol que alcanzan el suelo.

Es el corazón de las tinieblas, como dice el título del famoso libro del marino y escritor polaco Joseph Conrad.

En la selva vivían los grandes simios, que eran los primates dominantes, los más numerosos. Había una multitud de especies de grandes simios en Europa, Asia, Indonesia y África.

En Cataluña, no lejos de Barcelona, se han encontrado restos fósiles muy importantes de estos grandes simios. Cerca de Sabadell, en la cuenca del Vallés-Penedés, que se extiende entre la cordillera Prelitoral y la cordillera Litoral, las dos ramas paralelas de la cordillera Costera-Catalana. Una cuenca alargada entre montañas como las de Montserrat y la del Tibidabo, que domina la ciudad de Barcelona. Y, por cierto, en esta cuenca elaboran buenos vinos, que los viejos y viejas de la tribu no somos de piedra.

Pero algo sucedió en el planeta y la selva empezó a retroceder.

Aunque todavía ocupa una gran superficie de África, de Asia y de Indonesia, la selva se ha reducido mucho. Ya no se encuentra en Europa.

Y los grandes simios han perdido su trono. Ahora los monos con cola son más abundantes y variados.

Solo quedan tres tipos de grandes simios: los orangutanes en Indonesia y los gorilas y los chimpancés en África.

De esta catástrofe de los grandes simios solo se ha salvado una especie: nosotros, los seres humanos, que ocupamos todo el planeta y estamos destruyendo la selva de la que procedemos y las especies que la habitan. Ya no hay especies vencedoras y especies vencidas en la evolución, todas son perdedoras frente al *Homo sapiens*.

¿Qué hizo que la selva retrocediera hace millones de años? Un cambio en el clima. El porcentaje de CO_2 en la atmósfera empezó a bajar. Y este es un gas que mantiene caliente la superficie terrestre, como si fuera el cristal de un invernadero. Sin este invernadero el calor que desprende la tierra por la noche, cuando se enfría, se perdería en el espacio en forma de radiación infrarroja.

Tal vez la causa del descenso de este gas de efecto invernadero sea el levantamiento desde el fondo del mar de la meseta del Tíbet, que se produjo en ese tiempo. Este gigantesco fenómeno geológico sin precedentes en la historia de la Tierra podría haber afectado a la composición de la atmósfera a causa de las reacciones químicas que se produjeron entre las rocas recién formadas y plegadas y los gases. A esas reacciones se las llama *meteorización*.

Fuera la que fuera la causa del enfriamiento, el resultado es que ya no quedan selvas en Europa.

Pero con el calentamiento reciente inducido por las actividades industriales del ser humano el ambiente de nuestros bosques atlánticos y cantábricos empieza a parecerse al de la selva africana. Mucha lluvia y ninguna helada invernal.

Si queréis experimentar cómo era la selva europea en sus mejores tiempos podéis viajar a las islas Canarias, como hacen muchos turistas europeos atraídos por el buen clima y la belleza de sus volcanes. Las mejores masas forestales de este tipo se encuentran en Anaga, en la isla de Tenerife, y en Garajonay, en la isla de La Gomera. Y también en la isla de Madeira (Portugal).

En estos parajes se conserva en buen estado la *laurisilva*, un bosque de niebla en el que los árboles son del tipo del laurel. La humedad la aportan los vientos alisios, y por eso se habla de *lluvia horizontal*. Los árboles tienen hojas adaptadas a atrapar esta humedad y convertirla en gotas de agua. Los laureles que hay en la península ibérica son supervivientes de la laurisilva que hubo en ella. Como los madroños. Como los loros, y no me refiero aquí a los pájaros, sino a unos árboles que se parecen a los laureles pero que son prunos.

Si los grandes simios se extendían por Eurasia y África, ¿de dónde venimos los seres humanos? ¿De Europa, de África o de Asia? Esta es una gran pregunta.

Charles Darwin pensaba que nuestro origen estaba en una selva africana porque, según él, nuestros parientes más cercanos son los chimpancés y los gorilas. En su libro *El origen de las especies* (1859) Darwin no se atrevió a tratar la cuestión de la evolución humana, o más bien prefirió no hacerlo para evitar una polémica que entonces le parecía inoportuna y estéril. Aunque desde luego no lo consiguió, porque todo el mundo se dio cuenta de que también hablaba de nosotros.

Fue más adelante (1871) cuando se decidió a extender sin reparos su teoría de la evolución a nuestra propia especie en un libro titulado *El origen del hombre*.

Respecto de dónde se situaba nuestra cuna, Darwin dice lo siguiente: «¿Cuál fue el lugar de nacimiento del hombre cuando descendió de nuestros progenitores desviados del tronco catarrino? El hecho de que tales progenitores pertenecieron a ese tronco demuestra claramente que habitaron el Viejo Mundo; pero no Australia ni ninguna isla oceánica, como nos permiten deducirlo las leyes de distribución geográfica. *En toda gran región del mundo, los mamíferos vivientes guardan íntima relación con las especies extinguidas en la misma región* [las cursivas son mías, no quiero que os pase desapercibida esta frase]. Por tanto, es probable que África fuera habitada antiguamente por monos ya extinguidos, estrechamente emparentados con el gorila y el chimpancé; y como estas dos especies son los afines más cercanos del hombre, es cosa más que probable que nuestros progenitores vivieron en el continente africano, y no en cualquier otro lugar».

Esta idea de Charles Darwin tiene mucho valor, porque otros autores pensaban que Asia era un lugar más adecuado para haberse originado nuestra especie, y que era el orangután, no el chimpancé o el gorila, nuestro pariente vivo más cercano.

Pero no fue hasta el año 1962 cuando el americano Morris Goodman, que estudiaba las proteínas de la sangre (las hemoglobinas), y otros dos biólogos moleculares independientemente dieron a conocer en una reunión científica que los humanos, los chimpancés y los gorilas formamos un grupo evolutivo con un antepasado común, y que los orangutanes se habían separado antes del grupo gorilas / chimpancés / humanos.

En otras palabras, y aunque os parezca increíble, el orangután está igual de lejos, evolutivamente hablando, del ser humano que del gorila o del chimpancé. Yo llegué a conocer a Morris Goodman, que me pareció un señor encantador. Ventajas y privilegios de ser el Viejo de la Tribu: he podido tratar a gigantes de la ciencia.

El registro fósil ha confirmado esta vieja idea de Darwin. Los primeros fósiles de nuestra línea evolutiva son sin lugar a dudas africanos. Así que ha habido que cambiar la clasificación de los grandes simios, que antes se reunían en una familia (*póngidos*) diferente de la nuestra (*homínidos*). Ahora todos somos homínidos, desde el orangután hasta el ser humano. Y nosotros los humanos, junto con los fósiles de nuestra rama, nos llamamos modernamente *homininos*.

Eso no quita para que si estamos hablando solo de nuestros antepasados exclusivos, después de la separación entre chimpancés y humanos, se pueda seguir utilizando la palabra *homínido*, porque ya se entiende a qué homínidos nos referimos. Y eso es lo que hacen algunos autores que prefieren mantener el viejo nombre. A mí se me escapa también en las clases, en las conferencias y en los libros.

Está claro que de entre todos los Viejos de la Tribu que han existido, Charles Darwin es sin duda el más importante, porque fue el primer ser viviente que descubrió la razón de nuestra propia existencia (la de todos). Pero ahora os quiero hablar de otro Viejo de la Tribu, un hombre que hablaba (escribía, quiero decir, pero me lo estoy imaginando ahora en la caverna, ante el grupo reunido alrededor del fuego) primorosamente. Me he peleado mucho con él y ahora quiero hacer las paces.

Conviene que los Viejos de la Tribu nos respetemos entre nosotros y busquemos más aquello en lo que estamos de acuerdo que lo que nos separa.

Hay que dar ejemplo.

ANTROPOGÉNESIS

Llevo medio siglo amando y odiando al mismo tiempo a un larguirucho y aristocrático paleontólogo y jesuita francés que murió en abril de 1955. Eso quiere decir que compartimos el mismo planeta durante aproximadamente medio año, porque yo nací en septiembre de 1954. Su nombre era Pierre Teilhard de Chardin.

Leí los libros de este científico y místico durante mis años universitarios, porque en aquellos tiempos era muy conocido en España y Francia en los círculos intelectuales católicos. Su obra prometía reconciliar la religión con la teoría de la evolución. Yo no pertenecía a esos círculos pero me gustaba la paleontología humana, como al jesuita francés. El padre Teilhard de Chardin fue un importante Viejo de la Tribu, en resumidas cuentas, porque influyó en muchas personas y porque era diferente.

Siempre he pensado que la ciencia nos habla del mundo material, de la realidad hecha de átomos, y solo de átomos, y por lo tanto no tiene por qué entrar en conflicto, ni tampoco aliarse, con las creencias en realidades no materiales, que no están hechas de átomos. Sigo en eso las doctrinas de los filósofos clásicos Epicuro y Tito Lucrecio Caro. Todo lo que existe no es más que una combinación de átomos, pero las combinaciones siguen reglas, y eso es lo que estudiamos los científicos: las leyes de la materia.

De las realidades materiales tenemos pruebas científicas, podemos hacer experimentos controlados y observaciones objetivas, mientras que respecto de los mundos inmateriales solo se puede creer en su existencia o no creer.

O sea, que mientras que la religión habla del más allá, la ciencia trata del más acá. El que quiera, porque lo siente así, puede creer en entidades que no están hechas de materia, y al mismo tiempo realizar un trabajo científico riguroso. Lo que no le está permitido al científico es creer que esos entes inmateriales intervienen en este mundo material y lo dirigen o controlan. Lo que se conoce como providencia divina, es decir, la acción directa de Dios en el mundo, no es aceptable para un científico.

El método científico fue creado en Europa en el siglo XVI y, sobre todo, en el siglo XVII y se sostiene sobre un principio básico: el mundo no tiene propósito alguno que explique su funcionamiento y nos permita entenderlo, sino que obedece leyes que se pueden conocer y formular matemáticamente.

Y una de esas leyes es la de la selección natural que descubrieron los ingleses Charles Darwin y Alfred Russel Wallace en el siglo XIX para explicar la evolución.

Aclaro: la evolución es un hecho que se puede constatar en los fósiles y en los seres vivos (recordad la frase de Darwin que puse en cursiva en el capítulo anterior), y la selección natural es el mecanismo básico que la explica. Es una ley, un principio, como la describía Darwin.

Por eso me costaba aceptar a Pierre Teilhard de Chardin, porque me parecía que él creía en una evolución dirigida por la providencia divina, no por las leyes de la naturaleza.

Pero si hubiera sido así, la jerarquía de la Iglesia le habría permitido publicar sus libros en vida, y sin embargo se lo prohibieron.

Yo lo atribuía a que en su ignorancia radical el Vaticano rechazaba la evolución en su totalidad, y se atenía solo al relato al pie de la letra de la creación según la cuenta el Génesis, con expulsión del paraíso incluida. O por lo menos a la idea de una creación desarrollada a lo largo del tiempo geológico, pero siempre dirigida por Dios y guiada hacia su fin último, que era el ser humano. Esa sería una doctrina finalista, porque en el principio estaba escrito ya el fin. La naturaleza obedeciendo a un propósito.

Pero me equivocaba. Teilhard de Chardin no se consideraba en absoluto finalista, y habrá que hacerle, por lo menos temporalmente, la cortesía de admitir que no lo era. Yo también habría tenido sus escritos por incompatibles con la fe católica... en el quimérico caso de que hubiera formado parte de la curia vaticana en aquellos años.

Y luego está la belleza de su prosa. Para mi gusto nadie ha escrito mejor que él la gran historia del universo hasta la llegada del *Homo sapiens*. O como él mismo lo describe: «el gran espectáculo de la antropogénesis». Un nombre este, *antropogénesis* (origen del ser humano), que también barajé como título de mi libro, pero lo encontré oscuro, y se ha quedado solo en título de capítulo.

Así que voy a poner en pocas líneas las ideas principales de Pierre Teilhard de Chardin, que todavía me parecen válidas para contar el gran espectáculo de la evolución humana.

La primera de las afirmaciones de Teilhard de Chardin que me obligan a detenerme y ponerme a pensar es la de que en los últimos millones de años la evolución no ha producido nada realmente relevante, salvo nosotros mismos.

En un primer momento, descarté esta idea. La rechacé de plano. Nos creemos demasiado importantes los seres humanos. Por supuesto que las demás especies también han evolucionado en los últimos millones de años. Solo somos *otra especie única*, todas las *especies son especiales*. Todas están maravillosamente especializadas en algo. Todas son bellas y perfectas.

Pero luego me paré a pensar. Es verdad que no descendemos de los chimpancés, sino que ellos son nuestros parientes más cercanos. En los siete millones de años, más o menos, que llevamos evolucionando por separado, ellos también han evolucionado. Tanto o más que nosotros. En su caso para convertirse en chimpancés. Nuestro antepasado común con los chimpancés no era ni un chimpancé ni un humano.

De acuerdo. Pero la *modestia de especie* deber tener un límite. El antropocentrismo, el *chauvinismo de especie*, el mirar por encima del hombro a los demás seres vivientes, el considerarlos completamente a nuestro servicio y capricho no es justificable. Tenemos que confesar que lo hemos hecho y así nos va. Ahora estamos metidos en un buen lío.

¿Pero realmente no somos lo más original, nuevo, improbable y fantástico que ha producido la evolución, al menos en los últimos millones de años? Si, después de un millón de años desde la última visita, unos hipotéticos extraterrestres nos volvieran a visitar hoy, ¿no encontrarían el planeta radicalmente cambiado?

Yo creo, con Teilhard de Chardin, que hay que darle la importancia que merece a la aparición del *Homo sapiens* sobre la faz de este planeta, exactamente como lo haríamos si descubriéramos que en otro planeta otra especie acaba de descubrir la evolución y ya es capaz de contestar a la pregunta de por qué existe, por qué está allí, como los humanos sabemos desde hace menos de dos siglos por qué estamos aquí.

Como dice el propio Teilhard de Chardin, que los árboles no nos impidan ver el bosque del increíble *fenómeno humano*.

Esta idea también la defendió el gran entomólogo y sociobiólogo americano Edward O. Wilson, en las antípodas del pensamiento de Theilhard de Chardin, cuando dijo literalmente en un libro sobre el sentido de la existencia humana (de 2015) que «la mitad de los 20.000 o 25.000 genes del genoma humano participan de una manera o de otra en la prescripción del sistema mente-cerebro. Este grado de implicación ha resultado en uno de los más rápidos cambios evolutivos conocidos en cualquier sistema orgánico de la biosfera».

Y estoy de acuerdo con el jesuita paleontólogo en que la aparición de la autoconsciencia es un acontecimiento de escala planetaria, si no cósmica. En todo caso comparable a la aparición de la vida. Porque se trata, ni más ni menos, que del surgimiento en la Gran Historia del Universo de una nueva forma de materia, la materia consciente de sí misma, que alcanzó su completa realización cuando descubrió la evolución.

Tan convencido estoy de ello que para referirme a lo que representa (a una escala por lo menos planetaria) la aparición *por las leyes de la naturaleza* del ser humano, barajé titular este libro así: *Y la materia se hizo consciente de sí misma*. Pero me pareció demasiado bíblico y pretencioso. También pensé en *Materia consciente*, pero lo encontré previsible y plano.

Si, por ahora, entendemos como materia autoconsciente a toda aquella que es capaz de examinar sus propios pensamientos, es decir, a la materia autorreflexiva, aun cabría añadir a la lista de los tipos de materia una forma previa, la materia sintiente, que además de los seres humanos es propia de muchos animales. De todos aquellos que, como decimos en español, también *sienten y padecen*, tienen vivencias, experimentan el frío, el calor, el dolor, el placer, el amor y el miedo, perciben y se representan el mundo en sus mentes individuales, únicas, irremplazables, privadas. Se puede expresar también diciendo que piensan o saben (resuelven problemas de supervivencia) y tienen subjetividad, incluyendo los estados de ánimo, que son los *moods* de los angloparlantes.

Es decir, están dotados de una mente capaz de reproducir interiormente el mundo exterior (o la parte significativa para la especie de lo que hay fuera) y además experimentan sensaciones y emociones que se generan en el mundo interior. El neurocientífico portugués Antonio Damasio ha insistido mucho en esta diferenciación interior/exterior del cuerpo.

En inglés se usa la palabra *feelings* para todo, pero a mí me gusta distinguir entre sensaciones (como la famosa «sensación térmica» de la que se habla en los boletines del tiempo o la sensación de hambre) y sentimientos o emociones, que son otra cosa, mucho más profunda y duradera. A todo eso junto es a lo que me refería cuando decía que los animales, sobre todo si son mamíferos o aves, nos dan la impresión de que sienten y padecen. De una hormiga no me atrevería a decir tanto.

Así pues habrían surgido en este orden cuatro tipos de materia, y los cuatro siguen existiendo: la materia inanimada (literalmente, *sin ánima*) o mundo mineral; la materia animada o mundo viviente; la materia sintiente (que algunos consideran, directamente, materia consciente, porque para ellos estar consciente no es otra cosa que sentir algo) y la materia autoconsciente de los que no solo saben, sino que saben que lo saben, y somos nosotros.

Es decir, en este orden, los objetos que no viven; los que viven pero no sienten (porque no tienen sistema nervioso, como los hongos, por ejemplo); los que sienten (una gran parte de los animales, seguramente) y los que reflexionan. Un esquema muy simple pero que nos puede servir de momento.

Pierre Teilhard de Chardin opinaba que el *Homo sapiens* inaugura un nuevo *phylum* zoológico. Casi nada. Los filos (castellanizando la palabra) son los grandes diseños biológicos del mundo animal, los grandes planes de organización corporal, como por ejemplo los poríferos (las esponjas), los cnidarios (corales y medusas), los artrópodos (insectos, crustáceos, arañas), los equinodermos (holoturias, erizos de mar y estrellas de mar), los cordados (donde estamos los vertebrados como grupo principal), los moluscos (bivalvos, caracoles y pulpos) y los anélidos (lombrices). Si a estos últimos les añadimos otros dos filos de gusanos (los nematodos y los platelmintos) ya tenemos la gran mayoría de las especies animales. Hay otros filos interesantísimos porque muestran la gran creatividad de la vida, pero la mayor parte de las especies animales son artrópodos. La Tierra es el planeta de los artrópodos. Y dentro de estos, de los insectos, que suman ellos solos cerca de las tres cuartas partes del total. Así que, aunque pequeños, merecen mucho respeto los insectos, especialmente los sociales, como os contaré en su momento.

Estos filos de los que os hablo debutaron hace mucho tiempo, la mayoría de ellos en el Cámbrico, hace entre 540 millones de años y 390 millones de años, por dar unas cifras redondas. Desde entonces no se habría producido ninguna novedad de esa importancia, como si la vida hubiera perdido creatividad. Ni siquiera los mamíferos, vertebrados de sangre caliente, cubiertos de pelo, que alimentan a sus crías con leche, merecerían constituir un filo diferente de los peces, por ejemplo. Para un zoólogo los mamíferos son solo una parte dentro del subfilo de los vertebrados porque el diseño de su cuerpo, con un esqueleto interno, es compartido con los otros vertebrados.

Así que técnicamente no se puede considerar que el *Homo sapiens* sea un filo nuevo, porque nuestro diseño biológico sigue siendo el de un gran simio, pero nos hacemos preguntas, y en eso consiste la gran novedad. Y justifica el atrevimiento de Teilhard de Chardin cuando dice que somos el último filo de la historia de la vida.

La historia del universo sería, para Teilhard de Chardin, una historia de la complejidad, de la *complejización* (una palabra sin duda muy compleja) de la materia. Empezando con los elementos más simples, el hidrógeno y el helio, y terminando en la mente humana, donde la complejidad habría llegado a su máximo... por ahora.

No es sencillo definir lo que es la *complejidad*, aunque nos parezca evidente que una molécula es más compleja que un átomo, porque está hecha de átomos, que una célula es más compleja que una molécula, porque está hecha de moléculas, y que un animal es más complejo que una célula, porque está hecho de células. Los animales, las plantas y los hongos son los organismos pluricelulares.

Para Teilhard de Chardin la complejidad no es la simple *agregación* de elementos, sino la *combinación* de elementos. El número, la repetición, no es lo que importa, sino la organización. En su escala ascendente de complejidad y de organización los humanos estaríamos en la cúspide, ¿pero qué tiene de particular un ser humano que lo haga más complejo y más organizado que cualquier otra criatura viviente?

Aquí, naturalmente, intervienen el sistema nervioso, el número de neuronas, el tamaño de nuestro cerebro. La *cerebralización* sería la medida de la complejidad según Pierre Teilhard de Chardin, y los humanos seríamos los animales más *cerebralizados*, una vez que el tamaño del cerebro se pone en relación con el tamaño del cuerpo, porque las ballenas y los elefantes tienen cuerpos y cerebros enormes y hay que corregir ese efecto. Ya hablaré con calma de cómo se hace eso en su momento.

Reconozco que siempre me pareció un truco de prestidigitador esto de recurrir al cerebro para salvar nuestra supremacía en la escala ascendente de complejidad y organización del mundo viviente, porque ya se sabía de antemano que los mamíferos son los vertebrados más cerebralizados, y dentro de los mamíferos nosotros somos los campeones. Pero es un buen truco, porque no te das cuenta de que te han cambiado las reglas del juego en mitad de la partida. La mano es más rápida que la vista.

Lo que sí que es verdad es que desde que desaparecieron los dinosaurios, y empezó el Cenozoico, la era de los mamíferos, cada vez hay más neuronas en el mundo porque los mamíferos están más cerebralizados que los dinosaurios, y algunos grupos, como los primates superiores y los cetáceos con dientes (los *odontocetos*), baten todos los récords. De hecho llevamos unos cuantos millones de años disputando una carrera con los delfines para ver quién está más cerebralizado.

Así que me he dedicado a preguntar a todo el mundo, pero sobre todo a los científicos, cuál es su definición de *complejidad*. Sin trucos para que los humanos acabemos en lo más alto de la escala, porque no les explicaba para qué quería su definición. Merecería la pena que hiciera una lista de las propuestas, que van desde la tautología («una cosa compleja es... algo muy complicado») hasta las fórmulas matemáticas de la teoría de la información.

Estas últimas son muy atractivas, porque la información parece una buena medida de la complejidad, sobre todo ahora que estamos familiarizados con los kilobytes, megabytes, gigabytes, terabytes, etc. Un organismo complejo tendría más información, más bytes, que uno simple, del mismo modo que un ordenador moderno, o un móvil moderno, maneja más bytes que sus antepasados de no hace muchos años. Las aplicaciones modernas directamente no pueden funcionar con los dispositivos digitales antiguos, que nos parecen ahora... muy simples y muy primitivos, porque lo primitivo es simple.

Expresado de una manera muy burda, una historia que se puede contar con pocas palabras no es *Guerra y paz*. Hacen falta muchas páginas para tantos personajes y tantas situaciones y acontecimientos como tiene la novela de Lev Tolstói. Tampoco sirven las versiones abreviadas del *Quijote*, porque es un libro muy complejo (en realidad dos), si se quiere entender en su integridad. Llevado al terreno de la biología, un tipo de organismo que se puede describir con pocas palabras no sería muy complejo.

Un concepto intuitivo, pero difícil de poner en práctica. Y desde luego, si medimos la complejidad biológica por el número de genes, algo que no parece descabellado porque los genes contienen la información necesaria para que la célula pueda fabricar proteínas, la especie humana no sale bien parada. ¿Quién lo iba a decir? No somos ni mucho menos la especie con más genes.

La mayor parte de los encuestados se sorprendía con la pregunta. La complejidad le parece a la mayoría de la gente algo evidente, científicos incluidos. Lo que no deja de ser interesante en sí mismo. Todos tenemos una idea de lo simple y de lo complejo pero no la sabemos concretar.

Finalmente, alguien me contestó de una manera que no esperaba. En una reunión sobre la evolución humana en Tautavel (Francia), un municipio donde se han encontrado fósiles muy importantes, le solté la pregunta a un neurocientífico que estudiaba la plasticidad neuronal, ni más ni menos. Como puede verse, el congreso era de amplio espectro. Lo organizaban los esposos Henry y Marie-Antoinette de Lumley.

La respuesta del neurocientífico fue esta: «Complejidad es cuando dos y dos no suman cuatro».

Efectivamente, una de las caras de la complejidad es la imprevisibilidad. En la moderna biología se piensa siempre en términos de teoría de sistemas, y el comportamiento de los sistemas complejos a largo plazo es siempre difícil de predecir. Que se lo pregunten si no a los meteorólogos. Así pasa también con el comportamiento animal. Los animales con pocas neuronas tienen conductas muy rígidas y previsibles. Son como autómatas o robots que responden a los estímulos con respuestas estereotipadas. Hay un estímulo que actúa como disparador y una conducta que se desencadena automáticamente.

Los sistemas complejos tienen comportamientos menos determinados, y si se trata de animales podríamos decir que son más libres. Me acuerdo ahora del concepto de *grados de libertad*, que de alguna manera representa la incertidumbre.

Por lo tanto, ahora no estoy tan seguro de que la cerebralización de la que hablaba Teilhard de Chardin sea, después de todo, algo tan ajeno a la complejidad. Los seres humanos somos muy imprevisibles y cambiantes, y por eso nuestro cerebro se ha desarrollado tanto en la evolución, como ya veremos. «El infierno son los otros», decía el filósofo francés Jean-Paul Sartre.

Lo que me gusta menos de Teilhard de Chardin es su idea de que la historia del universo es, esencialmente, una historia lineal de aumento de la complejidad. No será finalismo, si no quiere admitirlo el francés, pero es un planteamiento direccional.

Si se examina el registro fósil lo que se ve es otra cosa, porque la aparición de un nuevo diseño biológico no implica la extinción de los modelos anteriores, sino más bien un aumento de la diversidad biológica al acumularse los diseños (los viejos más los nuevos). Los organismos unicelulares más simples (las bacterias y las arqueas) siguen siendo las formas de vida más abundantes en este planeta, casi 4.000 millones de años después de que surgieran.

Si hay alguna línea de progreso en la evolución, alguna direccionalidad, es la del aumento de la diversidad, como decía el gran paleontólogo americano, contemporáneo y amigo de Pierre Teilhard de Chardin, George Gaylord Simpson. Cada vez debería haber más diversidad en la historia de la vida porque la evolución no tiene una única dirección sino muchas. Aunque de cuando en cuando se producen extinciones en masa que...

Dejemos el asunto para más adelante.

La evolución humana puede ser entendida perfectamente por medio de la selección natural darwinista, nos dice Teilhard de Chardin, y eso me reconcilia con su pensamiento. La nuestra se ha originado exactamente como las demás especies biológicas. Es *a partir* del surgimiento del *Homo sapiens* cuando, según el francés, cambian los parámetros. Me parece que esta idea merece por lo menos ser discutida. Como una metáfora, si se quiere, pero una metáfora útil.

Y sobre todo, lo que más me interesa de este cura/paleontólogo/místico es su optimismo antropológico, la idea de que la humanidad se encamina hacia un final apoteósico en el que algo maravilloso va a ocurrir. Yo también lo creo, o quisiera creerlo. Y me lo repito: algo maravilloso va a ocurrir.

Pero todo eso lo dejamos para el final del libro. Ahora prefiero hablar de lo que yo llamo «la maldición de Pierre Teilhard de Chardin», que atañe a los paleontólogos especialmente, pero en general a todos los historiadores. La podríamos enunciar así: solo conoceremos la novedad evolutiva una vez que se haya desplegado en un haz de escamas, abriéndose como una flor. Pero del fino tallo de esa flor y de su delicado pedúnculo inicial no sabremos nada, porque es muy difícil que queden registrados, o que encontremos, sus escasos fósiles. Los pedúnculos siempre están borrados cuando se interpone una *masa* suficiente de tiempo, dice «la maldición de Pierre Teilhard de Chardin».

En la práctica, la maldición consiste en que siempre tendremos graves problemas para conocer el origen de las grandes producciones de la evolución, sus mejores *inventos*, que solo conocemos cuando ya han alcanzado su plenitud. Pero, a pesar de la maldición, vamos a buscar esos orígenes en este libro. Los paleontólogos no renunciamos tan fácilmente. Espero hacerlo con algo de la belleza con la que escribía este peculiar científico y místico francés, que me ha parecido siempre un personaje en busca de un autor.

EL 1%

Antes de examinar el registro fósil para buscar en los yacimientos los huesos de nuestros antepasados, conviene conocer a nuestros parientes vivos, los grandes simios. Y esta es una historia que tiene como protagonistas a cuatro científicas.

Hasta hace poco tiempo no se sabía casi nada de la conducta en libertad de los grandes simios, solo en cautividad, en los laboratorios, en los zoológicos, casi siempre en condiciones muy poco naturales, por no decir muy estresantes. Y han sido tres increíbles investigadoras las que nos han desvelado cómo se comportan los grandes simios en condiciones naturales. Se fueron a vivir a la selva y se convirtieron en sus amigas.

Las siguientes páginas están dedicadas a estas tres primatólogas de campo: Jane Goodall, Biruté Galdikas (fallecida en marzo de 2026) y Dian Fossey. Y también a una cuarta científica, Mary-Claire King, que hace la mayor parte de su trabajo en el laboratorio, pero que también ha salido de él, como veremos.

Somos la especie solitaria porque no hay más *seres humanos* en el planeta Tierra que nosotros. El *Homo sapiens* es la única especie que habla. No somos los únicos animales que se comunican, porque todos los animales lo hacen.

Pero somos los únicos animales que utilizan símbolos para codificar y transmitir un mensaje. Un símbolo es un signo que significa algo para quien lo conoce. Una señal de tráfico es un símbolo. Una palabra, en cualquier idioma, es un símbolo. Y lo mismo si se pronuncia que si se escribe.

Decía el austríaco Konrad Lorenz que las expresiones de los animales son equivalentes a nuestras exclamaciones. Las exclamaciones son palabras que no forman parte de oraciones y se usan para expresar sentimientos, y me refiero especialmente a las interjecciones propias, que son las que no derivan de otras palabras. Por ejemplo: *¡ay!*, *¡oh!*, *¡huy!*, *¡puaj!*, *¡uf!*, *¡shhhhh!*, *¡ajá!*, *¡yupi!*, etc. Confieso que me sorprendió mucho esta forma de comparar el lenguaje de los animales con las interjecciones humanas, pero creo que no le faltaba razón al bueno de Konrad Lorenz. Pensadlo un momento. ¿No llamaríais exclamaciones a las expresiones de vuestros gatos o perros?

Konrad Lorenz está considerado el padre de la etología, la ciencia del comportamiento animal, y ganó el Premio Nobel en 1973 junto con el también austríaco Karl von Frisch, que fue el descubridor del sistema de comunicación de las abejas, y el zoólogo neerlandés Niko Tinbergen.

Los seres humanos vamos más allá de las exclamaciones y construimos frases. Y lo más importante de todo para mí: los humanos nos hacemos preguntas, los animales no se las hacen nunca.

Volviendo al principio, somos una especie solitaria porque no tenemos iguales que nos acompañen en este planeta y con los que poder hablar. Sería maravilloso poder entenderse con un animal, tener una conversación normal. Preguntarle cómo se siente. Qué recuerda de su infancia. Cuáles son sus planes a largo plazo, si es que los tiene. Pero no es posible.

Eso no quiere decir que estemos del todo solos. Pertenecemos al grupo de los grandes simios. No es que descendamos de los grandes simios, es que seguimos siéndolo, aunque en el lenguaje común se utilice el término *grandes simios* (*great apes*, en inglés) para designar a los grandes monos sin cola de las selvas tropicales, excluyéndonos a nosotros. Yo también usaré en este libro por lo general la expresión *grandes simios* para referirme a *ellos*.

Los más cercanos a nosotros, evolutivamente, son los chimpancés. Hay dos especies de chimpancés, que viven separadas por el río Congo, en África. Una se llama *chimpancé común*, o simplemente *chimpancé*, y la otra se llama *bonobo*. Nadie sabe el porqué de ese nombre, que parece africano pero no lo es. Antes se lo llamaba *chimpancé pigmeo* porque son algo más pequeños y más gráciles que la mayoría de las poblaciones de chimpancés comunes. Pero de pigmeos, nada.

Se suele decir que compartimos con los chimpancés el 99 % de nuestros genes, aunque esta es una cifra difícil de calcular, la verdad, así que contentémonos con saber que somos casi idénticos genéticamente.

A pesar de ello, la cifra del 1 % de diferencia entre chimpancés y humanos tiene una historia que me parece importante contar porque la protagonista es una gran investigadora cuya carrera científica he seguido desde el comienzo y a la que he tenido oportunidad de tratar en España con motivo de la concesión del Premio Princesa de Asturias de 2025 en Oviedo.

Mantuve con ella un coloquio inolvidable para mí en Gijón, en vísperas de la entrega del galardón. Su nombre es Mary-Claire King, y es una estadounidense que realizó su tesis doctoral en el laboratorio del gran biólogo molecular Allan Wilson en la Universidad de California, en Berkeley.

En aquella época era muy complicado secuenciar directamente el ADN y por eso Mary-Claire King trabajó con proteínas. Así llegó a una asombrosa conclusión, que publicó con Allan Wilson en 1975 en la revista *Science*. Apenas diferimos en nuestras proteínas de los chimpancés, solo en un 1 % aproximadamente. Yo estaba entonces estudiando en la universidad y la noticia me impresionó mucho.

Me imagino la sorpresa que se llevarían King y Wilson con la semejanza de humanos y chimpancés, porque salta a la vista que las diferencias anatómicas y de comportamiento son muy grandes entre nosotros y ellos, mucho más que del 1 %. ¿Cómo se explica entonces? ¿Cómo puede una minoría de genes producir un efecto tan grande?

Precisamente a esa pregunta dio respuesta el último párrafo del artículo de Mary-Claire King y Allan Wilson (¡en 1975!), que dice así: «Un número relativamente pequeño de cambios genéticos en los sistemas que controlan la expresión de los genes puede explicar las grandes diferencias entre los organismos de los chimpancés y los humanos».

Es decir, las proteínas están codificadas por los genes, y es en esos genes codificantes, los que se *expresan* en forma de proteínas del cuerpo, donde King encontró que la identidad entre los chimpancés y los humanos era casi absoluta, con una diferencia mínima del 1 %.

Los genes no piensan, pero hay algunos genes que regulan la actividad de otros genes, señalando en qué momento del desarrollo se tienen que expresar (los otros genes), actuando por lo tanto como si fueran interruptores. Es en estos pocos, pero decisivos, genes reguladores donde Mary-Claire King suponía (con toda razón, como se demostró más adelante) que reside la diferencia entre chimpancés y humanos. No en los genes que se expresan en las proteínas del cuerpo, llamados *genes estructurales*, que son muy parecidos en todos los mamíferos.

Por decirlo en el lenguaje del bricolaje, hay unos genes que son como la caja de herramientas (el *tool kit*) de la construcción del cuerpo.

La genética del desarrollo ha descubierto en las últimas décadas un hecho asombroso. La mayor parte de los genes estructurales son los mismos en todos los animales con *simetría bilateral*. Estos son los que tienen el cuerpo dividido en dos mitades simétricas, como un insecto, un pez, una tortuga o un humano.

Una mosca del vinagre (la famosa *drosófila* de los laboratorios de genética) y un ser humano no se diferencian tanto en sus genomas como se pensaba. Ni muchísimo menos. Son ciertos genes reguladores los que actuando en el desarrollo lo encauzan hacia un vertebrado o un insecto, como si fueran genes escultores del cuerpo.

Entre esos *genes maestros* destacan los *homeobox* o *hox* (para abreviar), que han sido descritos como la piedra Rosetta de la genética del desarrollo (aclaro que la piedra Rosetta fue la clave para descifrar la escritura jeroglífica de los egipcios faraónicos).

Su función es la de organizar el cuerpo, dándole su forma general, mientras otros genes maestros son responsables de partes específicas del cuerpo como los ojos, los apéndices o el corazón. Todos estos y otros genes maestros representan una mínima parte del genoma de una mosca o de un ser humano. El resto de los genes se ocupan de la vida ordinaria de cada célula en los diferentes tejidos del cuerpo codificando las proteínas funcionales.

Puesto que los genes maestros son esencialmente los mismos en los artrópodos y otros invertebrados que en los vertebrados, no cabe duda de que su origen evolutivo tiene que ser anterior a la explosión de formas de vida que se produjo en el Cámbrico hace 540 millones de años. Tan antiguas son las herramientas del kit.

Creo que ahora entenderéis mejor cómo es posible que unos pocos genes expliquen las diferencias tan llamativas entre humanos y chimpancés. Los responsables de las características propiamente humanas, que solo existen en nuestra especie y son posteriores a que nos separáramos de los chimpancés, representan una muy pequeña fracción de los aproximadamente 20.000 genes totales de nuestro genoma. Quiero aclarar que ese es el número estimado de nuestros genes *codificantes de proteínas*, es decir, aquellos genes que prescriben proteínas. Estos genes codificantes representan tan solo el 2% del genoma humano, porque el resto (el 98%) es *no codificante*. Eso no quiere decir que no tenga una función, y seguro que participa también en la regulación génica.

Mary-Claire King ha tenido una carrera muy importante después de sus estudios sobre chimpancés y humanos. Fue la primera en identificar el gen responsable de algunos cánceres de mama y de ovario, llamado Brest Cancer 1 (BRCA1). Se trata de un gen supresor de tumores en su versión normal, pero que en sus diferentes formas mutadas altera la proteína que previene el desarrollo del cáncer. Se pensaba antes de este hallazgo que el cáncer tenía *en todos los casos* una herencia muy compleja, pero este gen demostró que al menos *algunos cánceres* son el resultado de una sola mutación, y se transmiten según las leyes de Mendel que estudiamos en el colegio («tienen una genética mendeliana», se dice).

El fraile agustino Gregor Mendel (austrohúngaro en su época) fue un gran científico que vivió en paralelo con Darwin, sin que sus descubrimientos se influyeran mutuamente. Fue luego, en el siglo XX, cuando sus doctrinas se unieron para dar lugar a la moderna teoría de la evolución, llamada neodarwinismo.

Más adelante en este libro conoceremos otro gen mendeliano responsable de una grave enfermedad degenerativa del sistema nervioso, y que nos interesará mucho en relación con el envejecimiento.

Por si fuera poco, Mary-Claire King ha salido del laboratorio, colaborando con las familias argentinas en la identificación de los bebés robados por la dictadura a madres *desaparecidas* y dados en adopción a otras familias. Para ello tuvo que desarrollar herramientas moleculares innovadoras y convencer a los jueces de su tiempo de que las pruebas genéticas son muy seguras, algo que ahora nadie pone en duda. Y sigue investigando en su laboratorio de genética el componente hereditario de enfermedades mentales como la esquizofrenia.

El tamaño de las comunidades de chimpancés no es siempre el mismo, pero si se suman muchos individuos hay una fuerte tendencia a dividirse en dos grupos para no agotar los recursos del territorio. Pueden formarse comunidades de 35 individuos como máximo —con un número de machos adultos, con capacidad de reproducirse, de no más de cinco o seis—, que ocupan territorios de unos 35 km^2, lo que equivale a un cuadrado de casi 6 kilómetros de lado.

Se trata siempre de territorios pequeños, como podéis ver. Los chimpancés no necesitan desplazarse mucho para alimentarse, aunque los machos patrullan algunos tramos de ese cuadrado teórico, cuyas fronteras no pueden traspasar porque serían atacados inmediatamente por los machos de los grupos vecinos. Las hembras, en cambio, sí pueden pasar de un territorio a otro. Cuando están en celo son muy bien acogidas por los machos del territorio de al lado, que copulan con ellas.

Las crías viven con sus madres hasta que se independizan. Entonces, por lo general, se van a otra comunidad si son hembras, y se quedan en el territorio en el que han nacido si son machos.

Los miembros de una comunidad de chimpancés no siempre están juntos. Por lo general se dispersan por su territorio, pero a veces se concentran para comer los frutos de un árbol, por ejemplo. Es entonces cuando socializan más.

Los machos de los chimpancés comunes son muy agresivos y hay luchas frecuentes por la jerarquía. Las hembras están en un segundo escalón en la escala de poder del grupo.

En el caso de los bonobos las hembras forman coaliciones que dominan a cualquier macho, aunque un macho aislado sea más fuerte que una hembra aislada.

Se decía que los bonobos solucionan las situaciones de tensión por medio del sexo. Hay frotamientos de los genitales e incluso cópulas para sobrellevar mejor los problemas cotidianos de la vida social y aplacar la agresividad.

Los bonobos serían, por lo tanto, más pacíficos que los chimpancés. Esta característica los ha hecho particularmente simpáticos a nuestros ojos, especialmente por comparación con los violentos chimpancés. Es un alivio saber que no necesariamente tenemos antepasados tan agresivos. «Haz el amor y no la guerra» parece ser el lema de los bonobos. Se los ha descrito como unos simios un tanto *hippies*, aunque me temo que se ha exagerado un poco, porque recientemente se han conocido casos de violencia extrema también entre los bonobos.

Lo que me sorprende cuando explico estos comportamientos en las conferencias públicas es el entusiasmo que despiertan los bonobos. Es verdad que los chimpancés son unos *pandilleros* y nadie quiere parecerse a ellos, pero ¿realmente estaríamos dispuestos a suavizar los roces inevitables de la vida diaria en las ciudades atestadas de gente por medio del sexo? No me parece que eso sea lo que en la práctica desea la gente que me está escuchando en el auditorio.

En cualquier caso, los chimpancés y los bonobos son iguales en lo que se refiere a la reproducción. Los machos adultos pueden copular en cualquier momento si hay alguna hembra cerca con el estro (celo). Las hembras tienen el estro cada cinco o seis años. Mientras dura pueden copular con varios machos el mismo día y hacerlo todos los días.

Sin embargo la actividad sexual de las hembras cesa durante el embarazo y la lactancia, que es prolongada. Los machos no se ocupan de las crías, que son cuidadas exclusivamente por sus madres. Ningún macho podría conocer cuáles son sus hijos porque la única forma de saberlo es realizando pruebas genéticas de paternidad, como hacen los científicos que estudian las comunidades de primates.

La otra manera de estar seguro es siendo el único macho que ha copulado con la madre de la cría, como sucede entre los gorilas y los humanos, pero no en los chimpancés comunes y en los bonobos. Hablando, siempre, en términos estadísticos, es decir, en la mayoría de los casos (tanto en gorilas como en humanos). Las matemáticas de la biología son la teoría de probabilidades y la estadística, porque no tenemos leyes tan deterministas como los físicos y los químicos. Los sucesos tienen probabilidades o frecuencias, pero no hay certezas absolutas para un caso concreto.

En los gorilas pasa lo mismo que en los chimpancés y bonobos en cuanto al largo espacio de tiempo que discurre entre dos estros, pero la diferencia es que normalmente solo hay un macho con el que copular. Los gorilas viven en grupos familiares con un único macho reproductor y varias hembras. Los machos se pelean entre sí para formar un grupo familiar y excluyen a los competidores.

¿Cómo era la biología de la reproducción en nuestros primeros antepasados? ¿Como en los chimpancés y bonobos, como en los gorilas o como en nuestra especie? Hablaremos de este tema más adelante.

La primera persona que convivió con los chimpancés en la selva para conocerlos mejor fue la inglesa Jane Goodall. A esta investigadora se le concedió el Premio Princesa de Asturias (Príncipe de Asturias entonces), y yo tuve el honor de formar parte del jurado que se lo dio y de conversar con ella, como más tarde hice con Mary-Claire King.

Recientemente, en abril de 2025, volví a ver y escuchar a Jane Goodall y se diría que los años la habían hecho más grande. Murió a los pocos meses, en octubre.

Y también tuve la oportunidad de pasar muchos días observando y grabando (con el director de documentales Javier Trueba) *sus* chimpancés en el Parque Nacional del Gombe, junto al lago Tanganika, en Tanzania.

Casi todo lo que aprendió Jane Goodall de los chimpancés es aplicable, de alguna manera, a los seres humanos, y nos es útil para conocernos mejor a nosotros mismos.

Pero el esfuerzo de Jane Goodall, Dian Fossey y Biruté Galdikas no solo iba dirigido al conocimiento de los grandes simios en libertad, sino también a la defensa de su hábitat, la selva. Si salvamos a los grandes simios salvaremos las grandes masas tropicales de bosque húmedo, que tanto necesita el planeta.

En la actualidad, la gallega Rebeca Atencia dirige el Centro de Rehabilitación de Chimpancés de Tchimpounga, en la República del Congo, dependiente del Instituto Jane Goodall.

Y aprovecho para decir que un español, el catalán Jordi Sabater Pi, hizo estudios pioneros de los gorilas de Guinea Ecuatorial, la antigua colonia española, que son muy valorados por la comunidad internacional.

EL JUEGO DE LA VIDA

El comportamiento sexual y reproductivo de nuestra especie está también en nuestros genes. No solo la anatomía está sujeta a evolución, sino que también lo está la conducta, porque cada especie tiene su lugar en el ecosistema, aunque sean muchas las especies que vivan en la misma comunidad.

Es importante recordar que la conducta es una adaptación, como la morfología, y por lo tanto también tiene bases genéticas. No hay nada como ver las diferentes razas de perros para entenderlo, porque cada una tiene su temperamento y sus preferencias *ecológicas*, que han sido seleccionadas en cada caso por los criadores. A un perro de aguas, efectivamente, le gusta el agua.

Los seres humanos no somos una excepción, aunque la evolución nos haya hecho más flexibles, más independientes de nuestros genes, más libres. Pero la conquista de nuestra libertad no ha sido fácil. Se han necesitado millones de años.

Jane Goodall fue la pionera en el estudio del comportamiento de los grandes simios en libertad, pero pronto la siguió otra mujer: la norteamericana Dian Fossey, que estudió a los gorilas de montaña en los montes Virunga (Ruanda), gorilas que también he tenido la oportunidad de conocer (con Javier Trueba detrás de la cámara). Como en el caso de los chimpancés de Jane Goodall, me emocionaba encontrarme con gorilas que aparecen mencionados, con los nombres que ellas les pusieron, en los libros de estas dos pioneras.

Los gorilas tampoco se mueven mucho por la selva, pero los individuos viven más juntos que los chimpancés, menos dispersos. Como ya os dije, forman grupos familiares en los que por lo general solo hay un macho en edad reproductiva, el llamado *macho de espalda plateada* o *de dorso plateado*. En inglés, *silverback*.

Los machos viven en el grupo hasta que alcanzan la edad adulta. Entonces son expulsados por el macho dominante. Las cosas siguen así hasta que otro macho de espalda plateada desafía al macho dominante, lo derrota y lo expulsa del grupo. Hasta ese momento era el padre de todas las crías que nacían en el seno de la familia.

Cuando el viejo *espalda plateada* es depuesto y tiene que huir sucede algo terrible. El nuevo macho dominante comete infanticidio con las crías del grupo. Las mata. No son hijas suyas, sino del macho dominante anterior. Mientras la madre las amamanta no se produce la ovulación. Pueden pasar cuatro o cinco años desde que una cría nace hasta que es completamente destetada y la madre vuelve a ovular. El nuevo macho de espalda plateada no puede esperar tanto tiempo para procrear porque no *sabe* cuánto va a durar su poder. Mata a la cría para que la madre vuelva a ser fértil y le dé un hijo.

He citado una frase al principio del libro que repetiré todas las veces que sea necesario: «El juego de la vida consiste en convertir energía en hijos, y cada rasgo ha sido afinado por la selección natural para maximizar el retorno evolutivo de cada caloría gastada». Un macho no puede esperar años para convertir la energía que consigue en hijos. Sus hijos. Por cierto, qué gran título para un libro de evolución es «el juego de la vida», ¿no os parece?

El infanticidio de los gorilas y otras especies polígamas, como los leones, es la prueba diaria de que en la naturaleza no hay compasión cuando se trata de asegurar la supervivencia o la descendencia. Ese parece ser el objetivo final de todo ser viviente: perpetuarse en los genes. No hay lugar para el altruismo cuando lo que está en juego es la inmortalidad.

Un famoso biólogo inglés llamado Richard Dawkins le ha dado la vuelta a la tortilla y lo ha expresado al revés: nuestros cuerpos son los vehículos de nuestros genes, que los usan para perpetuarse en el tiempo copiándose en cada generación. Y es así: tenemos genes de más de 3.500 millones de años de antigüedad en nuestras células. Mejor dicho: tenemos copias de genes de hace más de 3.500 millones de años.

Esta teoría de Richard Dawkins es la llamada «del gen egoísta». Trabajamos para nuestros genes, que están incluso dispuestos a sacrificarnos si es necesario para su perpetuación. Nuestros cuerpos son efímeros, los genes son eternos. Volveré a hablar de *genes egoístas* y *genes altruistas* en más lugares del libro, porque, nos guste o no, Dawkins es un Viejo de la Tribu que lleva muchos años contando su historia a una enorme multitud de oyentes, y perfeccionándola cada vez.

Pero para reproducirse hay que sobrevivir: los muertos no tienen hijos. Por eso Darwin distinguía dos tipos de lucha: la lucha por la vida y la lucha por la descendencia. A estas dos formas de competición les puso nombres diferentes: selección natural y selección sexual.

Pero mientras el macho de espalda plateada mantiene su autoridad, la vida es plácida para una familia de gorilas. No hacen otra cosa que comer. En términos de mercado, se alimentan sobre todo de *verdura*. Es decir, de las partes verdes, jugosas y tiernas de los vegetales: tallos jóvenes, brotes y hojas nuevas. Se dice de los gorilas que son *folívoros*, o sea, comedores de hojas. Los chimpancés son más bien *frugívoros*, lo que quiere decir que los frutos maduros son el elemento principal de su dieta, aunque sin excluir la *verdura*.

Hablando como si estuviéramos comprando comida en un mercado, hay más *verdura* que *frutas* en la selva, pero la *verdura* tiene más fibra y menos densidad calórica: alimenta menos. Por eso hay que comer mucha *verdura* para mantener cuerpos tan grandes como los de los gorilas. Afortunadamente la obtención de comida no es un problema para ellos. Viven literalmente sumergidos en *verdura* en la selva lluviosa. Se pasan todo el tiempo comiendo. Se ha dicho de ellos que son como las *vacas* entre los grandes simios. El problema es la baja densidad calórica de su comida. Es la paradoja de la naturaleza: si el alimento abunda tiene pocas calorías, y si es muy calórico escasea. Y todo el mundo necesita calorías para convertirlas en hijos.

Como dedican tanto tiempo a alimentarse, la vida social de los gorilas es menos compleja que la de los chimpancés y bonobos. Las relaciones entre los gorilas son más sencillas y predecibles.

Generalmente se reconocen dos especies de gorilas: el gorila de montaña del África Oriental y el gorila de llanura del África Occidental.

Por su oposición a la caza furtiva de gorilas Dian Fossey fue asesinada. La historia de esta mujer tan valerosa, pero también con un carácter de esparto, está contada en la película *Gorilas en la niebla*, con Sigourney Weaver en el papel de Dian Fossey.

El primer gorila con el que Dian estableció una relación *personal* se llamaba Digit. Un día fue asesinado por los furtivos, y así lo cuenta Dian:

> Digit, centinela principal de su grupo, fue abatido en acto de servicio por los cazadores furtivos, el 31 de diciembre de 1977. Aquel día, Digit recibió cinco heridas mortales de lanza y se enfrentó con seis cazadores y sus perros para que su familia, entre ellos su compañera Simba y su futuro hijo, se retiraran a las seguras laderas del Visoke. La última batalla de Digit fue solitaria y valerosa. Antes de morir, durante su heroica lucha logró matar a uno de los perros de los cazadores furtivos. He intentado no pensar en la angustia, el dolor y todo el sufrimiento de Digit al ver cómo se comportaban los hombres con él. Los porteadores trasladaron el cuerpo de Digit al campamento donde fue enterrado a varias decenas de metros delante de mi cabaña.

Siete años después, en 1985, Dian Fossey, también abatida por los enemigos de los gorilas, fue enterrada al lado de Digit.

Hay un elemento en común entre las tres investigadoras de los grandes simios, Jane Goodall, Dian Fossey y Biruté Galdikas: todas fueron enviadas a sus respectivos destinos por un paleontólogo inglés muy importante, Louis Leakey. Su esposa, la arqueóloga Mary Leakey, es no menos importante en la historia de los estudios de la evolución humana. Estos dos grandes científicos querían saber qué es lo que distingue al ser humano de los demás animales y cómo nos hicimos humanos.

Louis Leakey tenía una personalidad fuera de lo común. Biruté Galdikas contaba la siguiente anécdota. Conoció a Leakey en 1969 después de una conferencia que dio este en la Universidad de California, en Los Ángeles. Biruté le habló de su entusiasmo por estudiar los orangutanes. Louis Leakey le dijo que se mantuviera en contacto y que le mandara una carta cuando él volviera de África. Pero para cuando Biruté llegó a su domicilio ya había recibido una llamada del paleontólogo invitándola al día siguiente a una entrevista en la casa en la que se hospedaba.

Louis Leakey le dijo que quería hacerle un test para conocerla mejor. Puso una serie de cartas boca abajo sobre la mesa y le preguntó cuáles eran rojas y cuáles, negras. Biruté le contestó: «No puedo decirlo, pero la mitad de ellas están ligeramente dobladas y la otra mitad no».

A Louis Leakey le gustó que Biruté hubiera notado la diferencia y comentó que Jane Goodall también la habría detectado fácilmente, pero que la mayoría de los hombres no. El científico inglés pensaba que las mujeres son mejores observadoras que los hombres, razón por la cual son superiores, decía él, como científicas de campo. Y le prometió a Biruté que buscaría la financiación para las investigaciones de los orangutanes. Estas resultaron enormemente difíciles, porque los orangutanes viven solitariamente y son más difíciles de detectar en el bosque que los grupos de chimpancés o de gorilas.

Así fue como Biruté Galdikas se fue a estudiar orangutanes a la selva de Borneo. Yo tuve la suerte de conocerla en un congreso en Burgos. No he visto todavía a los orangutanes de Borneo, pero sí a los del Parque Nacional Gunung Leuser en Sumatra (siempre con Javier Trueba filmando), que son una especie ligeramente diferente. Y ahora se ha reconocido una tercera especie de orangután en el norte de Sumatra: el orangután de Tapanuli, del que quedan como máximo ochocientos ejemplares, por lo que es el gran simio más amenazado del planeta.

Los orangutanes son la excepción entre los grandes simios en lo que se refiere a la vida social. Simplemente no tienen vida social, viven solos. Las madres cuidan a sus crías, los machos adultos viven a su aire. ¿Pero qué sucede cuándo una hembra entra en celo? Ya ha destetado a su cría de cuatro o cinco años y vuelve a ovular. Puede quedarse embarazada de nuevo, pero no tiene a un macho viviendo a su lado. Los orangutanes no forman parejas.

Entonces un macho se presenta para copular con ella porque la hembra estaba dentro de su territorio de reproducción. Los territorios de los machos son más grandes que los de las hembras, y dentro de sus territorios hay varias hembras. Los machos defienden sus territorios, que incluyen a las hembras, de otros machos adultos. Los machos adultos no tienen la espalda plateada, pero en sus carrillos se forman unos grandes depósitos de grasa, como discos, dando a la cara forma de plato.

Así pues, como sucede con las hembras de los gorilas, un solo macho copula con varias hembras, aunque en el caso de los orangutanes no vive con ellas formando una familia del tipo de los gorilas. Y también como en el caso de los gorilas, una hembra solo se reproduce con un macho cada vez que tiene el estro.

¿Qué pasa con las hembras de los chimpancés comunes y de los bonobos cuando ovulan? Pues que tienen sexo con varios machos del grupo al día, como recordaréis. Este periodo de celo concluye cuando la hembra se queda embarazada. Durante el embarazo y la lactancia ya no vuelve a copular. Si todo va bien y la cría no muere, el siguiente periodo de celo se producirá cinco o seis años después.

Eso hace que los grandes simios tengan pocos hijos a lo largo de su vida, especialmente los orangutanes, con intervalos entre nacimientos de siete años o más. Han *apostado* por lo que se llama en ecología una estrategia de la K, que consiste en invertir toda la energía disponible para la reproducción en pocos hijos. La estrategia contraria, la de tener camadas con muchos hijos y muy seguidas se llama estrategia de la r.

Es interesante que la especie humana tenía, antes de que se inventaran los métodos anticonceptivos, los hijos más seguidos que los grandes simios, con intervalos entre nacimientos más cortos, de menos de cuatro años en cazadores-recolectores y por debajo de tres años en «sociedades tradicionales» agrícolas y ganaderas. Y eso a pesar de que el desarrollo es más largo en humanos. Pero en nuestra especie la madre no está sola para cuidar a sus hijos. También participa el padre, e incluso los abuelos y otros parientes. En los grandes simios la madre no recibe ninguna ayuda por parte de los padres, ni de nadie, para criarlos.

En realidad, la vida fértil de una hembra de chimpancé, gorila u orangután y de una mujer duran el mismo número de años, aproximadamente. La de los grandes simios empieza un poco antes, pero también acaba un poco antes. Lo que es exclusivo de la especie humana es el largo periodo de la vida que sucede a la menopausia.

Esa tercera etapa de la vida, que sigue a la del desarrollo y a la fértil, apenas la tienen las hembras de los grandes simios, que no dejan de procrear hasta prácticamente el final de su existencia, aunque algunas hembras de chimpancé posmenopaúsicas, en ciertas comunidades, llegan a sobrepasar los sesenta años de vida, como veremos en su momento.

Se especula con que la etapa posmenopáusica de las mujeres existe para ayudar a sus hijas a criar a sus nietos. Esta teoría se conoce como la «hipótesis de la abuela». A mi juicio tiene el inconveniente de que para que fuera verdad las hijas deberían permanecer en el campamento de los padres después de casadas, y eso no es lo más frecuente en las sociedades de cazadores y recolectores modernos, como tampoco lo es entre los chimpancés, según hemos visto.

En todo caso, estoy seguro de que ser abuela o abuelo es una parte de la vida con una función y un sentido, como las otras etapas de la vida. Ser abuelo es una cosa muy seria, y evolutivamente muy importante.

Como los machos de los gorilas y de los orangutanes se pelean entre sí por la posibilidad de copular con las hembras sus cuerpos son muy grandes, el doble que el de las hembras.

Esto no es ningún privilegio porque supone invertir más tiempo y más calorías que una hembra en llegar a adulto, empezar a reproducirse más tarde y aumentar las posibilidades de morirse antes de hacerlo y no trasmitir los genes. En teoría lo ideal, tanto para los machos como para las hembras, sería tener un cuerpo barato, es decir, no muy grande, y un desarrollo rápido, como en el caso de los mamíferos pequeños. Pero a esos se los comen todos los depredadores, que tampoco es lo mejor que te puede pasar, y viven poco. Así que cada especie tiene su estrategia reproductiva y en las especies en las que hay mucha conflictividad entre los machos estos se ven *obligados* a dedicar un plus de energía y de tiempo de desarrollo a producir un cuerpo más grande que el de las hembras.

Dado que las hembras de los chimpancés copulan con varios machos, la diferencia en tamaño entre los dos sexos es mucho menor que en los orangutanes y los gorilas. Es solo un poco mayor que entre los hombres y las mujeres.

Es curioso lo que sucede con el tamaño de los testículos. A pesar de su enorme tamaño corporal, los testículos de los orangutanes y gorilas son pequeños. En cambio, los de los chimpancés comunes y bonobos son enormes, el doble que los humanos, a pesar de su menor tamaño. Si hiciéramos crecer un chimpancé hasta el tamaño humano, sus testículos pesarían el triple que los nuestros.

Siempre me ha tentado la idea de modificar digitalmente una estatua griega de un varón desnudo, el *Diadúmeno* de Policleto, por ejemplo, triplicando el tamaño de sus testículos. Sería especialmente chocante, porque además los griegos clásicos empequeñecían deliberadamente el tamaño de los genitales masculinos (tanto el escroto como el pene), a los que hacían parecer infantiles.

Así era como tenían que ser, ese era su canon. Para los griegos, el equilibrio, la proporción, el orden, la razón se identificaban con el dios Apolo, de hombros anchos, trasero voluminoso y pene y escroto mínimos. En cambio, la exaltación, el descontrol y la violencia se identificaban con Dioniso y sus seguidores los sátiros, que eran representados con grandes falos enhiestos. Dioniso, el dios loco, también comía carne cruda, así que volverá a aparecer en estas páginas cuando os hable del fuego y de los alimentos cocinados en la evolución humana.

La explicación de las diferencias entre especies en el tamaño de los testículos está en la competencia espermática. Las hembras de chimpancé copulan con muchos machos, que producen una gran cantidad de espermatozoides para llevarse el premio gordo (y único) de la fecundación del óvulo. Solo un espermatozoide lo conseguirá y solo un macho trasmitirá sus genes a la cría. Los demás habrán gastado sus preciadas calorías en vano.

«Por San Blas la cigüeña verás», dice el refrán. Eso era antes, cuando se iban todas a África a pasar lo peor del invierno y regresaban para reparar el nido del año anterior y volver a criar.

¿No os llama la atención que las aves en España se reproduzcan solo en una época del año, como los demás mamíferos y los insectos, mientras que los humanos tenemos hijos todo el año? ¿O es que todos vosotros habéis nacido en primavera como Bambi, rodeados de flores?

La vida en la naturaleza no es fácil. De todos los nacidos pocos llegan a adultos y se reproducen, la mayor parte mueren de muy pequeños. En la naturaleza el clima puede ser muy duro. El otoño es la estación generosa en nuestros ecosistemas europeos. Todo se llena de frutos mientras las hojas de algunos árboles se marchitan. No las de las encinas, que producen bellotas, muchas bellotas, que alimentan a los herbívoros salvajes... y a los cerdos ibéricos. Los animales acumulan grasa para el invierno. Porque el invierno es la muerte. Los osos hibernan, se retiran a dormir cuando están gordos. El final del verano es también la berrea de los ciervos, la estación del amor. En primavera nacerán los cervatillos.

Pero en la selva tropical no hay estaciones. No hay una estación del amor y una estación de los nacimientos. Como nosotros los seres humanos venimos de la selva también nos reproducimos todo el año. Somos la única especie de mamífero europeo grande que lo hace. Nos delatan nuestros orígenes africanos.

La razón por la que las investigaciones pioneras de Jane Goodall sorprendieron tanto fue porque borraban la frontera entre los animales y los seres humanos. Como había dicho Darwin en 1871 en su libro *El origen del hombre* no existe una separación neta entre ellos y nosotros, sino una transición gradual. Muchas de nuestras características se encuentran esbozadas o de manera incipiente en nuestros parientes más cercanos, los grandes simios. No somos tan diferentes. De hecho somos grandes simios en realidad, como ya os dije nada más empezar este libro.

Jane Goodall observó que los machos de chimpancés de un grupo pueden hacer desaparecer a los machos de otro grupo, es decir, exterminarlos y apoderarse de su territorio y sus hembras, algo que recuerda a nuestras guerras.

Y también informó del uso de herramientas por parte de los chimpancés. En efecto, Goodall vio que los chimpancés usaban hierbas que introducían por los orificios de los termiteros para *pescar* termitas y comérselas.

Louis Leakey dijo al enterarse de este descubrimiento de Jane Goodall: «Ahora debemos redefinir lo que es una herramienta, redefinir al ser humano, o aceptar al chimpancé como humano». Repetiré esta frase al final de libro a propósito de la inteligencia artificial y ya podéis imaginaros por qué.

En otras comunidades se ha visto a los chimpancés partir nueces de palma usando piedras. Para cascarlas las depositan sobre un soporte duro, como una piedra o una raíz, a modo de yunque.

Y los orangutanes pueden beber de oquedades de árboles usando un amasijo de hojas a modo de esponja para absorber el agua acumulada. O espantarse las moscas con una ramita. Todas estas herramientas las hacen porque lo han aprendido, no porque lo lleven en sus genes. Y esa es precisamente la definición de cultura: la trasmisión de conocimiento de una generación a otra por medio de la imitación y la enseñanza, es decir, por vía extragenética.

Los humanos vamos más lejos porque utilizamos herramientas para fabricar herramientas, pero no parece que les falte el concepto de herramienta a los chimpancés.

Ni tampoco a otras especies animales. Para empezar, los monos capuchinos de Sudamérica, muy lejanos evolutivamente de los grandes simios, también utilizan piedras para partir nueces, y con enorme habilidad. Y las nutrias marinas abren conchas con piedras. Hay una especie de pinzón de las islas Galápagos que utiliza espinas de cactus como herramienta, y los cuervos de Nueva Caledonia son tan inteligentes que pueden utilizar diferentes tipos de herramientas para conseguir comida.

Los primates y algunas aves tienen cosas en común, a pesar de su lejanía evolutiva. Son dos tipos de animales muy inteligentes y con una herramienta natural: la mano en un caso y el pico en otro. Siempre que como con palillos al modo de los asiáticos pienso que es como si yo tuviera un pico, o como si las aves tuvieran unos palillos. Y viendo la habilidad que tienen los asiáticos, entrenados desde niños en el uso de los palillos, me convenzo de que el pico no es una mala herramienta natural.

LA POSTURA BÍPEDA

Ojalá supiéramos cómo era nuestro antepasado común con los chimpancés. De esa especie descendemos los chimpancés y nosotros, los seres humanos. La separación debió de empezar a producirse hace siete millones de años. Pero los fósiles que tenemos son aún insuficientes. Pesa sobre nosotros la maldición de los «pedúnculos borrados».

El más completo de todos los fósiles del «pedúnculo» de los homininos es un esqueleto de hace 4,4 millones de años de una hembra apodada Ardi, que se encontró en Etiopía en 1994. Pertenece a la especie *Ardipithecus ramidus* y de ahí le viene el mote de Ardi. Tuve la suerte de participar en la histórica expedición, que dirigían el norteamericano Tim White y el etíope Berhane Asfaw.

Lo que Ardi nos cuenta es que no descendemos de los chimpancés, y ese es el principal mensaje. Los chimpancés han evolucionado en una dirección diferente de la nuestra, pero también han cambiado mucho. El antepasado común de chimpancés y humanos no se parecía ni a uno ni a otro. Estaba menos especializado, era más versátil. La evolución frecuentemente es *especialización*.

Los chimpancés trepan muy bien por los troncos de los

árboles, como si caminaran sobre ellos (solo que verticalmente, hacia arriba), y una vez en la copa se cuelgan de las ramas con sus brazos. Las manos son por esta razón muy alargadas. Es el momento de que os miréis la mano con la palma hacia vosotros (ese movimiento se llama supinación) o con el dorso hacia vuestra cara (pronación). Cuando andan a cuatro patas los primates y demás mamíferos tienen la mano pronada, con el dedo pulgar en el lado interior, por lo que podemos llamar a los otros cuatro dedos (del índice al meñique) *dedos laterales*.

El pulgar de la mano del chimpancé no es más corto que el vuestro. Solo es más fino, porque no le da ningún uso importante. En cambio, las palmas y los otros cuatro dedos de los chimpancés son muy largos, mucho más que los vuestros.

Otros simios, como los gibones y los orangutanes, aún más adaptados a colgarse de los brazos que los chimpancés, tienen tan exagerados estos caracteres que el dedo pulgar está muy reducido.

No habían aparecido hasta ahora los gibones, por lo que voy a decir algo de ellos. Se trata de unos simios pequeños (*simios menores*, se los llama, por oposición a los grandes simios), con numerosas especies que viven en el Sudeste Asiático y en Indonesia.

Ahora vamos a transformar vuestra mano en la mano de un chimpancé. Hay primero que adelgazar el dedo pulgar, y luego alargar la palma y los otros dedos. La razón por la que las palmas de las manos y los dedos son tan largos en los chimpancés (excepto el pulgar) es que se cuelgan de las manos como si fueran un gancho.

Por eso la yema del dedo pulgar queda infinitamente lejos de las yemas de los otros dedos, lo que hace que los chimpancés sean tan torpes manipulando objetos pequeños, porque no pueden oponer tan bien como nosotros la yema del dedo pulgar con las de los demás dedos. No son habilidosos, lo suyo no son las *manualidades*. De hecho, cuando quieren sujetar un objeto hacen pinza con la yema del dedo pulgar y la falange basal, o la intermedia, del dedo índice, no con la yema del dedo índice (yema con yema). Espero que lo estéis probando.

Volvemos a Ardi. Su mano es en parte como la del chimpancé y en parte como la nuestra. La palma es corta, aunque no tan corta como en la mano humana, pero los dedos laterales son largos, como los de un chimpancé. Por eso pensamos que los ardipitecos no estaban tan especializados como los chimpancés en colgarse de las ramas.

Además, el dedo pulgar, aunque mucho más fino que el vuestro, tiene un tubérculo para la inserción de un músculo importante, que se llama «flexor largo del dedo pulgar». Este músculo hace que puedas flexionar la falange de la uña (y de la yema), que es la más alejada de las dos que tiene el dedo pulgar, y está claro que flexionar esa falange es importante para manipular objetos pequeños. Probad a hacerlo. Es como darle al botón del bolígrafo.

En los grandes simios ese músculo no tiene importancia. O no existe o no es un músculo independiente de los flexores profundos de los otros dedos.

En resumen, los ardipitecos seguían trepando verticalmente por los troncos de los árboles, saltando, colgándose de las ramas delgadas, andando a cuatro patas sobre las ramas gruesas, en las que apoyaban toda la palma de la mano. Dicho técnicamente, el ardipiteco era un *palmígrado*. Se movía por los árboles de muchas maneras, era muy versátil, así que sus descubridores lo describen como *multígrado*.

En todo caso, cuando andaba a cuatro patas no se apoyaba en los *nudillos* como hacen los chimpancés y gorilas, que habrían desarrollado ese extraño tipo de locomoción de forma totalmente independiente (cada uno por su cuenta).

Todos los simios, por otro lado, apoyan las plantas de los pies, incluidos nosotros. Somos plantígrados. Pero hay pies y pies.

Ahora conviene que os miréis el pie. Voy a necesitar vuestra colaboración para explicaros la anatomía. Nuestro dedo gordo parece muy largo, pero en realidad es normal en cuanto a su longitud. Eso sí, es un dedo muy gordo porque tiene un papel importante en la locomoción bípeda.

Lo realmente increíble de nuestros pies no es lo largo que es el dedo gordo, sino lo enanos que son los otros cuatros dedos. Eso, y también que el dedo gordo no puede separarse de los otros dedos para hacer una pinza, no es oponible.

Como sucedía con el dedo pulgar de la mano, el dedo gordo del pie humano es *intrínsecamente* largo (así es como se expresa); es decir, solo es largo en comparación con los otros dedos, que en nuestra especie se han acortado. Los dedos laterales de los pies son en efecto realmente muy pequeños, ¿no creéis?

El pie de Ardi no se parece en nada al nuestro y es casi igual que el de un chimpancé. ¿Cómo andarían los ardipitecos cuando bajaran al suelo?

Examinemos brevemente nuestra cadera. Está formada por los dos huesos coxales y por el sacro, que es parte de la columna vertebral. Los coxales a su vez están formados por tres huesos llamados, ilion, isquion y pubis que se juntan en el acetábulo, que es la articulación del coxal con la cabeza del fémur. Pues bien, la longitud del isquion es fundamental para saber si Ardi era cuadrúpeda o bípeda.

Si ahora os sentáis sobre las palmas de vuestras manos podréis sentir el extremo final del isquion, que se llama tuberosidad isquiática. En la tuberosidad isquiática se originan tres músculos llamados en conjunto *isquiotibiales*, que forman la parte posterior del muslo, y van a insertarse en la tibia y el peroné, justo por debajo de la articulación de la rodilla.

Cuanto más largo sea el isquion mayor es la palanca con la que cuentan los músculos isquiotibiales cuando se anda a cuatro patas, y por eso todos los cuadrúpedos tienen la tuberosidad isquiática alejada del acetábulo. Pero en el ser humano el hueso isquiático (o isquion) es corto, porque somos bípedos y no necesitamos tanta palanca para los músculos isquiotibiales como los cuadrúpedos, que impulsan el cuerpo hacia adelante con las patas posteriores y se apoyan en las anteriores.

Un índice sencillo que nos puede servir para saber si una especie es cuadrúpeda o bípeda se obtiene dividiendo la longitud del isquion por la del fémur. Los humanos tenemos un isquion más corto que el de los chimpancés y un fémur más largo, luego nuestro índice es mucho menor. Si lo aplicamos a Ardi nos sale que era cuadrúpeda, sin lugar a dudas.

Los descubridores e investigadores de este fósil, sin embargo, llegaron a la conclusión de que otro hueso del coxal, el hueso ilíaco (o ilion) ya estaba parcialmente modificado para permitir la marcha bípeda, aunque fuera imperfecta.

Ardi, por lo tanto, tendría, según los que la han estudiado, una pelvis con dos partes bien diferenciadas. Una parte de la pelvis es como la de un chimpancé y otra se asemeja a la humana. Sería un *mosaico* de rasgos, con un isquion alargado para trepar verticalmente por los troncos de los árboles y un ilion acortado, ensanchado y orientado lateralmente para permitir una marcha bípeda vacilante, dando tumbos. No es un modelo de locomoción que merezca nuestros elogios, pero a lo mejor no se le puede pedir más a un simio que acaba de bajarse del árbol. La locomoción cuadrúpeda de los chimpancés, por otro lado, también deja mucho que desear en términos de eficiencia.

En lo que sí parece *Ardipithecus ramidus* una especie de nuestra línea evolutiva es en el diente canino. En todos los primates es cónico, y sirve para clavarse en la carne, como una daga. En cambio, en Ardi su forma es de rombo, o de diamante más bien, como nos sucede a los humanos actuales.

Quiero decir que partiendo del cuello del diente los bordes de la corona se separan primero y luego convergen hacia la punta. Una morfología del canino así no se encuentra en las especie anteriores que parecen del mismo tipo que los ardipitecos, como *Sahelanthropus tchadensis* (encontrada en Chad) y *Orrorin tugenensis* (de Kenia). Ni siquiera se encuentra en una especie más antigua de ardipiteco, llamada *Ardipithecus kadabba*, que todavía tiene el canino cónico.

El canino de Ardi es el rasgo más importante, a mi modesto entender, para postular que su especie sea antepasada directa o indirecta de la nuestra.

Ardi vivió hace 4,4 millones de años. Poco tiempo después ya caminaban con paso firme por África los australopitecos. Con las rodillas completamente extendidas y las manos y los pies como los nuestros, aunque más pequeños, porque los australopitecos eran más o menos del tamaño de los chimpancés.

La «maldición de los pedúnculos borrados» se cumple aquí al pie de la letra. No tenemos formas intermedias entre los ardipitecos y los australopitecos. Los primeros fósiles de estos últimos, que pertenecen a la especie *Australopithecus anamensis*, aparecen en las orillas del lago Turkana en Kenia con todas las características de los australopitecos, pero solo 200.000 años después de que viviera Ardi.

Sin embargo, el fósil más espectacular de esta especie, un cráneo completo datado en 3,8 millones de años, no procede del lago Turkana sino del Área de Estudio de Woranso-Mille, en la región de Afar en Etiopía (que tiene el nombre de la etnia que vive allí).

Hay una larga lista de razones *para que* los ardipitecos y los australopitecos se pusieran de pie. Es tan larga la lista que acabaríamos antes diciendo que en realidad no sabemos qué ventajas proporciona un tipo de marcha que no tiene ningún otro mamífero. Pero allá van las explicaciones, siempre en forma de infinitivos. Podéis quedaros con la que queráis o incluso combinarlas, todas tienen sus partidarios:

- Gastar menos energía en la marcha (eficiencia).
- Agotar a las presas en la caza por resistencia.
- Vadear ríos con el agua por la cintura y así poder explotar los abundantes recursos de las zonas húmedas tropicales.
- Exponer menos superficie de piel a la radiación cuando el sol está en todo lo alto.
- Mejorar la refrigeración al separar el cuerpo del suelo ardiente y aprovecharse de las brisas para evaporar el sudor y enfriar la piel.
- Cargar cosas para uno mismo (alimentos, herramientas).
- Aprovisionar a las hembras que permanecen con las crías en el campamento.
- Transportar a las crías en las marchas.
- Alcanzar desde el suelo frutos altos a los que no llega un cuadrúpedo.
- Sostenerse de pie sobre las puntas de las ramas para alimentarse de frutos en los árboles.

- Liberar las manos y dedicarlas a otras funciones, como la fabricación de utensilios.
- Intimidar a los depredadores haciéndose más grande.
- Exhibir los órganos sexuales y los caracteres sexuales secundarios.
- Lanzar piedras.
- Combatir cuerpo a cuerpo contra otros machos.

Por su parte, Charles Darwin creía que la postura bípeda permitía a nuestros primeros antepasados fabricar armas:

> Únicamente es el hombre el que se ha convertido en bípedo y creo que podemos adivinar parcialmente cómo llegó a adoptar la postura erguida, que constituye una de sus peculiaridades más notables. Sin el uso de las manos el hombre no habría podido alcanzar su actual apostura, que le caracteriza con nota dominante en el mundo: tiene las manos admirablemente dispuestas para actuar en obediencia a su voluntad. [...] Pero difícilmente habrían llegado las manos y los brazos a la perfección necesaria *para manufacturar armas o para arrojar piedras y arpones con verdadera puntería* [las cursivas se las pongo yo], si se hubieran empleado habitualmente como medio de locomoción, o para soportar todo el peso del cuerpo, o si hubiesen continuado especialmente adaptadas para encaramarse a los árboles.

Sin embargo, todo parece indicar que en esto Darwin no tenía razón, porque los australopitecos eran ya bípedos eficientes pero no fabricaban instrumentos de piedra de modo habitual. Y desde luego, los australopitecos no cazaban grandes presas.

La saga de películas de *El planeta de los simios* plantea la posibilidad de que, si se extinguiera (o *degenerara*) la especie humana, los grandes simios podrían evolucionar para convertirse en algo parecido a nosotros. Es posible que lo hicieran, opinan algunos autores, pero no caminando a cuatro patas. Tendrían que hacerse bípedos y liberar sus manos para emplearlas en la tecnología.

En todo caso, son los grandes simios los que corren el peligro de extinguirse a manos humanas, no al revés.

Si queréis conocer mi opinión, no hay una única causa para la postura erguida, sino un conjunto de ventajas. Ni siquiera creo que tenga mucho sentido preguntarse *para qué* nos hicimos bípedos. Simplemente funcionó. Y aquí estamos nosotros andando y corriendo.

Pero hay alguien que sostiene que hay una causa principal para que nos pusiéramos de pie, que marcó el curso de la evolución humana posterior. Su nombre es C. Owen Lovejoy. Este autor cree haber encontrado la clave de la evolución humana, la razón por la que estamos aquí, y el comienzo de todo, en la monogamia. Ni más ni menos.

Ya lo dijo C. O. Lovejoy previamente de los australopitecos, y ahora lo dice de los ardipitecos, que es como podemos llamar, en conjunto, a todos los homininos anteriores a los australopitecos. El rasgo clave de nuestra evolución sería por lo tanto un rasgo del comportamiento social y reproductor. Un cambio sociobiológico, expresado en un lenguaje un poco más técnico. Desde el principio de nuestra historia evolutiva, cuenta la teoría de la monogamia de C. O. Lovejoy, las hembras se quedaban en el campamento con las crías y los machos salían a buscar alimento, en este caso vegetal. Para poder transportarlo necesitaban liberar los brazos de la locomoción. Para llevar la comida, precisamente, *en brazos*.

Pero no hay que pensar que los machos de los ardipitecos y los australopitecos compartieran la comida con todas las hembras y las crías del campamento en una especie de economía comunal, sino solo con su familia: su hembra y sus crías. De ahí la monogamia. Sexo en exclusiva a cambio de comida en exclusiva. Otros rasgos físicos y fisiológicos tendrían también que ver con ese sistema social y reproductor, como por ejemplo el hecho de que la ovulación, el periodo fértil, no se anuncia en nuestra especie como en las hembras de los chimpancés, para atraer a *todos* los machos, sino que permanecería oculto, invisible, desde los ardipitecos.

Y como el macho no tenía modo de *saber* cuándo puede engendrar una criatura, porque la ovulación no se publica, se veía *obligado* a la monogamia.

De acuerdo con esta teoría los primeros homininos, después de que nos separáramos de los chimpancés, ya eran monógamos y bípedos, aunque fuera de forma imperfecta, pero suficiente para aprovisionar a su familia.

Podemos llamar a este relato tanto la «teoría de la monogamia» como la «teoría del macho proveedor».

Hay una manera de poner a prueba esta teoría, y consiste en mirarle los caninos a la especie. Porque resulta que en las especies de primates en las que los machos se pelean mucho entre ellos los caninos de los machos son bastante más grandes que los de las hembras. Son sus armas para el combate, y las hembras no las necesitan y por eso se las ahorran en buena lógica. En cambio, las especies monógamas, como los gibones, no tienen diferencias de tamaño en los caninos.

Fijaos en que no estoy mirando si los caninos son grandes o pequeños en una especie (los de los gibones son bien grandes en los dos sexos), sino que intento saber si los machos han invertido un plus de su economía en producir unos caninos más grandes que los de las hembras solo para pelearse unos con otros.

Grandes diferencias en el tamaño de los caninos, sobre todo de los caninos superiores, que son los más grandes, se encuentran en los orangutanes y los gorilas, pero también en los chimpancés comunes, siendo menores en los bonobos. Imagino que no os sorprenderá, con todo lo que ya sabemos de la sociobiología de unas y otras especies. A lo que añado que también hay grandes diferencias entre los caninos de los machos y de las hembras de los papiones, y por las mismas razones.

Lo que necesitamos saber, en definitiva, es de qué grado eran las diferencias en el tamaño de los caninos de los ardipitecos. Y a eso se ha encaminado un estudio de las coronas de los caninos en numerosas especies actuales y fósiles publicado en 2021 por el japonés Gen Suwa, Tim White y una serie de colaboradores. Es, sin duda, un trabajo exhaustivo, en el que además se aplica un nuevo método estadístico. Los caninos de ardipitecos medidos son 13 caninos superiores y 11 inferiores, con una antigüedad del conjunto en torno a los 4,5 millones de años. No son muchos, pero hay que tener en cuenta que la muestra disponible se reduce porque para calcular la altura de la corona solo valen caninos que no tengan mucho desgaste, es decir, recién salidos (o casi).

El resultado del estudio es que, aunque los caninos de los ardipitecos son claramente mayores que los nuestros, las diferencias entre los dos sexos son como las nuestras. Muy por debajo de las diferencias sexuales de los chimpancés comunes, e incluso de los bonobos. Lo que querría decir que no había grandes conflictos entre los machos.

Los caninos de los machos de los ardipitecos, para que os hagáis una idea, tenían el tamaño de los caninos de las hembras de las especies actuales de grandes simios. Los ardipitecos machos no tenían caninos como los de los machos de gorila, orangután, chimpancé y ni tan siquiera de bonobo.

Lo que habría ocurrido es que en los primeros homininos se produjo una reducción drástica del tamaño de la corona de los caninos de los machos por razones sociobiológicas, dicen G. Suwa, T. White y demás. En el artículo insinúan además que el «desarme» de los machos seguramente fue resultado de la selección sexual practicada por las hembras. Es decir, ellas elegían a los machos menos agresivos. Y también señalan los autores que la reducción del canino de los machos en los ardipitecos coincide con el inicio de la locomoción bípeda, lo que no sería una coincidencia.

Como en este libro me toca opinar, tengo que decir que encuentro este argumento poderoso y bien fundado, pero las diferencias entre los machos y las hembras de los primates no solo se manifiestan en el tamaño de los caninos, sino también en el tamaño del cuerpo. En las especies en las que los machos se pelean mucho hay una gran diferencia de corpulencia entre los sexos, porque los machos tienen que invertir un plus de energía para poder transmitir los genes por medio de la reproducción. Y un cuerpo grande, por cierto, sale mucho más «caro» que un canino grande.

Yo, y casi todos los especialistas, encontramos grandes diferencias de tamaño entre los diferentes fósiles de australopitecos, como si hubiera una intensa competencia entre los machos por la reproducción. Pero para poder asegurarlo se necesita un grupo de australopitecos de la misma población y de los dos sexos, porque comparar individuos de diferentes poblaciones puede dar errores, ya que unas poblaciones pueden ser más grandes que otras. Y la única muestra amplia de individuos de la misma población que se ha encontrado hasta la fecha es la de la Sima de los Huesos de Atapuerca, que por cierto muestra un grado de *dimorfismo sexual* como el de nuestra especie.

Ahora quisiera que echarais un vistazo al disco dorado

que viaja por el espacio en las sondas Voyager 1 y Voyager 2 desde 1977, y que fue diseñado por un equipo dirigido por el famoso astrónomo y gran divulgador científico Carl Sagan. Ya han abandonado nuestro sistema solar esas sondas y navegan por el espacio interestelar. Me pregunto si los extraterrestres que lo vean (el disco dorado) llegarán a la conclusión de que somos una especie que tiene dos sexos con diferencias significativas en el tamaño corporal entre uno y otro. ¿Deducirán que hay una intensa competencia por la reproducción entre los machos de la especie fabricante de la sonda espacial? ¿O que la hubo en el pasado?

Ya que se me ha pedido que diga lo que pienso, aunque no esté del todo seguro, diré que yo, particularmente, no me creo la teoría de la monogamia porque me resulta imposible imaginarme a los ardipitecos, con esos huesos isquiáticos tan desarrollados y esas manos con dedos tan alargados (aunque la palma no lo sea tanto), con pulgares tan endebles y cortos (respecto a los otros dedos), y con esos pies blandos, sin una verdadera bóveda plantar rígida y con el dedo gordo tan corto (relativamente) y tan separado de los otros dedos, no me los imagino, digo, a esos ardipitecos, transportando frutos a larga distancia para sus crías y sus hembras respectivas.

El primer australopiteco lo descubrió el médico australiano Raymond Dart en 1924. Voy a hablaros un poco de este hallazgo y de lo mucho que tuvo que luchar el bueno de Dart para que se reconociera la importancia del fósil en la evolución humana.

Raymond Dart terminó sus estudios de Medicina en 1917 y fue enviado a Francia como médico del ejército británico para participar en el último año de la Primera Guerra Mundial. Después de la desmovilización pasó a ser ayudante del prestigioso profesor Grafton Elliot Smith, catedrático de Anatomía del University College of London.

En 1922 surgió la oportunidad de ocupar la cátedra de Anatomía de la universidad sudafricana de Wits (Witwatersrand), en Johannesburgo. Los consejos de Elliot Smith y el interés de Dart por la antropología empujaron al joven médico a solicitar el puesto. En el impreso de la solicitud había un apartado en el que se preguntaba la religión del aspirante a la plaza y Dart escribió «librepensador» (en inglés: *freethinker*). Eso, para que nos entendamos, quería decir agnóstico, o directamente ateo.

La máxima autoridad del momento en Gran Bretaña en temas de evolución humana era el escocés sir Arthur Keith. Grafton Elliot Smith y sir Arthur Keith compartían una teoría: la de que la cuna de la humanidad estaba en Europa, no en África o Asia. Como prueba de cargo Grafton Elliot Smith tenía entre sus manos un importante fósil, el cráneo de Piltdown, encontrado en Inglaterra. Un ejemplar que parecía demostrar que el eslabón perdido entre el simio y el ser humano estaba en Europa, no en las lejanas selvas de las colonias europeas africanas o asiáticas.

Así que Elliot Smith envió al joven Dart a hablar con el insigne profesor Keith de su decisión de presentarse para cubrir la vacante de Johannesburgo. Sir Arthur Keith leyó la solicitud y le dijo a propósito de su adscripción expresa al libre pensamiento: «¿Lo encuentra sensato? Me parece que la atmósfera en Sudáfrica es muy calvinista. Yo pondría "protestante". No le van a preguntar qué clase de protestante es usted ni contra qué le apetece protestar».

Raymond Dart se negó a declararse protestante. En su libro *Aventuras con el eslabón perdido* (1959) Dart atribuye a esa negativa las palabras que le dedica sir Arthur Keith en su autobiografía (1950): «Cuando voy a los acontecimientos que se agolparon en el año 1925, mi primera obligación es presentar otro de los brillantes pupilos sudafricanos de J. T. Wilson. Su nombre es el de profesor Raymond Dart, que ha mantenido la cátedra de Anatomía de la Universidad de Witwatersrand en Johannesburgo por un cuarto de siglo. Yo soy uno de los que lo recomendaron para el puesto, pero lo hice, ahora puedo decirlo, con cierto miedo. Sobre su conocimiento, su inteligencia y su imaginación no puede haber dudas. Más bien lo que me atemorizaba era su volubilidad, su desprecio por la opinión aceptada y lo heterodoxo de su actitud».

Una vez en Sudáfrica Raymond Dart se interesó por los fósiles. En el verano de 1924 le trajeron un cráneo de papión (babuino) de un yacimiento llamado Taung, que era una cantera de travertino en explotación en la que los obreros encontraban fósiles. Días después llegaron dos cajas de huesos del yacimiento. Dart estaba celebrando en su casa la boda de un amigo. En cuanto tuvo ocasión abrió las cajas y en la segunda de ellas identificó el cerebro fosilizado de un primate que no era un papión, sino algo mucho más grande. A duras penas fue capaz de esperar a que los novios abandonaran la casa para volver a ver esa segunda caja, que no le dejaba pensar en otra cosa.

El fósil estaba en parte aprisionado en la roca y no se podía estudiar en su totalidad. No fue hasta el día 23 de diciembre cuando por fin Raymond Dart le vio la cara. «Es el eslabón perdido», debió de pensar al verlo. Dart cuenta que esas Navidades no había un padre más orgulloso de su criatura que él en todo el mundo. Y decía «padre» porque el cráneo de Taung había pertenecido a un niño. Conservaba toda la dentición infantil, aunque estaba a punto de salirle la primera muela definitiva, que aparece por detrás de las muelas de leche. Ese primer molar permanente hace erupción (como se dice técnicamente) en nuestra especie hacia los cinco o seis años.

Dart se dio prisa en estudiar el fósil y envió un artículo a la prestigiosa revista británica *Nature*, que tras consultar a diversos expertos, dada la naturaleza extraordinaria del hallazgo y lo osado del planteamiento, se decidió a publicarlo. El nombre que le puso a la especie fue *Australopithecus africanus*. Tal vez el origen australiano del autor tuviera algo que ver con la extraña combinación de palabras: «mono austral africano».

Pero el que lo publicara la revista no quiere decir que fuera admitido por todos los paleoantropólogos del momento. Más bien al contrario. Para el prestigioso sir Arthur Keith no se trataba de un antepasado nuestro, sino de un pariente de los gorilas y de los chimpancés. Keith achacaba la supuesta equivocación de Dart a que no disponía de cráneos infantiles de chimpancés y de gorilas para comparar en su pequeño departamento universitario sudafricano.

Si hubiera podido juntar al Niño de Taung con ejemplares de chimpancés y de gorilas de su misma edad, decía sir Arthur Keith, habría comprobado que el fósil sudafricano se parecía mucho más a una cría de gran simio que a un niño humano.

En su estudio, Dart ponía mucho énfasis en la anatomía del cerebro. En realidad no se trataba de un verdadero cerebro fósil, eso no es posible, sino de sedimento fino que se había metido dentro del cráneo después de la muerte y posterior descomposición del cerebro original del pequeño australopiteco, ocupando su lugar. El material de relleno se había petrificado reproduciendo con mucho detalle la cara interna de las paredes del cráneo. Permitía, pero solo hasta cierto punto, apreciar la anatomía del cerebro original. Para Raymond Dart estaba claro que era humano. Sir Arthur Keith opinaba lo contrario.

Esta disputa ha permanecido a lo largo del tiempo con otros protagonistas. La opinión de que el cerebro del australopiteco de Raymond Dart tiene características humanas la ha defendido el gran experto en cerebros fósiles Ralph Holloway, de la Universidad de Columbia de Nueva York, recientemente fallecido. Un verdadero gigante de la paleoneurología humana.

Y la postura de que se parece mucho más a los chimpancés, aunque desde luego no es igual, la ha mantenido la profesora Dean Falk, de la Universidad de Florida, que es quien yo creo que tiene razón, como la tenía sir Arthur Keith, pero solo en lo que se refiere a la morfología del cerebro, no en que el fósil fuera un pariente remoto de los chimpancés y gorilas.

Raymond Dart se fue a por más fósiles de australopitecos a otra cueva sudafricana llamada Makapansgat, porque la de Taung había desaparecido bajo la dinamita de los obreros que explotaban la cantera.

Otros investigadores encontraron abundantes huesos de *Australopithecus africanus* en la cueva de Sterkfontein, que se sigue excavando todavía con grandes resultados. A Makapansgat y Sterkfontein se ha unido en los últimos años una nueva cueva sudafricana (Malapa), también con espectaculares hallazgos de australopitecos, aunque de otra especie más reciente (*Australopithecus sediba*).

A finales de los años cuarenta del siglo pasado un especialista en primates muy prestigioso llamado sir W. E. Le Gros Clark examinó toda la evidencia disponible y llegó a la conclusión de que los australopitecos eran sin ninguna duda antepasados nuestros. A partir de entonces ya nadie lo discute.

Sir Arthur Keith reconoció su equivocación en su autobiografía, con una grandeza que le honra y que pocas veces se ve. En el libro escribe: «Dart mantenía que el simio fósil que había desenterrado en Taung era mucho más de la estirpe humana que de cualquiera de los simios vivientes. Por mi parte, yo llegué a la conclusión a partir de una serie de rasgos de que el simio de Taung era primo carnal del gorila y del chimpancé. Descubrimientos posteriores, hechos muchos años después, probaron que Dart estaba en lo cierto. Fue su juicio el acertado, no el mío».

Sir Arthur Keith, por cierto, ocupa un lugar señero en la historia de la ciencia por haber descubierto junto con un discípulo suyo el nodo sinoauricular o nodo de Keith y Flack, que es el «marcapasos» del corazón. Nuestro corazón late de forma automática, y sin que tengamos que hacer nada ni pensar en ello, gracias al seno que descubrió este gran anatomista.

Analizando ahora de forma retrospectiva la discusión podríamos decir que Raymond Dart tenía razón por razones equivocadas y sir Arthur Keith estaba equivocado por razones verdaderas. Paradojas de la ciencia y de la vida. El cerebro de los australopitecos no tiene rasgos específicamente humanos. La humanidad de los australopitecos está sobre todo en la locomoción bípeda y en la morfología de los dientes. Pero también Cristóbal Colón estaba equivocado y descubrió un continente.

En todo caso, la inteligencia no fue el punto de partida de la evolución humana, sino la postura erguida. No empezamos nuestra historia siendo unos simios inteligentes que fabricaban herramientas y que cazaban, sino unos simios erguidos y vegetarianos. No obstante, el cerebro de los australopitecos era sin duda mayor que el de los chimpancés, un dato que habrá que tener en cuenta.

No me quedo tranquilo si no aclaro que lo que se encuentra dentro del cráneo no es solo el cerebro, sino también el cerebelo, que ocupa una parte importante del volumen interno de la caja craneal, y el puente (de mucho menor tamaño). Así que los especialistas utilizamos para todo el conjunto la palabra *encéfalo*, que en griego significa, literalmente, «lo que está dentro de la cabeza».

El cráneo inglés de Piltdown resultó ser un fraude. Una burda falsificación hecha con la intención de engañar. Y vaya si lo consiguió. Pero no fueron los científicos los autores de la mixtificación, sino el arqueólogo aficionado (llamado Charles Dawson) que dijo haber encontrado los restos, que ni siquiera eran fósiles.

Nuestro origen no está en Europa, sino en África. Somos africanos todos los seres humanos, y, como veremos en su momento, por partida doble.

CLIMA Y EVOLUCIÓN

En este capítulo hay cuatro conceptos muy importantes en los que tenemos que detenernos. El primero es el de mosaico ecológico. El segundo es el de evolución en mosaico, que es una cosa muy distinta, aunque la palabra *mosaico* aparezca también. El tercero, el de la geometría de la evolución. Son conceptos fáciles, aunque suenen raros. Y a continuación viene otra lección muy importante de la paleontología. La evolución no sucede al margen del planeta y de los ecosistemas. El clima cambia, la geografía cambia, y las especies se adaptan a los cambios evolucionando.

Los primeros homininos vivían en la oscuridad de la selva lluviosa, de la que no solían salir. Conocemos muy mal a estos remotísimos antepasados nuestros que vivieron hace más de cuatro millones de años. En cambio, conocemos muy bien a sus descendientes los australopitecos gracias a los descubrimientos que se han ido sucediendo desde que Raymond Dart descubrió al primero de ellos.

Para saber cuál era el hábitat de los australopitecos tenemos que acudir al estudio de los dientes. Esto no es una excentricidad de los paleoantropólogos. Los paleontólogos que estudian los fósiles de los mamíferos siempre empiezan por los dientes. Para empezar, los dientes se conservan muy bien porque sus tejidos son muy duros. Además hay muchos dientes en la boca. Los humanos, los grandes simios y los monos del Viejo Mundo (no los americanos) tenemos dos incisivos, un canino, dos premolares y tres molares en cada lado del maxilar y de la mandíbula.

Los europeos tenemos la cara pequeña, y por eso es posible que a ti, si tienes ese origen, no te hayan salido las terceras muelas, que se llaman popularmente las muelas del juicio. Incluso es posible que alguna ni siquiera se haya formado.

Los dientes nos hablan de la alimentación de una especie, y por lo tanto también de su hábitat. Gracias a los dientes podemos saber *cómo se gana la vida* una especie. A eso se lo llama técnicamente «nicho ecológico».

Si miramos la boca de un chimpancé veremos que los dientes de delante, es decir, los incisivos y los caninos, son mucho más grandes que los nuestros, y los de detrás, o sea, los premolares y los molares, son como los nuestros en cuanto a tamaño. Eso se debe a que son frugívoros, es decir, comen sobre todo frutas maduras. Las frutas hay que cortarlas, trocearlas, pero no hace falta masticarlas mucho porque son blandas.

En cambio, los dientes de atrás de los australopitecos eran muy grandes y con esmalte grueso, lo que significa que tenían que triturar mucho el alimento. Ya no comerían siempre frutos blandos, sino que también incorporarían a su dieta granos y semillas que necesitan ser masticados, es decir, molidos, a diferencia de sus antepasados los ardipitecos, que se alimentaban casi exclusivamente de frutos maduros y vegetales tiernos, como los actuales chimpancés.

Decía don Quijote: «Boca sin muelas es como molino sin piedra, y en mucho más se ha de estimar un diente que un diamante». Es una buena comparación, porque, en efecto, las muelas están ahí para moler el alimento.

Los granos y semillas los encontrarían los australopitecos en medios más secos que el bosque húmedo, es decir, en la sabana. Existe la posibilidad de que también desenterraran bulbos, raíces, tubérculos, tallos subterráneos y otros órganos de reserva, pero eso no es tan fácil como parece y como se dice con gran alegría en muchos textos de prehistoria. Están muy profundos para que no se los coman los animales y se necesita cavar con fuerza y con destreza. Hace falta también fabricar un palo largo terminado en una punta aguda para acceder a la rica reserva de alimento que esconden los *geófitos*, que es como se llama en conjunto a estas plantas con depósitos enterrados de calorías.

Resumiendo, en cuanto a su hábitat podemos decir que los australopitecos aún no habían abandonado la selva por completo, pero que ya explotaban otros ambientes. Eso no significa que se movieran habitualmente por la sabana abierta, esto es, por la pradera sin árboles, como vemos en tantas ilustraciones que para mí no tienen sentido. Allí no se les había perdido nada. ¿Qué iban a comer? ¿Cómo se defenderían de los leones y otros depredadores? Los australopitecos tenían caninos pequeños, casi tan reducidos como los nuestros, y no grandes colmillos cónicos como los de los chimpancés y demás grandes simios. O como los papiones.

Por lo tanto, pasarían en ocasiones de un bosque cerrado a otro bosque más abierto, con más luz, en el que las copas de los árboles no se continuaban unas con otras formando un dosel. En esas sabanas arboladas el estrato arbustivo y el matorral serían importantes, y les proporcionarían bayas que tendrían al alcance de la mano. Pero no por ello dejarían de subirse a los árboles para saciar su hambre con los riquísimos (para los chimpancés) frutos maduros que ofrecen algunas especies. Es decir, los australopitecos habían ampliado el rango de los alimentos que podían consumir, porque sus hábitats eran más variados. Y, al ampliar su nicho ecológico, los australopitecos tenían que moverse por espacios más amplios. Sus áreas de campeo serían más grandes que las de los chimpancés, que apenas salen de la selva húmeda y oscura, donde la luz llega al suelo con dificultad.

Los australopitecos se moverían así por un mosaico ecológico, lo que quiere decir que no vivían en un único ecosistema, sino en una mezcla de selva y de sabana. Tenían un pie en cada uno de los dos mundos. Así disponían de más recursos, de un alimento más variado. El estudio de los átomos de carbono del esmalte dental lo confirma, como os contaré en su momento.

En el diseño de su cuerpo los australopitecos también eran un mosaico, una mezcla de rasgos. En algunas cosas se parecían a nosotros, en otras a los chimpancés. En ciertos rasgos eran intermedios. En el cerebro se parecían más a los chimpancés, en mi opinión, y también en la proyección de su cara, en el *prognatismo*. Ahora bien, todo su cuerpo se había remodelado desde la base del cráneo hasta el dedo gordo del pie para permitir la marcha erguida. Eso implica un cambio radical en la forma de la cadera, una columna vertebral con curvaturas, y unas manos y pies muy semejantes a los nuestros, así como un cráneo que se articula con el cuello por abajo, no por detrás como en los cuadrúpedos. En otros términos, la cabeza se sitúa por encima del tronco, no por delante.

Esa remodelación del cuerpo es tan completa que cuesta entender cómo pudo realizarse en tan poco tiempo (máximo 200.000 años) como hay entre Ardi (4, 4 millones de años) y los primeros australopitecos (4,2 millones de años). Volveré sobre este tema enseguida.

Los australopitecos eran muy anchos de cadera para su estatura, que era pequeña. Algunas hembras, como la famosa Lucy, apenas pasaban del metro (y no es la única hembra diminuta que conocemos de australopiteco, hay más). Por su parte, rara vez la estatura de un macho excedería de 1,4 metros.

Doy por hecho que conocéis a Lucy, una hembra de australopiteco (de la especie *Australopithecus afarensis*) encontrada por el americano Donald Johanson en 1974 en la región de Afar, en Etiopía. Hay que decir que el proyecto de investigación y excavación lo dirigían, junto con Johanson, los franceses Yves Coppens (paleoantropólogo) y Maurice Taieb (geólogo), a los que hay que hacer extensiva la gloria del hallazgo.

Lucy se ha convertido en un icono de la paleontología humana, por lo que me refiero a ella por su *nombre propio* y sin comillas, como si fuera de la familia (su sigla es AL 288-1, así que es mejor no utilizarla).

Los chimpancés son grandes acróbatas. Se cuelgan de las ramas horizontales de los árboles con una mano, pivotando sobre un punto fijo, columpiándose como si su cuerpo fuera un péndulo, para luego girar la muñeca y cambiar de mano. De esta manera avanzan, ingrávidos, a gran velocidad por las copas de los árboles. Debido al predominio de la locomoción suspendida (de los brazos) sobre la locomoción terrestre (a cuatro patas), la musculatura de sus brazos está más desarrollada que la de sus piernas.

Pero si miramos a los chimpancés con atención cuando están sentados nos daremos cuenta de que parecen encogidos de hombros. Eso se debe a que sus escápulas (los omóplatos) están adaptadas a la locomoción arbórea, de manera que la articulación del hombro está dirigida bastante hacia arriba, no hacia un lado como en los humanos. También sus clavículas son cortas y se orientan en diagonal, como las nuestras cuando levantamos los hombros.

Los humanos actuales tenemos unos hombros anchos, con las clavículas largas y en posición horizontal. La cabeza está sobre los hombros, no entre ellos como en los chimpancés. Además, nuestra cara no es prognata, y no tapa el cuello cuando nos miramos de frente. Por eso los humanos nos reconocemos en nuestro largo cuello.

Hay disputa acerca de la anchura de los hombros de los australopitecos, porque algunos especialistas piensan que los tenían anchos como los seres humanos actuales, y otros piensan que los tenían estrechos, como los chimpancés. Pero es un debate que se resolverá algún día, porque el registro fósil cada día es más amplio. De momento, las pocas escápulas conocidas de los australopitecos se parecen mucho más a las nuestras que a las de los chimpancés, que las tienen muy especiales, alargadas de arriba abajo siguiendo la columna vertebral (todas las comparaciones las hago con el tronco en posición vertical). Esa es una buena razón para pensar que los australopitecos no eran tan buenos acróbatas como lo son ahora los chimpancés.

Ya que se suele utilizar a los chimpancés como elemento de comparación para los australopitecos, nunca está de más recordar que los humanos no venimos de los chimpancés, sino que son nuestros parientes actuales más cercanos. Sería mejor comparar a los australopitecos con los ardipitecos, pero todavía los conocemos mal, y además no los podemos ver en directo como a los chimpancés.

Tampoco está clara la forma de la caja torácica de los australopitecos. La nuestra tiene dos aberturas, una por arriba y otra por abajo, y forma aproximada de tonel (estoy simplificando todo lo que puedo la anatomía). La caja torácica de los chimpancés tiene las mismas aberturas, claro está, pero su forma es la de una pirámide, es decir, se asemeja a un embudo al revés, con la boca estrecha arriba y la ancha abajo. Seguramente esta caja torácica con una abertura superior estrecha no favorece la ventilación pulmonar durante la carrera sobre las piernas. No se corresponde con las necesidades de un corredor bípedo porque los chimpancés no lo son.

Si los australopitecos tuvieran unos hombros estrechos y un tórax piramidal estaría claro que estaban hechos para colgarse de las ramas de los árboles. Pero si tenían los hombros anchos y el tórax en forma de tonel (que es lo que yo creo) habría que pensar que eran una especie en la que la locomoción bípeda predominaba, aunque todavía pudieran subirse a las copas de los árboles sin demasiados problemas. Y sin duda tenían dos buenas razones para trepar: llegar hasta los frutos y ponerse a salvo de los leones y de los tigres de dientes de sable (comer y que no te coman). Los leopardos, en cambio, pueden trepar hasta lo más alto, pero son más pequeños.

Las falanges de las manos y de los pies de los australopitecos, aunque eran muy parecidas a las nuestras, estaban curvadas, y eso parece indicar que todavía se aferraban a las ramas de los árboles.

Es seguro, sin embargo, que la caja torácica de los australopitecos estaba lejos de la cadera, es decir, que tenían cintura. Este es un rasgo muy importante, porque los chimpancés no la tienen: sus últimas costillas (las llamadas flotantes) están muy cerca del borde superior de la pelvis (borde conocido como *cresta ilíaca*). Eso quiere decir que los chimpancés apenas pueden retorcer el torso (*torsionarlo*) como hacemos los humanos al caminar. Nosotros cruzamos las caderas con los hombros, de manera que adelantamos la cadera derecha y el hombro izquierdo, y luego la cadera izquierda y el hombro derecho. Los australopitecos podían realizar también esa torsión pero, a causa de sus cortas piernas, no eran grandes caminantes. Y tampoco creo que corrieran mucho.

Es imposible disfrazar a un humano para que ande a cuatro patas como un chimpancé o un gorila en una película de la saga de Tarzán o de *El planeta de los simios* (salvo que se recurra a la animación por ordenador). Eso se debe a que nosotros tenemos las piernas largas, y no podemos ponernos a cuatro patas como los monos, aunque queramos. Tenemos que apoyar las rodillas en el suelo.

Los chimpancés tienen los brazos un poco más largos que las piernas. En los simios, los brazos son las extremidades dominantes, mientras que en nosotros lo son las piernas, con mucha diferencia. En los australopitecos las piernas eran ya más largas que los brazos, pero no tan largas como las piernas humanas. Sus proporciones generales estaban todavía más cerca de los actuales chimpancés que de los humanos actuales. Su zancada todavía era corta. No sabemos si los australopitecos dormían en nidos en las copas de los árboles como los chimpancés, pero no podemos descartar que lo hicieran en algunas ocasiones. Así estarían a salvo de los depredadores si se encontraban en terreno peligroso. No trepaban tan bien como los chimpancés, pero podían subirse a un árbol. Nosotros todavía podemos.

A todo lo dicho se debe añadir el descubrimiento reciente de una nueva especie de australopiteco que parece totalmente diferente a las otras especies en cuanto a la locomoción. Sus restos se han encontrado en el Área de Estudio de Woranso-Mille (región de Afar, Etiopía). Fue bautizada en 2015 por el paleoantropólogo etíope Johannes Haile-Selassie y colaboradores como *Australopithecus deyiremeda* y se sitúa en el tiempo hace 3,4 millones de años.

Australopithecus deyiremeda sería por lo tanto contemporánea de *Australopithecus afarensis* en la misma región de Afar de Etiopía. Lo más importante de esta especie es que hay un pie (encontrado en 2009 en el yacimiento de Burtele y publicado en 2012) que tiene características muy primitivas, como un dedo gordo corto y divergente y la ausencia de arco longitudinal en la planta del pie. Se trataría aparentemente de un pie prensil como el de los chimpancés. Lo que querría decir que al mismo tiempo y en la misma región convivían dos especies de australopitecos con modos de locomoción radicalmente diferentes: *Australopithecus deyiremeda* y *Australopithecus afarensis*.

Pero también se ha encontrado un fragmento de hueso isquiático de un individuo no adulto, por lo que no estaba fusionado en el acetábulo con los otros huesos del coxal, sino separado, lo que dificulta la interpretación del fósil. Los autores dicen que se parece a un fósil de la especie *Australopithecus africanus* también juvenil encontrado en los años cuarenta del siglo pasado en Makapansgat (Sudáfrica) por Raymond Dart. Yo pienso lo mismo a juzgar por la foto que se ha publicado del nuevo resto. Pero la anatomía del hueso isquiático de los australopitecos no tiene nada que ver, a mi juicio, con la de los chimpancés y con la de Ardi, sino que es «humana» (con pequeños matices), por lo que veo aquí una contradicción entre la pelvis y el pie que me deja perplejo, porque es una combinación única: pie prensil con cadera de bípedo. Sin embargo, los investigadores de *Australopithecus deyiremeda* opinan exactamente lo contrario que yo en un artículo de 2024. Para ellos no hay contradicción sino coherencia entre el pie y el isquion de *Australopithecus deyiremeda*. Ya veremos en qué acaba la cosa.

¿Pero cómo era el desarrollo de los australopitecos? El Niño de Taung, el primer australopiteco que se descubrió (y lo hizo Raymond Dart), tenía todos sus dientes de leche y le estaban saliendo las primeras muelas permanentes. Eso sucede, recordemos, en nuestra especie a los seis o siete años, pero en los chimpancés las primeras muelas aparecen a los tres o cuatro años. La segunda muela definitiva nos sale a los humanos sobre los doce o trece, y a los chimpancés a los seis o siete. Entonces empiezan las hormonas sexuales a circular por la sangre. La tercera muela es la del juicio.

Hacía falta saber qué edad tenía el Niño de Taung cuando murió. Ahora podemos decirlo porque el estudio al microscopio de la formación del esmalte de los dientes nos lo ha revelado. El Niño de Taung murió a los tres o cuatro años. El desarrollo de los australopitecos era por lo tanto más como el de los chimpancés que como el nuestro.

En resumen, la postura bípeda apareció completamente formada antes de que el cerebro creciera mucho. Y también antes de que empezáramos a fabricar instrumentos de piedra.

Si queremos completar nuestra reconstrucción de un australopiteco le podemos poner pelo en todo el cuerpo, como a un simio. Todo hace pensar que todavía no nos habíamos convertido en los monos desnudos que somos ahora.

Y nos falta hablar del modelo evolutivo. Ya sabemos que no evolucionan todas las características a la vez, de la mano, sino que unas aparecen antes que otras. Pero falta por preguntarse cómo surgen las grandes novedades evolutivas. Las verdaderas innovaciones, los diseños biológicos revolucionarios. La postura bípeda, por ejemplo. No se trata de un acto de voluntad. Nuestros antepasados no decidieron un día ponerse de pie y lo hicieron. Por el contrario, cambiaron todo el plan corporal, toda la anatomía y la biomecánica.

¿Fue un cambio gradual o uno rápido? Lo que vemos en el registro fósil es que el modelo australopiteco apareció en relativamente poco tiempo, hablando en términos geológicos. Unos pocos cientos de miles de años, tan solo. Luego el diseño australopiteco permaneció sin grandes cambios durante tres millones de años (aunque pronto matizaré esta cifra). Hubo por supuesto muchas especies de australopitecos en todo ese tiempo, pero no nos resultaría fácil distinguirlas si las viéramos desde lejos. Los australopitecos del Chad no serían exactamente iguales a los de Etiopía, ni estos a los de Kenia, Tanzania o Sudáfrica, pero se trataría de diferencias locales, cambios menores.

Esta es la teoría de los equilibrios puntuados, propuesta por los paleontólogos norteamericanos Niles Eldredge y Stephen Jay Gould, de la que os hablaré otra vez al final del libro. Los grandes acontecimientos de la evolución se producen solo de tarde en tarde, dicen estos dos autores. Entretanto, solo hay variaciones sobre el mismo tema. Eso se expresa diciendo que la evolución es «episódica». Avanza de manera discontinua. Largos y *aburridos* periodos de estabilidad sin grandes cambios interrumpidos por *episodios* de gran creatividad.

Y bien mirado, ¿no sucede esto también en la historia? Durante los miles de años que duró el Egipto faraónico, ¿realmente hubo grandes novedades?

Este es un tema demasiado interesante (el modo y el ritmo de la evolución) como para que nos despidamos definitivamente de él. Volveremos en su momento.

La evolución humana no ocurre al margen del planeta. En realidad tampoco la historia de las grandes civilizaciones es indiferente a lo que le ocurra al mundo. Tradicionalmente, la historia se contaba como un drama, una especie de función de teatro, que sucede sobre las tablas de un escenario en el que los únicos protagonistas son los seres humanos, y generalmente unos pocos caudillos militares como Alejandro Magno, Julio César o Gengis Kan. Era una historia de reyes y reinas (Isabel y Fernando, por ejemplo). El resto de las personas y el paisaje en el que se desarrolla la acción eran solo un decorado detrás del escenario.

Pero hoy la historiografía ha cambiado. Compartimos las tablas del escenario con la geografía, el clima y los ecosistemas, que son también actores principales en este drama de la historia. Antes, la prehistoria era el primero y el más aburrido de todos los capítulos de la historia, porque los personajes eran completamente anónimos, no tenían nombre conocido por nosotros. Al incorporar la naturaleza, sus páginas son ahora apasionantes.

Hace 2,5 millones de años el clima cambió. Empezaron las glaciaciones. No ocurrió de un día para otro como en las películas de catástrofes, pero podemos poner su comienzo en esa fecha redonda de los 2,5 millones de años. Debido a la importancia global del acontecimiento los geólogos han decidido que empiece ahí una época geocronológica que se conoce como *Pleistoceno*. Las glaciaciones terminaron, por ahora, hace unos 12.000 años, y comenzó una época templada que se denomina *Holoceno* en geocronología y que por la intervención humana cada vez es más cálida.

No es la primera vez en la historia del planeta que se producen las glaciaciones, ni mucho menos, pero esta vez el fenómeno afectó de lleno a nuestros propios antepasados.

En el Pleistoceno y en el Holoceno siempre ha habido hielo permanente en el hemisferio norte. Y esta es la gran novedad, porque el hielo antártico existe desde hace mucho más tiempo, tanto como 17 millones de años. Pero la Antártida es un continente centrado en el polo sur, y aislado de las otras tierras emergidas por un océano que la circunda, lo que hace que se conserve el hielo como en un frigorífico.

Cuando hablamos del casquete polar de la Antártida no estamos diciendo que el hielo permanente tenga una profundidad de algunos metros, sino de 2,5 kilómetros de promedio. Y de más de 3 kilómetros, y hasta de más de 4 kilómetros, en algunos lugares.

En el hemisferio norte, en cambio, no hubo hielo permanente hasta el Pleistoceno. En la actualidad, el espesor medio del manto de hielo en Groenlandia, a pesar del calentamiento global, es de 1,5 kilómetro.

Durante las glaciaciones el hielo del hemisferio norte se expandía por las tierras de Europa y de Norteamérica. Las ciudades de Chicago y Nueva York estuvieron cubiertas por un inmenso caparazón de hielo que venía del norte, así como las de Edimburgo y Dublín. En los periodos interglaciales (entre glaciaciones) el hielo permanente retrocedía, pero nunca desaparecía del todo, como ocurre ahora, que sigue habiendo hielo pese al calentamiento global.

En las grandes montañas los valles estaban ocupados por las lenguas glaciares. Todavía quedan glaciares diminutos en los Pirineos, por poco tiempo, pero los hubo muy largos, ocupando valles, como también en las montañas cantábricas, en León y en Galicia, en los Picos de Europa, en el sistema Ibérico, en el sistema Central y en Sierra Nevada. El lago de Sanabria, por ejemplo, es de origen glaciar. Y si España tiene tantas huellas de la glaciación, que llegan hasta Sierra Nevada, en el sur de la Península, imaginad lo que sería el clima de Europa Central y cómo serían sus paisajes en aquella época.

La existencia de glaciaciones prehistóricas no se descubrió hasta bien entrado el siglo XIX, aunque ahora nos parezca increíble, dada la huella tan grande que dejaron los hielos en el paisaje de gran parte de Europa. Hasta que el gran naturalista suizo Louis Agassiz dio a conocer en 1837 su teoría: hubo un tiempo, dijo, en el que Suiza se parecía a lo que Groenlandia es ahora.

Aunque el modelado glaciar en lugares como las *highlands* de Escocia es evidente, a nadie se le ocurrió que esos perfiles en U de los valles fueran el producto de la acción de ríos de hielo, es decir, de lenguas glaciares que fluyeron por los valles.

El perfil de los valles fluviales, los que forman los ríos, es decir, los normales ahora, tiene forma de V. El valle de Ordesa tiene perfil en U porque por ahí pasó un glaciar. Si aún no has estado en esa maravilla ve a verlo cuanto antes. Si vives en Ávila o en Madrid puedes ver cerca de casa la profunda huella del hielo en la laguna de Gredos.

Los glaciares de tipo alpino tienen un circo, donde se acumula la nieve, se comprime y se convierte en hielo, y una lengua, por donde resbala el hielo. Hay glaciares pequeños, que solo tienen circo, como los de los Pirineos actuales. La laguna de Peñalara, en la sierra de Guadarrama, a poca distancia de la capital del país, se encuentra en lo que un día fue un gran circo glaciar.

Las grandes rocas que arrastran los glaciares y depositan lejos de su lugar de procedencia también son una prueba de las glaciaciones. Son conocidas como *bloques erráticos* y nadie sabía explicarlos hasta que llegó Agassiz con su teoría de las glaciaciones del pasado.

He de confesar que a mí me entusiasman los glaciares fósiles, y no digamos los vivos, como el Perito Moreno, en Argentina, que he tenido el placer de conocer. Una montaña con glaciares, aunque sean fósiles, tiene, a mis ojos, más categoría.

¿Por qué se producían estos vaivenes en la extensión de los hielos? La explicación la publicó en 1920 el ingeniero serbio Milutin Milanković y está en la radiación solar y los movimientos de la Tierra.

El verano del hemisferio norte se corresponde con la época del año en que los rayos de Sol inciden más perpendicularmente sobre esta mitad del planeta, es decir, cuando el Sol está más alto en el cielo.

Pero ocurre que el eje de la Tierra se inclina más o menos a lo largo de los milenios, lo que se traduce en que el sol sube más o menos en el cielo. En otras palabras, la inclinación del eje de la Tierra varía en el tiempo geológico, porque no siempre tiene la misma, haya o no glaciaciones.

Y también sucede que ese eje de la Tierra se bambolea, lo que se conoce como «precesión de los equinoccios».

Además, la trayectoria que describe la Tierra alrededor del Sol no es circular, sino alargada, elíptica. Y por cierto, en la actualidad el verano del hemisferio norte corresponde al momento más alejado del Sol, y el invierno al más cercano (sí, lo has leído bien, no es un error). Pero como la órbita no es muy excéntrica este factor es menos importante que los otros dos.

Resumiendo, las glaciaciones en las altas latitudes del hemisferio norte, cerca del polo, se producen cuando llega menos radiación solar *en verano*, de forma que el hielo que se forma *en el invierno* no se derrite nunca y se va acumulando en capas, año tras año, hasta formar un caparazón de hielo (un casquete) de varios kilómetros de profundidad.

El comienzo de las glaciaciones trajo cambios profundos a los ecosistemas africanos donde vivían los australopitecos. Una glaciación no solo se traduce en más frío, sino también en menos lluvia, más aridez.

Las selvas húmedas se redujeron y las sabanas se expandieron. Los australopitecos se especializaron en las semillas, granos y frutos que recolectaban en bosques cada vez más secos. Su aparato masticador se desarrolló todavía más para triturar el alimento. Los dientes de delante se hicieron muy pequeños y las muelas, muy grandes, como sus mandíbulas y sus caras. A partir de ahora cuando diga «muelas» me estoy refiriendo a los dos premolares y a los tres molares, es decir, los dientes que están por detrás de los dos incisivos y del canino (en cada lado de la arcada dentaria, arriba o abajo, porque todos juntos son 32).

Los músculos que cierran la boca produciendo movimientos verticales de la mandíbula, llamados maseteros y temporales, aumentaron el número de sus fibras y sus cuerpos se hicieron más voluminosos. Hay también dos músculos que se encargan de mover lateralmente la mandíbula, y se llaman pterigoideos. Son muy importantes porque producen los movimientos de rotación que ayudan a los elevadores de la mandíbula en la trituración del alimento.

Probad a morder algo con la muelas de un lado, lo más atrás que puedas. Ahora tocaos la sien y notaréis cómo se abulta el músculo temporal. Si os tocáis los carrillos veréis cómo se contrae el músculo masetero.

A estos australopitecos modificados los llamamos *parántropos*, y sobrevivieron hasta hace un millón y cuarto de años. Su cuerpo era bajo como el de los australopitecos, pero su cara era más ancha. El cerebro seguía siendo pequeño en comparación con el nuestro, pero siempre algo mayor que el de los chimpancés.

Ahora entenderéis por qué dije en otro momento que tenía pendiente matizar mi afirmación de que los australopitecos vivieron tres millones de años sin experimentar grandes cambios en su diseño biológico general, lo que se conoce como el «plan corporal». Esa cuenta sale si se incluye a los parántropos entre los australopitecos. Si los viéramos de lejos no sería fácil distinguirlos porque la principal diferencia estaba en el aparato masticador.

Pero si se considera que los parántropos tenían otro plan corporal, aunque no muy diferente, entonces los australopitecos duraron menos, porque algunos de ellos evolucionaron para convertirse en parántropos, y el resto de los australopitecos se extinguieron o se convirtieron en humanos. Los últimos australopitecos que conocemos son los de la especie sudafricana *Australopithecus sediba*, y vivieron hace unos dos millones de años.

Los parántropos a su vez se diversificaron en varias especies que vivían en diferentes regiones, como siempre sucede, y finalmente se extinguieron sin descendencia, y sin haber salido nunca de África, hace un millón y cuarto de años. Para entonces ya había seres humanos de la especie *Homo erectus* en Atapuerca.

En el año 1959 los esposos Leakey hicieron un gran descubrimiento en el yacimiento de Olduvai, en Tanzania, que fue el primero de la serie de grandes hallazgos de fósiles en el este de África que continúa hasta la actualidad y cada vez con más fuerza en Etiopía, Kenia y Tanzania. El descubrimiento lo hizo en realidad Mary, porque Louis estaba con fiebre en el campamento, pero es lo mismo. El mérito les corresponde a los dos.

Se trataba de un cráneo completo e impresionante de un parántropo de la especie *Paranthropus boisei*, que solo habitó el África Oriental y fue la última en extinguirse, además de ser la que había llevado más lejos la hipertrofia de su aparato masticador, con enormes muelas y pómulos muy grandes y salientes que le daban a la cara la concavidad de un plato.

Los pómulos los forma el hueso malar o zigomático, que es donde se origina el músculo masetero, uno de los elevadores de la mandíbula, como ya os he dicho. El otro músculo que cierra la boca es el músculo temporal, que en los parántropos macho forma un reborde óseo en todo lo alto del cráneo llamado cresta sagital. Los gorilas macho y los orangutanes macho también la tienen, porque son muy grandes y necesitan comer mucho alimento, pero en los chimpancés macho por lo general la cresta sagital no existe o es muy discreta.

El cráneo que encontraron los Leakey era de un macho adolescente, con su cresta sagital, al que aún no le habían salido las muelas del juicio, y por eso le pusieron el mote de *Dear Boy* («querido muchacho»), aunque su sigla oficial es OH 5. La antigüedad de este fósil es de 1,8 millones de años (siempre que puedo redondeo para simplificar las cronologías).

Como en el mismo yacimiento se habían encontrado instrumentos de piedra rudimentarios los Leakey pensaron que el autor de esas industrias líticas era el parántropo. Pero luego encontraron fósiles «más humanos» a los que atribuyeron esos utensilios, que por lo tanto no los habrían realizado los parántropos.

Recientemente, una nieta de los Leakey llamada Louise ha encontrado los huesos de una mano en la orilla occidental del lago Turkana, en Kenia, asociada a dientes y otros restos que permiten asignarla a un parántropo de la misma especie que el *Dear Boy* (*Paranthropus boisei*). Puede considerarse un hallazgo excepcional que nos permite comparar la mano del parántropo con la del australopiteco.

En cuanto a la longitud de los dedos y de la palma no hay diferencia. El dedo pulgar de australopitecos y parántropos es *intrínsecamente* largo, como suele decirse en las publicaciones científicas; es decir, es largo en relación con los otros dedos y con la palma. Hago este matiz para recordaros que en realidad no ha sido el pulgar el que se ha alargado en la evolución humana, sino que han sido los otros dedos y la palma los que se han acortado.

Pero, a diferencia de los australopitecos, las falanges y los metacarpianos (huesos de la palma) del parántropo del lago Turkana son muy robustos. En pocas palabras, la mano del parántropo era como la de los australopitecos y los humanos a lo largo, pero a lo ancho se parecía más a la de los gorilas.

Esta semejanza con los gorilas no indica parentesco, sino que se trata de una *convergencia evolutiva* (la mano de parántropos y gorilas han llegado al mismo sitio por caminos diferentes). Los parántropos usaban las manos para hacer algo que también hacen los gorilas hoy en día. ¿Qué puede ser? Tal vez treparan de la misma forma a los árboles, o tal vez las utilizaran de la misma manera para alimentarse. Yo he visto a los gorilas de montaña en los volcanes Virunga tronchar tallos gruesos, y tal vez eso mismo hicieran los parántropos del lago Turkana con sus manazas.

La moraleja de esta segunda parte del capítulo es que la evolución humana no es ajena a lo que sucede ahí fuera, en la naturaleza. Y esa lección debería hacernos reflexionar si nos preocupa el futuro de la especie humana.

Pero más bien parece que estamos preocupados por nosotros mismos, y ahora queremos ser inmortales.

UNA ESPINA PUNZANTE

Ahora se habla mucho de la inmortalidad, que según algunos profetas pseudocientíficos estaría a la vuelta de la esquina. No hay día que no nos lo cuenten en los medios de comunicación. Otros profetas, menos optimistas, afirman que la próxima generación vivirá 120 años como si tal cosa, en plenitud. Ese es el límite de edad alcanzado hasta ahora por nuestra especie, pero pronto, se afirma, llegaremos todos a él, salvo que tengamos un accidente. Y tal vez vayamos más lejos, superando el límite de la especie. El primer humano que vivirá 150 años ya ha nacido. Lo dice un catedrático de Harvard.

La nuestra es una especie longeva si nos comparamos con otros mamíferos, incluso los más grandes. Para empezar somos los más longevos en valores absolutos, quizás con la excepción de una especie de ballena de la que os hablaré pronto.

Tiene mérito porque las especies de mamíferos grandes viven más, por lo general, que las pequeñas, por alguna razón. O por algunas razones. Una muy evidente es que tienen menos depredadores. Pensemos en el elefante, en el hipopótamo o en el rinoceronte, y comparémoslos con los ratones y los conejos.

Ahora bien, para llegar a ser muy grande se necesita un desarrollo largo, y eso es un riesgo porque puedes no llegar a la edad de la reproducción. Además los animales grandes necesitan mucha comida. Así que no siempre el tamaño es lo que importa en relación con la longevidad. Sin ir más lejos, los grandes simios, entre los que nos podemos incluir, somos unos mamíferos longevos, y pesamos mucho menos que un caballo o una vaca, cuyas vidas duran menos de la mitad que la de los chimpancés. Quizás la razón esté en que somos muy listos.

En resumen, los animales longevos son los que se las han arreglado, de un modo o de otro, para tener una mortalidad baja. La probabilidad anual de muerte de un conejo o de un ratón es altísima, mientras que la de los grandes simios es bajísima en comparación. Debemos considerarnos afortunados porque la evolución nos haya hecho tan listos.

Pero, cuidado, los murciélagos viven mucho más que los ratones, y la explicación tiene que ser otra. Quizás sea que vuelan y así escapan más fácilmente de los depredadores. Las aves voladoras viven por lo general más que los mamíferos terrestres de su mismo peso seguramente por la misma razón que los murciélagos.

Para entender mejor la longevidad de las especies es necesario eliminar el factor tamaño, para que podamos comparar un ser humano con una ballena o con un ratón sin ningún problema. La manera de hacerlo os la explicaré más adelante, precisamente a propósito de la inteligencia de los animales, y se basa en una ecuación matemática. Pero, tranquilos, que no os la pienso poner (resistiré esa tentación..., creo). En lugar de eso os hablaré de ¡una salchicha ensartada a lo largo en una brocheta! ¡Eso sí que es fácil de entender!

Al final se elabora un índice, que es lo que nos interesa ahora. Se llama «cociente de longevidad». El de nuestra especie sobrepasa el valor 4, lo que quiere decir que vivimos cuatro veces más de lo que *deberíamos vivir* teniendo en cuenta nuestro tamaño. Pero el cociente de los murciélagos casi llega a 4. No les llevamos tanta ventaja como se podría pensar. Ellos también viven mucho más de lo que *debería vivir* un mamífero de su peso.

Los inesperados vencedores de la competición no somos nosotros, los humanos, sino unos roedores africanos llamados ratas topo desnudas, de los que hablaré en su momento, con un cociente de longevidad de 6, o quién sabe si más. La clave parece estar en que viven en galerías subterráneas y apenas sufren depredación. Con una probabilidad de muerte tan baja casi se puede decir que, a su escala, son inmortales.

He querido presentaros a las ratas topo desnudas africanas porque serán importantes más adelante, cuando hablemos de la vida social. Estos roedores viven en comunidades muy interesantes, que en ciertos aspectos nos recuerdan a las hormigas.

Cuando las células se dividen descontroladamente, sin que nada les ponga un freno, se produce un tumor. Cuanto más grande sea el animal, más células tiene y por eso debería ser mayor el riesgo de padecer cáncer, ya que hay muchas más divisiones celulares en su cuerpo que en el de un animal pequeño. En consecuencia, los animales grandes deberían vivir menos que los pequeños, pero sin embargo por lo general viven más. *Necesitan* vivir más para crecer y producir esos cuerpos grandes, como os he explicado.

Esta contradicción aparente se conoce como «paradoja de Peto», en honor del científico inglés Richard Peto, quien en 1977 llamó la atención sobre esta cuestión de la no correlación entre *carcinogénesis* y número de células del cuerpo. Sorprendentemente, descubrió Peto, los animales grandes no tienen una incidencia mayor de cáncer que los pequeños. No se lo podrían permitir, por otro lado.

La solución a la paradoja tiene que estar, sí o sí, en que los organismos grandes han desarrollado mecanismos eficaces para suprimir el cáncer. Cuanto mayor es un animal más necesidad tiene de estos mecanismos, pero para eso está la selección natural. Este es otro ejemplo de que la comparación entre especies animales, la zoología, abre una vía enorme para la investigación biomédica en humanos. No somos una especie tan *especial* que podamos permitirnos ignorar cómo solucionan sus problemas biológicos las otras especies.

Los animales más grandes son las ballenas, porque su gigantesco cuerpo no está sometido a la acción de la fuerza de la gravedad como el de los animales terrestres. Una ballena varada vive poco tiempo, pero en el mar la gravedad no las aplasta. Deberían por lo tanto vivir muchos años, más que los humanos, pero es difícil saberlo.

Hay una especie, la ballena de Groenlandia (*Balaena mysticetus*), que ha sido estudiada para entender los mecanismos de la vejez. Se trata del segundo mamífero más pesado del mundo, pudiendo sobrepasar las ochenta toneladas. El primero es la ballena azul. Quién sabe, puede que en estos gigantescos animales se encuentre el secreto de la inmortalidad que al ser humano tanto le preocupa desde que descubrimos que nos tenemos que morir todos (y de eso también os hablaré).

De las ballenas de Groenlandia los inuit (impropiamente llamados esquimales) dicen que viven dos vidas humanas. Puede que sepan algo que la ciencia occidental ignoraba hasta hace poco.

Las comunidades inuit de Alaska tienen asignado un cupo de ballenas que pueden cazar, como vienen haciendo desde hace siglos. Eso permite que los biólogos las puedan estudiar después de muertas.

El caso es que en algunas ocasiones se han encontrado arpones de piedra y de marfil en las ballenas cazadas legalmente en los últimos años. Las pobres habían sobrevivido a intentos anteriores de ser capturadas por los inuit. Pero es difícil saber cuándo fabricaron esos arpones, aunque todo hace pensar que son muy antiguos por sus características y el material del que están hechos.

Sin embargo, se han encontrado también en los cuerpos de las ballenas arpones explosivos de metal de fabricación industrial a los que se puede poner fecha. Tendrían por lo menos 130 años. A eso se suma una técnica que se utiliza para datar fósiles, y que se llama *racemización de aminoácidos*. Usándola con la proteína del cristalino de los ojos de las ballenas se han obtenido edades de más de 200 años. Parece que estas ballenas viven mucho, por lo tanto, más de 200 años quizás.

La explicación de esa longevidad tan grande se podría encontrar en una proteína reparadora del ADN que estas ballenas producen en mucha mayor cantidad que nosotros los humanos. A ver cómo es esto.

Ya sabemos que la proliferación celular sin control produce tumores. Afortunadamente disponemos de cinco genes supresores de tumores, el mismo número que las ballenas. Pero si el ADN de estos genes supresores resultara dañado las células se dividirían y se dividirían produciendo un cáncer, salvo que algo lo impida. Intervienen entonces dos clases de frenos de emergencia. Cuando una célula cancerosa es detectada puede ser inducida a morir, un proceso que se conoce como *apoptosis*. O bien se produce la senescencia celular, que consiste en que ya no se dividen más esas células peligrosas y acaban muriendo. En cualquiera de los dos casos, los tejidos van perdiendo células, y eso se traduce en el envejecimiento del cuerpo. Para evitar que tal cosa ocurra interviene la proteína CIRBP, reparadora del ADN, que soluciona el problema sin que los tejidos pierdan unidades.

No se sabe por qué mecanismo las células de las ballenas producen más proteína reparadora del ADN pero tiene relación con las bajas temperaturas del agua en la que viven, que al parecer induce la producción de la proteína CIRBP. Esto daría un cierto fundamento científico a los partidarios de bañarse en aguas frías para conservarse mejor, pero eso hay que demostrarlo con datos, algo siempre más difícil con seres humanos que con ratones. No podemos experimentar con personas y, además, dado que somos una especie de vida larga, habría que esperar muchos años para hacer estudios estadísticos de longevidad.

Así que ya os podéis imaginar que se ha pensado inmediatamente en la proteína CIRBP como la medicina que necesitamos para retrasar el envejecimiento. Hay muchos científicos que opinan que hay que tratar la vejez como si fuera una enfermedad que se puede curar tomando alguna pastilla. Yo no lo creo. Para mí la vejez no es una enfermedad, no tiene una causa única y no hay pastilla que la solucione (ni siquiera la de la proteína reparadora del ADN). Veremos en qué me baso.

Yo diría que para un biólogo la muerte, no la vida, es el más interesante de todos los temas, uno sobre el que todavía no tenemos mucha idea. En realidad tenemos muchas ideas, lo que quiere decir que no hemos dado aún con la solución definitiva del problema. Lo mismo pasaba con la postura bípeda, ¿os acordáis? Demasiadas hipótesis.

Y es que el problema no es pequeño. Por alguna razón nos hemos de morir todos, aunque no tengamos ningún accidente ni nos mate nadie. O sea, no importa que esquivemos todos los peligros. *Nos morimos solos*, y eso es lo asombroso: que no necesitamos ayuda para morirnos, como si fuera algo natural, como si la muerte fuera lo normal. Como soy el Viejo de la Tribu, la cuestión me importa. Pero como científico me importa todavía más. Me ha llamado siempre la atención, desde que era joven, no solo ahora que le veo las orejas al lobo.

A mí me parece que antes de alcanzar la inmortalidad tendremos que averiguar por qué unas especies como los ratones viven tres años y otras, como los elefantes, los delfines o los loros, viven muchas décadas. Y saber cómo hemos conseguido en dos millones de años de evolución, ¡tan solo!, vivir veinte años más que los ardipitecos, los australopitecos y los parántropos.

Porque suponemos que todos esos homininos fósiles se parecían a los chimpancés en la duración de sus vidas, es decir, en la longevidad, y también en el desarrollo, que sería más rápido y más corto que el nuestro, pero más lento y más largo que el de un macaco. Los grandes simios son los primates que viven más tiempo después de los humanos.

Pero ¿por qué tenemos que morir? ¿Es que hay un reloj biológico que cuenta las horas de nuestra vida y que corre a diferente velocidad en cada especie? Igual que el desarrollo está regulado por nuestros genes, que determinan cuándo se desencadena la cascada de hormonas sexuales de la pubertad o la salida de las muelas, ¿podría estar la muerte también programada? Y si fuera así, ¿podríamos cambiar la programación para que la vida fuera más larga, mucho más larga?

Bien mirado, si descubriéramos que la muerte está programada en nuestros genes estaríamos de enhorabuena. Podríamos encargarles a los genéticos que lo arreglaran con las nuevas herramientas moleculares de edición genética de que disponen.

Pero ¿por qué habría de estar programada la muerte? ¿A quién favorecería? Al individuo desde luego que no, ¿qué interés podría tener un individuo en morirse? ¿Cómo podría la selección natural haber favorecido a los que se mueren, prefiriéndolos a los inmortales? ¿Es que no es una ventaja ser inmortal?

Cada científico ha tenido su espina punzante. Me refiero a algún tópico o lugar común que se repite y que todo el mundo parece aceptar sin discusión, como algo lógico, pero que a uno no le termina de convencer y le hace sufrir intelectualmente, sin encontrar alivio para el problema. Te sientes solo e incomprendido porque a nadie parece preocuparle. Nadie lo ve.

Y sigue ahí hasta que por fin te rebelas contra la frase que te tortura, pero que no parece incordiar a los demás en absoluto porque la encuentran de sentido común. Y es que el sentido común es el peor enemigo del científico. Las grandes teorías van siempre contra él.

Mi espina punzante eran las muelas de los elefantes. Las condenadas muelas de los elefantes.

En muchos documentales de animales se busca consuelo a la muerte de los protagonistas explicando a la audiencia televisiva que la muerte es necesaria para la perpetuación de la especie o para el mantenimiento del orden natural. Gracias a la muerte, se suele razonar, se evita la superpoblación, o se favorece la renovación de la especie, su rejuvenecimiento.

Es un alivio saber que morirse es un sacrificio que uno hace (aunque sea a la fuerza) por alguna causa superior, sea el grupo, la especie, el ecosistema o el planeta entero. El humano es el único animal que busca sentido a las cosas, empezando por su vida y por su muerte. Y lo hace desesperadamente.

Las generaciones mayores se mueren para dejarles sitio a los que vienen detrás. Es ley de vida, se dice. Tiene que ser así, hay que resignarse y aceptarlo como un deber para con nuestros hijos. Los caducos no deben ocupar el lugar de los que están en su plenitud. Los viejos también fueron jóvenes en su día.

Parece lógico, pero en ciencia siempre hay que desconfiar del sentido común, ya os lo he dicho.

Grandes palabras, pero que están huecas, vacías de contenido científico. Son explicaciones de carácter moral, pero que no tienen nada que ver con la lógica de la evolución por selección natural, en la que solo cuenta el individuo. La naturaleza no es moral ni inmoral. Es amoral.

Así que vamos a tener que abordar esta cuestión pensando al revés. Este es un buen consejo para un científico. Piensa al revés de los demás si quieres ser tú el que encuentre una buena teoría. Que sigan ellos con su tranquilidad de espíritu. No tienen una espina punzante clavada en el cerebro.

Ya se lo decía el premio Nobel de Física danés Niels Bohr a un joven científico que le explicaba la teoría que se le había ocurrido: «Su teoría es descabellada (o loca), pero no lo suficientemente descabellada para ser cierta».

El tópico que a mí me ha torturado siempre es el argumento tantas veces repetido, también en los salones académicos, de que los elefantes se mueren porque se les gastan las muelas y ya no pueden comer. O sea, la muerte les sobreviene a los elefantes, según esta teoría, por hambre. Parece lógico, pero buscamos una teoría loca que sea cierta.

¿Porque —me preguntaba yo— cómo es que la selección natural no ha hecho bien su trabajo seleccionando a los individuos con las muelas más grandes o más resistentes para que les duren más?

Si vivir más es solo cuestión del tamaño de las muelas o del grosor del esmalte la inmortalidad de los elefantes sería pan comido para la selección natural. O por lo menos una vida mucho más larga, como la de las ballenas.

Recientemente han muerto en el zoológico de Barcelona las elefantas Yoyo, a la edad de cincuenta y cuatro años, y Susi, a la de cincuenta y cinco. Estaban entre los ejemplares más longevos de la especie en Europa. La verdad es que yo esperaba que los elefantes vivieran más. No sé si se les habían desgastado por completo las últimas muelas, pero estoy seguro de que no murieron de hambre en el zoológico de Barcelona.

Y también ha muerto a los cincuenta y cuatro años, pero en este caso en el Parque Nacional Amboseli (Kenia), un verdadero icono de la fauna africana: Craig, el elefante que mejor posaba, uno de los últimos machos con superdefensas («supercolmillos») que quedaban. Las autoridades informan que, gracias a sus muchos protectores, Craig murió pacíficamente de causas naturales. Con toda seguridad, comentan, Craig ha dejado muchos descendientes.

Una versión parecida a la de los molares de los elefantes, pero más refinada y con más apariencia de verdad científica, es la de que la muerte es una consecuencia inevitable del final de la etapa reproductiva. Los animales se mueren —cuenta esta teoría— porque una vez que dejan de reproducirse lo que les acontezca a esos individuos infértiles no tiene consecuencias en términos de descendencia. Somos útiles, se deduce, mientras tenemos hijos, y luego ya estamos de más. Sobramos. Vivamos o muramos no tendremos más hijos, no aportaremos más genes a la siguiente generación. No le importamos ya a nadie, ni siquiera a la selección natural.

O sea, aquellos genes perjudiciales que se expresan tardíamente, cuando los individuos ya son estériles, no pueden ser eliminados por la selección natural porque no los detecta. Quedan fuera de su radar, se suele decir. En pocas palabras, la adaptación de un individuo se mide por el número de hijos. Estar bien adaptado es dejar más genes que los demás, y no estar bien adaptado es dejar pocos o ninguno. Ese es el significado de la palabra *fitness* en biología evolutiva. Vivir más, sin tener más hijos, no es una ventaja que la selección natural pueda apreciar.

Suena muy biológico, pero yo me preguntaba: ¿y por qué la selección natural no ha hecho que se prolongue más la vida fértil? En el fondo la teoría de que la muerte es una consecuencia de que ha llegado a su final la etapa reproductiva es similar a la de las muelas de los elefantes, y nunca me ha convencido.

Y tampoco la idea tradicional, con tintes moralistas, de que es bueno para la especie que los viejos dejen su lugar a los jóvenes. Porque lo que estamos tratando de entender es por qué hay viejos, es decir, por qué aparecen las enfermedades asociadas a la vejez. Una vez que existen ya lo creo que ceden el paso a los jóvenes, les guste o no les guste.

O sea, la explicación de las muelas de los elefantes, la de la vida fértil o la de la vejez son las tres falsas. De sentido común, pero falsas.

Pensemos por lo tanto al revés, como debe hacer un científico con aspiraciones de aportar algo: ¿no será que los elefantes tienen los molares que necesitan para los años que viven? La naturaleza es muy avara, y nunca se desperdicia nada. ¿No será que su vida fértil dura lo que dura la vida de los elefantes? Siempre hay que recurrir a la segunda cita de este libro para entender el juego de la vida: transformar energía en hijos.

Habría que aplicar aquí la *ley de Ford*, el fabricante de coches. Se dice que una vez visitó la cadena de montaje de su célebre modelo T (el primer coche popular de la historia) y preguntó cuál era la pieza que más tiempo duraba. Le dijeron con orgullo, cuenta la leyenda, que había una pieza de tanta calidad que no se estropeaba nunca. «Pues que la sustituyan por otra más barata, que dure lo mismo que las otras piezas del coche.» Más o menos lo que duraban los coches Ford T en las carreteras. ¿No os recuerda esta anécdota a la historia de las muelas de los elefantes? ¿Para qué fabricar una muela que sobreviva al elefante pudiendo haber gastado esa energía en hijos?

Y otro tanto se puede decir de explicaciones parecidas a las de las muelas, aunque sean moleculares, como el famoso acortamiento de los *telómeros*. Se dice que envejecemos porque llega un momento en el que las células ya no pueden dividirse más veces, debido a que los extremos de los cromosomas, llamados *telómeros*, se han acortado demasiado. Cada vez que una célula se divide los telómeros se acortan un poco, y la llamada *senescencia celular* consiste en la pérdida de la capacidad de una célula de dividirse.

Pero, pensando al revés, ¿no será que cada especie tiene los telómeros de la longitud necesaria y suficiente para los años que vive? ¿Y no será que pasa igual con las muelas, y con las articulaciones, y con la duración de la vida fértil, y con la producción de la proteína CIRBP reparadora del ADN, y con todas las demás *piezas del coche*?

Y por supuesto, la teoría de que morimos porque nos hacemos viejos es la más absurda de todas las posibles, porque lo que nos estamos preguntando es por qué nos hacemos viejos. Esta sí que es la pregunta adecuada, y hacer buena ciencia consiste en preguntar bien.

Así que demos el último paso y lleguemos al colmo del pensamiento inverso. Neguemos la mayor. ¿No será que en realidad la vejez no existe en la naturaleza?

A mí me interesaba saber por qué las personas envejecemos y finalmente morimos. Pronto me di cuenta de que en la naturaleza los animales no envejecen, están todos estupendos. No hay animales viejos ahí fuera. Tampoco en los yacimientos arqueológicos y paleontológicos antiguos encontramos animales decrépitos casi nunca. En broma, solemos decir que *no se murieron de nada grave*. O que *estaban muy sanos* cuando se murieron. Y es verdad.

La explicación es muy sencilla: la intensa competencia. El guepardo es un buen ejemplo, porque puede llegar a alcanzar una velocidad punta de 100 kilómetros por hora en tan solo tres segundos. Eso se debe a que persigue gacelas, que son también extremadamente rápidas.

De este modo, se ha establecido una *carrera armamentística* entre las gacelas y los guepardos, utilizando el lenguaje de la Guerra Fría. La tecnología militar, y también la civil, han progresado tanto porque compiten unas naciones con otras naciones, o unas marcas con otras marcas. En todo caso, el progreso tecnológico es resultado de la competencia a vida o muerte. Muchas empresas se ven obligadas a cerrar.

Esta idea de la *carrera armamentística* sirve para explicar no solo la evolución de las especies, sino también su extinción. Es la conocida como *hipótesis de la Reina Roja*, creada por el biólogo evolutivo americano Leigh Van Valen. Toma su nombre de un pasaje del libro titulado *A través del espejo*, escrito por Lewis Carroll. En el episodio, la Reina Roja, que es una ficha del ajedrez, agarra de la mano a Alicia y la hace correr sin detenerse hasta que ya no puede más y se para. Alicia se sorprende de que siguen en el mismo sitio. La Reina Roja le explica entonces a Alicia que en su mundo hay que correr todo el tiempo para estar en el mismo sitio. Eso es, exactamente, lo que les pasa a las especies. Cuando una especie ya no puede seguir evolucionando a la misma velocidad que sus competidores, porque su potencial genético ya no da más de sí, simplemente se extingue.

Charles Darwin recurrió a la selección artificial, la que hacen los ganaderos y los agricultores, para explicar el porqué de la evolución. La evolución misma era el hecho a explicar, y la selección natural el mecanismo que la producía según Darwin. El motor de la evolución. La causa de la maravillosa perfección de los seres vivos.

Pero no una perfección en abstracto, sino en relación con los hábitos de vida, con el nicho ecológico que ocupa cada cual. Se trata de ser mejor gacela, mejor guepardo, mejor murciélago o mejor elefante. Pero el guepardo no es superior al elefante ni al murciélago. Ni siquiera es superior a la gacela. La selección natural de Darwin se establece entre guepardos, entre gacelas, entre murciélagos y entre elefantes.

Este es un punto que me interesa mucho aclarar porque oigo a menudo que la teoría de Darwin consiste en «la supervivencia de los más fuertes». Y me preocupa esta interpretación porque se ha utilizado para defender «la ley del más fuerte» en doctrinas económicas y políticas con las que estoy en completo desacuerdo, como lo estaba el propio Darwin.

En realidad lo que Darwin veía en la naturaleza era «la supervivencia del mejor adaptado», que es otra cosa. A él lo que de verdad le interesaba era la adaptación, la perfección funcional de los animales. Por eso escogía como ejemplo de adaptaciones animales dos especies inofensivas: el pájaro carpintero y la rana arbórea tropical.

Yo andaba dándole vueltas a cómo explicar mejor este concepto cuando al pedir un café en un restaurante mi acompañante se fijó en el texto que había en el sobre de azúcar. Era una cita de Albert Einstein y decía así: «Todos somos genios, pero si juzgas a un pez por su habilidad de trepar a los árboles vivirá toda su vida pensando que es un inútil». Es una definición genial de la adaptación, que usaré en adelante en mis explicaciones.

Del mismo modo que lo hacía Charles Darwin nosotros podemos recurrir al galgo o al caballo de carreras para explicar la evolución. A base de seleccionar para la cría solo a los caballos y a los perros más veloces se han podido crear —sin pensarlo, intuitivamente— los *pura sangre* y los galgos.

Lo importante para entender el envejecimiento es que una gacela no puede llegar nunca a anciana porque tiene que correr a más de 100 km/h para ver un nuevo amanecer. El guepardo tampoco puede permitirse el lujo de fallar muchas veces seguidas. Cuando no alcanzas esa velocidad punta te comen (si eres gacela) o te mueres de hambre (si eres guepardo). Y no se puede decir que un guepardo que *solo* llega a los 90 km/h kilómetros por hora sea un animal decrépito y acabado que no corre bien. Por el contrario, está magnífico desde nuestro punto de vista. Pero no lo suficiente. Por eso los guepardos en libertad no pasan de los doce años de vida. Lo mismo que las gacelas, y no creo que sea por casualidad.

Por decirlo todo, la velocidad punta no es lo único que importa. La experiencia también cuenta. Con los años un individuo pierde en velocidad lo que gana en conocimiento. Hay que saber cómo llegar hasta la presa sin que se dé cuenta y cuándo debes empezar a correr. Lo mismo vale para las gacelas en relación con su depredador. Así las cosas se equilibran por algún tiempo. Pero no demasiado. No hay sabiduría que compense una pérdida importante de facultades.

Lo que descubrí, por lo tanto, es que la vejez es una situación que no se da en la naturaleza y que solo afecta a los seres humanos y a los animales domésticos. A estos últimos solo en el caso de las mascotas, porque a los animales de granja no les está permitido hacerse viejos. Se los sacrifica mucho antes, en cuanto pierden su utilidad. Sin piedad.

Me di cuenta entonces de que había dos tipos de muerte. La muerte que viene de fuera y la muerte que viene de dentro. La muerte que viene de fuera tiene muchas causas, y la que viene de dentro también, pero son completamente diferentes.

La muerte que viene de fuera actúa, en principio, sobre individuos de todas las edades, porque incluye el hambre, el envenenamiento alimenticio, el frío, la sed, la insolación, los rayos, las caídas, el atragantamiento, el ahogamiento (en el agua), los parásitos, los animales peligrosos —que pueden ser de muchos tipos— y las catástrofes naturales, como los maremotos, las erupciones volcánicas, las riadas, los aludes de nieve o los desprendimientos de tierra.

Por supuesto, no hay que olvidar la violencia entre individuos dentro de la propia especie, de la que ya hablaremos. Ni tampoco la vieja *carrera armamentística* que mantenemos con los patógenos desde la noche de los tiempos. Contra estos y contra los parásitos la ciencia ha logrado grandes éxitos, desarrollando vacunas, antiparasitarios y antibióticos maravillosos.

Podemos soñar con minimizar todas estas causas de muerte que vienen de fuera. Me atrevería a decir que la violencia es la más difícil de erradicar de todas, a la vista de las muertes del año 2025. Pero, a decir verdad, poca gente muere violentamente, en porcentaje de la población, durante los periodos de paz. La muerte violenta está asociada, sobre todo, a una característica del ser humano que ha aparecido, creo yo, por evolución: el tribalismo. Pero ya os hablaré de la tribu al final del libro. Como Viejo de la Tribu quisiera preveniros contra esa enfermedad invisible.

La muerte que viene de dentro también puede ser diversa porque afecta a todos los sistemas del cuerpo: respiratorio, circulatorio, digestivo, reproductivo, excretor, inmunitario, locomotor, nervioso, etc., así como a los órganos de los sentidos. Perder la vista, el oído o el olfato, aunque sea solo parcialmente, es algo que los animales no se pueden permitir por mucho tiempo.

Supongamos que una persona o una mascota lograra burlar todos los peligros viviendo en una urna de cristal. Pues no sería inmortal, porque entonces empezaría a aparecer la muerte que viene de dentro, las múltiples enfermedades de la vejez. O si se prefiere, La Vejez, con mayúsculas.

A la muerte que viene de fuera la llamamos «muerte accidental», supongo que porque es evitable. Morir de joven es un lamentable accidente, una desgracia. A nadie le parece tampoco natural la peste negra o la viruela. Ni que te coma un tiburón en la playa. O que te asesinen.

Y a la muerte que viene de dentro la llamamos «muerte natural», imagino que porque no hay forma de escapar de esa *elegante dama*. Muy curioso.

Lo interesante es que los síntomas de la vejez son los mismos en nosotros los humanos y en nuestras mascotas, aunque en ellas aparecen antes porque viven menos. La diferencia es en esencia temporal, como si hubiera un reloj del envejecimiento o un calendario diferente para cada especie.

Murió la osa Paca, que he visto muchos años en el cercado especial en el que vivía en Asturias, en condiciones muy naturales pero protegida del hambre y de los peligros desde que fue rescatada siendo un cachorro junto con su hermana Tola. Un cazador furtivo había matado a su madre. Paca duró muchos más años (36) que los osos que viven en libertad, y presentaba los mismos síntomas de vejez que una anciana de la especie humana, incluyendo una artrosis avanzada que le impedía moverse y le producía grandes dolores, como a muchas personas mayores.

Naturalmente esto nos viene sucediendo a los seres humanos solo desde que nos hicimos sedentarios con la agricultura. Una persona puede quedarse en la cabaña y ser alimentada sin tener que moverse, y de este modo envejecer, un lujo que no podían permitirse nuestros antepasados que se estaban moviendo de un sitio para otro todo el tiempo para conseguir el alimento, en lugar de producirlo.

También, por cierto, podemos mantener nuestro coche de época guardado en un garaje y recibiendo todo tipo de cuidados para sacarlo de cuando en cuando a dar una vuelta. Pero es un coche anciano. Todos sus *hermanos* han *muerto* hace muchos años en alguna carretera.

Mi viejo coche, en cambio, todavía circula, aunque con abolladuras y cambios de neumáticos. Ha tenido suerte, porque no ha sufrido ningún *accidente mortal*. Ni yo, que voy dentro, tampoco.

UN COMPLETO DESCONOCIDO

Podemos decir que la carrera artística de Bob Dylan comenzó el día que visitó al cantante de música folk Woody Guthrie en el Greystone Park Psychiatric Hospital, Nueva Jersey, el 29 de enero de 1961. Tal vez conozcas la canción *This Land is Your Land*, basada en una melodía popular a la que Woody Guthrie puso una letra inspiradora y comprometida. Padecía un trastorno nervioso, heredado de su madre, conocido como la enfermedad de Huntington. Hay una película reciente que empieza con ese encuentro, cuando Bob Dylan era un completo desconocido. A mí me ha conmovido. Se titula *A Complete Unknown*, como un verso de *Like a Rolling Stone* (1964), una de las canciones más famosas del autor. Lo interesante para nosotros es que la enfermedad de Huntington puede ser la clave para entender la misteriosa muerte que viene de dentro. Me refiero a las enfermedades degenerativas, porque esta lo es aunque sus síntomas empiecen mucho antes que las otras.

¿A qué se llamaba baile de san Vito? Yo todavía he oído mencionarlo en mi niñez para referirse a personas inquietas que no paraban de moverse. «Parece que tienes el baile de san Vito», me decían a mí porque era un niño muy nervioso. Lo que no podía imaginar entonces es que algún día escribiría sobre el baile de san Vito en relación con temas importantes de la biología.

En muchos artículos de la literatura científica se afirma rotundamente que lo que tradicionalmente se conocía como el baile de san Vito se corresponde con un trastorno neurodegenerativo que hoy conocemos como enfermedad o mal de Huntington, pero que antiguamente se llamaba la *corea de Huntington*. Afecta principalmente al cuerpo estriado de los ganglios basales del cerebro.

La palabra *corea* viene del griego y significa «danza». La enfermedad neurodegenerativa de Huntington produce movimientos espasmódicos, es decir, descoordinados e involuntarios, y por eso le pusieron el nombre de *corea*.

Seguramente se invocaba a san Vito porque se le atribuía la capacidad de curar a los que padecían el trastorno. O quizás porque san Vito castigaba con bailar esa triste danza a quienes lo habían ofendido. Vaya usted a saber.

El mal de Huntington es una de las *enfermedades raras*, pero no tanto como podríamos pensar, porque su prevalencia en el mundo está en el rango de 5 a 10 casos por cada 100.000 personas, con predomino entre las poblaciones blancas. Es decir, puede llegar a ser de 1 persona por cada 10.000 de la población, lo que no es poco.

En Alemania, según leo, hay 10.000 personas con síntomas y cada año se diagnostican varios cientos de casos nuevos. La causa del trastorno es una mutación de un gen situado en uno de los extremos del cromosoma 4, al que se le ha puesto el nombre de *huntingtin*. Es por lo tanto un *gen autosómico*, como se dice técnicamente, o sea, que no está ligado al sexo porque no se encuentra en el cromosoma X.

El gen huntingtin es un alelo dominante con una herencia mendeliana, es decir, una herencia simple, como la de los ejemplos que estudiábamos en el colegio de las leyes de Mendel (¿te acuerdas de los guisantes?). Es decir, si uno de los padres tiene una copia de este alelo y padece la enfermedad, la probabilidad de que herede un hijo o una hija el alelo y padezca también la enfermedad es del 50 %. Se calcula que actualmente unas 30.000 personas son portadoras de este alelo en Alemania.

De genes autosómicos que producen enfermedades hereditarias que se transmiten de acuerdo con las leyes de Mendel ya os había hablado a propósito de Mary-Claire King y el gen BRCA1, responsable de algunos cánceres de mama y de ovario, entre otros órganos relacionados con la reproducción.

El descubrimiento científico del mal de Huntington es uno de los capítulos más emocionantes de toda la historia de la medicina. Empieza con George Huntington, por supuesto, el médico norteamericano que describió en detalle la enfermedad en 1872, y termina con el esclarecimiento de las bases genéticas en 1993 por un equipo científico internacional.

Pero entre ambos hay muchos episodios increíbles, especialmente los que tienen lugar en Venezuela con el doctor Américo Negrette como protagonista. Se merece muchas más páginas de las que le podría dedicar en este libro, pero, en síntesis, el doctor Negrette descubrió que los *sanviteros* de algunas poblaciones del lago Maracaibo eran personas que sufrían en realidad el mal de Huntington y así lo dio a conocer a la medicina venezolana. No solo no fue creído, sino que sufrió el rechazo de sus colegas, pero finalmente se acreditó su diagnóstico y los *sanviteros* resultaron fundamentales para el descubrimiento del gen responsable.

En toda esta historia de la investigación científica de las causas de la enfermedad participó activamente la segunda esposa de Woody Guthrie, Marjorie. Recientemente (en 2025) se ha publicado un tratamiento para el mal de Huntington que está basado en la terapia génica. Requiere de una intervención quirúrgica muy larga y compleja (y por lo tanto cara) para acceder al cuerpo estriado de los núcleos basales de la región profunda del cerebro, pero ralentiza sustancialmente el progreso de la enfermedad y es una esperanza para el futuro.

No me quiero extender más en este tema porque las preguntas que os estaréis haciendo son otras: ¿qué tiene que ver este trastorno neurológico hereditario con la vejez? ¿Por qué os he contado esta historia de un cantante folk americano del que la mayoría de vosotros no habréis oído hablar?

La explicación de por qué envejecemos y por qué morimos se le ocurrió al biólogo inglés J. B. S. Haldane en 1941 a propósito de la enfermedad de Huntington. Esta enfermedad se manifiesta en los adultos, pero a una edad inusualmente temprana porque los primeros síntomas aparecen entre los treinta y cinco y los cincuenta años. Woody Guthrie murió del mal de Huntington a los cincuenta y cinco años.

J. B. S. Haldane se preguntaba cómo es que la selección natural no había hecho desaparecer esta enfermedad hace mucho tiempo. Ya sabéis cómo funciona la selección natural. Muchos son los que nacen pero pocos llegan a reproducirse, y los que tienen graves taras genéticas no lo hacen. J. B. S. Haldane era un genio porque, como todos los grandes científicos, se hacía las preguntas adecuadas.

Después de pensarlo, J. B. S. Haldane cayó en la cuenta de que, aunque a nosotros nos parezca que la enfermedad de Huntington aparece muy pronto en la vida de una persona, en la prehistoria no lo era tanto, porque la esperanza de vida que tenían los que nacían en aquella época era muy baja. Como las pirámides demográficas tienen forma de pirámide (obviamente), la base es muy ancha en cualquier especie animal porque nacen muchas crías todos los años, pero en la punta de la pirámide hay muy pocos individuos. La esperanza de vida, al ser un promedio, está muy condicionada por la mortalidad infantil, que ha sido altísima hasta el siglo XX.

En otras palabras, la esperanza de vida es un parámetro puramente estadístico, no biológico. Los españoles somos genéticamente los mismos que nuestros antepasados de 1900 pero la esperanza de vida en España ha aumentado en este tiempo desde menos de cuarenta años a más de ochenta. Lo que hay que preguntarse es cuántos de nosotros, los españoles de hoy, cumpliríamos más de ochenta años viviendo como en el Paleolítico. Seguramente ninguno. Y muy pocos de los que naciéramos en el Pleistoceno pasaríamos de los setenta. Algunos más, pero no muchos, superarían los sesenta años, y serían abuelos o bisabuelos.

Lo importante para nosotros ahora es que el mal de Huntington lo produce una mutación genética, y que para cuando la enfermedad *debuta* (un galicismo que se usa en medicina), o empieza a ser incapacitante, los portadores de la mutación ya la han trasmitido a sus hijos. De este modo el alelo responsable de la enfermedad de Huntington no desaparece nunca y se arrastra de generación en generación como un lastre genético de la especie desde la prehistoria. Por otro lado, me parece probable que la mutación se produzca de nuevo cada cierto tiempo.

La intuición genial de J. B. S. Haldane fue darse cuenta de que hay «genes con reloj» (esta expresión es mía), que hacen que una enfermedad se manifieste pronto o tarde.

Porque lo que hace del mal de Huntington una enfermedad extraordinaria no es que se trate de un proceso neurodegenerativo, desgraciadamente hay otras enfermedades degenerativas del sistema nervioso que todos conocemos y tememos, sino su precocidad. El mal de Huntington se adelanta en unos cuantos años (o décadas) a las otras enfermedades neurodegenerativas, las que se asocian con la vejez, que son más tardías en su aparición, como lo son en general los procesos degenerativos.

Y lo mismo puede decirse de los cánceres, las enfermedades del riñón y las respiratorias, las cardiovasculares, las articulares y un largo etcétera. Todas son, de alguna manera, degenerativas en relación con uno u otro sistema del cuerpo, todas tienen mucho que ver con la edad.

Dicho en términos estadísticos, las enfermedades degenerativas tienen por lo general una altísima correlación con la fecha de nacimiento que aparece en nuestro carnet de identidad o de conducir. No en vano tenemos que pasar exámenes médicos obligatorios para comprobar que todavía estamos en condiciones de conducir, y esos exámenes son más frecuentes conforme vamos cumpliendo años.

¿Por qué será? ¿Porque las autoridades desconfían de los viejos porque tienen prejuicios? No. Es porque nuestra fecha de nacimiento *predice* el estado de nuestras facultades físicas y mentales.

Nadie se muere de viejo, sino de las enfermedades asociadas a la edad.

La longevidad de las especies no era el tema de especialización de sir Peter Medawar, premio Nobel de Fisiología (o Medicina) por sus descubrimientos en inmunología. Un premio bien merecido porque gracias a sus trabajos es ahora posible evitar el rechazo en los trasplantes de corazón y otros órganos. Pero sir Peter Medawar era un científico curioso y en 1951 dio una conferencia en Londres sobre el problema biológico de la muerte, en la que propuso una teoría para explicarla. En esta reconocía su deuda intelectual con J. B. S. Haldane y su explicación de por qué la selección natural no ha eliminado, con todo el tiempo que ha tenido para hacerlo, la enfermedad de Huntington.

Expresado de manera sencilla, la «teoría de la acumulación de mutaciones» de Medawar postula que las enfermedades que se manifiestan a edades avanzadas son casi invisibles para la selección natural, porque son muy pocos los individuos que llegan en la naturaleza hasta esas edades. La selección natural va perdiendo fuerza conforme van pasando los años.

La gran mayoría de los miembros de la población se muere antes por causas externas, es decir, se los comen o se mueren de hambre. Así que, según la teoría de sir Peter Medawar, el envejecimiento no tendría una causa única, sino que habría una acumulación de múltiples mutaciones que solo son perjudiciales a edades avanzadas, cuando el individuo normalmente habría muerto hace tiempo. En otras palabras, la vejez no es una enfermedad, sino muchas.

¿Pero qué se entiende por *edades avanzadas*?

Algunos chimpancés viven en la selva más de cincuenta años, pero son muy pocos (en otro capítulo os daré noticia de algunas hembras de chimpancé de vida extraordinariamente larga). Casi todos los chimpancés fallecen antes. Las mutaciones perjudiciales que se manifiestan en los chimpancés a partir de esa edad son por lo tanto invisibles para la selección natural. Se escapan de su radar.

Lo mismo nos pasa a nosotros a partir de los setenta

años, por dar una cifra redonda (pero que podría ser bastante más baja, tal vez de sesenta años). Si viviéramos en plena naturaleza, como en el Paleolítico, pocos llegaríamos hasta esa edad, de manera que se han ido acumulando a lo largo del tiempo genes perjudiciales que se expresan a edades avanzadas. Esos genes son los responsables de las enfermedades crónicas, las que nos matan de viejos, como los cánceres, ictus, infartos, demencias seniles, enfermedades renales, respiratorias y demás achaques de la larga lista.

Por no hablar de las artrosis y otros problemas de las articulaciones que nos impiden movernos con normalidad y recorrer largas distancias. Y en la prehistoria toda pérdida de movilidad implicaba no poder seguir al grupo, quedarse atrás, y morir pronto devorado o de frío o de sed o de hambre. Hay un relato de Jack London titulado «La ley de la vida» que siempre recomiendo para entender cómo era el tránsito de nuestros antepasados en la prehistoria.

A donde sir Peter Medawar quería ir a parar es a que la longevidad de una especie depende de la tasa de mortalidad que sufra, porque si la mortalidad es alta la longevidad es pequeña. Sin embargo, si la mortalidad es baja los miembros de la especie viven muchos años.

Pongamos dos ejemplos concretos. Si casi ningún conejo llega a los tres años en la naturaleza porque a todos (o casi todos) se los comen antes, o se mueren de hambre, frío o cualquier otra causa externa, las enfermedades hereditarias que se manifiestan después de los tres años nunca se encontrarán en los conejos silvestres. Solo aparecerán en los conejos domésticos, las mascotas, y es a lo que podríamos llamar *vejez de los conejos*, que es esencialmente como la nuestra, solo que a partir de los tres años. Hace poco he leído un artículo científico en el que se señala que los zoológicos de todo el mundo se están convirtiendo en geriátricos de animales por esa razón.

Si suponemos ahora que casi ningún ser humano vivía en la época de Altamira más de setenta años, casi ninguna persona conocía la vejez, la muerte que viene de dentro. Todos morían de la muerte que viene de fuera.

Nosotros somos genéticamente casi iguales a nuestros antepasados de la época de Altamira. Conocemos la vejez, y la padecemos, porque vivimos más de setenta años. A los ochenta años la vejez es mucho más evidente, porque prácticamente nadie alcanzaría esa edad en un grupo de cazadores y recolectores. Y no digamos a los noventa años. La selección natural *no trabaja* a esas edades imposibles en el bosque, la sabana, la pradera o la tundra.

Seguramente el envejecimiento tiene mucho que ver con los mecanismos biológicos de «reparación y mantenimiento», por decirlo de alguna manera. Hemos visto el ejemplo de CIRBP, la proteína reparadora del ADN que producen las ballenas de Groenlandia en gran cantidad, lo que les permite llegar quizás a los doscientos años de vida (si no las cazan antes unos extraños mamíferos terrestres que nunca habían amenazado a las ballenas a lo largo de su evolución).

En general se piensa que los animales envejecen porque a lo largo de la vida se acumulan mutaciones perjudiciales en sus células. Para corregir estos daños mutacionales constantes hay enzimas de reparación, pero los genes que las codifican sufren mutaciones a su vez. La pregunta es, siempre, por qué unos mamíferos viven unos pocos años y otros muchas décadas o incluso siglos.

La respuesta es que también esos mecanismos de «reparación y mantenimiento» están ajustados a la duración normal de la vida en la naturaleza para cada especie, como las muelas de los elefantes. No están diseñados para ser eternos, porque sería un desperdicio de energía, que es mejor invertir en hijos.

Si abandonamos una casa, o dejamos de reponer las piezas que se estropean, todo se va deteriorando. La electricidad, la calefacción, el agua, el tejado, etc. Poco a poco la casa se va muriendo y cada vez funcionan menos cosas, hasta que acaba en ruinas.

Lo que hace la medicina con los ancianos es mantener el cuerpo en funcionamiento, prolongando la existencia y, lo que para mí es más importante, manteniendo una buena calidad de vida.

El mensaje es sencillo. Nada hay en la biología que impida que una especie se haga más longeva por evolución, pero para ello tiene que convertirse en otra especie. Y eso lleva tiempo, porque hay que hacer muchos ajustes biológicos. Los homininos hemos aumentado nuestra longevidad en unos veinte años (desde los australopitecos hasta el *Homo sapiens*), y lo hemos conseguido en dos millones de años de evolución o menos, como veremos en su momento. A razón de diez años de prolongación de la vida por cada millón de años de tiempo geológico. Y además conozco a unas cuantas personas que a los noventa y cinco años llevan una vida plena en todos los sentidos. Pero de aquí a la eternidad hay un paso demasiado largo.

Volvamos al baile de san Vito. En la historia hay muchas danzas difíciles de explicar. Unas son colectivas, las danzas en grupo, coreográficas, por utilizar la raíz griega *corea*. Y otras son danzas que afectan a individuos aislados.

Entre las coreográficas hay multitud de noticias de epidemias de danzas frenéticas (*coreomanías*) que se realizaban hasta la extenuación e incluso la muerte de grupos de personas. Empiezan en la Edad Media y llegan hasta el siglo XVII las crónicas de estos sucesos.

El más famoso caso de coreomanía fue el que tuvo lugar en Estrasburgo en 1518, cuando una mujer empezó a bailar y decenas de personas se le fueron sumando hasta reunirse cuatrocientas. Las autoridades decidieron facilitar el baile en lugar de prohibirlo, e incluso contrataron músicos para animar la fiesta, pero no dio resultado. Finalmente *la danza de los malditos* terminó como había empezado, sin causa, de repente.

Estas manías danzantes ¿eran un fenómeno de psicología de masas relacionado con la religión, o se trataba de algún trastorno orgánico? ¿Histeria colectiva o enfermedad neurológica? ¿Por qué se ponían a bailar como posesos hasta que se caían redondos?

No es fácil saberlo. Los episodios de bailes desaforados se asocian a las pestes negras medievales del siglo XIV, pero no hay una relación biológica que yo conozca entre la bacteria responsable de las epidemias (el bacilo *Yersinia pestis*), trasmitida por las pulgas de las ratas, y los movimientos violentos del cuerpo.

También podrían tener que ver las manías danzantes con el *ergotismo*, una enfermedad medieval espantosa producida por el consumo involuntario del cornezuelo del centeno, que es un hongo parásito de este cereal. Al moler el centeno se incorporaba el hongo a la harina y producía el ergotismo, llamado en la época medieval fuego de san Antonio.

No es que todos los síntomas principales de la enfermedad coincidan con los del mal de Huntington, ni mucho menos, porque producía gangrena en las extremidades y un dolor intenso en los pacientes, como si se quemaran. Muchos de los que sobrevivían al fuego de san Antonio lo hacían con horribles mutilaciones de una, dos, tres o cuatro extremidades (sí, es una suerte vivir en el siglo XXI, al menos desde el punto de vista de la medicina).

Además, resulta que el cornezuelo produce un alcaloide llamado *ergotonina*, que está químicamente muy relacionado con el ácido lisérgico, el famoso LSD, la droga psicodélica por excelencia, y las alucinaciones y convulsiones que produce podrían estar relacionadas de alguna manera con la coreomanía.

Lo curioso es que el baile de san Vito forma parte de la tradición musical andaluza, en particular cordobesa, donde se originó un cante muy conocido que empieza con aquello de «Con el vito, vito viene, con el vito, vito va, no me mires a la cara que me pongo colorá».

Hay otro baile en el que se mezclan la música y la ciencia, en este caso de origen italiano y conocido como la *tarantela*, típico de Apulia, Nápoles y Sicilia. Es una danza muy vivaz, y como su nombre indica tiene que ver con la tarántula, esa araña de picadura venenosa que vive en los países mediterráneos. Es la mayor araña que tenemos en Europa, donde también se la conoce como *araña lobo*.

Se suponía que bailar aceleradamente la tarantela era un remedio para la picadura de la tarántula. Supuestamente la picadura se podía reactivar o incluso contagiar de una persona *tarantulada* a otra que no había sido picada por la araña. No hace falta decir que no se trata de un procedimiento científico y eficaz contra el veneno. El supuesto remedio musical para los tarantulados está ampliamente documentado en España por Francisco Xavier Cid. En su libro de 1787 este médico recoge treinta y cinco historias de tarantismo en La Mancha.

De todos modos, la tarántula no tiene una picadura tan

peligrosa como la de la víbora, ni mucho menos, afortunadamente, lo que hace todavía más incomprensible toda esta historia, de la que nadie se acuerda desde que terminó el siglo XVIII. Pero en caso de sufrirla no bailéis la tarantela. Es mejor que acudáis a un centro sanitario. La musicoterapia no procede.

Para mí que el tarantismo era más bien un fenómeno psicológico y sociológico. No creo que les picara ninguna tarántula a los tarantulados, y si lo hacía atribuyo los síntomas más a la sugestión que al débil veneno que se inocula con la picadura. Nos ha quedado, eso sí, la tarantela como género musical, y es bien alegre y bonito.

Se me mueven las piernas solas cuando suenan las notas de una tarantela.

El famoso escritor Aldous Huxley estaba muy enterado de los avances de las ciencias biológicas, porque su hermano Julian Huxley era un extraordinario biólogo, uno de los artífices del neodarwinismo o nueva síntesis, que, como recordaréis, reconciliaba la genética con la selección natural de Darwin. El neodarwinismo sigue siendo la teoría estándar de la biología evolutiva, aunque con matices porque han pasado tres cuartos de siglo desde que se elaborara esta doctrina científica y ahora sabemos mucho más de genética.

Julian Huxley estudiaba el ajolote, una salamandra de los lagos de la cuenca de México que no pierde las branquias de adulto, como hacen todos los anfibios, para respirar el aire atmosférico por los pulmones y la piel. O si lo preferís, el ajolote alcanza la madurez sexual cuando todavía no ha salido del agua, respira por branquias y tiene aspecto de renacuajo. Julian Huxley consiguió que los ajolotes experimentasen la metamorfosis y se convirtieran en salamandras adultas por medio de la hormona tiroidea (lo que hacía era darles de comer glándula tiroides de buey). Huxley publicó sus resultados, que confirmaban los de otros autores, en 1920 en un corto artículo de la revista *Nature*. El ajolote, dicho sea de paso, está en peligro crítico de extinción en la actualidad por destrucción de su hábitat.

En aquella época estaba muy de moda la «teoría de la neotenia», que sostenía que el ser humano es como un gran simio que no ha terminado su desarrollo, sino que se ha quedado para siempre en un estado de permanente inmadurez. Por eso tenemos rasgos infantiles, como una frente alta y abombada, unas cejas planas y una cara vertical. Seríamos como los ajolotes.

Nos parecemos a las crías de los grandes simios, que tienen esos rasgos infantiles, mientras que los adultos tienen la frente huidiza, la bóveda craneal baja, las cejas prominentes (en los chimpancés y gorilas, no en los orangutanes) y la cara proyectada, prognata, como un morro.

Según la teoría de la neotenia, a lo largo de nuestra evolución el desarrollo se habría hecho más lento y más largo, alcanzándose la madurez sexual en una fase temprana, cuando aún no se ha terminado la infancia.

Aunque Aldous Huxley es famoso por su libro *Un mundo feliz*, otra pesadilla sobre el futuro, escribió también un libro sobre el envejecimiento. Se desarrolla en los años de la guerra civil española, en la que Julian Huxley, el hermano científico, estaba muy implicado a favor del bando republicano. La novela se titula *Viejo muere el cisne* (1939) y cuenta la historia de un millonario que contrata a un reputado académico (el doctor Obispo, escrito así, en español) para que investigue unos documentos que guarda en un impresionante castillo de tipo medieval que se ha construido en pleno Hollywood.

Lo que le preocupa al millonario es cómo vivir más años. Sabe que hay animales que son muy longevos, como las carpas, los cocodrilos y los loros. Curiosamente, en la actualidad un famoso millonario, junto con otros millonarios, ha creado un centro de investigación con el mismo propósito, y muy bien dotado económicamente. Todo lo que sea investigar y saber más a mí me parece bien.

En la novela de Huxley, el millonario y el científico viajan a Europa para conocer a un aristócrata que al parecer ha logrado llegar hasta los 200 años en su castillo. Y lo que encuentran los estremece:

> Sentado, con la espalda encorvada, tenía la cabeza inclinada hacia adelante y como hundida entre los hombros. Con una de sus manazas extrañamente torpes se rascaba una llaga roja que aparecía entre la pelambre de la pantorrilla izquierda.
>
> —Un mono fetal que ha tenido tiempo de desarrollarse —logró decir al fin el doctor Obispo—. ¡Es más de lo que yo esperaba!
>
> La risa lo acometió de nuevo.
>
> —¡Miren qué cara tiene! —profirió, jadeante, señalando por entre los barrotes.

La razón de la extraordinaria longevidad del viejo noble es que se había convertido en un gran simio. La explicación está en la teoría de la neotenia. Al prolongar la vida se completa el desarrollo, y por lo tanto nos convertiríamos en el gran simio adulto que estábamos destinados a ser, como las larvas de los ajolotes de Julian Huxley, el hermano científico del escritor, se convertían, por medio de la hormona tiroidea, en salamandras.

Hoy en día la teoría de la neotenia aplicada a la evolución humana no tiene muchos partidarios, pero espero que hayáis entendido el mensaje de Aldous Huxley sobre la inmortalidad y los fines de la ciencia. Los sueños de la razón a veces producen monstruos.

Sinceramente, yo creo que es preferible que nos dediquemos a mejorar la calidad de vida de las personas a todas las edades, que es lo que hace normalmente la medicina.

EN BUSCA DEL FUEGO

Es difícil de creer, pero hasta hace poco tiempo se ha tallado la piedra en España, concretamente en la provincia de Segovia. Los materiales que se utilizaban eran el sílex (llamado en español *pedernal*) y la cuarcita. Las herramientas que tallaban los segovianos en cuestión no tenían una forma muy definida, pero funcionaban. No me estoy refiriendo a cazadores y recolectores, sino a los fabricantes de trillos de Cantalejo.

En este pueblo de Segovia, efectivamente, se hacían enormes cantidades de trillos, hasta cincuenta mil al año a mediados del siglo pasado, que luego se vendían por toda la España del cereal. Eso era, por supuesto, antes de la mecanización del campo, que todo lo cambió.

Puede que los hayáis visto como decoración en algún restaurante o en algún hotel rural. Los trillos eran unas planchas de madera de pino resinero levantadas por un extremo en las que se insertaban lascas de piedra tallada. Se hacían pasar por encima de las espigas para desgranar el trigo. La trilla era una actividad tradicional de todos los pueblos de España que se realizaba en las eras después de la cosecha. A continuación de la trilla se aventaba la mies para separar el grano de la paja. En Cantalejo hay un museo del trillo, por si os queréis acercar a verlo.

Pero la talla de la piedra es muy antigua, y precede con mucho al cultivo de los cereales. Los grandes simios no fabrican herramientas de piedra, pero tampoco las necesitan. Y aunque quisieran fabricarlas, les faltaría la coordinación necesaria en los brazos y en las manos. Hay que tener mucho tino para no darse en los dedos con las piedras que se hacen chocar (un percutor contra un núcleo), y los brazos de los grandes simios están dedicados a la locomoción, no a la manipulación fina. Además, ya sabemos que su dedo pulgar no es como el nuestro, y eso es muy importante a la hora de tallar. Acordaos de su pequeño tamaño *intrínseco* (comparado con el resto de la mano), de su delgadez y de la ausencia o escasa importancia del músculo flexor largo del dedo pulgar.

Si lo pensáis un momento, los grandes simios utilizan las manos para colgarse de ellas cuando están en los árboles. O para apoyarse, en el caso de los gorilas y chimpancés, sobre el dorso de las falanges intermedias de los dedos laterales cuando caminan de forma cuadrúpeda por el suelo («sobre los nudillos», como suele decirse). Para tallar, en cambio, hay que mover los brazos por delante del tronco, fijándose en lo que se hace con las manos y calculando bien las distancias para no aplastarse los dedos.

Tallar y lanzar piedras con puntería son cosas relacionadas. También se mueven las manos por delante del tronco y a la vista cuando se lanzan una piedra, una jabalina o una flecha apuntando al blanco.

Por eso creo que el problema no es solo de inteligencia, sino de habilidad. Y también de necesidad. ¿Para qué querrían tallar los chimpancés? Saben utilizar piedras para romper nueces, aunque no son los únicos primates que pueden hacerlo. Los monos capuchinos sudamericanos, muy alejados evolutivamente, son incluso más hábiles usando piedras para partir frutos secos, como ya os dije.

Pero incluso aunque los chimpancés fueran capaces de partir piedras para producir lascas, ¿cuál sería su utilidad? Lo importante de una lasca es que tiene un filo cortante, independientemente de su forma. Una escama saltada de una piedra puede servir para cortar algo, como un cuchillo, ¿pero qué necesitaría cortar un chimpancé? O quizás la verdadera pregunta sería: ¿para qué necesitaría un filo cortante un australopiteco?

A diferencia de los grandes simios, los brazos y las manos de los australopitecos eran muy parecidas a las nuestras, y por eso la pregunta de si tallaban la piedra es pertinente. Lo que hay que hacer para contestarla es simplemente encontrar los primeros utensilios de piedra e identificar a sus autores. No es tan sencillo como parece, porque no es fácil distinguir piedras partidas de forma natural, por choques accidentales de unas con otras, de piedras golpeadas con un percutor, que es una piedra más dura, hecha de otro material, que hace las veces de martillo o cincel. Por eso hablamos de «tallar piedras» para referirnos a la confección de herramientas líticas.

Nunca se olvida el ruido que hace el pedernal al partirse cuando se golpea un bloque de sílex con un percutor para hacer saltar una lasca. Como el sílex tiene una textura vítrea, suena como si rompiéramos un cristal. Los materiales que se utilizaban para tallar en la prehistoria, como el pedernal, la cuarcita o la obsidiana (que es un vidrio volcánico), tienen esa textura cristalina, y al partirse se produce un tipo de fracturas que se llaman concoideas, literalmente «con forma de concha».

No vale cualquier piedra como materia prima para la

tecnología lítica. Los talladores necesitaban conocer en qué parte de su territorio se encontraban las rocas que mejor les servían para fabricar herramientas. Las materias primas no se encuentran por todas partes, y eso requiere de buenos mapas mentales.

Además de la habilidad manual, que los chimpancés no tienen en el mismo grado que nosotros, una buena inteligencia (altas capacidades cognitivas suena más técnico) no viene mal para saber dónde obtener las materias primas adecuadas, transportarlas al lugar donde se vayan a usar y tallar con eficacia. O salir ya con las herramientas preparadas para ser usadas.

Es decir, tanto si un grupo de australopitecos abandona por la mañana el lugar donde haya pasado la noche cargando con los utensilios líticos ya preparados como si se lleva consigo la materia prima para confeccionarlos, eso querría decir que los australopitecos programan sus actividades con mucha antelación, que son previsores. Y la capacidad de planificación a largo plazo se considera un atributo muy humano.

Los animales no viven con la vista puesta en el futuro lejano, como hacemos nosotros. También les falta la capacidad de renunciar a un placer o a un beneficio inmediato para obtener otro mayor más adelante. Aprender a renunciar es una parte importante de la educación del cachorro humano. Así que memoria, visión del futuro y autocontrol son atributos de nuestra especie.

Me temo que en los últimos tiempos estamos *chimpancemorfizando* demasiado a los australopitecos. Hubo una época en la que se veía a los australopitecos casi como *pequeños seres humanos*. Puesto que ya eran de nuestra línea, tenían que ser como nosotros en todo, aunque en un grado mucho menor. Os hablé ya de la evolución en mosaico de los australopitecos, que eran casi completamente como nosotros en la locomoción bípeda y en el esqueleto del cuello para abajo, y sin embargo se *parecían* mucho más a los chimpancés en otras cosas. Por ejemplo en el tamaño y la forma general del cerebro.

A pesar de ello, no conviene pasar por alto que el tamaño del cerebro de los australopitecos era claramente mayor que el de los chimpancés. He dicho que se *parecían*, no que fueran iguales.

Hay mucha variación en el tamaño del encéfalo dentro de cada especie, empezando porque existen claras diferencias entre los dos sexos. Solo para ilustrar este punto, podemos poner la media general de los chimpancés en torno a 370 centímetros cúbicos o mililitros (o gramos, porque la densidad del encéfalo se acerca a la del agua). Y para los australopitecos (en su conjunto) demos una cifra de 460 centímetros cúbicos (cc), es decir, un 25 % más, la cuarta parte.

Se trata de una cifra muy aproximada, pero que en todo caso indica que no debemos subestimar la inteligencia de los australopitecos. Yo creo que sus altas capacidades cognitivas fueron parte de su éxito. Me atrevería a decir que su ecología era más compleja que la de los ardipitecos, y su biología social también. De ahí que necesitaran invertir más energía en su cerebro, que es un órgano muy costoso de producir y de mantener. Las calorías que se destinan a producir un gran cerebro durante el desarrollo y a alimentarlo se podrían emplear también en tener más hijos. No hay despilfarro en la economía de los organismos, no puede haberlo a causa de la selección natural. Por eso, siempre me ha parecido un sinsentido esa frase que se oye tan a menudo de que solo utilizamos una pequeña parte de nuestro cerebro. Si no lo empleáramos al 100 % (como cualquier otro órgano) la selección natural no habría favorecido un aumento de su tamaño como el que ha tenido lugar en nuestra evolución. La mejor prueba de que en la naturaleza no se despilfarran las calorías son los pequeños ojos de los topos, que han sufrido claramente una atrofia evolutiva porque no les son muy útiles en su vida subterránea.

Los primeros utensilios que se identifican como tales —sin dudas— pertenecen a una cultura que se conoce como olduvayense, porque se descubrió en la famosa garganta de Olduvai, en Tanzania. Allí excavaban los esposos Louis y Mary Leakey, a los que ya conocéis de sobra.

Junto con los utensilios se encontraron homininos de dos tipos. Por un lado había parántropos con muelas descomunales, y por otro unos homininos que tenían el cerebro algo más grande que los australopitecos y las muelas y la cara más pequeñas. Es decir, unos se habían especializado en la trituración del alimento (los parántropos) y los otros habían hecho exactamente lo contrario: reducir su aparato masticador. Perder capacidad de moler.

A estos últimos les dio Louis Leakey (junto con otros dos autores) el nombre científico de *Homo habilis*. Aunque se parecían todavía mucho a los australopitecos, tanto en su porte como en la forma de la cabeza, ya eran de los nuestros, antepasados directos tuyos y míos. Por eso se los ha clasificado dentro del género *Homo*. Son los *primeros humanos* y así los llamaremos en adelante. Los Leakey supusieron que los utensilios de piedra de este yacimiento de Olduvai pertenecían a los humanos, no a los parántropos. La cronología de los fósiles de esta capa y de la industria de piedra de Olduvai es de algo menos de dos millones de años.

¿Cómo se las arreglaban los primeros humanos para sobrevivir? ¿Qué comían? La respuesta está en los utensilios.

Además de productos vegetales, consumían carne de ungulados. Seguramente no los mataban ellos, los ungulados corren mucho y algunos son muy fuertes, sino que aprovechaban los cadáveres de los herbívoros muertos, bien por causas naturales, bien por los depredadores. A fin de cuentas, todos los animales son finitos, a pesar de que no lo sepan. ¿Lo sabrían los australopitecos? No tenemos ninguna prueba de ello.

En África hay muchos herbívoros, como vemos en los documentales. Cebras, ñúes, gacelas y demás. Solo hace falta esperar a que se vayan muriendo y llegar antes que los leones, las hienas, los chacales o los buitres, que todo lo vigilan y lo ven desde lo alto, como *drones* de la naturaleza. Adelantarse a los carnívoros y a los carroñeros *profesionales* no es tan fácil como parece porque todos estos animales tienen mucha hambre y mucha información sobre lo que sucede en su territorio.

Dentro de los huesos de las extremidades de los grandes herbívoros se esconde un tesoro energético: el tuétano. Pero las paredes de estas cañas de hueso son duras y no hay quien les hinque el diente. Solo las hienas pueden hacerlo, porque tienen unas muelas especializadas que actúan como cinceles. Así que podemos decir que las hienas *comen huesos*. Los demás carnívoros no pueden acceder al tuétano.

Pero para partir un hueso basta una piedra cualquiera encontrada en el suelo, darle fuerte con ella y que la piedra pese lo suficiente. Masa y velocidad. Bien mirado, los chimpancés podrían hacerlo, puesto que parten nueces de palma con piedras. Pero no se interesan por la carroña. Quizás sea más difícil encontrar un cadáver en la selva que en la sabana.

¿Quiénes fueron los primeros fabricantes de herramientas de piedra de la historia? Podrían ser australopitecos, parántropos o incluso los primeros humanos. Se han encontrado en Etiopía fósiles con más de dos millones de años que podrían pertenecer a la especie *Homo habilis*. Yo estoy convencido de que esta especie empezó su evolución hace 2,5 millones de años, aproximadamente a la vez que los primeros parántropos, aunque en una dirección completamente divergente. En las dos líneas tuvo mucho que ver el cambio climático que se produjo a comienzos del Pleistoceno, con los primeros enfriamientos del planeta, y que afectó a los ecosistemas del este de África, fragmentando y reduciendo las masas de selva lluviosa.

No dudo de que los australopitecos y los parántropos pudieran producir utensilios de piedra muy rudimentarios. Es más, para cortar la carne solo hace falta un filo; es decir, una esquirla de piedra, una lasca, vale. Es posible que algunos grupos de australopitecos lo hicieran ocasionalmente. Se han encontrado herramientas muy poco elaboradas con tres millones de años o más en Kenia y Etiopía, y dada la cronología hay que pensar que los australopitecos fueron los autores. Pero esa capacidad de tallar la piedra no tuvo ninguna consecuencia en la anatomía y la fisiología de los australopitecos y de los parántropos, que estaban adaptadas a su alimentación vegetariana. De hecho, junto con los australopitecos que se encuentran en las cuevas sudafricanas (Sterkfontein, Makapansgat, Malapa) no han aparecido utensilios líticos.

Sin embargo, con el *Homo habilis* todo cambia. No desarrolló unas muelas enormes, como hicieron los parántropos. Al contrario, su aparato masticador se redujo. Lo que hicieron los primeros humanos fue sustituir las adaptaciones biológicas por las tecnológicas.

En el *Homo habilis* la tecnología es parte de la historia natural de la especie porque su biología no se entiende si no le ponemos un utensilio en la mano. La herramienta pasó a formar parte de la definición de la especie. En términos ecológicos diríamos que no podría ocupar su nicho ecológico sin los útiles de piedra que fabricaba. Y desde entonces siempre es así en nuestra línea evolutiva. No ha habido ninguna especie posterior sin tecnología. Imposible imaginarla. Un ser humano sin una piel animal por encima del cuerpo para calentarse en un clima frío o sin un cuchillo de piedra para descuartizar un animal no tiene sentido.

La historia de la humanidad se ha dividido tradicionalmente en edades, dependiendo del tipo de materiales que se utilicen para cortar. Sin filos no hay tecnología. Las edades tecnológicas son estas: el Paleolítico es la edad de la piedra tallada. Cuando llegó la agricultura y la ganadería se entró en el Neolítico, la edad de la piedra pulida. Luego vinieron las edades de los metales. Primero la Edad del Cobre o Calcolítico, luego la Edad del Bronce, más tarde la Edad del Hierro.

¿En qué edad estamos hoy? En la Edad del Láser. Cortamos con el rayo láser, que es el último paso de la evolución tecnológica.

¿Os acordáis de la película *En busca del fuego* del francés Jean-Jacques Annaud (1981)? Ya es muy antigua y puede que ni la hayáis visto. Está basada en una novela del año 1909 y cuenta la historia de una tribu a la que se le extingue el fuego, su más preciada posesión, y tiene que recuperarlo. Porque sin él no puede vivir, aunque no nos explican por qué. Debe de parecerles evidente a los autores. ¿Es que se puede vivir sin fuego?

Un campamento humano sin hoguera también es difícil de imaginar. ¿Cómo podría una especie humana prescindir de esa tecnología?

Una de las cuestiones pendientes en arqueología prehistórica es la de determinar cuándo se domesticó el fuego. Cuándo aprendieron nuestros antepasados a producirlo y a alimentarlo. Pero mi búsqueda es otra, la del paleontólogo. Al igual que sucedía con la talla de la piedra de la que os hablaba antes, lo que me interesa es averiguar cuándo la tecnología del fuego cambió nuestra anatomía y nuestra fisiología, del mismo modo que la industria lítica cambió nuestro aparato masticador. En qué momento el fuego se convirtió en historia natural.

Todos los pueblos de la Tierra usan el fuego. Así que podríamos decir que no se puede vivir sin él. ¿Pero qué beneficios nos proporciona el fuego? El fuego nos calienta y nos ilumina por la noche. También se dice que ahuyenta a las fieras. Pero la noche es para dormir, y eso es lo que hacen nuestros parientes más cercanos, los chimpancés, los gorilas y los orangutanes, que no usan el fuego. Tampoco necesitan calentarse ni ahuyentar a las fieras porque los chimpancés y los orangutanes duermen en nidos que construyen en las copas de los árboles; o en el suelo en el caso de los gorilas, que no parecen temer a las fieras.

Al geólogo Manuel Hoyos, que hizo un trabajo formidable en Atapuerca que aún perdura, le he oído decir muchas veces que las cuevas donde vivían nuestros antepasados debían de oler a rayos. Los restos podridos de comida estaban esparcidos por el suelo, y eso es precisamente lo que excavamos, los huesos abandonados. Tampoco se cuidarían mucho de su higiene los trogloditas aquellos y harían sus necesidades en la cueva. Así que las fieras olerían el campamento de los humanos desde varios kilómetros de distancia, y precisamente eso las ahuyentaría. Los humanos eran ellos mismos *fieras*: peligrosos depredadores que cazaban en grupo. Incluso se ha llegado a pensar que roncamos por la noche para que las fieras sepan que hay unos poderosos humanos durmiendo y que no les conviene acercarse.

El fuego, eso sí, es una fuente de calor que se agradece cuando hace frío, y en África refresca mucho por la noche. No digamos en latitudes más altas. Pero se puede dormir sin él si se dispone de pieles y de calor humano.

Así que ¿cuál era la verdadera ventaja del fuego que lo hacía, no ya deseable, sino imprescindible?

Hasta ahora hemos hablado de homínidos de pequeño tamaño, poco mayores que los chimpancés. Incluso el *Homo habilis* era de pequeño tamaño y se parecería mucho, visto de lejos, a los australopitecos y parántropos, como sabemos.

Realmente el *Homo habilis* es nuestro pedúnculo evolutivo *encontrado* (desafiando la maldición de Teilhard de Chardin), pero todavía no muestra un diseño biológico radicalmente diferente del de los australopitecos y parántropos, de los que más bien se podría considerar una variante. Era lo esperable, porque solo es un «pedúnculo de humano», todavía no «se ha abierto completamente la flor».

Entra ahora en escena un homínido de nuestro tamaño, que verdaderamente representa un nuevo diseño biológico, un cambio sustancial en el plan corporal: el *Homo erectus*. Y a todo el mundo le parece evidente que ya es otra cosa. Tengo la prueba en el Museo de la Evolución Humana de Burgos.

Cuando los visitantes llegan a la sala de los homininos se encuentran frente a unas esculturas que reproducen las diferentes especies de homínidos en orden cronológico hasta llegar a la nuestra, el *Homo sapiens*. Después de verlas todas, los visitantes llegan a la conclusión, por lo que me cuentan, de que ha habido dos clases de homininos en nuestra evolución: los que eran como chimpancés, aunque bípedos, y los que eran humanos como nosotros. En realidad hasta podríamos decir que los decepcionan las especies humanas de Atapuerca. «Nos los esperábamos más monos», comentan.

Los «chimpancés bípedos» serían los australopitecos, los parántropos y hasta el *Homo habilis*, aunque la escultura que se muestra en el museo tenga una piedra recién tallada en la mano. La serie de homininos que les parecen ya humanos a los visitantes empieza con el *Homo erectus*. Esta es, además, la primera especie de nuestra estatura. Y a este salto en el tamaño no se le ha prestado la importancia que merece.

El *Homo erectus* tenía un cerebro mayor que todas las especies anteriores, y hay que preguntarse cómo era capaz de *pagárselo*. Veréis, el cuerpo humano tiene una economía, que se llama *metabolismo basal*, y la moneda de curso legal es la kilocaloría, lo que la gente llama «las calorías». El metabolismo basal es la cantidad de kilocalorías que precisa un individuo al día estando en reposo y a una temperatura agradable.

Calcular el metabolismo de una especie cualquiera de mamíferos no debería ser muy difícil, porque depende del peso del animal. Hay una correlación estadística muy estrecha entre el peso corporal y las calorías que se necesitan para estar vivo.

Pues bien, el metabolismo basal de cualquiera de nosotros es el normal para un mamífero de nuestro tamaño, aunque tengamos un cerebro enorme, que consume muchas calorías. Es decir, nuestro presupuesto energético no es extraordinario. No somos la especie de mamífero que más gasta, pese a tener el órgano más costoso. Y esto es una gran sorpresa. Todos habríamos pensado que debido a nuestro cerebro tan desarrollado los humanos consumíamos más energía que cualquier otro mamífero de nuestro porte.

Si hacemos un ejercicio moderado necesitamos obtener unas dos mil calorías al día en promedio (más calorías en el caso de los hombres y menos en el de las mujeres), y os puedo asegurar que no es nada fácil conseguirlas ahí fuera. Daos una vuelta por el campo en pleno invierno a ver cuánto alimento veis.

Si no se comprende que no sobra ninguna caloría no se puede entender el mecanismo de la selección natural propuesto por Darwin y Wallace, que se basa en la criba que impone en las poblaciones la escasez de recursos. Muchos nacen, pocos se reproducen.

En consecuencia, un cerebro grande solo es posible si se ahorra en algún otro apartado del presupuesto metabólico, la economía del cuerpo. Hay tres grandes capítulos en ese presupuesto. Uno es el cerebro. Otro apartado es el tubo digestivo, las tripas. Y el tercer capítulo del presupuesto son las vísceras, las *entrañas*, como el corazón, el hígado, los riñones, etc. Si aumenta el presupuesto del cerebro hay que reducir el gasto de las tripas o el de las entrañas. Como este último apartado, corazón, hígado y riñones, es intocable, no queda más remedio que simplificar, acortar, el tubo digestivo.

¿Cómo hacerlo? Fijémonos en los animales. Un león tiene un tubo digestivo mucho más corto que una cebra, su presa. Los comedores de pasto consumen vegetales con mucha fibra, es decir, con mucha celulosa, y por eso necesitan tubos digestivos largos. En cambio la carne es más fácil de digerir. Los omnívoros tienen tubos digestivos más simples que los vegetarianos, y nosotros los humanos somos omnívoros.

Nuestro tubo digestivo es más corto que el de los grandes simios, luego es posible que los humanos fueran reduciendo su tubo digestivo al tiempo que su cerebro aumentaba de tamaño. Es decir, se fueron haciendo cada vez más omnívoros a partir de *Homo habilis*. La carne no es el único alimento de fácil asimilación, también lo son algunos productos vegetales de gran poder calorífico, que pudieron haber entrado en la dieta. Pensemos en los frutos secos, que no se recomiendan en las dietas de adelgazamiento, y algunas frutas muy grasas o muy azucaradas que tampoco entran en la *operación bikini o bañador*.

Pero la carne es difícil de asimilar si está cruda. Hay que ponerla a la brasa, al horno o cocerla para que sus moléculas se descompongan, se degraden. Por eso, algunos autores opinan que el consumo de carne en grandes cantidades no fue posible sin el auxilio del fuego. Cuando pensamos en el uso del fuego para ablandar la carne nos viene a la cabeza la imagen del cordero, de la vaca, del cerdo, del pollo o del animal que sea (pescados incluidos) dando vueltas sobre las llamas. Son las carnes a la espada, a la estaca o al palo. Y las encontramos muy *paleolíticas* porque no se requieren recipientes de cerámica, que se inventaron en el Neolítico.

Pero todos los pueblos de la Tierra excavan hornos en el suelo para asar la carne sin necesidad de cerámica. Pensemos también en cómo se cocina el lechazo en Castilla. En una fuente de horno y sin añadirle nada. Asado en su propio jugo.

Para abordar esta cuestión debemos partir de un dato sólido. Un hecho científicamente probado. Un punto de apoyo. Y como siempre, tenemos que empezar con una buena pregunta: ¿podemos vivir saludablemente los seres humanos comiendo solo alimento crudo?

No es una cuestión a la que tengamos que responder los investigadores del pasado, los prehistoriadores. Nosotros nos conformamos con constatar que en los yacimientos arqueológicos aparecen muchos huesos de herbívoros, por lo menos desde la aparición del *Homo erectus*, incluso del *Homo habilis*. Se comían, seguro, la carne de los mamíferos que cazaban, o que carroñeaban, porque los huesos presentan marcas de corte hechas con filos de piedra.

¿Pero se la comían cruda, al fuego o al horno? Cocida no es probable porque para hacer hervir el agua se necesita un recipiente, y la cerámica apareció en el Neolítico (hay otras formas de llevar un líquido a ebullición, pero este no es momento de detenernos en ellas).

Aquí hay que recurrir al laboratorio de fisiología humana y preguntárselo a los especialistas. Hagámoslo: investigadores que estudiáis la fisiología humana, ¿puede un ser humano alimentarse tan solo de alimento crudo, aunque sea abundante? Es decir, tal cual lo produce la naturaleza: la carne, cruda, y los vegetales también. ¿Han hecho ustedes experimentos con voluntarios?

Lo ideal sería que los vegetales del experimento no fueran plantas cultivadas. Pero incluso si lo son, los granos de los cereales (trigo, centeno, arroz, mijo, maíz) y las semillas de las legumbres son duros cuando están secos, que es como los conservamos, y hay que hervirlos para que se ablanden, y además darles gusto, porque no saben a nada simplemente cocidos.

Y respecto de los geófitos, muchos órganos de reserva subterráneos son tóxicos para el ser humano y hay que tostarlos para que se puedan comer, como hacen los hadza del lago Eyasi en Tanzania.

Los fisiólogos han contestado a la pregunta, y lo que nos dicen después de hacer sus estudios, en resumen, es que comer alimento crudo, no transformado por el fuego, no es lo mejor. Se pierde peso y las mujeres pueden dejar de tener la regla (amenorrea). Por lo tanto no se pueden quedar embarazadas y la especie no prosperaría en estas condiciones.

Se pueden poner en duda estos experimentos y hacer otros nuevos. La ciencia basa su método en la contradicción y aquí no hay dogmas. Pero lo que me parece seguro es que los alimentos procesados con el fuego se asimilan más fácilmente. Hasta los carnívoros los prefieren. Y con eso me basta.

No es poco que el fuego haga los alimentos más digeribles con menos esfuerzo, con una menor inversión de energía. Eso puede suponer una gran mejora en la alimentación, una ventaja decisiva en el balance energético (lo que se gasta y lo que se obtiene) sobre nuestros antepasados más remotos, que consumían los alimentos crudos.

Y en particular en relación con la carne. Masticar carne cruda no nos proporciona muchas calorías a los seres humanos, que no pertenecemos al grupo evolutivo de los carnívoros, sino al de los grandes simios, todos ellos vegetarianos u omnívoros, pero nunca carnívoros *profesionales*.

En algunos grupos de chimpancés los machos cazan pequeñas presas, como monos y recentales de antílopes, y las devoran con fruición, pero no constituyen un elemento importante de su dieta, y por lo tanto de su nicho ecológico. No son cazadores ni carroñeros sistemáticos.

En resumen, somos la única especie del mundo que no es crudívora. Todas las demás lo son, como es lógico porque no tienen fuego. Nosotros somos la especie cocinera.

Lo recalco porque de puro obvio se nos pasa por alto un hecho asombroso. En este planeta solo hay una especie que utiliza el fuego para procesar su comida, sea de origen animal o vegetal, y esa especie es la nuestra.

La tecnología del fuego tiene por lo tanto un elemento en común con las herramientas de piedra. Nuestra anatomía y nuestra fisiología no se entienden sin esas tecnologías. Un ser humano no se explica si no le ponemos una herramienta en la mano y un fuego en el centro del campamento. Las herramientas y el fuego forman por lo tanto parte de nuestra definición de especie. De la *diagnosis* del *Homo sapiens*, como se dice técnicamente.

En las sociedades modernas los cuchillos y el fuego están juntos en una habitación de la casa: la cocina. La existencia de una cocina es lo que distingue un hogar de un centro de trabajo, de una oficina.

Uno de los epítetos del dios griego Dioniso es *omófagos*. *Omos* significa literalmente «crudo» y *fagia* «comida», por lo que la omofagia es lo mismo que el crudivorismo, aunque en el caso de Dioniso lo que se suponía que comía era carne cruda. La omofagia del dios se interpretaba como una manifestación de su naturaleza salvaje, porque Dioniso representaba el desorden, lo más opuesto a la civilización. Los seres humanos civilizados comemos la carne cocinada, pensaban los griegos.

¿Pero desde cuándo hacemos fuego?

Los primeros fósiles de *Homo erectus* se remontan hasta hace casi dos millones de años. Por eso yo pienso que el origen de su antepasado, el *Homo habilis*, debe de ser mucho más antiguo, quizás de hace 2,5 millones de años.

¿Dónde están los fuegos del *Homo erectus*? No se conoce el uso *sistemático* del fuego hasta hace un cuarto de millón de años, con los primeros neandertales y los primeros cromañones (nosotros). ¿Dónde se han metido los hogares de las especies más antiguas? Lo cierto es que todavía no los hemos encontrado, pero Richard Wrangham defiende con argumentos muy poderosos que los fuegos tienen que estar en algún lado porque no puede haber aumento del cerebro sin llamas.

Hay, sí, indicios muy antiguos del uso del fuego, aquí y allá, pero no de verdaderas hogueras mantenidas en el tiempo durante días y presidiendo el campamento. Esta es otra de las preguntas sin contestar de la evolución humana, porque lo cierto es que una vez que se aprende la técnica de encender un fuego es muy fácil y rápido de producir. Otro *pedúnculo borrado* de la evolución humana, aunque esta vez no sea un fósil. Al fuego también lo reconocemos cuando *florece*.

Pero la ciencia no renuncia tan fácilmente a contestar a las preguntas que se hace, y las ciencias históricas tampoco cesan en la búsqueda de los pedúnculos borrados. Hay algunos indicios en Europa de fuego controlado con cronologías que rondan los 400.000 años, que es la época de las bellas hachas de mano en el continente, la tecnología llamada *achelense* que se caracteriza por la talla bifacial (por las dos caras). Uno de estos posibles hogares, al aire libre, se encontró en Niza, en la misma ciudad y al construir un edificio. El nombre del yacimiento es Terra Amata y lo excavó el arqueólogo Henry de Lumley, un buen amigo de Atapuerca y también personal mío, como lo es su esposa Marie-Antoinette, paleoantropóloga.

En una cueva de Portugal llamada Aroeira se encontró un cráneo humano muy interesante de esa cronología, que tuve la oportunidad de estudiar desde el momento mismo en el que se descubrió en el yacimiento. La extracción del fósil de la matriz muy endurecida en la que se encontraba atrapado no fue nada fácil, pero la restauradora Maricruz Ortega hizo un trabajo primoroso. El proyecto de excavación y estudio de los materiales lo dirigían el portugués João Zilhão y los catalanes Montserrat Sanz y Joan Daura. Además del cráneo humano y muchos restos animales y utensilios líticos aparecieron huesos quemados, carbón de madera y herramientas de cuarcita quemadas que sugieren decididamente el uso de la tecnología del fuego hace 400.000 años más o menos.

A pesar de todas estas evidencias, seguía faltando un hogar, una estructura de combustión bien delimitada, un fuego controlado del que no quepa ninguna duda. Y hace nada se ha dado a conocer el hallazgo de fuego no natural en Barnham, Inglaterra. El yacimiento se encuentra en una paleosuperficie (antigua superficie del terreno). Es decir, eran fuegos al aire libre. El suelo aparece calentado en algunos lugares (lo que indica fuegos localizados), y también se encuentran bifaces quemados de sílex (pedernal) y hasta fragmentos de piritas, que se habrían utilizado para encender el fuego, y que tuvieron que transportarse desde otro lugar con esa intención porque en la zona del yacimiento no se encuentran. Estas piritas serían la *pistola humeante*, como se dice en los casos policíacos, la prueba irrefutable del control del fuego por los humanos europeos hace poco menos de medio millón de años.

Por cierto, si os gustan los vídeos de supervivencia podéis encontrar en internet la manera de producir fuego usando pirita y sílex. Las chispas saltan fácilmente, pero el secreto está en tener una buena yesca. El hongo yesquero es ideal. El famoso Ötzi, el Hombre del Hielo, cuyo cuerpo se encontró en un glaciar del Tirol, llevaba un hongo yesquero, y encendía el fuego con una pirita y un pedernal. Su antigüedad se sitúa hace entre 4.000 y 5.000 años y pertenecía culturalmente al Calcolítico o Edad del Cobre.

Yo he visto hacer fuego a los hadza con dos palos. Para ellos es pan comido. Esta es una tecnología, como ya os he dicho, fácil de controlar, y por eso me parece absurda la idea de una comunidad que mantiene el fuego alimentándolo con madera pero que no sabe producirlo, como en la novela/película *En busca del fuego*, que en francés, por cierto, era *La guerre du feu*.

Habrá que confiar en que se puedan encontrar pruebas como esta en yacimientos más antiguos en el futuro.

En la lengua vasca, el pedernal se dice *suharri* o *tximistarri*, es decir, «piedra de fuego» o «piedra de relámpago», curiosamente, y ha existido la creencia en muchas culturas del mundo, incluida la Antigüedad clásica griega y romana, de que las hachas de piedra tallada paleolíticas, o las de piedra pulida neolíticas, que se encontraban por el campo eran producciones del rayo o directamente rayos caídos. Muchas de estas hachas eran de pedernal, que es una roca mágica que desde la prehistoria se relaciona con el fuego. Una hija del fuego que es capaz de producir fuego.

Una de mis primeras lecturas fue *El libro de la selva* del inglés Rudyard Kipling. En él los animales se refieren al fuego, al que temen, como la Flor Roja. Yo pienso en la Flor Roja cada vez que veo danzar las llamas.

> —Ya tengo una idea —dijo Bagheera levantándose de un salto—. Vete inmediatamente a donde los hombres tienen sus chozas, allá en el valle, y coge una parte de la Flor Roja que allí cultivan, a fin de que en el momento oportuno puedas contar con un apoyo más fuerte que yo, o que Baloo, o los que bien te quieren en la manada. Anda, ve a buscar la Flor Roja.
>
> Lo que Bagheera quería significar al hablar de la Flor Roja era el fuego; pero no hay en toda la selva ser viviente

que quiera llamar al fuego por su nombre. Sienten ante él todas las fieras un miedo mortal, e inventan cien maneras diferentes de describir lo que tal pavor les causa.

—¿La Flor Roja? —dijo Mowgli—. Es la que a la hora del crepúsculo crece fuera de las chozas. Yo la cogeré.

FUERZAS PODEROSAS SACUDEN EL MUNDO

El mundo nos parece estático, pero solo a los que habitamos regiones que no son sísmicas ni volcánicas. A los que viven donde se producen los terremotos y las erupciones el mundo no les parece en absoluto quieto, sino algo vivo, en movimiento. Tal vez dormido, pero no muerto, porque en cualquier momento puede despertarse violentamente.

La biogeografía es la especialidad de la biología que estudia la distribución geográfica de las especies... y sus causas. La ciencia en general tiene esas dos vertientes, que suelen ser consecutivas: la descripción de los fenómenos naturales y la búsqueda de su explicación. Primero se observa y se describe, luego se sistematiza, finalmente se entiende. Y así vamos avanzando en el conocimiento de cómo funciona el mundo.

Por ejemplo, si nos interesan los volcanes podemos empezar por agrupar la variedad enorme de ellos en unos pocos tipos (estromboliano, vulcaniano, hawaiano, pliniano, peleano), para luego ponerlos en el mapa y ver dónde hay y dónde no, y cómo se distribuyen geográficamente las diferentes clases. Lo mismo se puede hacer con los terremotos y los tsunamis: elaborar mapas de riesgos sísmicos para empezar. Viene a continuación la comprensión de lo observado y descrito por los geógrafos. ¿Por qué son las cosas como son, y no de otra manera? ¿Por qué se distribuyen en el planeta las especies, los terremotos y los volcanes del modo en el que lo hacen?

Lo que el naturalista persigue, en definitiva, es un mapa del mundo explicado, con sus volcanes, sus animales y sus plantas.

La biogeografía fue junto con la paleontología la chispa que hizo surgir en la mente de Darwin la teoría de la evolución, al darse cuenta de la estrecha relación que existía entre las especies que viven actualmente en una región y los fósiles sobre los que caminan.

El primer párrafo de la «Introducción» a *El origen de las especies* de Charles Darwin dice así: «Cuando estaba a bordo del H.M.S. Beagle como naturalista me llamaron mucho la atención ciertos hechos de la distribución de los seres orgánicos que habitan Sudamérica, y de las relaciones geológicas entre los habitantes del presente y del pasado de ese continente. Tales hechos, como se verá en capítulos posteriores de este volumen, parecían arrojar alguna luz sobre el origen de las especies, ese misterio de los misterios, como ha sido llamado por uno de nuestros más grandes filósofos».

Ya solo faltaba encontrar un motor del cambio y Darwin lo encontró en la selección natural. Observando cómo los granjeros creaban variedades de plantas y razas de animales se le ocurrió que algo parecido tenía que producirse en la naturaleza.

En este capítulo os voy a hablar de volcanes y de biogeografía.

Si hay algo que los chamanes han contado siempre a su tribu es que todo está vivo, sea un animal, una planta, el viento, las nubes, el mar, los ríos, las estrellas, el Sol, la Luna. Porque todo lo que se mueve y cambia está animado por un espíritu y tiene *personalidad*.

Las rocas permanecen siempre igual, pero solo aparentemente. Lo que pasa es que las montañas se mueven más despacio. Dicen los chamanes que el mundo ha cambiado a lo largo del tiempo, pero a un ritmo tan lento que no podemos percibirlo. Menos los volcanes. Para los guanches el volcán Echeide, el Teide, era una salida al exterior del infierno, el inframundo.

Porque donde hay terremotos el chamán tiene que recurrir a algún mito para explicar por qué el suelo se convulsiona tan enérgicamente.

La ciencia se hace exactamente las mismas preguntas, y trata de contestarlas a su modo, con el método científico. En la reciente erupción del volcán Tajogaite de La Palma, con toda su lava, todo su fuego y todo su ruido, nadie recurrió a los dioses para explicar lo que estaba ocurriendo, sino a la geología.

Los volcanes y su capacidad de destrucción se conocen desde antiguo. No hay más que pensar en la erupción del Vesubio, que sepultó las ciudades de Herculano y Pompeya, cerca de Nápoles, en el año 79 de nuestra era. Se han hecho tantas películas, documentales y libros sobre esta erupción que la conoce todo el mundo. Y eso que han pasado casi 2.000 años desde entonces.

Pero lo que nadie podía imaginar es que la causa de los volcanes y de los terremotos había que buscarla en los movimientos de los continentes. Porque nadie pudo jamás soñar que los continentes, que parecen lo más sólido que existe, pudieran moverse. Ni siquiera los chamanes. ¿Dónde podría estar el motor para el movimiento de masas tan descomunales?

Es al meteorólogo y geofísico alemán Alfred Wegener

(1880-1930) a quien hay que atribuir la teoría de la movilidad continental, que defendió en los años diez y veinte del siglo pasado. Pese al escepticismo general de la ciencia de la época, Wegener sostenía que los continentes viajan flotando como témpanos en el agua. Esta de la deriva continental era una idea muy loca, pero así son las grandes teorías en ciencia. Alfred Wegener murió en una expedición en Groenlandia en 1930. En acto de servicio, podríamos decir.

¡Que los continentes se mueven, vaya tontería! ¿Y qué tiene todo esto que ver con la evolución humana? Un poco de paciencia, pero recordad el mensaje: la evolución humana no es una historia que se desarrolla al margen de lo que sucede en los ecosistemas. A lo que hay que añadir que un ecosistema tiene una parte viviente (la comunidad, la *biota*) y una parte no viva (*abiótica*), en la que se incluye el clima, entre otros factores. Hemos cambiado con los ecosistemas porque las especies se adaptan a los cambios ambientales, y en eso consiste, básicamente, la evolución.

Si os fijáis en un mapa geográfico del mundo veréis que el perfil atlántico de Sudamérica encaja bastante bien con el de África. Deteneos en Brasil y en el golfo de Guinea. Y si el mapamundi fuera geológico os daríais cuenta de que las rocas de los dos continentes se continúan. La conclusión es evidente ahora, pero no en la época de Wegener. Hubo un tiempo en el que el océano atlántico no existía.

Y no se puede entender la biogeografía, es decir, la distribución geográfica de los animales y las plantas, sin recurrir a la deriva continental. Antes de que a Wegener se le diera la razón se suponía que en el pasado remoto habían existido puentes de tierra que permitían, a modo de corredores, el paso de las especies entre continentes, pero que las grandes masas estaban fijas en su lugar actual.

La moderna geología explica los movimientos de los continentes suponiendo que el interior de la Tierra no es homogéneo, sino que se compone de varias esferas o envolturas superpuestas. La envoltura más externa (la *litosfera*) está formada por *placas tectónicas* que se mueven sobre la siguiente envoltura, más profunda. A veces estas placas chocan entre ellas, y de esa colisión resultan las cordilleras. En ocasiones una placa se mete por debajo de otra, y en ese borde de fricción es donde se producen los volcanes y los terremotos. Otras veces, como en el caso de Hawái, las Galápagos o las islas Canarias, una placa pasa por encima de un punto caliente, una especie de *llamarada* del magma (como si hubiera un soplete intermitente, echándole mucha imaginación, porque no hay llamas en el manto), y se forma un rosario de islas volcánicas según va pasando la placa por el punto caliente.

Finalmente, en ocasiones la corteza terrestre se resquebraja y las placas se parten. En África hay una gran fractura que se llama el Valle de la Grieta o del Rift. En realidad son varias grietas, pero no hace falta que entremos en esas sutilezas para lo que os quiero contar. La fractura termina en una gran depresión tectónica (el Triángulo de Afar) donde se han encontrado muchos fósiles de homininos, como Ardi y Lucy. Fuera del continente africano la grieta se prolonga por el mar Rojo, el mar Muerto y el valle del Jordán.

Los fósiles del este de África de los que hemos hablado quedaron enterrados en las orillas de lagos que se formaron en el fondo de esa gran grieta. Los fósiles de Sudáfrica no son de esa clase, porque vienen de cuevas desarrolladas en rocas calcáreas. El Valle del Rift no pasa por Sudáfrica porque empieza más al norte.

El Valle de la Grieta está formado por grandes depresiones y grandes mesetas a los lados con volcanes como el Kilimanjaro, la montaña más alta de África. Al oeste de la Grieta nos encontramos selvas húmedas, las de la cuenca del río Congo y del golfo de Guinea, que llegan hasta la orilla misma del océano Atlántico. En esas mismas latitudes, pero al este de la Gran Grieta, hay ambientes que pueden ser muy áridos, como los del Triángulo de Afar. Las pluvisilvas ya no existen, aunque sabemos por los fósiles que existieron en el pasado. Los ardipitecos vivieron sin duda en la selva húmeda. Las especies de antílopes y de monos que se han encontrado con Ardi así lo atestiguan, porque son antílopes y monos de selva, no de sabana.

Y este es el momento de que le rinda homenaje a mi amigo el gran paleontólogo francés Yves Coppens, fallecido no hace mucho (en 2022, pero a mí me parece que murió *recientemente*). A Coppens se le ocurrió una teoría a la que le puso el nombre de *East Side Story*. El título remeda el del célebre musical y película con música de Leonard Bernstein, *West Side Story*.

La teoría de Coppens es que la formación del Valle de la Grieta trajo cambios en los ecosistemas situados más al este. La tectónica afectó a la ecología. En los ecosistemas orientales la selva tropical donde había vivido Ardi (en Etiopía) fue poco a poco dando paso a ecosistemas más secos, a la sabana. Si ahora miráis una foto de satélite de África veréis que es verdad lo que os digo. La mancha verde de la pluvisilva no llega hasta la costa oriental de África, que es la del océano Índico.

Todos los animales tuvieron que adaptarse a los nuevos biomas, y fue así, según Coppens, como aparecieron los australopitecos, los primeros homínidos bípedos.

La moraleja del cuento es que los seres humanos somos hijos de la Gran Grieta. Una razón más para interesarnos por la geología, por Gea. Este es mi consejo: cuando viajéis en coche, en tren o en avión, mirad por la ventanilla.

Veréis un espectáculo asombroso.

Una cosa es vivir en la misma región y otra diferente verse las caras. Sabemos que ha existido a la vez más de una especie fósil de hominino en el planeta Tierra, que incluso algunas han vivido en el mismo territorio, pero hasta ahora no teníamos la prueba de que se cruzaran sus pasos, de que se observaran en la distancia dos especies de homininos fósiles, salvo en el caso de los neandertales, los denisovanos (ya os hablaré de ellos, son fósiles asiáticos) y nosotros. Estamos seguros porque muchos seres humanos llevan hoy genes neandertales o denisovanos en sus propios cromosomas. ¿Pero y antes? ¿Qué ocurrió en África, donde empezó todo y vivían los australopitecos, los parántropos y los primeros humanos?

Para responder a esta pregunta hay que hacerse primero otra: ¿ha habido siempre una sola especie de hominino en la evolución (esta sería la «teoría de la especie única»)? ¿O han coexistido varias especies de hominino la mayor parte del tiempo y el que solo haya una ahora (la nuestra) es una anomalía (quizás producida porque nosotros hemos exterminado a las otras o las hemos absorbido)?

Siempre ha habido un debate acerca de la geometría de nuestra evolución. ¿Es una escalera que lleva hasta la especie humana actual a través de una serie de especies que se han sucedido en el tiempo (los peldaños de la escalera)? ¿O es un árbol con muchas ramas de las cuales solo una ha pervivido: el *Homo sapiens*? Yo me apunto a esta segunda versión, pero en todo caso este es el debate fundamental de la paleontología, a mi juicio, la forma de la evolución en general y de la humana en particular.

Para contestar a esta pregunta primero hay que aclarar qué se entiende por especie. Por ejemplo: ¿somos los humanos actuales una especie diferente de los neandertales y los denisovanos? Diré algo al respecto mucho más adelante, pero ya adelanto que respondería con un sí.

De lo que no cabe duda es de que los parántropos y el *Homo erectus* eran especies distintas porque sus constituciones (sus diseños anatómicos) eran muy diferentes. Me cuesta mucho trabajo pensar que pudieran aparearse y tener descendencia fértil. Vendrían a ser un caso parecido al de los chimpancés y gorilas, que pueden vivir en las mismas selvas sin producir híbridos. Nunca se ha conocido ninguno, al menos que yo sepa.

En muchos lugares donde viven los chimpancés hay también papiones (o babuinos). Entran frecuentemente en contacto unos con otros pero no parece que compitan demasiado por el alimento, porque no son especies que se excluyan. Y por supuesto nunca se producen híbridos porque están muy alejados evolutivamente hablando. Exactamente igual de alejados, por cierto, que los babuinos y nosotros. En contra de lo que podríais pensar, los papiones no están más cerca de los chimpancés que de los seres humanos.

Más aún, evolutivamente hablando, los gorilas están igual de lejos, o de cerca, de los chimpancés que de nosotros. Para entenderlo tienes que dibujar un árbol de la evolución de los primates con al menos estas cuatro ramas: babuinos, gorilas, chimpancés y humanos. Hazlo por favor y verás lo que te quiero decir.

Los parántropos se parecían mucho a los australopitecos de cuello para abajo, ya está dicho, y se diferenciaban en que tenían un poderoso aparato masticador, más desarrollado que el de los australopitecos. Muelas grandes, músculos elevadores de la mandíbula muy poderosos para cerrar muchas veces la boca y triturar el alimento, mandíbulas enormes y huesos de la cara muy desarrollados a causa de la hipertrofia de esas muelas y de esos músculos. En los machos, además, una cresta ósea en todo lo alto del cráneo.

El *Homo erectus* era mucho más semejante a nosotros, como piensan todos los que visitan el Museo de la Evolución Humana de Burgos, si bien su constitución era más fuerte y su cerebro más pequeño, aunque claramente mayor que el de los parántropos.

En biogeografía, de dos especies que viven juntas se dice que son *simpátridas* (o *simpátricas*). Tienen la misma patria. Si no viven juntas son *alopátridas* (o *alopátricas*). Diferentes patrias.

Sabemos que los parántropos y el *Homo erectus* eran especies simpátridas porque sus huesos y dientes se encuentran juntos en muchos yacimientos. Y tanto en las cuevas de Sudáfrica como en los yacimientos al aire libre del este de África. Aunque los parántropos sudafricanos (*Paranthropus robustus*) y los del este de África (*Paranthropus boisei*) eran diferentes especies, los humanos eran *Homo erectus* en los dos casos.

¿Pero eso quiere decir que cuando estaban vivos los parántropos y los humanos coincidían en los mismos lugares? ¿Competían por los mismos recursos? Más aún, ¿fueron los humanos la causa de la extinción de los parántropos en todo el continente? Y, finalmente, la pregunta crucial: ¿cómo podemos averiguarlo?

La respuesta está en la paleoicnología, que es una disciplina paleontológica que *no* estudia los restos de las especies del pasado, sino las señales que nos han dejado de sus actividades. Es otra clase de fósiles. ¿Y qué mejor signo de actividad que las huellas que dejaban al caminar? Todo el mundo conoce las huellas de los dinosaurios, que tanto nos informan acerca de la forma de caminar de sus autores (la *cinemática*), incluso de su comportamiento social cuando marchaban en grupo. Los rastros de dinosaurios, las *icnitas*, se han convertido en atracciones turísticas, y bien está que sea así. Es *lo más vivo* que nos ha llegado de los dinosaurios, por decirlo de alguna manera, junto con las aves, claro, que son dinosaurios.

Desgraciadamente no tenemos muchas huellas de homininos, aunque va habiendo cada vez más. Las más famosas son las de Laetoli, en Tanzania, producidas hace 3,66 millones de años y excavadas por Mary Leakey y su equipo. Como en Laetoli se han encontrado restos de la especie *Australopithecus afarensis* es lógico asignar las huellas a esta especie. No tenemos la certeza absoluta, pero es lo que pensamos.

El sedimento sobre el que se formaron esas icnitas es el resultado de una erupción volcánica que arrojó a la atmósfera *cenizas* (o sea, materiales sólidos de tamaño pequeño; a los vulcanólogos modernos no les gusta que se use la palabra *ceniza* porque no hay nada que arda dentro de un volcán). Estos *piroclastos* finos acabaron cayendo al suelo y una lluvia posterior los convirtió en barro, sobre el que se grabaron las pisadas.

El estudio de estas huellas despejó para siempre la duda de si los australopitecos tenían un pie como el nuestro y andaban como nosotros o si su locomoción era algo distinta. Yo me cuento afortunadamente entre los investigadores que han estudiado estas huellas y por eso me resultan especialmente queridas.

Lo primero que hay que hacer es mirarse el pie. Simplificando mucho podríamos decir que tiene dos partes. Los dedos y el resto. Los dedos forman la parte móvil del pie, el resto es una estructura bastante rígida, una palanca en realidad. La parte posterior del pie forma el talón, que se corresponde a un hueso que se llama calcáneo. La planta del pie está socavada, formando un puente. Sería interesante que os miraseis la huella de vuestros pies en la arena húmeda de la playa para lo que voy a decir a continuación.

Este puente tiene dos puntos de apoyo, dos pilares. El talón por detrás, y por delante lo que los ingleses llaman la «bola del pie». Si no queremos llamarla «bola del pie» nos podemos referir a ella como la «base de los dedos», es decir, donde se articula la parte móvil del pie con la parte rígida del pie. Técnicamente hablando se trata de la articulación de los cinco metatarsianos con las falanges basales de los cinco dedos de los pies. Siendo más precisos tendríamos que decir que la «bola del pie» sobre la que nos apoyamos al caminar está formada en realidad por las cabezas de los metatarsianos. Es importante reparar en la «bola del pie» porque es la clave de la locomoción humana. Sin ella no habría locomoción plenamente bípeda.

La bóveda del pie tiene dos arcos, uno longitudinal (que va de delante a atrás) y otro transversal (de lado a lado). Entre los dos arcos se forma una bóveda o, más propiamente, una media cúpula. Cuando juntamos los dos pies tenemos la cúpula completa.

Para andar bien se necesitan tanto la parte rígida del pie como los dedos. Los chimpancés carecen de un pie rígido, y además el dedo gordo no es gordo y queda alejado de los otros dedos, que son muy largos (es un dedo gordo *intrínsecamente* corto). Su pie se parece a una mano y puede agarrarse con él a una rama porque el dedo gordo es oponible. Eso mismo le sucede a Ardi, el esqueleto de hominino más antiguo que tenemos, anterior a la famosa hembra de australopiteco llamada Lucy. El dedo gordo es *intrínsecamente* corto y además divergente respecto de los dedos laterales.

El estudio de las huellas de Laetoli claramente indica que la especie a la que pertenecía Lucy tenía un pie rígido, con un dedo gordo que era gordo y estaba alineado con los otros dedos, que eran pequeños. La cinemática de la especie es esencialmente la nuestra, pero...

Me chocaron dos cosas de las huellas de Laetoli. Una es que los pies eran grandes, cuando los fósiles que tenemos de la especie son pequeños. Yo creo que los australopitecos tenían unos pies grandes para su tamaño. Y lo segundo que me interesó fue que el dedo gordo estaba algo desviado hacia el interior del pie, es decir, se separaba un poco de los dedos laterales. Técnicamente, estaba un poco *abducido*, lo que quiere decir que se apartaba del eje longitudinal del pie, con el que formaba cierto ángulo. Cuando el dedo gordo no está angulado respecto de los dedos laterales se dice que está *aducido*. *Aducir* es «juntar» y *abducir* «separar».

En el año 2021 se ha descubierto otro conjunto de huellas en la localidad de Koobi Fora, en la orilla oriental del lago Turkana, en Kenia. Tienen 1,5 millón de años y se grabaron sobre un sustrato mojado de arena y limo, es decir, sobre el légamo de la orilla del lago. La directora del equipo —última firmante, como se suele hacer— es Louise Leakey, a la que ya conocemos.

Doce huellas forman un rastro dejado por un único individuo que marchaba en línea recta a un paso ligero. Hay además tres huellas aisladas, que por tamaño y orientación se consideran dejadas por otros tantos individuos cuyos pasos se cruzaban con los del rastro principal. Todo parece indicar, por el aspecto del suelo, que tiene la misma textura en todos los casos, que las huellas de unos y de otros se formaron con diferencias de pocos días o tal vez de pocos minutos. De otro modo no se parecería tanto el sustrato.

Se observan diferencias notables entre unas y otras huellas porque las que están aisladas tienen el dedo gordo aducido (repito, alineado con los otros dedos), mientras que las que forman un rastro tienen el dedo gordo móvil y más abducido, algo separado de los otros. Es decir, se trata de un pie un poco más primitivo, pero con un grado de divergencia del dedo gordo que nunca llega a lo que se observa en los chimpancés. Ahora es cuando podéis intentar dejar huellas en la playa con el dedo gordo abducido.

La conclusión a la que han llegado los investigadores es que las doce huellas del rastro pertenecen a un solo parántropo, y las tres huellas sueltas, a diferentes *Homo erectus*. Las huellas del parántropo son muy parecidas a las de los supuestos australopitecos de Laetoli, pero con un leve matiz. Las del lago Turkana se hunden más por el antepié que por el talón, y en las de Laetoli ocurre al revés.

Otras huellas que se han encontrado en la orilla del lago Turkana en ocasiones anteriores pertenecen bien a un tipo, bien al otro. Hay que suponer por la cronología que unas serían de parántropos y otras de *Homo erectus*. Estas huellas cubren un periodo de 200.000 años, en el que las dos especies parecen haber convivido en esa región y frecuentado las orillas del lago, cruzándose, literalmente, sus pasos.

La otra conclusión del artículo es que los parántropos (se supone que de la especie *Paranthropus boisei*) y los humanos (de la especie *Homo erectus*) se veían. Sin embargo, está claro que no eran ecológicamente excluyentes, porque se debían de encontrar con frecuencia en los márgenes del lago. Cabe pensar que ocupaban nichos que no se solapaban y explotaban recursos diferentes, quizás porque los humanos cazaban y los parántropos no, pero *se conocían de vista*.

Finalmente los parántropos se extinguieron a pesar de todo y nunca salieron de África. ¿Con quién competían? ¿Quizás lo hacían con los papiones? En aquel entonces había además geladas gigantes. Los geladas son unos parientes de los papiones que hoy viven solo en el altiplano etíope.

Hubo un tiempo en el que parántropos, humanos y geladas gigantes se cruzaban en las planicies africanas. Una escena que un paleoartista debería recrear: tres especies grandes de primates en una sabana con matorrales, arbustos, acacias espinosas y también espacios abiertos, de pasto, intercalados, con el lago Turkana al fondo.

POR QUIÉN DOBLAN LAS CAMPANAS

El más transcendental de los descubrimientos de la historia de la humanidad fue el de la finitud. Me refiero al momento en el que se llegó, en el que alguien llegó, a la conclusión de que se iba a morir. Con total seguridad. Inexorablemente. Ese día todo cambió porque la finitud es un descubrimiento que, como suele decirse, da mucho que pensar. Pero antes tuvieron que producirse otros dos descubrimientos: que existe la muerte y que existimos nosotros.

Si hubiera que ponerle música a este capítulo ahora sonarían campanas tocando a muerto, plegarias y otros sonidos relacionados con funerales y enterramientos o cremaciones en las diferentes culturas. Porque todas son conscientes de la finitud y tratan de darle un sentido.

¿Por quién doblan las campanas? Doblan por nosotros.

Es, en definitiva, lo que nos hace humanos.

Algunos mamíferos muestran comportamientos muy extraños ante la muerte. Se trata de los animales más inteligentes, que a la vez son los que tienen un desarrollo más largo, viven más años, tienen un cerebro más grande, producen pocas crías a lo largo de su vida y las cuidan durante más tiempo, y viven en sociedades más complejas, con más interacciones entre sus miembros, con más vida social.

Lo interesante es que todas estas cosas parecen estar relacionadas. Una sociedad compleja, con muchos miembros y muchos líos, requiere un cerebro muy grande para procesar toda esa información social, tan importante. Y un cerebro muy grande exige un desarrollo prolongado, un comienzo tardío de la edad de reproducción, y por lo tanto muchos años de vida para poder tener el número suficiente de hijos para perpetuarse. Si empiezas a procrear tarde, necesitas más tiempo.

Naturalmente, toda esta estrategia solo es posible si la mortalidad es baja en la especie, porque de otro modo los individuos no llegarán a la edad de reproducción o se morirán pronto y tendrán pocos hijos y la especie se extinguirá en cuanto las circunstancias sean adversas y la mortalidad aumente.

Y efectivamente, los elefantes, los cetáceos con dientes (*odontocetos*), los grandes simios y los humanos tenemos pocos depredadores porque somos fuertes, inteligentes y vivimos en grupos que nos hacen aún más poderosos.

Como decía Konrad Lorenz, un chimpancé aislado no es un chimpancé. Se me quedó grabada esta frase. Un ser humano aislado, podríamos decir, tampoco es un ser humano. Por lo menos en la prehistoria, cuando era imposible sobrevivir sin la ayuda del grupo. No podías ser egoísta y aprovechado porque necesitabas a los demás. Estabas obligado a cooperar.

¿Qué pasa cuando se muere un chimpancé, un delfín o un elefante? Que ya no se mueven, y eso causa extrañeza entre sus compañeros de grupo. Primero intentan que se levante, luego comprenden que no lo va a hacer nunca por más que lo empujen o le hagan compañía. Eso produce dolor y algo parecido al duelo. Unos se quedan más tiempo junto al cadáver y otros se alejan antes, dependiendo de los lazos que los unieran en vida con el difunto. No quisiera humanizar a estos animales, pero no tengo otras palabras para describir sus sentimientos.

Si es una madre que ha perdido un hijo, lo lleva con ella durante mucho tiempo, semanas, como se ha visto hacer a los chimpancés en la selva (incluso solo con la piel de un bebé matado y devorado por otros chimpancés). También a los calderones en el mar. Esa reacción es estremecedora pero no indica pleno reconocimiento del fin de la vida del ser querido. Es más bien una negación de la muerte.

Podríamos concluir que de alguna manera los delfines, los elefantes y los grandes simios se han aproximado al descubrimiento de la muerte. Uno diría que solo les falta dar un pequeño paso más para ser plenamente conscientes al menos de la muerte *de los otros*.

¿Pero cómo saber lo que piensan los animales en relación con la muerte? Solo podemos hacerlo observando su comportamiento. Y, muchas veces, cuando los comparamos con los seres humanos es más útil detenerse *en lo que no hacen*.

Para que estuviéramos seguros de que estas especies ya son plenamente conscientes de la muerte faltaría que hicieran algo especial con el cuerpo del finado. Imagínate que los chimpancés cubrieran de flores a sus muertos, o que los taparan con un túmulo de piedras acumuladas encima. O que los dejaran caer por una sima. Esos chimpancés nos parecerían desde luego muy humanos. No cabría ninguna duda de que reconocen la muerte. Pero no llegan a tanto, ni los grandes simios ni los cetáceos ni tampoco los elefantes. Lo de los cementerios de elefantes es una fantasía.

El segundo paso que era necesario dar para descubrir que te vas a morir algún día es saber que existes. Para pensar que «Yo me voy a morir» hace falta tener antes un *yo*. Eso se llama la consciencia de la existencia de uno mismo o autoconsciencia. Es verdad que todos los mamíferos, y otros muchos animales vertebrados e invertebrados, tienen sensaciones y sentimientos (he dicho ya que son materia sintiente), y en ese sentido son conscientes, pero no saben que tienen esas vivencias, esas experiencias propias, subjetivas, internas, privadas e individuales. No las examinan, no llevan una *vida deliberada*.

Así que cuando un antepasado nuestro descubrió que se iba a morir antes o después, aunque se encontrara perfectamente sano en ese momento, para entonces ya sabía que la muerte existía y que él mismo existía. Ya tenía un yo.

Ahora nos vamos a ocupar del primero de los pasos, el reconocimiento de la muerte de los demás. Hemos dicho que ninguno de los mamíferos inteligentes tiene un comportamiento especial para con los cadáveres, así que podemos preguntarnos cuándo apareció en la evolución humana el reconocimiento de la muerte ajena.

Hay dos candidatos para ser los primeros casos. Uno es una cueva de Sudáfrica llamada Rising Star, que forma parte del conjunto conocido como la Cuna de la Humanidad junto con otros yacimientos que han proporcionado fósiles de australopitecos, parántropos y *Homo erectus*.

El otro candidato es la Sima de los Huesos de Atapuerca.

Hasta la fecha se han recuperado en Rising Star numerosos huesos de homínidos (pertenecientes al menos a quince individuos) en una pequeña sala llamada Dinaledi, localizada al pie de una sima de dificilísimo descenso. Tanto que el director del proyecto, el norteamericano Glenn Berger, formó un equipo compuesto de mujeres pequeñas y con experiencia en espeleología para trabajar allí abajo. Yo he estado con otros compañeros del equipo de la Sima de los Huesos de Atapuerca y puedo aseguraros que ha sido uno de los peores tragos que he pasado en toda mi vida. Ya es difícil bajar porque esta sima es un tubo muy estrecho, pero la gravedad te ayuda. Subir se me hacía imposible porque dadas las dimensiones del conducto no tenía forma de doblar las rodillas e impulsarme hacia arriba.

¿Qué hacían los esqueletos de los homininos en esta pequeña cámara? No hay restos de animales junto con ellos. En las cercanas cuevas sudafricanas donde se han encontrado restos de *Australopithecus africanus*, *Paranthropus robustus* u *Homo erectus* hay muchos huesos de animales, desde antílopes hasta papiones y leopardos. En Rising Star solo hay homininos, lo que hace todavía más misterioso el yacimiento y más difícil de entender cómo se pudo haber formado.

No hay procesos naturales que lo expliquen, ni tampoco la acción de un depredador puede ser la solución al problema que plantea el yacimiento. Queda solo la posibilidad de que los hubieran dejado caer o los hubieran bajado otros miembros de la misma especie: *Homo naledi*. Algunos de los huesos se han encontrado asociados, lo que indica que llegaron hasta el lugar cuerpos enteros (con carne, no huesos sueltos).

Una sima es un conducto vertical, un *pozo natural*, y hay que aclarar que esta sima de los fósiles de *Homo naledi* se localiza bastante dentro de la cueva, es decir, que en la actualidad no se puede acceder desde el exterior directamente a la boca de la sima, sino que se llega haciendo un largo y dificultoso recorrido, aunque puede que en el pasado, cuando se formó el yacimiento, la topografía de la cueva fuera distinta.

Eso sucede con mucha frecuencia, porque los sistemas kársticos evolucionan con el tiempo, de manera que las antiguas entradas pueden cerrarse y abrirse otras nuevas. Dan fe de ello algunas cuevas con arte muy importantes de la cornisa cantábrica, y eso que las pinturas rupestres son considerablemente más recientes que la cueva de Rising Star, que ha tenido mucho más tiempo para cambiar.

Los que se dedican a lo que se ha llamado la «arqueología de la muerte» distinguen entre dos tipos de tratamiento de los difuntos: «comportamiento mortuorio» y «comportamiento funerario».

El comportamiento mortuorio solo implica reconocer la realidad de la muerte de un ser querido y hacer algo con el cadáver, lo que sea. Puede ser tan simple como ocultarlo a la vista de las alimañas y de los buitres, tapándolo con hojas o con piedras. A este trato respetuoso y considerado con nuestros muertos se lo llama en castellano *piedad*, y se considera que se debe hacer también con otros seres humanos, aunque sean desconocidos. Todos los muertos merecen respeto. Os he contado más arriba que los chimpancés y los bonobos, nuestros parientes más cercanos, no hacen nada que pueda considerarse, sin lugar a la duda, un comportamiento mortuorio, aunque me encantaría descubrir que estoy equivocado.

El problema que tienen estas conductas piadosas es que difícilmente dejarán un registro arqueológico que pueda ser reconocido como tal. Todo lo que se realiza al aire libre se pierde para siempre, salvo que sea cubierto pronto de sedimento, como ocurre, por ejemplo, en las orillas de un lago o en la llanura de inundación de un río.

Se precisa un enterramiento para que un hueso o un diente fosilicen, ya sea natural o una sepultura hecha a propósito por seres humanos. O sea, para que un resto orgánico se incorpore al registro fósil (y algún día lo encuentren los paleontólogos o los arqueólogos) tiene que mediar sedimentación o enterramiento intencionado. Y hasta aquí lo referente al comportamiento mortuorio.

El comportamiento funerario implica ya simbolismo, es decir, ritual. Se trata de conductas que tienen valor para el grupo, porque se trata de actos colectivos conectados con creencias compartidas por la comunidad, el campamento. Y necesariamente implica que sabes no solo que otro miembro del grupo ha muerto, sino que también tienes que morir tú. El conocimiento de la finitud.

En el caso de la acumulación de esqueletos de *Homo naledi*, en la cueva de Rising Star en Sudáfrica, el director de la excavación, Glenn Berger, opina que se trata de una conducta plenamente funeraria, ritual. Es una proclamación muy osada teniendo en cuenta las características de la especie: a mi modesto entender, a lo que más se asemeja *Homo naledi* es a *Homo habilis*. Se trata de una especie relativamente poco *evolucionada* (poco cambiada) respecto de los australopitecos. Su capacidad craneal está entre 460 cc y 610 cc, lo que representa un poco más de encéfalo que los australopitecos y parántropos. Su cuerpo tampoco era grande, y el promedio masculino no superaba los 150 cm.

¿Habrían descubierto ya la muerte ajena estos humanos? ¿Tendrían lenguaje articulado y pensamiento simbólico? Lo primero, el descubrimiento de la muerte, no me sorprendería, pero de lo segundo, el simbolismo, tengo muchas dudas. Ahora bien, se puede defender que realizar un acto piadoso repetidas veces, con diferentes muertos, en el mismo lugar, como parece ser el caso de Rising Star, ya indica que se trata de un ritual. Quiero dejar claro que no se está hablando en ningún caso de enterramiento, sino de acumulación de cadáveres, simplemente dejándolos caer desde la boca del pozo.

La acumulación de esqueletos de Rising Star no es el único problema por resolver. También es sorprendente la cronología, porque las dataciones que se han realizado, algunas de ellas directamente sobre dientes de *Homo naledi*, indican que *solo* tienen entre 335.000 y 236.000 años, no 1,8 millones de años, e incluso más de 2 millones de años, como los fósiles de *Homo habilis*.

Hay paleontólogos que opinan que esos restos de *Homo naledi* tienen que ser mucho más antiguos dadas sus características arcaicas. Pero lo cierto es que los huesos se encontraron a muy poca profundidad en el sedimento, muy cerca de la superficie, casi como si hubieran llegado al lugar ayer mismo.

Si se confirman las fechas, para cuando se produjo esta acumulación de restos en la cueva de Rising Star ya habían aparecido en África los presapiens, que son los antepasados directos de nuestra especie, y en Europa los preneandertales.

Datar un fósil por su morfología solo sería posible si la evolución en general fuera un proceso completamente lineal, de manera que, cuanto más *arcaico* fuera un fósil, más antiguo sería. Pero con nosotros conviven en la biosfera actual muchos tipos *arcaicos* de organismos que aparecieron mucho antes de que lo hicieran los animales, o los vertebrados, o los mamíferos, o los homininos, o el *Homo sapiens*, porque la geometría de la evolución no es lineal, sino ramificada.

Lo que quiero decir es que si el *Homo erectus* evolucionó a partir de una población de *Homo habilis*, eso no querría decir *necesariamente* que el *Homo habilis* tuviera que extinguirse al momento en todas partes. Pudieron muy bien sobrevivir poblaciones aquí y allá que siguieron su propia evolución. Y *Homo naledi* sería uno de sus descendientes. Lo que hace más enrevesado el asunto es que el

Homo habilis se conoce en África del este, pero no se ha encontrado aún en Sudáfrica.

En todo caso, *Homo naledi* se puede considerar una especie relicta que habría sobrevivido en un extremo del Viejo Mundo. Curiosamente, algo parecido existió hasta hace aún menos tiempo en otro extremo del Viejo Mundo, pero de esa otra especie os hablaré más adelante.

¿Veis cómo las historias científicas que cuenta este viejo chamán son aún mejores que las que narraban los viejos chamanes del pasado? Así tiene que ser.

UN CRÁNEO A PRUEBA DE GOLPES

En este capítulo hablaré de toros, pero no de los animales rumiantes que tienen cuernos en la cabeza, aunque los toros a los que me refiero están en la cabeza, delante y detrás. Todo este trabalenguas viene a cuento de que no se puede hablar de *Homo erectus* sin referirse a sus dos toros: el toro supraorbitario y el toro occipital. Y surge la pregunta acuciante: ¿para qué les servirían?

Recuerdo que hubo una película americana que se llamaba *Papá piernas largas*. Se estrenó en 1955, cuando yo tenía un año. Mis recuerdos, por supuesto, son posteriores. Era una película romántica y musical protagonizada por Fred Astaire y Leslie Caron y tenía maravillosos números de baile, que me encantaban. Bailar, por cierto, es una actividad que solo hacemos los seres humanos. Para bailar hace falta música, sentido del ritmo y una postura vertical. Nadie baila a cuatro patas, salvo los caballos andaluces. La ambientación musical para este capítulo sería baile de claqué o un zapateado flamenco. Viene a cuento la referencia a esa película porque precisamente vamos a hablar de nuestros primeros antepasados que tuvieron las piernas largas. No fueron los primeros bípedos, pero sí los que dieron el estirón evolutivo. No hemos hablado todavía del estirón en el desarrollo, la «edad del pavo» y la pubertad, que llegará en su momento, porque en este capítulo os quiero hablar del estirón evolutivo.

Los australopitecos, los parántropos y el *Homo habilis* tenían corta estatura. Lo mismo se puede decir del *Homo naledi*. Ninguna especie pasaba de 150 cm de media masculina. Por esa razón cuando vemos la reconstrucción de un australopiteco nos recuerda tanto a un chimpancé, y no solo por los pelos que se le suelen poner, a mitad de camino entre los de un simio y un humano moderno, porque nosotros somos el *mono desnudo*, y los simios, como todos los monos, tienen el cuerpo recubierto de un pelaje muy tupido.

En realidad el australopiteco no se parece en nada esqueléticamente al chimpancé, porque este último no tiene curvaturas en forma de S en la columna vertebral, ni la cabeza se sostiene sobre los hombros, sino que está por delante de ellos, ni los muslos se dirigen en diagonal hacia sus rodillas, sino que bajan en paralelo, ni la planta del pie forma una bóveda ni el dedo gordo se alinea con los otros dedos.

O sea, el diseño del esqueleto del chimpancé no tiene nada que ver con el de un australopiteco, excepto en la estatura. Un australopiteco no sería mucho más alto que un chimpancé puesto de pie. Y por supuesto, la cara de los australopitecos se parecía mucho más a la de un chimpancé que a la de una persona, y lo mismo pasa con la bóveda craneal.

Obviamente, los australopitecos tenían las piernas cortas. Eran nuestros *abuelos piernas cortas*. Generalmente, cuando doy clase se me escapa decir que los australopitecos eran pequeños, y luego me corrijo y digo: «Bueno, en realidad eran normales, somos nosotros los humanos modernos los que nos hemos hecho gigantes». Y es que hemos duplicado nuestro tamaño corporal (en peso).

Es cierto, hay un momento en la evolución humana en el que nuestros antepasados alargaron las piernas y adquirieron nuestra estatura, y eso ocurrió con la aparición del *Homo erectus*.

Un metro y medio es el límite arbitrario que voy a poner para separar a los *homininos pequeños* (a los que yo considero *normales* porque no son mucho más altos que los chimpancés y bonobos) de los *homininos grandes* (a los que me refiero como *gigantes*). Homininos pequeños serían los ardipitecos, los australopitecos, los parántropos y el *Homo naledi*. Por ahora, porque me falta otra especie pequeña de hominino que llegará más adelante. Y os sorprenderá.

Al mismo tiempo que el crecimiento en altura se produjo la expansión del cerebro, el acortamiento de la cara, que se hizo mucho más vertical, y seguramente también la pérdida del pelo corporal. Su piel, que en los chimpancés es completamente blanca porque está cubierta por el pelaje, se pigmentó y se volvió oscura para protegerse de la radiación ultravioleta, que en una piel clara puede producir cáncer, como sabe todo el mundo.

Lo repito porque puede llamar la atención, como me sucede a mí mismo: la piel de un chimpancé no está pigmentada, es blanca, la de un ser humano lo está, y es oscura, salvo que viva en regiones con poca radiación ultravioleta. En esas regiones se necesita aprovechar toda la radiación ultravioleta disponible para sintetizar la vitamina D en la piel, esencial para el desarrollo de los huesos.

Quedaos por favor con este concepto: tan avara es la economía del cuerpo que, si no hace falta gastar energía en pigmento porque el denso pelaje tapa la piel, no se produce melanina. Y si hace falta producir melanina para evitar quemaduras en la piel desnuda, se paga el precio. Adaptarse nunca sale gratis.

Pero todavía estamos en África en este relato. También desarrollaron nuestros *primeros antepasados altos* un sistema de refrigeración del cuerpo que era completamente nuevo en la evolución: el sudor. Los demás animales se refrigeran jadeando, nosotros lo hacemos transpirando. Eso hace que dependamos mucho del agua. No podemos alejarnos demasiado de ella salvo que la transportemos en cantimploras, pero nunca he visto representado un *Homo erectus* con una cantimplora o con un odre de piel en la mano. No creo que tuvieran la tecnología para fabricar estos contenedores de líquido.

Sin embargo los hadzas del lago Eyasi, que recorren largas distancias en un medio de sabana árida, tampoco llevan bebida cuando salen de expedición, así que la dependencia del agua no es tan extrema como podría pensarse.

En resumen, el *Homo erectus* ya era otra cosa, y se parecía mucho más a nosotros, las *personas*, que a los chimpancés o a los australopitecos. Y con sus largas piernas recorría distancias más largas y con menos esfuerzo que los australopitecos, y seguramente sus territorios eran más grandes. Y así fue como salieron de África.

¿Os acordáis del índice del que os hablé en su momento que relacionaba la longitud del isquion con la del fémur, es decir, la longitud del hueso sobre el que os sentáis con la longitud del hueso del muslo? Os conté que el valor del índice nos da una idea de la ventaja biomecánica de los músculos isquiotibiales, de lo buena que es su palanca (más concretamente el brazo de la potencia). En los cuadrúpedos, como los chimpancés, el valor del índice era grande, porque se dan impulso con las patas de atrás. En los australopitecos el índice había bajado porque el isquion se había acortado mucho, aunque el fémur apenas se había alargado. A partir del *Homo erectus* el índice es mínimo porque el isquion ya era corto y el fémur se ha alargado mucho con respecto a los australopitecos.

Hay una palabra que nunca empleo cuando me refiero a la evolución humana, y esa palabra es *migración*. Nuestros antepasados no migraban como lo hacen hoy en día tantas personas. No iban a ningún sitio. No se movían con el objetivo de llegar a ninguna parte. Simplemente sus poblaciones crecían, se hacían más numerosas si les iba bien, y entonces poco a poco iban colonizando nuevos territorios, porque había una cierta presión demográfica en el lugar donde habían nacido. No cabían todos juntos en el territorio familiar, y los hijos se iban un poco más allá, en todas direcciones.

Repito, no migraban, sino que se expandían en el espacio geográfico. Si queremos expresar gráficamente los dos conceptos, la migración se representaría como una flecha, con una dirección y una punta, y la expansión como una serie de círculos concéntricos, algo parecido a las ondas de un estanque cuando tiramos una piedra y rompemos la quietud del espejo de agua.

Si echáis cuentas lo entenderéis mejor. Imaginad que cada generación se aleja 20 kilómetros de la anterior. Si contamos cinco generaciones por siglo, a razón de una generación cada 20 años, salen 100 kilómetros por siglo, 1.000 kilómetros cada diez siglos. Y 1.000 años no es nada en tiempo geológico.

De este modo, digo, el *Homo erectus* salió de África sin darse cuenta por supuesto de que lo hacía, porque no conocía los nombres de los continentes. Y se expandió por Eurasia atravesando la península del Sinaí, que une África con Asia, y llegó a los dos extremos del supercontinente euroasiático: la península ibérica y Java, en Indonesia.

Los fósiles más antiguos fuera de África son los del yacimiento de Dmanisi, en Georgia, al sur del Cáucaso. Tienen casi dos millones de años (1,8 millones para ser más exactos), y son muy primitivos. Los describiría como una especie intermedia entre el *Homo habilis* y el *Homo erectus*.

Primero se creó una especie nueva para ellos, llamada *Homo georgicus*, que a mí particularmente me parecía muy bien, pero luego sus descubridores decidieron incluirlos en la especie *Homo erectus*, ampliando los límites de la especie. Me temo que estamos expandiendo demasiado la definición de esta especie, que ahora abarca fósiles que van desde Sudáfrica hasta Java y Atapuerca (las tres *esquinas* del Viejo Mundo) y cubren 1,5 millones de años. Con tanta variación geográfica y cronológica, la especie corre el riesgo de convertirse en un saco sin fondo, pero desde luego es más útil un solo nombre para el aula y para la divulgación, que es lo que intento hacer aquí. El peligro de la excesiva proliferación de nombres de especies es que los árboles no dejen ver el bosque.

Hasta la fecha se han encontrado cinco cráneos magníficos en Dmanisi. Como no son exactamente iguales hay autores que creen que pertenecen a más de una especie, aunque resulte increíble, casi prodigioso, que hayan acabado tan juntos en el yacimiento. Pero nosotros no vamos a entrar en esa disputa porque tenemos que seguir avanzando, expandiéndonos, hacia el este y el oeste. Simplemente diré que yo no tengo inconveniente en considerarlos de la misma especie desde el punto de vista de la anatomía del cráneo y de la mandíbula, aunque me dicen los colegas que estudian la morfología dental que ahí las diferencias son mayores.

No sabemos exactamente cuándo, pero con seguridad *Homo erectus* llegó a China y Java (que era entonces parte del continente) hace más de un millón de años. Pero ahora me gustaría contaros las circunstancias del hallazgo de los primeros fósiles de la especie, a partir de los cuales se le dio nombre.

Ya hemos dicho aquí que Darwin se decantaba por que el origen de la humanidad estaba en África, y acertó, pero otros evolucionistas pensaban que el origen era asiático. Entre ellos se encontraba el importantísimo biólogo evolucionista alemán Ernst Haeckel, que llegó incluso a proponer un nombre para cuando se descubrieran los fósiles de ese eslabón perdido. Ese nombre era *Pithecanthropus alalus*, que significa «hombre mono que no habla».

Convencido de que Haeckel tenía razón, un médico de los Países Bajos llamado Eugène Dubois decidió unirse a la sanidad militar. Así tendría la oportunidad de viajar a las Indias Orientales, entonces colonias holandesas, y buscar fósiles humanos.

Dicho y hecho. Primero fue a Sumatra y luego a Java, donde consiguió presos para trabajar en sus excavaciones. Finalmente, en el año 1891 encontró lo que estaba buscando. Junto al río Solo, en la localidad de Trinil, aparecieron una muela y una bóveda craneal (o *calota*) humanas, y al año siguiente salió un fémur. El fémur era muy humano, muchísimo, tanto que *muchos dudaron* de que fuera antiguo. Podría ser de un enterramiento reciente, decían, y no contemporáneo de la bóveda.

La bóveda en cambio era muy primitiva, lo que hizo que *muchos dudaran* de que fuera humana. Pequeña en tamaño (aunque no tanto, porque el volumen endocraneal se calcula en unos 900-950 cc), baja, de paredes gruesas y pronunciado reborde supraorbitario, que formaba una auténtica visera, no se parecía al cráneo de ninguna persona. Podría ser el de un simio gigante, tal vez, pero de ninguna manera nuestro antepasado.

Sin embargo, Dubois estaba convencido de que era el eslabón perdido que Haeckel había imaginado. Era un *Pithecanthropus*, cavilaba, pero Dubois no podía decir si hablaba o no. En aquella época se pensaba que esa facultad, la del lenguaje humano, se podía reconocer en la forma de la mandíbula, lo que no es cierto, desgraciadamente.

En todo caso, Dubois no había encontrado ninguna mandíbula, ni tampoco ninguna cara, así que no podía saber si el pitecántropo era *alalus* (incapaz de hablar), pero por el fémur estaba seguro de que era bípedo y nombró la especie como *Pithecanthropus erectus*, «el hombre mono erecto». Más tarde pasó a llamarse *Homo erectus*, que es como se la conoce hoy, porque sin duda pertenece a nuestro *género* (la primera palabra de las dos que tiene una especie, como *Australopithecus africanus* u *Homo sapiens*, indica el género al que pertenece).

Cuando Dubois volvió a su patria no le creyeron, por más esfuerzos que hizo por convencer a sus colegas, con la excepción del alemán Haeckel, así que hacia finales del siglo XIX ya estaba tan harto de discutir que dejó de hablar de los fósiles que tenía en su casa, guardados en un armario. Hoy podéis verlos en el Museo de Ciencias Naturales de Leiden, en los Países Bajos.

Este Viejo de la Tribu ha estado en Trinil, un lugar poco turístico, pero que es de visita emocionante para un apasionado de la evolución humana. Hay un pequeño monumento conmemorativo, pero todo lo demás, el río y los campos de cultivo, sigue igual.

En el museo de Leiden, además de ver los fósiles de Trinil en la sala de exposición, tuve la oportunidad de encontrarme en los almacenes con la reconstrucción que hizo Dubois de su hombre mono para la Exposición Universal de París de 1900.

Como Haeckel, Dubois pensaba que nuestros parientes más cercanos entre los simios eran los gibones, muy abundantes y variados en las Indias Orientales holandesas, lo que le dio a Dubois un motivo más para irse hasta allí a excavar.

El gibón es, sin embargo, el simio más alejado de nosotros, como sabemos ahora. Ni siquiera es un gran simio, sino un simio menor (el nombre de los dos grupos de simios alude al tamaño). Los gibones son unos bípedos bastantes competentes utilizando sus largos brazos como balancines, y tienen las piernas largas en relación con el tronco. Si nos olvidamos de los brazos parecen hombrecitos. Pero los brazos son larguísimos, mucho más que las piernas, porque se mueven colgados de las ramas de los árboles con una gran soltura, pivotando sobre una y otra mano, alternativamente. También las manos son muy alargadas por la misma razón.

En realidad, lo que es muy largo en el gibón es el antebrazo, porque el húmero (el brazo) no varía mucho entre los diferentes simios en relación con el tronco. Los orangutanes son los siguientes en cuanto a longitud del antebrazo, porque son igualmente muy aéreos. Luego vienen los chimpancés y los gorilas, en este orden, y finalmente los humanos, así que la longitud del antebrazo (en proporción a la del tronco) es un buen indicador del tiempo que un simio pasa en la bóveda de la selva. Lo mismo pasa con la longitud de la mano.

Si os fijáis en una fotografía, el gibón tiene un rostro sorprendentemente humano en su pequeña cabeza. Su cara se proyecta poco (no tiene mucho prognatismo) y su cráneo es esférico, lo que lo hacía un buen candidato para representar a nuestros antepasados, como si de una máquina del tiempo se tratase.

Y de este modo es como representó Dubois al *Homo erectus* que había encontrado, como un gibón gigante y bípedo de brazos larguísimos y pies con el dedo gordo oponible, pero con un asta de ciervo en las manos, a modo de arma.

No era así en realidad el *Homo erectus*, sino infinitamente más parecido a un humano moderno que a un gibón, pero Dubois tenía razón en que se trataba de un antepasado nuestro. Y no cualquiera, sino el primero que realmente se nos parece, como aprecian los que visitan la galería de las especies de la evolución humana en el museo de Burgos. Estoy tentado de llamarlo *la primera persona*.

Todos los fósiles de *Homo erectus* de Java comparten una característica única: sus cráneos son muy robustos, los más robustos de la historia. Quiero decir con esto que sus paredes son muy gruesas y con estructuras de refuerzo, a modo de contrafuertes, para dar más solidez al cráneo. Además, presentan dos superestructuras muy desarrolladas. Una de ellas es el toro supraorbitario (o *torus supraorbitalis* en latín), un engrosamiento óseo sobre las órbitas, es decir, bajo las cejas.

Este toro se empieza a formar en *Homo habilis*, pero es en *Homo erectus* donde alcanza su máximo desarrollo. La especie humana actual lo ha perdido casi por completo, aunque pueden quedar restos, sobre todo en los varones, que tienen el cráneo más robusto. Y dentro de *Homo erectus* es en los fósiles de Java donde su desarrollo es máximo, formando como una visera, parecida a las de las *gorras camperas* que se llevan ahora. Esta especie de visera se continúa con la frente, que en *Homo erectus* era muy inclinada, y con la bóveda craneal, que era muy baja.

Además, en el hueso occipital, allí donde empieza la

nuca, tenían otro toro, igual de recto, de prominente y de grueso que el toro supraorbitario. Se llama *toro occipital.*

No se sabe cuándo se extinguió el *Homo erectus* en general, y en Java en particular. Parece que los *Homo erectus* de Java fueron los últimos en desaparecer. Hay un yacimiento que se llama Ngandong, localizado junto al río Solo, el río principal de la isla, que también pasa por Trinil. Estos restos se encuentran en una terraza fluvial, es decir, fueron transportados y depositados por el río hace tiempo, cuando el cauce estaba más alto que en la actualidad.

Los ríos se van encajando y, por eso, cuanto más alta esté una terraza, más antigua será. La terraza de Ngandong no está muy alta, así que debe de ser bastante reciente. Tal vez solo tenga 100.000 años, o como mucho 300.000 años.

En estos fósiles de Ngandong es donde la robustez es mayor. Son al mismo tiempo los que tienen mayor cerebro (un par de cráneos pasan de los 1.200 cc) y los de paredes y toros del cráneo más engrosados. La evolución de *Homo erectus* en Java se dirigió hacia individuos con mayores cerebros y al mismo tiempo con un cráneo más resistente, más bajo y más pesado.

Tal vez la robustez del cráneo tenga que ver con un potente aparato masticador, una máquina de triturar alimento, pero a mí no me parece que sea esta la verdadera causa, porque las muelas de *Homo erectus* de Java no son exageradamente grandes. No eran trituradores, por lo tanto, y no se parecen en nada a los parántropos, que son los grandes masticadores de la evolución humana.

Tras pensarlo durante años he llegado a la conclusión de que lo que parece un casco es en realidad un casco, es decir, que la visera supraorbitaria, el toro occipital y el engrosamiento general y reforzamiento de la caja craneal, con una bóveda plana, tienen que ver con la violencia. Son adaptaciones para proteger el cerebro de los golpes.

Solo es una especulación, pero no se me ocurre otra mejor. Ya veremos cuando hablemos de Atapuerca que la violencia entre humanos ha sido una constante en nuestra evolución.

LAGARTOS GIGANTES, ELEFANTES ENANOS Y HOBBITS

Decía el navegante y escritor Thor Heyerdal que los mares son caminos, no barreras. ¿Pero cuándo empezamos a surcar los mares? ¿Quiénes fueron los primeros marineros? Yo siempre he pensado que fue nuestra especie la primera que construyó una balsa, o una canoa, o un barco, pero ahora tengo dudas, porque hay una especie con un cuerpo y un cerebro del tamaño de un australopiteco que vivió hasta hace poco en una isla lejana a la que solo pudo llegar atravesando el mar. Yo he estado en la cueva de Liang Bua, donde apareció, y es enorme. Queda mucho por excavar, así que quizás se produzcan más sorpresas. Ojalá.

Hasta la isla de Java los homínidos llegaron andando porque Java forma parte de la plataforma continental de la Sonda y solo es una isla en las épocas cálidas, como la actual, cuando se derrite el hielo y sube el nivel del mar. Durante las glaciaciones el hielo está muy extendido por el planeta, hay mucha agua congelada y el nivel del mar puede llegar a bajar más de ciento cincuenta metros. Entonces ni Java, ni Sumatra, ni Borneo ni Bali eran islas, sino que estaban unidas a la península de Malaca o península malaya, con la que forman todavía una región biogeográfica llamada Sondalandia. Y durante la mayor parte del Pleistoceno el clima ha sido frío, con solo breves periodos de respiro entre glaciaciones, así que se podía ir andando a Java casi todo el tiempo.

Pero más allá de la plataforma de la Sonda, sobre la que, repito, se elevan Java, Sumatra, Borneo y Bali, las profundidades se hacen mucho mayores y ni siquiera durante las glaciaciones, cuando bajaba tanto el nivel del mar, se podía continuar andando hasta llegar a Australia, Tasmania y Nueva Guinea, que formaban otro continente llamado *Sahul*, con su fauna y flora características. Entre las dos plataformas, la de la Sonda y la de Sahul, hay islas como Timor, Flores y Sulawesi (Célebes), que biogeográficamente constituyen una región conocida como Wallacea. El nombre de Wallacea honra al gran Alfred Rusell Wallace, que fue un extraordinario biogeógrafo, además de codescubridor con Charles Darwin de la teoría de la evolución por selección natural. La biodiversidad de Wallacea es muy elevada, al estar entre Asia y Oceanía. Y la isla de Flores pertenece a Wallacea.

Fue en Flores, en la cueva de Liang Bua donde se produjo un descubrimiento extraordinario: el esqueleto de un individuo de 106 cm de estatura datado hace entre 100.000 y 60.000 años. Los medios de comunicación lo apodaron el Hobbit. Surgieron inmediatamente las preguntas. ¿Cómo había podido llegar hasta la isla de Flores *ese enano*? ¿Era un individuo normal o uno patológico, aquejado de una enfermedad genética, como el síndrome de Laron?

También se encontró una mandíbula de un segundo individuo con características similares. Si se trataba de una enfermedad hereditaria habría afectado a más de una persona. ¿Serían de la misma familia?

Había también una interesante posibilidad. Se podía

tratar de un caso de enanismo insular no patológico. El Hobbit no era la única especie enana de la isla.

Estamos hablando del Hobbit y todavía no he dicho su nombre científico: *Homo floresiensis*. Lógico, teniendo en cuenta que se encontró en la isla de Flores.

¿Pero cómo llegó a esa isla? Yo fui en avión de hélice desde Timor, y casi termino mis días en ese viaje porque al avión se le paró un motor y tuvimos que regresar a Timor rezando (a Jesús y a Mahoma, en voz alta, según las creencias de los pasajeros). Al día siguiente lo volvimos a intentar en otro avión de hélice y está vez no se paró ningún motor. Pero mucho más peligro tuvo que correr el Hobbit en su navegación desde el continente.

Con su aproximadamente metro de estatura, el Hobbit medía lo mismo que Lucy, la famosa australopiteca de Etiopía. Con la diferencia de que Lucy tiene más de tres millones de años de antigüedad (3,2 millones, para ser exactos) y el Hobbit, entre 60.000 y 100.000 años. Además, el cráneo del Hobbit se parece más al de *Homo habilis*, que era una especie de piernas cortas como los australopitecos, pero con un cerebro algo mayor, la cara un poco más corta, las muelas ligeramente más pequeñas y un incipiente engrosamiento supraorbitario, que más adelante daría lugar al potente toro supraorbitario del *Homo erectus*. Todo esto ya os lo he contado y lo sabéis muy bien. Pero del enanismo insular no patológico aún no he tenido ocasión de hablaros.

Especies grandes en el continente se hacen pequeñas en las islas. El tamaño de una especie depende del tamaño del territorio. Es decir, en islas pequeñas no puede haber grandes herbívoros porque no hay suficiente pasto, y por lo tanto no pueden existir grandes carnívoros. Simplemente no hay carne bastante en una isla pequeña para mantener una población viable de leones, por ejemplo, o de tigres, o de osos, o incluso de hienas o de lobos. Podrían vivir a lo sumo unos pocos individuos, pero ese tamaño de población no es genéticamente viable por lo que digo a continuación.

Si hay pocos adultos reproductores aumenta la consanguinidad y se convierte en un grave problema, porque aparecen graves patologías. Eso se debe a que cada uno de nosotros tiene dos dotaciones de cromosomas, una copia heredada del padre y otra copia de la madre. Los genes están, como sabéis, en los cromosomas. Si una persona hereda un gen *defectuoso* del padre o de la madre el gen normal del otro juego puede hacer que no se noten sus efectos. Pero en condiciones de consanguinidad alta se pueden heredar esas mutaciones perjudiciales por ambas vías, y puede tener consecuencias desastrosas en el individuo. Así es como se extinguen las especies: se fragmentan, las poblaciones se desconectan y se van haciendo pequeñas, aumenta la consanguinidad y cada vez tienen menos hijos viables. Eso, por cierto, es lo que pudo haberles pasado también a los neandertales.

Pero no solo se produce en las islas el enanismo. Especies que son de talla pequeña en los continentes pueden hacerse grandes en una isla, y a eso lo llamamos *gigantismo insular*.

Y es que el aumento o la disminución del tamaño de una especie no debe de ser algo difícil de conseguir para la evolución. Seguramente bastará, imagino yo, con unas pocas mutaciones en los genes que codifican las hormonas del desarrollo.

El Hobbit vivía en una isla, y era un depredador, luego no podía ser tan grande como en el continente. Quizás por eso era pequeño. Tal vez se tratara, dicen algunos científicos, de un *Homo erectus* que redujo su tamaño para adecuarse a las dimensiones de la isla de Flores. Un animal pequeño, con un cerebro también pequeño, necesita menos calorías diarias que uno grande, como es fácil de entender. Y no era el único caso. Además del *Homo floresiensis* también vivían en la isla elefantes de una subespecie (*Stegodon florensis insularis*) que habían sufrido una cierta reducción de tamaño en la isla, como de un 30 %. Aunque su alzada sería inferior a la de una persona actual (¡pero superior a la de un Hobbit!), no por ello dejaban de ser animales poderosos con sus buenos 500 kilos. Lo más interesante es que los restos óseos de estos estegodontes se encuentran en los mismos niveles arqueológicos que las herramientas de piedra y los fósiles del *Homo floresiensis*, que los debía de cazar, por increíble que parezca. ¡Hobbits cazando elefantes!

Sin embargo, hay algo que no cuadra en esta teoría del enanismo insular del Hobbit. Cuando se produce este fenómeno evolutivo propio de las islas no se conservan las proporciones.

Hay muchos casos conocidos en la paleontología de enanismo insular de elefantes, por lo que es un fenómeno bien estudiado. Pero un elefante enano no es nunca como un elefante normal solo que a otra escala. Las proporciones cambian y el cráneo y el cerebro se reducen menos que el resto del cuerpo. O sea, les pasa como a los niños pequeños, que tienen una cabeza más grande en relación con el cuerpo que los adultos. Los niños son cabezones, y los elefantes enanos también.

Sin embargo, el Hobbit no es un *Homo erectus* al que el tamaño del cuerpo le haya disminuido más deprisa que el tamaño de la cabeza. No es *cabezón*. Y eso va en contra de la teoría de que el *Homo floresiensis* es la versión insular del *Homo erectus*.

Si el Hobbit no desciende del *Homo erectus*, ¿de quién entonces? La especie alternativa es *Homo habilis*. Hay un yacimiento al aire libre en la propia isla de Flores (en la localidad de Mata Menge) en el que se han encontrado dientes y huesos humanos diminutos, del tamaño de los esqueletos de la cueva de Liang Bua, pero con 700.000 años de antigüedad en lugar de entre 100.000 y 60.000 años. Un fragmento de húmero adulto, en particular, es aún más corto y más fino que el del esqueleto de Liang Bua. Cabe pensar que midiera menos incluso. Tal vez solo un metro.

Así que la *gente pequeña* llevaba mucho tiempo en la isla. Podemos decir que la especie vivió hace entre 700.000 años (al menos) y 50.000 años. Es posible que su extinción se produjera cuando llegaron los primeros *Homo sapiens* a la isla.

No hay rastro de *Homo habilis* fuera de África, al menos de momento. La primera especie de homínido que salió de África fue *Homo erectus*, salvo que se demuestre lo contrario.

Como veis todas las teorías científicas son verdades provisionales, y siempre hay que terminar diciendo «salvo que se demuestre lo contrario». Solo los dogmas son inalterables, *aunque se demuestre lo contrario*. Pero la ciencia no elabora dogmas, sino teorías.

Sin embargo yo creo que la solución al enigma está entre las dos teorías. Ni enanismo insular a partir del *Homo erectus* de Java ni poblamiento de la isla por *Homo habilis*.

El primer cálculo de la capacidad craneal del esqueleto de Liang Bua daba una cifra realmente baja, de 400 cc. Recuerda que habíamos puesto en 460 cc la media de la capacidad craneal de los australopitecos y parántropos, más que nada por dar una cifra única, porque la variación entre especies y dentro de las especies entre individuos era grande, como pasa en la especie humana actual. Pero la mayoría de los australopitecos y parántropos tendrían volúmenes encefálicos comprendidos entre 400 y 525 cc.

Un estudio muy profundo y rigurosísimo del cráneo utilizando microtomografía (con escáneres de alta resolución) modificó la cifra de 400 cc del esqueleto de Liang Bua y la subió a 426. Los autores del trabajo apuntaban que con esta nueva cifra, más alta, la hipótesis del enanismo insular era más plausible. Y yo creo que por ahí va la solución del problema. Pero no a partir del *Homo erectus* tal y como fue definido con los fósiles de la isla de Java que encontró Eugène Dubois.

Ya os dije que esta especie tiene límites demasiado amplios, y que abarca demasiado tiempo, demasiada geografía y demasiada variación morfológica. Para mí los fósiles de Dmanisi, que durante un tiempo fueron llamados *Homo georgicus*, son el candidato ideal para ser los antepasados del *Homo floresiensis*. No me sorprendería que los primeros pobladores del Asia Oriental fueran del tipo Dmanisi y que llegaran hasta Flores, donde sufrirían un enanismo insular para economizar calorías. El antiguo *Homo georgicus* tiene una capacidad craneal intermedia entre el *Homo habilis* y el *Homo erectus* de Java, por lo que la reducción del tamaño del encéfalo no habría tenido que ser tan grande.

Cuando pienso en la idea de que *Homo georgicus* fuera la primera capa de población asiática (y quién sabe si también europea) y que llegara hasta Flores, donde se reduciría su tamaño para hacerse enana, me viene a la cabeza el cráneo número 5 de Dmanisi, con sus solo 546 cc de capacidad y su cara extremadamente prognata.

El Hobbit no tiene esa proyección facial, porque su aparato masticador (muelas incluidas) es muy pequeño. Supongo que esa reducción del tamaño de la dentadura no es evolutivamente muy difícil y tendría que ver con la adaptación del *Homo floresiensis* a los recursos alimenticios de la isla. Pero del volumen encefálico del esqueleto de Liang Bua al cráneo 5 de Dmanisi solo van 120 cc. Es decir, una reducción del 22 %, que no es tan grande. Una cuarta parte, para redondear.

Sin embargo, el cráneo 5 de Dmanisi es el más pequeño de los cinco recuperados. El más grande llega a los 775 cc de capacidad, por lo que la reducción del encéfalo de una a otra especie pudo haber sido bastante mayor que esa cuarta parte.

Respecto del cuerpo la reducción es también considerable, porque en Dmanisi se calculan estaturas entre 145 y 166 cm (con estimaciones de pesos corporales entre 40 y 50 kilos), y la estatura de *Homo floresiensis* era de un metro tan solo, pero el enanismo insular sería en todo caso menos exagerado que si partiéramos de un *Homo erectus* clásico.

Los autores del nuevo cálculo de la capacidad craneal del Hobbit comentan que la reducción del encéfalo habría obligado a renunciar a ciertas capacidades cognitivas, o a reorganizar la estructura neuronal del cerebro. No lo sabemos, pero en todo caso los fósiles de la especie se acompañan en los yacimientos de utensilios de piedra, que siguieron usando hasta su extinción.

La alternativa más radical, como ya os he dicho, es que el Hobbit sea un enano patológico, miembro de una familia con algún síndrome de enanismo de los varios que se conocen (y no me refiero a la acondroplasia). Es posible en teoría, pero me cuesta mucho aceptarlo. Además, creo que el descubrimiento de los fósiles de Mata Menge lo descarta, porque demuestra que por lo menos hace 700.000 años ya había homininos muy pequeños en Flores.

Todo se resolvería si fuera posible extraer ADN de los huesos del Hobbit, o de sus dientes, donde se conserva mejor esta molécula. No será fácil porque en Flores hay un clima tropical, y el calor degrada las moléculas orgánicas más rápidamente que el frío. Es más normal que se conserve el ADN en el Ártico que en los trópicos. Con todo, es posible que se consiga secuenciar un fragmento del genoma del *Homo floresiensis*, y eso podría bastar para conocer sus afinidades evolutivas.

Además ahora se dispone de una técnica nueva, que se llama *paleoproteómica*. Consiste en estudiar las proteínas, que se conservan mejor que el ADN en los fósiles. No es exactamente lo mismo que la genética, pero como los genes codifican proteínas se parece mucho. Las proteínas del esmalte dental son especialmente útiles para distinguir especies. Ya se ha aplicado con éxito en la Gran Dolina (Atapuerca) y en otros sitios, como veremos, y podría resolver muchos problemas en el futuro, incluyendo el de la evolución del *Homo floresiensis*.

No he comentado todavía que en la isla de Flores habita un varano gigante, conocido como *dragón de Komodo*, de hasta tres metros de largo y un peso que se acerca a los 100 kilos en los machos grandes.

Pero el dragón de Komodo no es un caso de gigantismo insular, sino un vestigio de un conjunto de especies de lagartos gigantes que estuvo mucho más extendido en el pasado.

Yo he tenido ocasión de presenciar en la isla de Komodo, que da nombre a la especie, cómo un grupo de dragones daba caza a un búfalo de agua, ni más ni menos (aunque esta es una especie introducida, supongo, porque no pertenece a Wallacea). La saliva de estos lagartos es muy infecciosa, porque está llena de patógenos, y su estrategia es lanzar un ataque rápido para morder a la presa en una pata y luego seguirla a todas partes durante días o semanas mientras la infección la va consumiendo. Una muerte cruel e inexorable contra la que no hay remedio cuando te han mordido. Parecen unos grandes lagartos inofensivos y lentos pero pueden correr a gran velocidad cuando atacan. Y así se han cobrado también vidas humanas antes de los antibióticos.

El Hobbit tendría que habérselas con este enorme reptil en la isla de Flores.

Queda todavía un misterio por resolver, el de cómo llegó el *Homo floresiensis* hasta la isla que le da nombre. A Java llegó el *Homo erectus* andando, porque en el pico más frío de las glaciaciones el nivel del mar bajaba al menos 150 metros, y la profundidad actual del mar alrededor de Java es menor. Ya os lo he explicado con detalle al principio del capítulo. Pero eso no sucede con Flores. Hasta allí solo se puede llegar navegando.

Ya os he contado que los elefantes (*Stegodon florensis insularis*) llegaron de algún modo a la isla de Flores, donde sufrieron una cierta reducción de tamaño, pero es que los elefantes son buenos nadadores y han cruzado muchas veces el mar desde el continente para llegar a las islas. Esa explicación no vale para el Hombre de Flores.

¿Tenía el Hobbit con un cerebro de australopiteco la capacidad mental suficiente para construir balsas? Hasta ahora se pensaba que solo el *Homo sapiens* ha tenido la posibilidad de cruzar el mar. La prueba es que a Nueva Guinea, Tasmania y Australia solo llegó el *Homo sapiens*, hace unos 60.000 años. El *Homo erectus* nunca lo hizo. Tampoco, por supuesto, el *Homo floresiensis*. Me cuesta trabajo imaginar a un grupo de Hobbits navegando.

Pero puede ocurrir que se tratara de una navegación de fortuna, una navegación accidental. Hace veinte años se produjo un maremoto que afectó a la isla de Sumatra, causando la subida del mar muchas víctimas humanas, más de 200.000. Hay una película magnífica que cuenta esta historia. *Lo imposible*, se llama.

Se cuenta que después de la tragedia se encontraron personas agarradas a toda clase de objetos flotantes, desde palmeras hasta muebles, lejos de la costa. ¿Pudo ser esto lo que ocurrió con el Hobbit? ¿Fue un tsunami la causa de su llegada a la isla de Flores? Parece inverosímil, pero como veis los científicos no descartamos nada *a priori*. Porque ¿había una idea más loca que la de unos homininos de un metro de estatura y cerebro casi de chimpancé viviendo en la isla de Flores y tallando utensilios de piedra?

LA COLINA DE LOS HUESOS DE DRAGÓN

La mayor colección encontrada de fósiles de *Homo erectus* no se puede ver en ningún museo, porque ha desaparecido y no se conoce su paradero. Puede que esté en un lugar muy húmedo. Este es uno de los dos grandes casos policíacos de la paleontología humana: ¿dónde están los fósiles Zhoukoudian? El otro parece haberse resuelto, como ya vimos: ¿quién fabricó el fraude de Piltdown?

Después del *Homo erectus* de Java la más famosa población de esta especie es la de Pekín, en China. Concretamente los fósiles de unas cuevas situadas en Zhoukoudian, un lugar a 40 kilómetros de Pekín (hoy Beijing), que en mis tiempos de estudiante se escribía «Choukoutien», a la francesa. Esas cuevas están en la Colina de los Huesos de Dragón.

Las excavaciones se desarrollaron en los años veinte y treinta del siglo pasado y en ellas participó un equipo internacional. Por la parte china el director era un antropólogo llamado Pei. En diferentes estratos de las cuevas de Zhoukoudian aparecieron restos humanos de buena parte del esqueleto, pero como siempre ocurre los que más llamaron la atención fueron los cráneos, las mandíbulas y los dientes.

Con estos materiales se creó una especie nueva que recibió el nombre de *Sinanthropus pekinensis*, en alusión a su procedencia china y concretamente de Pekín, aunque luego se incluyeron estos fósiles dentro de la especie *Homo erectus*. Habían proliferado tanto los nombres de especies que se creyó necesario reducirlos a unos pocos. Se pensó que la evolución humana, tan corta en el tiempo, no daba, después de todo, para tantas especies como se habían nombrado.

El problema principal que yo le veo a la especie *Homo erectus* es que fue definida a partir de los fósiles de Java que encontró Eugène Dubois, más los que se fueron descubriendo luego en China, en Georgia y en África. Y como ya os he dicho me parece que la población de Java representa un extremo de la variación total de la especie, un caso particular producto del aislamiento geográfico. Aunque Java no fuera una isla la mayor parte del tiempo, sino una región del continente asiático, no por eso dejaba de estar muy lejos de África, que es donde se han *cocido* los principales productos de la evolución humana.

En todo caso Java es un área periférica, y sus fósiles humanos tienen unas características, sobre todo de robustez del cráneo, que me parecen exclusivamente locales. El *Hombre de Java*, como se decía antes, sería casi un endemismo, a mi juicio, con poco flujo de genes con las otras poblaciones de la especie más *normales*, más *generalizadas*, como se suele decir en nuestro argot, o menos especializadas.

En cambio, los cráneos de Zhoukoudian no son tan robustos como los de los *Homo erectus* de Java. Para mí estos cráneos chinos son mejores representantes de la especie. Sus capacidades craneales, es decir, el volumen del encéfalo, apenas superaban el litro, mientras que la media humana actual queda algo por debajo del litro y medio.

Me permito recordaros que todo lo que hay dentro de las paredes del cráneo se llama encéfalo, que se compone del cerebro, el cerebelo y el tronco encefálico o puente. En inglés se utiliza la palabra *brain* para todo el encéfalo, que normalmente se traduce al español como «cerebro». No es lo mismo, aunque en los primates superiores el cerebro sea la parte principal del encéfalo, especialmente en los grandes simios, y no digamos en el ser humano actual. El cerebro a su vez se compone de dos hemisferios, como todo el mundo sabe. Es importante tener esto en la cabeza, nunca mejor dicho, porque de las especies fósiles solo podemos conocer el volumen endocraneal, es decir, el de la suma de cerebro, cerebelo y tronco, que es el hueco que queda dentro del cráneo cuando todos los tejidos se pudren.

Los seres humanos tenemos un encéfalo más grande que ningún otro animal, *cuando se elimina el factor talla*, por supuesto, como ya mencioné brevemente en su momento.

He dicho «cuando se elimina el factor talla», que es una frase oscura. Huele a la legua a que hay gato encerrado. Lo que quiero expresar es que no basta con dividir el peso del encéfalo por el peso del cuerpo para hacer desaparecer la influencia del tamaño del cuerpo en el tamaño del encéfalo. Si hacemos esa simple división (encéfalo dividido por cuerpo) las musarañas y los roedores superan a todos los demás mamíferos. Es decir, ganan los mamíferos pequeños, lo que quiere decir que el cuerpo *crece* más deprisa que el encéfalo en el conjunto de los mamíferos. Es algo más complicado que una simple división y hay que hacer ecuaciones matemáticas, así que pensé en dejarlo. Pero creo que unos lectores tan inteligentes como vosotros se merecen que les dé una explicación científica y que no les pida que se fíen de mí, simplemente. Precisamente el método científico consiste en preguntar siempre por qué, como hacen los niños todo el rato hasta que los reprendemos para que se callen y nos dejen en paz.

Voy a empezar abordando el tema del factor talla de una manera sencilla. Luego daré una explicación más técnica y terminaré con una solución que resulta útil en nuestro caso. El ser humano no es el animal con el encéfalo más grande. En tierra el campeón es el elefante, que puede llegar a los ocho kilos de encéfalo. Pero, claro, necesita toda esa masa encefálica para gestionar un cuerpo tan grande, y además pensar. La proporción entre el peso del encéfalo y el peso corporal del elefante es pequeña, mucho menor que la de los humanos, en los que el encéfalo alcanza el 2% del peso corporal, redondeando. Eso significa que pensamos más. Pero nos ganan los pequeños monos sudamericanos, los tităes, que tienen una proporción encéfalo / cuerpo bastante más alta que la nuestra. ¿Quiere eso decir que piensan más los tities que nosotros? No, por cierto, porque el número de neuronas de sus encéfalos es limitado a causa de su pequeño tamaño. Así que los humanos estamos en un punto medio virtuoso, porque tenemos un encéfalo grande para nuestro tamaño y al mismo tiempo con muchas neuronas. Las que necesitamos para escribir libros y para leerlos, por ejemplo. Y en un pasado no muy remoto, para sobrevivir en la glaciación.

Vamos ahora con la explicación técnica (sin ecuaciones matemáticas, eso sí) de cómo se mide la inteligencia en un animal vivo... o muerto y bien muerto, como los australopitecos.

Imaginaos que representamos como una nube de puntos todas las especies de mamíferos de los que sepamos el peso del cuerpo y el del encéfalo. Cada punto representa una especie que tiene por coordenadas esas dos variables: cuerpo (eje horizontal) y encéfalo (eje vertical).

Si la nube de puntos tuviera forma circular entonces eso querría decir que el peso del encéfalo no guarda relación alguna con el peso del cuerpo. Pero no es así, sino que la nube toma forma alargada, como una salchicha, lo que indica que, cuanto más grande es el cuerpo, más grande es el encéfalo. Esta es una buena noticia. Ahora procedemos a ajustar una recta a la *salchicha*, como si fuera un eje que la atraviesa *a lo largo*. Ya tenemos la brocheta o el pincho moruno. Esta recta (llamada técnicamente «recta de regresión») se define por una ecuación y se calcula matemáticamente, faltaría más, pero no nos hace falta. Los puntos que quedan por encima de la recta corresponden a especies con encéfalos mayores de lo *normal* para su tamaño, y los que quedan por debajo representan especies con encéfalos menores de lo *normal* para su tamaño. O dicho de otro modo, los puntos que están por encima de la recta corresponden a los mamíferos muy encefalizados y los que están por debajo, a los poco encefalizados. Los que están en la misma recta no destacan ni en un sentido ni en otro. Son mamíferos *normales*.

Para disponer de un valor numérico se calcula el llamado «cociente de encefalización», en el que se divide el tamaño real del encéfalo de una especie por el tamaño que se encuentra en la recta para el peso de la especie en cuestión (el tamaño *normal*, el que *debería* tener). Algunas especies tienen valores muy altos, por encima de 1, como nosotros, los seres humanos, que somos los que tenemos un cociente más elevado con mucha diferencia, y otras especies están por debajo de 1, que es el valor que le correspondería a una especie que está en la mismísima recta.

Vamos a mirar por dónde caen algunas especies interesantes de mamíferos. Los elefantes quedan por encima de la recta de la *normalidad*, pero no tanto como podíamos esperar, puesto que todo el mundo los tiene por muy inteligentes. El elefante asiático sale mejor parado que el africano, seguramente porque su cuerpo es más pequeño, pero su cerebro no tanto.

Sin embargo, todos los primates superiores (hasta el mico más humilde) superan a los elefantes. Y es que los primates superiores son unos mamíferos muy encefalizados. Ese es nuestro *truco*, o uno de ellos. Conejos y ratas están por debajo de la recta; sacan un suspenso rotundo en encefalización, como algunos de los mamíferos grandullones, véanse los hipopótamos y los rinocerontes. Los carnívoros como el gato o el lobo aprueban, pero sin nota.

¿Qué pasa con los cetáceos? Los cachalotes se acercan a la recta pero las ballenas están claramente por debajo. Tal vez, dicen algunos, el exceso de peso que les proporciona la grasa corporal que los protege del frío no debería contar. No es tan fácil, como veis, esto de medir el grado de encefalización de una especie, porque el peso del cuerpo varía por muchas razones, y no es lo mismo vivir en tierra, donde el tamaño del cuerpo está limitado por el aplastamiento que sufre, que en el agua, donde los efectos de la gravedad se sienten menos.

Los que de verdad destacan son los delfines, que son los mamíferos que nos siguen en este cociente. Nosotros tenemos un encéfalo que es 7,5 veces mayor de lo *normal* para un mamífero de nuestro tamaño, mientras que el de los delfines es más de 5 veces superior a lo que *debería*.

El cociente de los chimpancés es de 2,5 y el de los gorilas, de 2. Quizás te sorprenda que los grandes simios estén por debajo de los delfines en encefalización. Es verdad que los delfines tienen un sistema de ecolocación para moverse por el agua (emitiendo sonidos y registrando los ecos) y es probable que eso añada volumen a su cerebro. También, como pasaba con el peso corporal, en el peso del encéfalo intervienen muchas variables.

Pero a mí, qué queréis que os diga, me gusta pensar que hubo un momento no muy lejano en el tiempo —allá por la época de los australopitecos— en el que la especie más inteligente de este planeta vivía en los mares y era un delfín.

Para los que no se hayan enterado bien del procedimiento matemático hay una versión simplificada. A fin de cuentas podemos resolver el problema sin necesidad de ecuaciones, simplemente comparando especies que tienen aproximadamente el mismo tamaño del cuerpo. Eso no sirve, claro, cuando nos comparamos con los ratones, los elefantes o las ballenas, pero sí cuando nos comparamos con los grandes simios.

Ya os dije en su momento que un australopiteco era aproximadamente del mismo tamaño que un chimpancé, aunque seguramente pesaba menos porque tenía menos corpulencia. Pero su cerebro era claramente mayor, llegando en promedio casi al medio litro de capacidad craneal, o medio kilo de peso encefálico. Podemos deducir que un australopiteco era más inteligente que un chimpancé, sea lo que sea la inteligencia.

Pero el Hombre de Flores, en cambio, no parece mucho más inteligente que un australopiteco, porque su cerebro no era mayor. Sin embargo sabemos que fabricaban instrumentos de piedra y que se las arreglaron para llegar en una balsa hasta la isla, aunque quizás la proeza la hicieran unos antepasados que eran más altos y tenían más cerebro, como vimos hace poco. O quizás la navegación fuera accidental. A fin de cuentas los antepasados de los monos sudamericanos (los *platirrinos*) llegaron desde África hace muchos millones de años atravesando el océano Atlántico en una navegación de fortuna. El océano Atlántico no era entonces tan grande como ahora (acordaos de la tectónica de placas y la deriva continental), pero la travesía tuvo que ser muy larga, de varias semanas. Imaginaos unos monos pequeños flotando en una balsa natural hecha de troncos caídos a un río y trabados por sus ramas.

Un *Homo habilis* era (supuestamente) como un australopiteco de cuello para abajo, pero su cerebro era algo mayor. Había habido por lo tanto progreso en las capacidades mentales.

La verdad es que el tamaño del cuerpo del *Homo habilis* no se conoce bien, y es el momento de comentarlo. Solo hay en realidad partes de un esqueleto que parece ser de *Homo habilis*, encontrado en el yacimiento de Olduvai en Tanzania por Donald Johanson y Tim White (la sigla es OH 67). Su tamaño era, sorprendentemente, como el de un australopiteco, incluso como el de Lucy. Desgraciadamente no se puede medir su volumen encefálico, ni asegurar al 100% que sea un *Homo habilis*. El propio ejemplar tipo de la especie es problemático. Se compone de dos parietales, una mandíbula y huesos de la mano (de donde se dedujo que era una especie *hábil*), pero no se puede asegurar que el cráneo y la mandíbula pertenezcan al mismo individuo que los huesos de la mano. Fuera de Olduvai se han encontrado dos esqueletos parciales asignados a *Homo habilis* en la orilla oriental del lago Turkana (Kenia), pero están bastante incompletos.

Necesitamos urgentemente un esqueleto de *Homo habilis* bien conservado y con el cráneo completo para estar del todo seguros de que era tan pequeño como los australopitecos o los parántropos. Yo sospecho que sería, en promedio, algo más grande, pero no lo puedo probar. Ya os he dicho que no veo mucha diferencia entre los cráneos africanos generalmente asignados a *Homo habilis* (algunos, con más escrúpulos respecto de las especies que pueda haber ahí, prefieren escribir *early Homo*, *Homo* temprano) y los cinco cráneos del yacimiento de Dmanisi, en Georgia. En los dos conjuntos el volumen endocraneal varía entre 500 y 800 cc (redondeando las cifras).

Un *Homo erectus* era ya de la estatura de un *Homo sapiens*, pero con un encéfalo que representaba las dos terceras partes del nuestro. Deducimos que nosotros somos bastante más listos que los *Homo erectus*. Sin embargo, no está claro que el *Homo erectus* fuera más inteligente que el *Homo habilis*, porque depende del peso del cuerpo que les demos a las dos especies. Podéis ver que no es lo mismo hacer cálculos con especies vivas que con especies extinguidas.

Un neandertal tenía, como veremos en su momento, un cerebro del tamaño del nuestro o incluso superior, luego... Lo dejamos en puntos suspensivos hasta que lleguemos a los neandertales.

Entre los científicos occidentales que se encontraban en las excavaciones de Zhoukoudian se encontraba un paleontólogo francés muy famoso, con el que he empezado este libro, y que no es otro que el jesuita Pierre Teilhard de Chardin. Este paleontólogo dio mucha publicidad a estos fósiles chinos, porque era un científico con muy buena pluma.

La cronología de los fósiles de Zhoukoudian no se conoce bien, porque no es fácil datar estos yacimientos, pero los diferentes estratos con fósiles de *Homo erectus* deben de estar entre el millón de años y el medio millón de años. Se han encontrado cenizas y huesos quemados que han hecho creer a algunos que ya dominaban la tecnología del fuego, pero lo cierto es que no se han podido identificar hogares, que son la prueba definitiva del control del fuego, ya que las cenizas y los huesos quemados pueden ser el resultado de incendios naturales. Hasta que no aparezca una estructura de combustión bien clara no podremos asegurar que el *Homo erectus* se servía del fuego. Y eso que Pekín no tiene un clima tropical, sino uno parecido al de España.

La historia termina con un giro dramático. Los japoneses invadieron China y estalló la guerra. Para evitar que los fósiles cayeran en manos de los invasores se decidió enviarlos a Estados Unidos. Se hicieron los preparativos y los fósiles salieron de Pekín en 1941. Y entonces los japoneses bombardearon Pearl Harbor y los americanos entraron en guerra. De los fósiles no se ha vuelto a saber nada, aunque el antropólogo que los estudiaba, un judío alemán llamado Franz Weidenreich, hizo unas réplicas de mucha calidad.

Los fósiles pueden estar en el fondo del mar si fueron embarcados y el buque fue hundido por los submarinos japoneses.

O pueden estar en Estados Unidos si es que llegaron allí.

O pueden estar en Japón si los japoneses los robaron.

O pueden estar en algún lugar de China. Se tenía la esperanza de que cuando el país se abriera y se pudiera viajar libremente los fósiles aparecerían, pero no ha ocurrido eso. Incluso un millonario estadounidense ofreció una recompensa al que diera alguna pista sobre su localización, pero nadie la pudo cobrar. El paradero de la maravillosa colección sigue siendo desconocido. Se trata de la mayor pérdida de la historia de la paleoantropología.

Las excavaciones han continuado y se han descubierto nuevos fósiles, y tenemos las réplicas, pero yo aún no he perdido del todo la esperanza de que aparezcan los originales.

Me parece que ya va siendo hora de que hablemos de Europa, y lo mejor es empezar por Atapuerca, en los confines occidentales del continente, porque es ahí donde se han encontrado más fósiles humanos. Y todavía falta mucho por excavar.

Viajemos pues a Atapuerca, pero con los ojos bien abiertos. Muchos cometen el error de abrirlos cuando llegan al aparcamiento de los yacimientos, pero entonces se pierden todo el camino. Y como decía el poeta griego (de Alejandría) Konstantino Kavafis: «Cuando emprendas tu viaje a Ítaca pide que el camino sea largo, lleno de aventuras, lleno de experiencias». En este caso, lleno de geología.

CONOCIMIENTO DEL MEDIO

Decía el mítico director de cine John Ford que había tres tipos de encuadres: con el horizonte alto, con el horizonte bajo y con el horizonte en el medio. Si el horizonte está alto o está bajo pueden pasar cosas interesantes. Si el horizonte está en el medio la película es un aburrimiento. Si yo tuviera que encuadrar la meseta castellana pondría el horizonte bajo, para que casi todo fuera cielo en la imagen.

Y es que la meseta castellana está cerca del cielo, son tierras altas, y el protagonismo le corresponde a las nubes, que deben ocupar la mayor parte del fotograma.

Cuando uno aprende a interpretar un paisaje, o un yacimiento, aprende a interpretar todos los paisajes y todos los yacimientos del mundo. Es como aprender a leer. Cuando sabes leer no conoces todos los libros, pero puedes leer todos los libros. ¿No es maravilloso? A partir de ese momento todo es disfrute. Con el paisaje, con los yacimientos y con los libros.

Si no os gusta nada, pero que nada nada, la geología es mejor que os saltéis este capítulo. Sin embargo sería una gran pena. Os estoy proponiendo que viajéis desde Madrid a Atapuerca enterándoos de lo que veis por la ventanilla, quizás por primera vez. Y os estoy preparando para que visitéis los yacimientos con *conocimiento del medio*.

Así que voy a empezar por contaros cómo es Atapuerca. Ya os hablaré más adelante de algunos de sus yacimientos (la Sima del Elefante, la Gran Dolina y la Sima de los Huesos), pero ahora quiero detenerme en su paisaje, porque sin conocer el territorio no se pueden entender los yacimientos.

Hay gente que no mira más allá del yacimiento, pero el ecosistema estaba fuera de la cueva. Y un ecosistema se compone de dos elementos. La biota, es decir, la comunidad de seres vivos (esta palabra ya ha salido en *nuestro* libro), y el medio en el que se encuentra, incluyendo la pendiente, el tipo de roquedo, el clima y demás elementos físicos.

Además, os será útil esta descripción de Atapuerca por si algún día vais por allí, o por si ya habéis estado y queréis entenderlo mejor. Pero me propongo llegar más lejos. Quiero enseñaros a interpretar el paisaje, cualquier paisaje, lo que los ingleses llaman «leer el paisaje». El paisaje es un documento, y si no se conoce el *alfabeto geo* (*geo*gráfico, *geo*lógico, bio*geo*gráfico) no se entiende nada.

Lo primero es la geografía. Hay que empezar por saber dónde estamos. En el caso de Atapuerca estamos en la península ibérica, por supuesto, pero ¿en qué cuenca hidrográfica? ¿A qué gran sistema fluvial pertenece? Atapuerca se encuentra en la cuenca del Duero o, lo que es lo mismo, en la meseta norte de la península ibérica.

Decía el gran geólogo don Eduardo Hernández Pacheco que la cuenca del Duero puede ser imaginada como el patio de armas de un enorme castillo medieval, rodeado de montañas. Por el norte, la cordillera Cantábrica, por el sur el sistema Central, por el este el sistema Ibérico y por el oeste los montes de León. La muralla rodea el patio por todas partes, porque se trata de una cuenca casi cerrada por completo. Todas las cuencas continentales del mundo son así, no solo la cuenca castellana. Lo que vale para España vale para todo el planeta. No me cansaré de repetir que lo importante es aprender a reconocer e interpretar las *formas* del terreno, la *geo*morfología (siempre la raíz *geo* está presente incluso en la *geo*política, porque la historia es en gran parte eso, geopolítica).

Si hay un lago en algún lugar de la Tierra es porque existe una gran depresión de la superficie terrestre donde se acumula el agua, que no puede salir cuesta arriba.

La cuenca del Duero fue también una depresión cerrada, hasta que se formó la red fluvial del río Duero con todos sus afluentes, por la derecha y por la izquierda. El Duero recoge las aguas que vienen de todo el perímetro de montañas y las lleva hasta su desembocadura en el océano Atlántico a la altura de Oporto, en Portugal.

En concreto, la sierra de Atapuerca está en las proximidades de la sierra de la Demanda, que pertenece al sistema Ibérico. En esa especie de patio de armas castellano Atapuerca estaría cerca de la esquina nororiental (norte y este). La sierra de Atapuerca está rodeada por dos ríos pequeños que son afluentes del río Arlanzón, a su vez tributario del río Arlanza, y este río vierte al Duero, que es el eje de la cuenca.

Pero, atención, la meseta castellana es un páramo, es decir, un altiplano, con altitudes que llegan a los mil metros. La propia ciudad de Burgos, pese a estar en el fondo del valle del río Arlanzón, se encuentra a 860 metros sobre el nivel del mar. Casi nada, ¿quién lo diría?

¿Cómo es esto posible? ¿Se habrá elevado la meseta castellana por algún movimiento vertical de la corteza terrestre?

Nada de eso. La cuenca del Duero es en realidad un gran hundimiento, una depresión enorme, una fosa. Lo que sucede es que, al estar rodeada de montañas, esa gigantesca cubeta se ha ido rellenando con los sedimentos que procedían de las montañas circundantes conforme iban siendo erosionadas por los torrentes y ríos que bajaban de ellas.

Como la cuenca del Duero no tenía salida, porque entonces estaba cerrada por completo y la red fluvial actual no existía, el paisaje era llano, con grandes lagos, pantanos y encharcamientos. Todo ese proceso de rellenado de la cuenca del Duero duró muchos millones de años, a lo largo de una *época* llamada en geología *Mioceno*, que pertenece a la *era* llamada *Cenozoico*, conocida como la era de los mamíferos, que sucede a la *era* llamada *Mesozoico*, la de los dinosaurios, como suele decirse en la divulgación científica de la paleontología.

Al final de esta *época* geológica, el Mioceno, y a comienzos de la siguiente, que se conoce como *Plioceno*, se formaron unas calizas llamadas *calizas de los páramos*. Son calizas de agua dulce o salobre, podríamos decir, calizas continentales, formadas en el continente, no calizas marinas como las de la sierra de Atapuerca, que son mucho más antiguas.

La sierra de Atapuerca ya existía por lo tanto desde hacía mucho tiempo pero casi quedó cubierta de sedimentos, de modo que solo asomaba la parte más alta. Se formó en el mar en el Mesozoico y en el tercero de sus *periodos*: el *Cretácico*. Luego se plegó y emergió de los mares cuando se formaron las *cordilleras alpinas*, que son las más recientes y más altas de Europa y de la península ibérica, como los propios Alpes, las cordilleras Ibérica y Costero-Catalana, los Pirineos, la cordillera Bética y las islas Baleares.

Don Eduardo Hernández Pacheco dividió el *solar hispano*, como le gustaba a él llamar a la península ibérica, en tres tipos de terrenos por la naturaleza de su roquedo (por la *litología*, dicho más técnicamente pero desde luego no más bellamente): la Hispania silícea, formada por rocas que tienen cuarzo, como el granito y el neis; la Hispania calcárea, y la Hispania arcillosa. Por regla general, las rocas silíceas son las más antiguas de la Península, las calizas o rocas calcáreas vienen luego y las arcillas son las últimas. Expresado en regiones peninsulares los tres territorios serían: el macizo Ibérico, las cadenas Alpinas y las cuencas cenozoicas.

Lo que vale para España en geología vale para todo el mundo, y por eso merece la pena entender estos conceptos geológicos muy generales y algo imprecisos, necesariamente.

En casi todos los países grandes hay un zócalo formado por rocas cristalinas, como el macizo Ibérico, muy viejas y muy desgastadas por la erosión, arrasadas, planas, salvo que hayan sido levantadas de nuevo por un impulso reciente.

Estas rocas son de dos tipos: ígneas y metamórficas. Las primeras pueden ser rocas volcánicas, magmas que salieron al exterior, como el basalto; o pueden proceder de magmas que no salieron a la superficie terrestre sino que se enfriaron lentamente bajo tierra produciendo cristales grandes, como el granito. Fueron rocas subterráneas hasta que la erosión las exhumó, es decir, las sacó a la superficie.

Debido al apilamiento en capas que se produce en las cuencas marinas los sedimentos han soportado grandes presiones y temperaturas y han sufrido una metamorfosis. Se han transformado en otras rocas. Entre estas se encuentran el neis, la cuarcita, el esquisto y la pizarra.

Las rocas cristalinas del zócalo se pueden fracturar en bloques, pero no plegar, porque son muy rígidas.

Sobre el zócalo se depositaron en un medio marino las rocas sedimentarias, como las calizas, que forman la cobertera, la piel de la Tierra, el tegumento, podríamos decir. Estas rocas sedimentarias son las que se plegaron en la formación de las últimas grandes cordilleras, como los Alpes y las cadenas alpinas españolas, pero también los Himalayas en Asia, y las Montañas Rocosas y los Andes en las Américas.

El que va en coche desde Madrid a Atapuerca tiene ocasión de ver las tres Hispanias: la silícea en el sistema Central, que atraviesa seguramente por el puerto de Somosierra (si no es por el puerto de Navacerrada o por el puerto del León), la Hispania arcillosa en la meseta y la Hispania calcárea en la sierra de Atapuerca.

Ni que decir tiene que los tres tipos de roquedos producen diferentes tipos de suelos, y eso influye en la vegetación que sobre ellos se asienta. Hay plantas que prefieren suelos ácidos, como los que se desarrollan sobre sustratos silíceos, y plantas que prefieren suelos básicos, como lo son los suelos calcáreos.

Por lo tanto, si cruzáis en coche la cuenca del Duero en cualquier dirección (vengáis de donde vengáis) no veréis muchas *rocas duras*, sino casi solo terrenos blandos y cultivados. Son *tierras de pan llevar*, campos de cereales: tierras arcillosas rojas y tierras *margosas* blancas, que tienen mezcla de arcilla y cal. El horizonte es lejano y horizontal, porque estáis en un altiplano, en un páramo.

Eso es lo primero que tenéis que reconocer cuando vayáis a los yacimientos de la sierra de Atapuerca. La línea del horizonte, al otro lado del río Arlanzón y hacia Burgos. Ese es el nivel de colmatación de la cuenca del Duero, cuando se terminó el rellenado, hace unos cinco millones de años, por poner una cifra aproximada pero orientativa.

Luego se formaron los valles del río Duero y sus afluentes, que son un elemento perfectamente reconocible del paisaje. Así que ya tenemos tres cosas que mirar, tres formas del paisaje, que son, en orden de antigüedad, el relieve bajo y aplanado por la erosión de la sierra de Atapuerca, la línea infinita del páramo y los valles fluviales.

Solo me queda una cosa que contar del paisaje geológico antes de pasar a la *geo*botánica (otra *geo*) que vais a ver cuando os acerquéis a los yacimientos desde el pueblo de Ibeas de Juarros, junto al río Arlanzón. Los valles castellanos y leoneses se han ido excavando a lo largo de los dos o tres últimos millones de años, aproximadamente, así que son las formas más recientes del territorio. Como han ido tajando las tierras blandas, los ríos se han hundido con el tiempo. Lo que quiero decir es que al principio las aguas circulaban a la altura del páramo y ahora lo hacen mucho más abajo, porque el valle se ha encajado.

Si os acercáis al río Arlanzón, en Ibeas de Juarros, veréis los cantos rodados que transporta el agua y que vienen de la lejana sierra de la Demanda, en el sistema Ibérico. No son cantos de piedra caliza, que es la roca de la sierra de Atapuerca, sino de otras mucho más antiguas. Pues bien, cuando subáis hacia los yacimientos fijaos en el suelo cultivado. En algunos lugares es de tierra blanca, la marga ya explicada, y en otros veréis grandes cantos rodados que se parecen a los de las orillas del río, pero que están mucho más altos en la ladera. Son los restos de los antiguos valles fluviales, que se han quedado colgados conforme se ha ido encajando el río con el tiempo. Pertenecen a las mismas épocas que los yacimientos, cuando el río pasaba mucho más cerca de la sierra de Atapuerca que ahora. En el curso de los tiempos geológicos el río se ha ido alejando de las calizas de la sierra. Así que ya tenéis una cuarta cosa que mirar: las terrazas fluviales, que así es como se llaman estos retazos escalonados de los antiguos valles.

No os olvidéis de la marga blanca, porque se las arregló para meterse dentro de la Cueva Mayor de Atapuerca y formar la base del yacimiento de fósiles humanos de la Sima de los Huesos.

Pasemos ahora al paisaje vegetal. Sobre la roca caliza de la sierra de Atapuerca crecen dos árboles: la encina y el quejigo, que se distingue mejor en invierno porque sus hojas se marchitan, a diferencia de las hojas de la encina. Hay un quejigo enorme, aislado, que se encuentra junto al camino de subida a los yacimientos, por encima de la antigua vía del tren. Lo veréis desde el autobús si os fijáis.

En el estrato arbustivo nos encontramos endrinos, escaramujos y majuelos. Y entre los matorrales predomina la aulaga. Si vais a finales de la primavera veréis sus flores amarillas, y también las hermosas flores blancas de las madreselvas, que son unas enredaderas.

En cambio, a lo largo de la carretera general los árboles que veréis son robles, llamados rebollos o majuelos según la zona de Castilla. Algunos son ejemplares añosos y de tronco muy grueso, y otros son renuevos mucho más recientes.

Es el momento de que entremos en la Trinchera del Ferrocarril minero, donde están algunos de los yacimientos más famosos, pero no todos, porque la Sima de los Huesos no pertenece a ese sector, sino que se encuentra en el interior de la Cueva Mayor, a la que se accede desde El Portalón, situado a una cota más alta en la ladera de la sierra.

Esta trinchera fue construida para un tren minero en los años del cambio del siglo XIX al XX. El negocio no prosperó y las actividades cesaron. Con el tiempo la trinchera quedó abandonada. Pero cuando se construyó hace un siglo y cuarto, cortando la caliza de la sierra, se atravesaron las bocas de algunas galerías que estaban rellenas de sedimentos con fósiles y utensilios de piedra, que han resultado un filón para los científicos. Los nombres de los yacimientos que veréis en la trinchera son Sima del Elefante, Galería y Gran Dolina. Os hablaré en su momento del primero y del tercero, pero lo que yo pretendo ahora es enseñaros a interpretarlos, a leer estos documentos.

Las cuevas se forman en las calizas por disolución. Durante esta etapa, que se llama la *fase freática*, el agua ocupa completamente las cavidades que va formando por disolución de las calizas.

Pero luego desciende el nivel freático porque el valle se va ahondando y el río cada vez corre más abajo. Se va encajando, como ya sabemos. El resultado es que se forman nuevas cavidades en un nivel inferior. Por las cavidades antiguas ahora circula un río de agua subterránea. Se llama *fase vadosa* (o fluviokárstica) a esta etapa de la evolución de las cavernas. El río subterráneo transporta sedimentos finos o cantos gruesos, según la fuerza que tenga. En los yacimientos de la Trinchera del Ferrocarril son de los dos tipos. A veces materiales finos, del tipo de las arcillas, limos o arenas, que son los que veréis en la visita a los yacimientos de la Galería y la Gran Dolina. Y en otras ocasiones, como en la Sima del Elefante, grandes cantos que no se ven porque están muy abajo.

Como el nivel freático sigue descendiendo porque el valle continúa encajándose llega un momento en que las galerías más antiguas (las más altas del karst) se quedan en seco, sin que por ellas corra el agua. Entonces empiezan a formarse estalactitas y estalagmitas por lento goteo. A veces todo el piso es una costra continua, un *suelo estalagmítico*.

Finalmente, se producen hundimientos de los techos y la cueva se abre al exterior. Por ahí entran los carnívoros primero, cuando la entrada es angosta, y luego los humanos al hacerse la boca mayor. Los osos suelen ser los primeros que entran, para hibernar, y los siguen las hienas, que se instalan para criar. A continuación llegan los humanos.

Si os fijáis en el yacimiento llamado Galería podréis distinguir fácilmente los dos tipos de sedimento: los de textura fina y color amarillo transportados por el río subterráneo y, por encima de ellos, unas *brechas* formadas por bloques de caliza angulosos (es decir, no redondeados) empastados en arcilla roja. Es en esas brechas con cantos esquinados donde buscamos los fósiles, porque indican que la cueva ya se ha abierto al exterior y por la boca han podido entrar los carnívoros y los humanos.

El yacimiento de la Galería es una especie de bloque diagrama, un ejemplo perfecto para entender la evolución de un karst. Los humanos que vivieron en esta cavidad, o, mejor dicho, que la frecuentaron, eran preneandertales como los de la Sima de los Huesos, y fabricaban utensilios del mismo tipo: hachas de mano, hendedores y picos tallados por las dos caras, es decir, bifacialmente, junto con otros útiles de menor formato. Esta *cultura* (o mejor, *tecnocomplejo*) se conoce como *achelense*.

Este yacimiento tan didáctico de la Galería permite distinguir bien la caliza, que es la *roca caja*, del relleno sedimentario, y los dos tipos de sedimentos: las *facies de interior*, finas, y las *facies de exterior*, con grandes cantos angulosos. Pero si os fijáis en el techo veréis que falta un trozo, y es que ahí había una sima por donde caían accidentalmente los animales. Los humanos entraban por otra entrada y se comían a los herbívoros que se habían precipitado por esa especie de trampa natural.

De los otros dos yacimientos de la Trinchera del Ferrocarril os hablaré pronto porque han proporcionado restos humanos muy antiguos. Se llaman *sima* y *dolina*, nombres que aluden a conductos verticales formados por un hundimiento local del techo de la cueva. Pero son más bien bocas de cueva, galerías que se abrían al exterior horizontalmente. Eso no quita para que tuvieran también sus desplomes y sus simas en algunos momentos de la evolución del sistema kárstico.

En la Sima del Elefante se han encontrado los restos de los primeros europeos, con más de un millón de años, que se atribuyen a la especie *Homo erectus*.

Y en la Gran Dolina los de los individuos canibalizados de la especie *Homo antecessor*, de algo menos del millón de años de antigüedad.

Pero lo importante de la excursión de hoy por la sierra de Atapuerca es que se os haya abierto el apetito de saber más del paisaje, de aprender a interpretarlo para poder disfrutarlo más. No solo cabe exclamar «¡qué bonito es este paisaje!», se puede añadir el «¡qué interesante, cuántas cosas nos cuenta!». Se puede leer como un libro abierto.

Aunque no sea parte del paisaje en sentido estricto, hay un elemento que está íntimamente asociado a los yacimientos, y es el Museo de la Evolución Humana de Burgos, muy cerca. Ahí es donde se exhiben los hallazgos para que los pueda contemplar todo el público. Y no hay ningún museo en el mundo con tantos fósiles humanos a la vista. Podéis estar seguros.

CANÍBALES REINCIDENTES

Yo era uno de los que pensaban que el *Homo erectus* nunca estuvo aquí. Con *aquí* me refiero a Europa, o al menos a la Europa Central y Occidental, porque los fósiles de Dmanisi, en Georgia, están a las puertas de Europa, al otro lado del Cáucaso. Aunque nos creemos muy importantes los europeos, geográficamente solo somos una larga península de Asia que se extiende de este a oeste.

Eso no quiere decir que no hubiera fósiles humanos antiguos en Europa, pero la morfología característica del *Homo erectus* no aparecía *por aquí*.

Aunque todo depende de qué se entienda por *Homo erectus*. La especie apareció hace dos millones de años en África y en Georgia (Dmanisi), como ya sabemos, y desapareció hace medio millón de años de la faz de la Tierra. O quizás mucho menos: los últimos *Homo erectus* de Java son los de Ngandong, en una terraza bastante moderna del río Solo. Pero también podrían haber sido arrastrados por el río Solo desde un depósito más antiguo, aunque me parece un poco raro porque los fósiles no muestran signos claros de transporte por agua (como redondeamientos: recuerda que los cantos rodados son redondos).

Una especie que abarca yacimientos de África Oriental y África del Sur, de Georgia, China y Java en un rango cronológico de cerca de dos millones de años por fuerza tiene que ser muy variada; casi diríamos que el nombre es un cajón de sastre. Pero hay muchos fósiles europeos, africanos, chinos y de la India que no entran en ese cajón, por muy grande que lo hagamos.

Esos fósiles no son los típicos *Homo erectus*, pero tampoco son neandertales ni «sapiens». ¿Qué hacemos con ellos?

Una solución de brocha gorda es meterlos a todos dentro de la especie *Homo sapiens* junto con los neandertales. Pero eso sería hacer otro gran cajón de sastre. Así habría dos cajones de sastre: uno para el *Homo erectus* y otro para el *Homo sapiens*. Eso se ha hecho durante un largo tiempo. Pero para aceptar esa definición tan amplia de *Homo sapiens* hay que incluir a los neandertales. Como los neandertales son contemporáneos de los «sapiens» (no son nuestros antepasados) habría que considerarlos una subespecie aparte, una *raza*, como se decía antes, de nuestra misma especie.

Entonces, cabe preguntarse, ¿para qué sirven, en la práctica, los nombres científicos que les ponemos a los fósiles si al final no valen para distinguir un neandertal de un humano actual?

En estas andábamos cuando a un colega inglés se le ocurrió resucitar un nombre científico antiguo, el de *Homo heidelbergensis*, para englobar todos los fósiles que no son ni *Homo erectus*, ni *Homo sapiens* ni *Homo neanderthalensis*. Los neandertales volvían a tener su propio nombre científico en la clasificación biológica.

La especie *Homo heidelbergensis* se había creado en 1908

en honor de una mandíbula que apareció en Mauer, cerca de Heidelberg, en Alemania. En aquella época, fósil que encontraban, nombre científico que le ponían. Luego se redujo drásticamente el número de especies reconocidas por los paleontólogos. Así que de la especie *Homo heidelbergensis* se olvidó todo el mundo, hasta que la resucitó este colega (y amigo) llamado Chris Stringer.

A mí no me parece acertada la especie *Homo heidelbergensis* porque el fósil para el que se creó el nombre es solo una mandíbula, así que sabemos muy poco de cómo era físicamente esa especie. Me parece incluso que no debe considerarse un nombre válido según las reglas del código de nomenclatura zoológica, porque simplemente carecemos de una definición (una *diagnosis*, se dice) de la especie a la que la mandíbula de Mauer representa. Solo conocemos cómo eran la mandíbula y los dientes. Y hay que tener cuidado con las mandíbulas a la hora de clasificar especies porque, como decía Francis Clark Howell (a quien haré un homenaje más adelante), el cráneo lo hizo Dios y la mandíbula la hizo el diablo.

Pero es que en realidad la especie respondía más a una idea que a un fósil. Se trataba de crear un nuevo cajón de sastre para meter todo lo que *no* fuera *Homo erectus*, ni neandertal ni «sapiens», viniera de Europa, de África o de Asia.

O más concretamente, *Homo heidelbergensis* sería el último antepasado común de los neandertales y de los humanos modernos antes de que se separaran sus ramas. Un eslabón intermedio entre el *Homo erectus*, los neandertales y nosotros.

Por ese motivo, una serie de fósiles europeos, asiáticos o africanos que respondían a ese concepto (repito, *no* ser *Homo erectus*, ni neandertales ni «sapiens») se atribuyeron a la especie *Homo heidelbergensis*.

No todo el mundo está de acuerdo con esa especie, sin embargo. Entre los fósiles europeos más o menos contemporáneos de la mandíbula de Mauer (en torno al medio millón de años, pero con un rango bastante amplio de incertidumbre) se encuentra el espléndido conjunto de La Caune de l'Arago (en Tautavel, Francia), que incluye un cráneo, tres mandíbulas, un hueso coxal y otros muchos restos humanos. Los esposos Henry y Marie-Antoinette de Lumley (de los que ya he hablado) los han considerado siempre *Homo erectus*, y hace unos años han creado la subespecie (una categoría inferior a la de especie) *Homo erectus tautavelensis*, que a mí particularmente me parece una buena idea porque al menos sabemos cuáles son sus características y podemos describirla. Yo la habría ascendido al rango de especie si hubiera sido el autor: *Homo tautavelensis*, desterrando al *Homo heidelbergensis*.

Hay otros restos que se atribuyen a *Homo heidelbergensis* porque no son, a juicio de algunos investigadores, ni *Homo erectus*, ni *Homo neanderthalensis* ni *Homo sapiens*. Los que a mí más me interesan son los cráneos de Petralona (Grecia), Bodo (Etiopía) y Kabwe (antes Broken Hill, en Zambia). Tienen sobre todo en común una cara hinchada en la que los senos maxilares se han expandido enormemente. Todos tenemos senos maxilares, pero los de estas caras son extraordinariamente grandes.

Y no solo están inflados los senos maxilares, sino también los senos frontales, sobre todo en los casos de Kabwe y de Petralona. En el cráneo griego es tan monstruoso el desarrollo de los senos frontales (nunca he visto nada igual) que llegan a ocupar una gran parte de la fosa craneal anterior, el hueco en el que se aloja el lóbulo frontal del cerebro, nada menos. Y en el lóbulo frontal es donde se toman las grandes decisiones, y donde reside la voluntad. Si se lesiona seriamente este lóbulo (o se reseca, como se hacía antes con las lobotomías frontales) queda muy poco de la motivación y de la iniciativa de la persona.

La cara humana está llena de aire, porque es hueca, con las paredes de hueso muy finas, pero la cara de estos cuatro fósiles (Arago, Petralona, Bodo y Kabwe) es especialmente plana, sin relieves, como si fuera una máscara, como si llevaran una careta.

Me atrevería a decir que es una cara inexpresiva, porque las calaveras de los seres humanos modernos tienen algo parecido a una expresión, o por lo menos nuestro cerebro se la atribuye. Y es que tenemos un cerebro que está adaptado a interpretar las expresiones de otros seres humanos para saber lo que piensan, y lo intenta incluso con los muertos.

También se han incluido en la *especie fantasma Homo heidelbergensis* algunos fósiles chinos, como siempre por la definición negativa que se le da a la especie: la de *no* ser *Homo erectus*, ni *Homo neanderthalensis* ni *Homo sapiens*. Pero no tienen la cara inflada, y yo prefiero definir las especies por lo que son más que por lo que no son. Entre estos fósiles chinos se cita siempre uno en particular del que volveré a hablar más adelante, porque nos interesa mucho. El cráneo de Dali.

Sin salir de Europa, en Italia se ha encontrado un cráneo con características arcaicas (Ceprano) que podría entrar perfectamente en el lote del *Homo heidelbergensis* por la forma de la caja craneal (claramente no es un neandertal ni un «sapiens»), pero desgraciadamente no tiene cara, así que no sabemos si es del tipo *tautavelensis*, con la cara hinchada, o no lo es. Yo apuesto a que tenía la cara llena de aire (*neumatizada*) y formaría parte de «la banda de los cuatro» (Arago, Bodo, Petralona y Kabwe).

Así estaban las cosas cuando en el año 1994 encontramos restos humanos muy antiguos en uno de los yacimientos de Atapuerca, concretamente en la Gran Dolina. En aquel entonces se pensaba que Europa había sido colonizada más tarde que Asia, como mucho hace 600.000 años, por la especie *Homo heidelbergensis*. Era la teoría de las *raíces cortas* europeas, en contraposición con las *raíces largas* de las poblaciones asiáticas.

Pero los nuevos descubrimientos de Atapuerca nos hablaban de unas *raíces largas* europeas.

Los fósiles de la Gran Dolina tenían unos 800.000 años por lo menos, quizás unos 900.000 años. Lo supimos por la fauna asociada, en particular por una especie de rata de agua que era muy antigua y diferente de la actual. Nunca se habían encontrado en Europa fósiles humanos claramente asociados a esta rata de agua, ni tampoco utensilios líticos que no dejaran duda de que eran mucho más antiguos que la mandíbula de Mauer.

Además, los registros geológicos nos informan de que los polos magnéticos de la Tierra intercambian su posición cada cierto tiempo. Si consideramos que su posición actual es la normal, es decir, que la aguja de la brújula apunte hacia el polo norte, los fósiles humanos de la Gran Dolina se encontraron en unos sedimentos en los que la orientación magnética era la contraria, es decir, que la aguja de la brújula apuntaría al polo sur.

El último cambio de polaridad magnética, desde la situación inversa a la situación normal, se produjo hace 780.000 años. En consecuencia, los fósiles humanos de la Gran Dolina tenían por lo menos esa antigüedad.

Cuando examinamos estos fósiles nos dimos cuenta de que no eran de *Homo erectus*, ni de neandertales ni de unos humanos como los actuales, por lo que decidimos darles un nombre científico. El nombre elegido fue *Homo antecessor*.

Podríamos haberlos metido dentro de la especie *Homo heidelbergensis*, pero los huesos y dientes de la Gran Dolina eran diferentes de los fósiles que normalmente se asignan a esta especie, como la mandíbula de Mauer o el conjunto de Arago, algo lógico teniendo en cuenta que son cientos de miles de años más antiguos.

Y por cierto, ya que os he hablado tanto de la cara, la de *Homo antecessor* no es plana, sino que tiene los relieves muy marcados. Me gusta decir que está *esculpida*, o *excavada*, con los pómulos destacados y una depresión (llamada *fosa canina*) por debajo.

Más cerca en el tiempo, pero mucho más lejanos en el espacio, están los fósiles que ya conocéis del yacimiento chino cercano a Pekín de Zhoukoudian, y con esos es con los que habrá que compararlos cuando se disponga de cráneos más completos en la Gran Dolina. A mí me parece que vamos a encontrar semejanzas y diferencias interesantes.

Por último, se ha publicado en 2026 una nueva mandíbula de un yacimiento en una cueva marroquí llamado Thomas Quarry 1 (cerca de Casablanca). Su cronología (en torno a 773.000 años) es más joven que la de los fósiles de la Gran Dolina, pero sin embargo la mandíbula es más robusta, más primitiva.

En el 2024 se volvió a excavar el estrato en el que se habían encontrado treinta años antes los primeros restos de *Homo antecessor*, y ya han aparecido los primeros fósiles humanos (en esa campaña y en la de 2025), así que pronto sabremos mucho más de esta especie.

Lo que sí podemos contar ya es cómo se acumularon los huesos en el yacimiento de la Gran Dolina.

Lo primero que hay que decir es que pertenecen a numerosos individuos, más de diez.

Lo segundo es que la mayoría eran niños o adolescentes, y que los adultos eran muy jóvenes. Es decir, se trata en general de los miembros más débiles de un grupo humano, los que menos pueden defenderse.

Lo tercero es que están representadas todas las partes del esqueleto, es decir, huesos de la cabeza, del tronco y de las extremidades.

Lo cuarto es que esos huesos están en muchos casos rotos.

Lo quinto es que aparecen todos mezclados, no articulados o en *conexión anatómica*, como solemos decir. No hay esqueletos, hay huesos o fragmentos de huesos.

Lo sexto es que muestran marcas de carnicería o descarnamiento, o sea, marcas de cortar la carne con un filo de piedra hasta llegar al hueso.

Y lo séptimo y último, a modo de colofón, es que no se distinguen por la manera en la que aparecen en el yacimiento de los huesos de los grandes herbívoros, a las que podemos llamar las presas *normales*.

La reconstrucción de los hechos es esta: más de diez individuos humanos, a los que creo que ya podemos llamar personas, fueron decapitados, desmembrados, sus huesos fueron desarticulados, los músculos separados de los huesos cortando los tendones que los sujetaban, el cráneo fue reventado para extraer los sesos y los huesos largos fueron fracturados para aprovechar el tuétano. O sea, los cuerpos se explotaron al máximo para alimentarse de ellos hasta extraer la última caloría.

¿Se trató de un caso de canibalismo de supervivencia, como el del famoso accidente del avión de los Andes, que recientemente ha dado lugar a libros y películas de gran éxito? El tema de la antropofagia, deduzco, interesa mucho, tiene mucho morbo.

No lo parece, porque en el yacimiento se encontraron

muchos restos de ungulados, las presas habituales de los habitantes de la sierra de Atapuerca en aquellos tiempos. Los ecosistemas eran muy productivos por lo que vemos en los yacimientos, y no debía de faltarles comida. No estaban aislados en una balsa en mitad del océano o en lo alto de una montaña cubierta de nieve, sino en una cueva con vistas a un magnífico cazadero, el de la vallonada del río Pico (afluente del Arlanzón).

Si vais a ver los yacimientos os recomiendo encarecidamente que después de pasear por el interior de la Trinchera del Ferrocarril recorráis por fuera el sendero de los miradores, al filo de la Trinchera, algo que por otro lado se puede hacer siempre, sin solicitar permiso. Está señalizado y hay información completa en los carteles. Tendréis una gran vista de los yacimientos. Yo llevo a mis alumnos por ahí para que entiendan mejor la geología. Entonces, volveos de espalda a los yacimientos y veréis la vaguada del río Pico, que es la panorámica que *ellos* tenían desde la boca de las cuevas. Así entenderéis mucho mejor la geografía y la geobotánica del mundo de Atapuerca. En un día luminoso es una gozada.

Volviendo a la acumulación de fósiles humanos. ¿Tal vez se tratase de un canibalismo de tipo ritual?

No da esa impresión, porque los restos humanos no recibieron ningún tratamiento especial, sino que aparecen mezclados con los de los animales comidos habitualmente. Los tiraron al suelo y se olvidaron de ellos. Sin más. Nada indica una práctica mortuoria, y mucho menos una práctica funeraria, con su simbolismo asociado.

Más bien parece un caso de agresión entre grupos seguida de consumo de carne humana. Un grupo atacó a otro, posiblemente en varias ocasiones, y se llevó los cuerpos de sus víctimas para consumirlos o descuartizarlos tranquilamente en la boca de la cueva. De *su* cueva.

Por cierto, no hay signos de uso del fuego, así que se los debieron de comer crudos, salvo que la carne la asaran en otro sitio, que también podría ser. Lo mismo tendrían los caníbales que haber hecho con sus presas habituales de ungulados, porque el problema de la ausencia del fuego sigue sin resolver, como sabemos.

Ya dije en un momento anterior, cuando hablaba sobre el *Homo erectus* de Java y la robustez de su cráneo, que yo creo que ha habido mucha violencia en la evolución humana, tanta violencia como cooperación. Es decir, cooperación dentro del grupo y conflicto entre grupos. De esta contradicción vamos a tener que ocuparnos más veces en este libro, porque la paz mundial parece que no llega nunca. Siempre hay guerras entre las *tribus* humanas. Es decir, siempre hay guerras desde que existen *tribus*.

Hay fósiles humanos en Atapuerca más antiguos que los de la Gran Dolina. En una boca de cueva cercana, llamada la Sima del Elefante, se han encontrado una mandíbula, una cara y una falange de mano humanas que pasan ampliamente del millón de años. Estas son cronologías que parecen africanas. Me explico: hasta hace no mucho tiempo pensábamos que solo en África se podían encontrar fósiles humanos tan antiguos.

Pero, bien mirado, ahora sabemos que al sur del Cáucaso, en el yacimiento al aire libre de Dmanisi, en Georgia, hay fósiles de *Homo erectus* arcaicos que tienen casi dos millones de años, así que ¿por qué no habrían podido los humanos expandirse por Asia y Europa para llegar *enseguida* hasta los extremos de los dos continentes?

Enseguida en geología pueden ser bastantes miles de años. Ya os he comentado que el tiempo geológico es tan largo que simplemente alejándose unos pocos kilómetros cada generación se llega muy allá en poco tiempo. Somos grandes caminantes, aunque de este tema de nuestras capacidades de andar mucho y cansarnos poco hablaré más cuando nos ocupemos de los humanos actuales, los mayores caminantes de la evolución humana.

El caso es que ahora se piensa que *Homo erectus* llegó hasta China y Java hace un 1,5 millón de años (al menos), y a la península ibérica también. La cara humana de la Sima del Elefante podría no estar muy lejos de esa cronología tan antigua.

No sabemos todavía a qué especie pertenecen la cara (que se compone del maxilar y el malar izquierdos) y la mandíbula de la Sima del Elefante porque es poco material, pero podría perfectamente tratarse de *Homo erectus*. De hecho, es lo más probable dadas sus características.

La morfología de la cara, por lo que se puede ver en el fragmento recuperado, no es la de *Homo antecessor*, que quizás fuera su descendiente, aunque no es fácil saber cuántas veces se ha poblado Europa desde África o desde Asia.

Hay otro lugar de la península ibérica donde han aparecido testimonios muy antiguos de la presencia humana en forma de huesos descarnados o de utensilios de piedra. Me refiero a los excepcionales yacimientos de Orce, en la cuenca de Guadix-Baza en Granada. Se trata de excavaciones al aire libre, no en cuevas como las de Atapuerca.

La edad de estos vestigios granadinos de presencia humana es similar a la de los fósiles de la Sima del Elefante que acabo de comentar. Puede que algunos incluso sean más antiguos, pero no quiero entrar en disputas acerca de quién tiene el primer yacimiento arqueológico de Europa, polémica que incluye la de si Dmanisi (en Georgia) es Europa o Asia.

No me interesa ese tipo de récords. Nuestro origen está

en África y allí se encontrarán siempre los más antiguos antepasados. Y Europa es un concepto político, porque geográficamente solo es el oeste de Asia.

Lo importante es que en el occidente europeo había seres humanos ya muy parecidos a nosotros al filo de 1,5 millones de años.

Necesariamente hay que preguntarse por dónde vinieron. Lo que sabemos seguro es que en ningún momento de los últimos dos millones de años fue posible cruzar a pie el estrecho de Gibraltar. Las profundidades son demasiado grandes. Por mucho que bajara el nivel del mar durante las glaciaciones nunca existió un pasillo entre la península ibérica y el norte de África. Las dos columnas de Hércules siempre han estado separadas por un brazo de mar.

Bueno, no siempre. Lo que acabo de decir no es del todo exacto. Hace unos seis millones de años el Mediterráneo se cerró casi por completo y la mayor parte del agua marina se evaporó, formándose grandes depósitos de sal que siguen ahí, en el fondo del mar. Se conoce en geología este fenómeno como la «crisis de salinidad del Messiniense» (porque ocurrió en la *edad* geológica que lleva ese nombre, la última de la *época* llamada *Mioceno*).

No fue hasta hace 5,3 millones de años, aproximadamente, cuando se formó el actual estrecho de Gibraltar y el agua del océano Atlántico empezó a rellenar a una enorme velocidad la cuenca mediterránea. Seguramente hubiera una gran catarata entonces, mayor que cualquiera de las actuales, porque el trasvase de agua del Atlántico al Mediterráneo fue enorme. Las cataratas del Niágara o del Iguazú serían poca cosa a su lado. Nada supera los grandes espectáculos de la geología.

Mientras el Mediterráneo estaba cerrado era posible pasar de África a Europa andando, pero entonces no existía aún el *Homo erectus*. Ni siquiera habían aparecido los australopitecos. Estaban empezando su *andadura* (nunca mejor dicho) los ardipitecos, nuestros primeros antepasados, en las selvas lluviosas africanas. Ninguna de las especies de homininos anteriores a los australopitecos hizo el viaje a Europa entonces, seguramente porque las selvas húmedas no llegaban hasta nuestras latitudes.

Pero como decimos los científicos..., salvo que se demuestre lo contrario.

Los primeros europeos, presumiblemente de la especie *Homo erectus*, podrían haber atravesado el estrecho en una balsa, naturalmente. Ya sabemos que de alguna forma cruzaron el mar los antepasados del Hobbit, el Hombre de Flores, y que hace 700.000 años ya había homininos muy pequeñitos viviendo en esa isla. Lo sabemos por el húmero descubierto recientemente en el yacimiento de Mata Menge. Aunque no se han encontrado cráneos allí se supone que estos homínidos tenían un cerebro como el del esqueleto de Liang Bua, que vivió en la misma isla 640.000 años después. Estamos hablando de una capacidad craneal que no llegaba al medio litro. ¡Hay chimpancés que la superan! Pero estos pequeños homininos fabricaban unos utensilios de piedra que no son en modo alguno de factura torpe, así que no les faltaban facultades mentales.

Sin embargo, a Australia, Tasmania y Nueva Guinea solo llegó el *Homo sapiens*, los antepasados de los actuales aborígenes australianos y papúas de Nueva Guinea (a los tasmanos los exterminó «el hombre blanco»). Y eso ocurrió hace solo 50.000 o 60.000 años. El *Homo erectus* nunca hizo esa travesía, ni tampoco el Hombre de Flores.

Desde Marruecos se ve la costa española perfectamente, y cabe preguntarse si se decidiría el *Homo erectus* a intentar cruzar el estrecho para llegar a la otra orilla. No lo hizo para llegar a las islas Canarias ni a las Baleares, pese a estar tan cerca de los continentes que alguna de sus islas puede verse en la lejanía. De hecho, el poblamiento humano de las Baleares es del Holoceno (la última *época* del tiempo geológico) y el de las Canarias, de principios de nuestra era.

Además las corrientes marinas no facilitan el cruce del estrecho de Gibraltar.

Me inclino a pensar que a la Península el *Homo erectus* llegó por tierra y desde el este. No deja de ser curioso que los fósiles humanos más antiguos de Europa estén en el occidente, pero la verdad es que tenemos muy poco registro arqueológico en Europa de más de medio millón de años de antigüedad. De todos modos, ya se conocen yacimientos franceses con industria lítica de más de un millón de años y seguro que irán apareciendo más en toda Europa.

Hay otro momento, muy posterior, en el que el cruce del estrecho podría haberse realizado, aunque en sentido contrario. Me refiero al posible paso del estrecho por los neandertales desde Europa hasta el norte de África. No se han encontrado restos humanos de neandertales en el norte de África, pero el utillaje (la industria lítica) de algunos yacimientos, como el abrigo de Benzú, en Ceuta, es parecido al de los neandertales europeos, a decir de sus excavadores.

Además, en Gibraltar, la Columna de Hércules europea, hay yacimientos espléndidos con restos de neandertales. Uno de ellos, el cráneo de Forbes Quarry, lo tuvo el propio Charles Darwin en sus manos, y poco faltó para que la especie se llamara *Homo calpensis* (en honor al nombre latino del Peñón).

Me cuesta trabajo imaginarme a los neandertales cruzando el estrecho en balsas o canoas, pero quién sabe. Hay todavía muchas incógnitas por aclarar y eso es lo que hace que la paleontología humana sea tan apasionante.

Ya no queda ningún rincón de la Tierra por explorar.

Podemos, cualquiera de nosotros, ver toda su superficie, hasta el más mínimo detalle, con Google Earth. Yo soy un apasionado de esta herramienta gratuita y me sorprende que la utilicen tan poco mis alumnos, porque pone todo el mundo a su alcance. Pueden llegar a la cima del K2, a la acrópolis de Atenas y a la Alhambra de Granada. Pueden recorrer todo el valle del Rift y pueden por supuesto visitar Atapuerca. Me gustaría que los lectores de este libro utilizaran la aplicación para seguir la aventura de la humanidad, el Largo Viaje que está contando aquí el Viejo de la Tribu.

Pero, bien mirado, aún queda un sitio por explorar. Un lugar que todavía conocemos muy mal. Se trata del pasado, y ahí es donde todavía caben las sorpresas y la aventura.

LA SIMA

En la oscuridad de las cuevas solo entran los osos. Lo hacen para pasar lo más crudo del invierno dormidos, o adormilados, consumiendo las grasas que han acumulado durante el otoño, que es la estación en la que hay más frutos para comer. Los osos llamados *cavernarios* penetraban en las cuevas para hibernar. Las hienas utilizaban las bocas de las cuevas cuando eran estrechas y bajas, y les servían de refugio. Allí criaban y socializaban. Hasta tenían letrinas. Los humanos habitaban las bocas de las cuevas cuando eran entradas grandes e iluminadas, pero no se metían muy adentro. ¿Qué hacen por lo tanto cerca de treinta esqueletos humanos, rodeados de esqueletos de osos, en el interior de la Cueva Mayor de Atapuerca?

En un capítulo anterior de la saga de la humanidad que os cuenta este Viejo de la Tribu hablaba de simas que se abren en la superficie del terreno y que funcionan como trampas naturales para todo lo que pasa por allí, sean carnívoros o herbívoros. También decía que se encuentran en lugares donde la roca es caliza, porque el agua la disuelve y forma simas verticales y galerías horizontales.

En Atapuerca hay una sima por donde caían los animales hace 300.000 años. Los seres humanos entraban por otro lado y se los comían. El yacimiento se llama la Galería y ya lo conocéis.

También hay simas en el interior de las cuevas, bien dentro, y sin comunicación con la superficie, donde se acumulan cadáveres, pero en este caso no se encuentran herbívoros, sino solo carnívoros. Eso se debe a que los herbívoros no se meten muy adentro de las cuevas. Como mucho se refugian en sus entradas.

En situaciones normales tampoco los carnívoros entraban en las cuevas muy profundamente, con una excepción: los osos de las cavernas. Eso se debe a que los osos pasan la parte más cruda del invierno, cuando no hay apenas comida, en hibernación, es decir, durmiendo y gastando las reservas de grasa que han acumulado durante el otoño, que es la estación de los frutos. En la Edad del Hielo los inviernos eran más largos y mucho más crudos que en la actualidad, naturalmente.

Las osas dan a luz en ese periodo de retiro uno o dos oseznos, excepcionalmente tres, muy pequeños, como son las crías de todos los carnívoros. Los oseznos se alimentan de la leche de la osa hasta que salen al exterior.

Durante la glaciación existió una especie de oso enorme, mayor que cualquier oso pardo actual, llamado *oso de las cavernas* porque usaba las cuevas para hibernar, y se introducía muy profundamente en ellas. Su nombre científico hace alusión al hecho de que sus restos se encuentren en las cavernas: *Ursus spelaeus*, «el oso espeleólogo», podríamos decir. Se encuentran restos de osos de las cavernas en muchas cuevas europeas, así como las camas que se hacían para dormir, excavando la arcilla del suelo para crear una depresión circular.

No parece que la especie viviera en ninguna parte por debajo de la latitud de Madrid, unos 40° norte, aproximadamente. Es decir, más al sur, en el mundo más propiamente mediterráneo, vivían solo osos pardos como los actuales.

Es posible incluso que los osos de las cavernas durmieran en grupos, porque son muchas las camas que se pueden ver en las grandes salas del interior de las cavernas. Como las cuevas están oscuras los osos de las cavernas podían caer por accidente si había una sima dentro. De este modo se han formado enormes acumulaciones de esqueletos de osos de las cavernas al pie de algunas simas europeas dentro de cuevas. Hasta se han llegado a explotar para obtener el fosfato de los huesos y utilizarlo como fertilizante.

El yacimiento de la Sima de los Huesos de la sierra de Atapuerca es una de esas enormes acumulaciones de huesos de osos de las cavernas dentro de una cueva y al pie de una sima. Hay centenares de individuos caídos allí. En realidad no se trata del gigantesco oso de las cavernas propiamente dicho, sino de un antepasado algo más pequeño, del tamaño de los osos pardos.

El penetrante olor de la carroña y la promesa de comida que conlleva atraerían a algún otro carnívoro hasta esos lugares tan alejados de la boca de la cueva, un ingenuo que caería igualmente en la trampa, porque hemos encontrado también algunos leones, lobos, linces y muchos zorros que murieron en la Sima de los Huesos. En cambio faltan las hienas, que son grandes carroñeras. Esta ausencia es curiosa porque se extiende a otros yacimientos. Me explico: hay hienas en los yacimientos más antiguos de la sierra de Atapuerca, los que corresponden a las especies humanas *Homo erectus* y *Homo antecessor*, y también hay hienas abundantes en los importantes yacimientos de los neandertales de la misma sierra, pero faltan en la época intermedia, la de los preneandertales.

Esa época intermedia es la de los fabricantes de hachas de mano y otras herramientas talladas por las dos caras, llamadas bifaces. Arqueológicamente esta tecnología se conoce como *achelense* y es entonces cuando la sierra de Atapuerca estuvo más habitada. Es posible que los humanos expulsaran a las hienas del territorio o las mantuvieran a raya. Antes y después la presencia humana sería menos intensa.

Pero la inmensa mayoría de los fósiles de la Sima de los Huesos son de osos. Es un yacimiento magnífico, el más importante que existe del antepasado del oso de las cavernas, llamado *Ursus deningeri*, pero la Sima no habría sido conocida más allá de los círculos paleontológicos si no fuera porque también hay otra especie. Una especie humana que *no debería* estar ahí.

En la Sima de los Huesos hemos encontrado una treintena de esqueletos humanos de todas las edades y de los dos sexos (para ser exactos, el número mínimo de individuos identificados es de 29). Hay niños, adolescentes, adultos jóvenes y adultos maduros. Como los humanos no pasaban de las bocas de las cuevas hay que preguntarse qué hacen en la Sima de los Huesos. No cabe pensar que se cayeran por accidente, como los osos, a tanta distancia de la entrada de la cueva.

Si queréis saber cómo eran físicamente los humanos de la Sima de los Huesos cuando estaban vivos, podéis ver uno de ellos en el cartel anunciador del Cross Internacional de Atapuerca.

Mucha gente se toma a broma el Cross Internacional de Atapuerca cuando lo menciono y lo alabo. Piensan que es una carrera popular de carácter exclusivamente local, simpática pero intrascendente, a la que no merece la pena acercarse. Se equivocan y de qué manera. Yo me indigno por su ignorancia y les digo que acuden campeones olímpicos y mundiales a disputar el triunfo. Hay además unas carreras populares en las que puede participar todo aquel que quiera, pero el *cross* profesional es de altísimo nivel.

El *cross* es una especialidad atlética que se disputa después del verano, con el campo embarrado en muchas ocasiones y casi siempre en malas condiciones meteorológicas. Un día típico de *cross* es una jornada con frío y lluvia, cuando no nieve. No en vano este deporte nació en Gran Bretaña. Además, el circuito de *cross* no puede ser llano, sino que tiene que haber subidas y bajadas para hacerlo más duro. Los atletas de pista y los maratonianos lo corren como parte de su preparación para las competiciones estivales, en el estadio o en el asfalto, pero existe también un campeonato mundial de *cross*.

Por ser una competición a campo traviesa, y en un terreno accidentado, se podría decir que es lo que más se parece a las carreras que se daban los hombres y las mujeres de la prehistoria por Europa, y por eso me interesa tanto a mí. Por eso y porque mi padre nos llevaba a mis hermanos y a mí a ver las carreras de *cross* (y las de *ciclocross*) en el País Vasco, donde vivíamos, y yo recuerdo con nostalgia aquellos domingos de lluvia y de prados mojados y cómo llegaban a la meta los corredores, totalmente cubiertos de barro, irreconocibles. Mi padre los animaba a todos, y a mí me parecían héroes desde el primero hasta el último.

En el *cross* de Atapuerca se congrega un gentío enorme: los profesionales, los miles de participantes de las carreras populares y las familias de estos animándolos. Es un gran espectáculo que no debe perderse nadie, aunque haga frío. Hay muchas razones para visitar Burgos, como el Museo de la Evolución Humana y los yacimientos de Atapuerca, así que animaos a apuntaros como corredores o como espectadores al próximo *cross* de Atapuerca.

Los fondistas son siempre muy delgados y parece que no pisan el suelo. Se diría que flotan. Sus movimientos son tan fluidos que no aparentan hacer esfuerzo alguno cuando corren. En general, los mejores corredores en las pruebas de fondo son hoy día los africanos, tanto los norteafricanos como los africanos orientales. Por supuesto que hay un componente cultural en todo esto, porque puede haber otros países que no hayan explotado todavía su potencial atlético por falta de atención a este deporte. Los tarahumaras mexicanos son un buen ejemplo de un pueblo que está muy dotado para las carreras de resistencia.

Pero ahora vayamos a ver el cartel anunciador del *cross* de Atapuerca de cada año. Lo que aparece en él es un hombre desnudo muy fuerte que corre a toda velocidad. Está esprintando, suponemos que para cazar porque lleva una lanza en la mano izquierda. Realiza un esfuerzo explosivo, mientras que los primeros puestos en el *cross* de Atapuerca están ocupados por hombres y mujeres que corren de otra manera y tienen otro tipo físico. El *cross* es un ejercicio aeróbico, de resistencia, no de fuerza.

El corredor del cartel del *cross* de Atapuerca ha sido dibujado por el conocido paleoartista Mauricio Antón y es una reconstrucción basada precisamente en los fósiles humanos del yacimiento de la Sima de los Huesos. Corriendo así, a toda velocidad, el sujeto del cartel no llegaría muy lejos en la competición si se presentara a disputarla, porque es una prueba de aguante, que requiere un esfuerzo continuado, no uno de gran intensidad. Pero por su tipo físico, ancho, musculoso y pesado, puedo asegurar que aunque se dosificara tampoco quedaría en un buen puesto después de varios kilómetros.

En el curso de la evolución humana la caza *por emboscada* (como la llaman los ingleses) ha debido de ser la norma hasta la llegada del *Homo sapiens*. Es decir, el acecho o el rececho, como se dice en el mundo cinegético español. El acecho es una espera, un aguardo pasivo pero en una tensión máxima que pone a prueba los nervios, mientras que el rececho es una búsqueda, una aproximación silenciosa a la presa. Si has practicado la caza fotográfica ya sabes a lo que me refiero, porque no es fácil hacer una buena foto de un animal sin un potentísimo teleobjetivo. Hay que tener mucha paciencia para acercarse o para dejar que se acerque.

Así, acechando y rechechando, es como cazan los leones que viven en ecosistemas cerrados, donde los matorrales, los árboles y los arbustos no permiten ver muy lejos. Los leones se esconden y saltan sobre su presa cuando está cerca (acechando), o se acercan a ella lentamente (rechechando). La mayor parte del hábitat de los leones es así: más un bosque que una pradera. Los tigres también cazan al acecho y al rececho en sus bosques asiáticos, tanto de selva como de taiga, porque son cazadores forestales.

Por eso era tan fuerte el humano de la Sima de los Huesos que aparece en el cartel anunciador del *cross*. Se trata claramente de un equivalente al león, no al licaón o al lobo. Me lo imagino dándose una carrera a toda velocidad y quedándose luego a descansar el resto del día, como hacen los leones. Apostaría a que lo suyo eran los esfuerzos intensos y que en sus músculos esqueléticos predominaban las fibras de contracción rápida (o fibras de tipo II), que se fatigan pronto. Y lo mismo vale para hombres que para mujeres. Sus descendientes los neandertales también serían del mismo tipo, aunque algo más bajos y menos fuertes.

Creo que verdaderamente estos preneandertales de la Sima de los Huesos, y sus contemporáneos, han sido los humanos más fuertes de toda la historia. En cambio, los corredores que hoy ganan el *cross* de Atapuerca son especialistas en esfuerzos aeróbicos, y en ellos predominan las fibras de contracción lenta (tipo I), que proporcionan más resistencia porque se fatigan menos.

En una carrera de resistencia los preneandertales no tendrían nada que hacer ante los atletas actuales. Sin embargo, serían excelentes luchadores y lanzadores. Y si se enfrentaran a humanos modernos de su misma estatura estos preneandertales serían imbatibles en un partido de rugby. Me gustaría mucho asistir a ese partido.

Estamos acostumbrados a ver los documentales de los leones cazando, pero para poder grabar esa escena es necesario que la caza se realice en campo abierto. Eso no es lo habitual en la naturaleza, aunque lo sea en los documentales. Y aunque el narrador nos diga que la escena tiene lugar en la sabana, no es así. El ecosistema que estamos viendo es una pradera.

La sabana es el ecosistema que se encuentra ecológicamente situado entre la selva lluviosa y la pradera. La sabana puede ser más o menos arbolada pero no falta nunca el arbusto ni el matorral. En la sabana no es fácil ver a los animales, ¡ni siquiera a los elefantes!, porque se trata de *monte*, como decimos en España, no de pradera o estepa. Es precisamente en la sabana donde tenemos que situar a los australopitecos; o mejor, con un pie en la pluvisilva, la selva lluviosa, y otro pie en la sabana. Los ardipitecos, en cambio, vivían en la selva lluviosa exclusivamente. Fue el *Homo erectus* el que abandonó definitivamente la oscuridad del bosque.

Lo que sucede es que los responsables de los parques nacionales africanos queman esas superficies de forma controlada, siguiendo una vieja práctica de los pastores masái, que le pegan fuego al matorral para favorecer la hierba que da de comer a su ganado, como han hecho todos los ganaderos del planeta desde siempre. Así que las grandes praderas del Serengueti, del Masái Mara y del

Ngorongoro tienen algo de artificial. No se lo reprocho a los gestores de esos parques, porque de todos modos los incendios se habrían producido de forma natural y es mejor la quema controlada. Y por supuesto los turistas prefieren ver desde sus coches mucha carne junta y eso solo es posible en un terreno despejado. Hoy en día los animales tienen que posar si quieren que los dejemos vivir.

A donde quiero ir a parar es a que los leones se juntan en grandes manadas cuando viven en las praderas para poder cazar, pero en las sabanas auténticas su caza es individual y por emboscada, como la de los tigres. Los leones son fuertes, pero mucho menos veloces que los guepardos y menos resistentes en la carrera que los licaones, esos cánidos africanos que cazan en grupos (y que son cada vez más raros, lo que me preocupa; yo creo que necesitan territorios inmensos para sus grandes manadas y los espacios protegidos en África son cada vez más pequeños).

¿Qué ha pasado entonces en nuestra evolución? ¿Cómo hemos pasado de anaeróbicos a aeróbicos, de muy fuertes a muy delgados? ¿Cómo hemos dejado de ser leones para convertirnos en lobos?

Todo llegará, pero de momento los esqueletos encontrados en el yacimiento de la Sima de los Huesos nos hablan de una especie muy fuerte, muy musculosa, muy corpulenta. Esa fortaleza física tan impresionante facultaba a sus miembros para realizar esfuerzos explosivos, por ejemplo para sorprender y matar una presa grande. No me cabe duda de que su método de caza preferido era la emboscada.

Pero también tendrían otras formas de cazar estos humanos, porque seguro que eran muy adaptables, como los leones. Cazarían en grupos grandes cuando no era posible acercarse demasiado a las presas. En la estepa, por ejemplo, o en los pantanos.

Existe un yacimiento muy importante en Schöningen, Alemania, que pertenece a este tipo de humanos, los preneandertales, que son los de la Sima de los Huesos. No se han encontrado sus esqueletos, pero sí armas de madera. Este es un hallazgo excepcional porque la madera no se conserva. Se pudre. Pero este yacimiento se formó en un pantano, donde las aguas estancadas son pobres en oxígeno y se conserva la materia orgánica.

El caso es que los humanos cazaban caballos y otros grandes fitófagos en este pantano y dejaban los huesos de sus presas abandonados y con marcas de haber sido descarnados. También se les debían de perder en ocasiones las armas de madera que usaban para cazarlos, y se han conservado en ese medio anóxico, sin oxígeno. Y esas armas son impresionantes. Yo tuve la ocasión de presenciar el descubrimiento de una lanza que se encontraba bajo la pelvis de un caballo. La presa y quizás el arma que la mató estaban juntas.

Es fácil imaginarse la escena: el pantano, los caballos y el grupo de cazadores humanos. El ataque y la muerte de una presa. El despiece y la celebración.

Las armas que se perdieron en la cacería en el pantano y que han llegado hasta nosotros son lanzas hechas de abeto rojo (y una de pino). La longitud de esas lanzas es considerable, y alguna pasaba de los dos metros. Seguramente no las lanzarían a mucha distancia, pese a que están muy bien equilibradas. Más bien las utilizarían a corta distancia, en el cuerpo a cuerpo, como picas para cazar grandes presas y para defenderse de los osos y de los leones de las cavernas, sus enemigos más peligrosos. No era cosa de ir por el campo desarmado. También se han encontrado palos cortos, aguzados por los dos extremos, que enviarían haciendo molinetes en el aire, es decir, girando sobre sí mismos. Estas sí serían armas arrojadizas.

Pero todavía no se habían inventado las puntas de piedra, que tienen un poder mucho mayor de penetración en el cuerpo de la presa. Con esas puntas cambió bastante la eficacia de los cazadores a la hora de matar a sus presas a distancia. Es lógico, los animales carnívoros no tienen colmillos de palo, sino de diente, que es un tejido orgánico, pero muy mineralizado. Una punta de piedra es lo más parecido a un colmillo. Hasta que se inventaron las puntas de piedra nuestros antepasados disponían de filos de piedra para cortar la piel y la carne, a modo de cuchillos, pero no les servían para matar a sus presas.

En Europa los neandertales desarrollaron una forma de talla con una cadena operativa (o secuencia de gestos) muy característica, que producía puntas de piedra que luego se enmangaban en un astil o asta (una varilla de palo) para producir así un arma arrojadiza. Se conoce esta manera de fabricar puntas que tenían los neandertales como técnica Levallois. Las primeras puntas de esta tipología se encuentran en yacimientos europeos que tienen un cuarto de millón de años, quizás algo más. Fue un gran invento. Los neandertales era muy ingeniosos, qué duda cabe.

Aunque estoy convencido de que los de la Sima de los Huesos y de Schöningen eran los homininos más carnívoros que ha habido nunca, y por eso eran los más fuertes, también comerían vegetales, porque ser omnívoro es una gran ventaja. Que se lo digan a los osos.

Sin embargo, los vegetales no se conservan tan bien como los huesos en los yacimientos, y por eso sabemos menos de la parte vegetariana de su dieta. Cuando llegue el momento, de todas formas, hablaremos de la importancia de los vegetales en la alimentación humana. Ahora os quiero contar de los neandertales.

Si hay unos fósiles humanos que nos fascinan, esos son los neandertales. Fueron los primeros en descubrirse, allá por el siglo XIX. Y los de la península ibérica estuvieron entre ellos, como el cráneo de Gibraltar (hallado en 1848), que, como ya he comentado, tuvo el mismísimo Charles Darwin en sus manos en Londres. Pero me parece que no le impresionó demasiado. No era el *eslabón perdido* que él necesitaba para probar su teoría. No era un hombre mono. Era humano, demasiado humano, con un cerebro demasiado grande. Se trataba de una *raza humana* arcaica, no de una especie intermedia. Eso les parecía.

Luego vinieron hallazgos de fósiles muchísimo más antiguos, empezando por el *Homo erectus*, todavía en el siglo XIX, y terminando con los ardipitecos. Y sin embargo, siendo los más modernos de todos los fósiles de nuestra rama evolutiva, los neandertales siguen atrayéndonos tanto o más que cuando se descubrieron y eran los fósiles más antiguos conocidos. Y en Atapuerca tenemos la inmensa suerte de poder investigar sus orígenes.

Como se han exhumado muchos fósiles de neandertales podemos decir que son una especie que conocemos bien, realmente muy bien. Incluso se ha secuenciado íntegramente su genoma, lo que le valió al investigador sueco Svante Pääbo el Premio Nobel. Ya son unos cuantos los neandertales de genoma conocido, lo que nos permite también averiguar el sexo. Por ejemplo, ahora podemos decir que el auténtico Hombre de Neandertal, el del yacimiento que da nombre a la especie, era realmente un individuo masculino.

¿Pero dónde aparecieron evolutivamente los neandertales y cuándo lo hicieron? ¿Quiénes fueron sus antepasados? Esa es una pregunta que nos hemos estado haciendo todo este tiempo, desde que se descubrieron los primeros fósiles.

La Sima de los Huesos nos ha dado la respuesta porque es la única población bien conocida de preneandertales, es decir, de antepasados de los neandertales.

Curiosamente, el mismo problema se plantea en África con los presapiens, los antepasados del *Homo sapiens*, que es nuestra especie. Adelantando acontecimientos, el *Homo sapiens* acabaría saliendo de África y encontrándose con los neandertales. Como si estuviéramos observando el paso de la historia desde fuera de la Tierra podemos ver cómo evolucionaron los neandertales y los «sapiens» hasta que finalmente se conocieron, como si fuera su destino.

En el norte de África, en Marruecos, se han encontrado algunos fósiles humanos en un yacimiento llamado Jebel Irhoud, que ha sido llamado la Sima de los Huesos africana, porque los fósiles pertenecen a un población que está en la raíz del *Homo sapiens*, del mismo modo que la verdadera Sima de los Huesos, la de Burgos, está en la raíz de los neandertales.

Pero en cuanto a la abundancia de restos ningún yacimiento supera a la Sima de los Huesos, porque allí se acumularon cerca de treinta cadáveres (hemos identificado por lo menos 28 individuos, pero puede haber alguno más), y sus esqueletos se han conservado íntegros, aunque rotos y mezclados. Nuestro trabajo consiste en reconstruir esos treinta esqueletos, en completar treinta rompecabezas.

Decimos que los humanos de la Sima de los Huesos son los antepasados de los neandertales porque presentan algunos de sus rasgos, pero no todos, ni en todas partes.

Es decir, no toda la anatomía es neandertal, sino solo algunas regiones.

Empecemos por la caja craneal, la que alberga el encéfalo en su interior.

Los neandertales tenían un cerebro muy grande, en promedio superior al de la especie humana actual. Pero quizás no superior al de sus contemporáneos de nuestra especie, que también tenían un gran cerebro. Lo cierto es que nuestro cerebro se ha hecho más pequeño (en promedio) desde que dejamos de ser cazadores y recolectores y empezamos a cultivar plantas y criar ganado en el Holoceno. Eso ocurrió cuando terminó la glaciación y el clima se hizo más cálido.

Los cráneos de la Sima de los Huesos todavía no tenían un cerebro tan grande como el de los neandertales. Además, la forma del cráneo de los neandertales es muy especial, y única entre los homínidos. Porque es un cráneo alargado, cuando se mira de lado, que se proyecta en el occipucio hacia atrás. Esa proyección se llama *moño occipital* en la jerga de los paleoantropólogos. Además, las paredes del cráneo están abombadas, lo que quiere decir que su perfil, visto por detrás, es circular, con la máxima anchura a media altura. En cambio, la frente neandertal es bastante plana, y la bóveda craneal, baja, como en todas las especies anteriores de homínidos.

Recordad ahora todo lo que os conté sobre el cráneo *a prueba de golpes* del *Homo erectus* de Java y su frente plana, que se prolongaba sobre las órbitas a modo de *visera*. En los neandertales no hay tal visera recta, pero sí un toro supraorbitario bien desarrollado, que forma dos arcos sobre las órbitas que se unen el uno al otro en el centro, entre las dos órbitas; es decir, por encima de los huesos de la nariz.

Podríamos asimilar el tipo de cráneo neandertal, exagerando mucho, a un balón de rugby, o a un melón, aunque por supuesto el *moño occipital* no es ni mucho menos tan picudo.

¿Cómo se explica esta forma tan original del cráneo neandertal? Hay que ir a la Sima de los Huesos para entenderlo. Los cráneos primitivos tenían la frente inclinada, huidiza es como se dice, y la bóveda era baja en consecuencia. Solo puede tener una bóveda alta un cráneo con la frente vertical, como la nuestra.

Pues bien, en una época posterior a la de la Sima de los Huesos el cerebro aumentó mucho de tamaño en los neandertales, pero lo hizo de delante atrás y de lado a lado, y no de arriba abajo. En consecuencia el cráneo se hizo alargado, y lateralmente curvado. Eso todavía no había pasado en la población de la Sima de los Huesos, que tenía un cráneo más pequeño, aunque superior al del *Homo erectus* o el del *Homo antecessor*, que son especies más antiguas. Los cráneos con menos capacidad craneana, como el famoso Cráneo 5 (Miguelón), no llegan a los 1.100 cc, mientras que los más grandes, como el Cráneo 4 (Agamenón), rondan los 1.400 cc, que es más o menos el promedio de la especie humana actual.

Este es un promedio muy difícil de calcular porque depende de los individuos (no somos todos iguales), de los sexos (el masculino supera al femenino en capacidad craneal) y de las poblaciones. Lo mismo sucede con la estatura humana promedio. Y lo dicho vale también para los chimpancés y otros grandes simios, y no digamos para las especies fósiles, como los australopitecos. Por eso me veréis siempre dando valores muy aproximados, solo para que os hagáis una idea. En realidad, no existe una estatura ni un cerebro promedio de una especie, porque no hay una cosa tal como «el individuo promedio». Es una abstracción matemática.

En la línea africana, mientras tanto, los presapiens tenían un cráneo parecido al de la Sima de los Huesos, con un cerebro de tamaño intermedio entre el del *Homo erectus* y el nuestro. Cuando creció el cerebro del *Homo sapiens*, lo hizo sobre todo hacia arriba, y menos hacia los lados y hacia atrás, de manera que nuestra frente es vertical y la bóveda es alta.

Estaría bien que en este momento mirases a otro *Homo sapiens* que tengas cerca para comprobar que tiene la frente vertical como una pared. Esto no deja de ser una anomalía, porque somos una especie con un cráneo globoso, tirando a esférico. Como además las poblaciones modernas hemos perdido el toro supraorbitario nuestro cráneo adulto tiene algo de infantil, porque los cráneos de los chimpancés recién nacidos también son globosos. Nos parecemos más a un chimpancé recién nacido que a un chimpancé adulto en la forma del cráneo.

O dicho de otro modo, el cráneo de un humano recién nacido se parece mucho al cráneo de un chimpancé recién nacido, mientras que los adultos de chimpancés y humanos son muy diferentes. Es decir, cuando crecen, los chimpancés y los humanos siguen trayectorias diferentes. No deja de ser curioso que la forma de nuestro cráneo se mantenga esférica durante el desarrollo, mientras que la del chimpancé no lo haga. Por eso algunos científicos han creído que ahí estaba la clave de la evolución humana: en que hemos permanecido infantiles toda la vida. Y no solo en la forma del cráneo, sino también en la de la cara, porque el chimpancé recién nacido no tiene la proyección facial, el prognatismo, de los adultos. Su cara es mucho más vertical.

Esta idea de la retención de caracteres infantiles durante toda la vida en la especie humana se llama «teoría de la neotenia», y realmente da mucho que pensar. Recordad que ya traté este tema a propósito de la longevidad, y la búsqueda científica de la inmortalidad, en una novela de Aldous Huxley que se basa precisamente en esta teoría.

En el próximo capítulo hablaremos del aparato masticador, la primera adaptación de los neandertales. Todo empezó, parece, por la boca.

LA EXTRAÑA CARA DE LOS NEANDERTALES

Cuando hablaba del cráneo en el anterior capítulo me estaba refiriendo al cráneo cerebral, o neurocráneo, es decir, a la caja ósea que encierra en su interior el cerebro, el cerebelo y el tallo encefálico o tronco. Todo junto forma el encéfalo, que no solo se compone del cerebro, como he repetido tantas veces y ya sabéis de sobra. Hay una caja craneal como hay una caja torácica. ¿Pero qué pasa con la cara? ¿Qué diferencias hay entre una cara neandertal y una moderna? Porque lo primero que haríamos si viéramos un neandertal vivo sería mirarle a la cara. Para nosotros la cara es una ventana al alma, una manera de saber qué piensa el otro.

Precisamente donde la Sima de los Huesos anticipa a los neandertales es en el cráneo facial, en la cara, que también incluye la mandíbula en el sujeto vivo (nadie va sin mandíbula *por la vida*; luego, después de muerto, ya sí).

Por lo tanto, podemos decir que las primeras adaptaciones de los neandertales tienen que ver con el aparato masticador, y que el gran aumento del tamaño del cerebro vino más tarde. Incluso podríamos atrevernos a decir que la inteligencia de los preneandertales europeos era similar a la de los presapiens africanos, aunque sea tan difícil definir la inteligencia. Sería más riguroso decir que la encefalización, es decir, el desarrollo del encéfalo en relación con el tamaño del cuerpo, era similar.

¿Pero pensaban igual los antepasados de los neandertales que nuestros antepasados directos? ¿Tenían la misma *mentalidad*? Es difícil saberlo. Lo que sí podemos decir es que fabricaban utensilios bastante similares, que su tecnología tenía el mismo grado de complejidad.

El registro arqueológico nos cuenta que fue entonces cuando se generalizó el fuego, cuando en todos los campamentos al aire libre o en las bocas de las cuevas había una hoguera que les daba calor y luz, y ahuyentaba a las fieras, como suele decirse, pero que sobre todo les permitía ablandar la carne y hacerla más digerible, o tostar tubérculos y frutos secos. Y a este aspecto del uso del fuego se le ha prestado generalmente mucha menos atención, aunque nosotros sí que hemos reparado en su importancia en un capítulo anterior.

Una especie de homínido que se alimentaba de carne a gran escala seguramente necesitaba el fuego para asimilarla más fácilmente. A fin de cuentas no somos carnívoros, sino primates, es decir, monos, simios, grandes simios, y nuestro tubo digestivo no está diseñado para una alimentación crudívora basada casi exclusivamente en la carne.

Los neandertales no tenían un aparato masticador mucho más robusto que el nuestro. Es decir, que ni su mandíbula, ni su cara ni sus muelas eran espectacularmente grandes comparadas con las de cualquiera de nosotros, aunque así y todo su cara era más *prognata*, estaba más adelantada que la nuestra, que es completamente vertical (*ortognata*) porque nuestro aparato masticador es el más reducido de la historia evolutiva de la especie. Obviamente porque preparamos y ablandamos los alimentos y nos podemos ahorrar la energía que nuestros antepasados invertían en sus caras y dedicarla a la producción de hijos; no me cansaré de explicaros que esta es la lógica de la evolución. Técnicamente hablando el prognatismo se mide como la distancia que va desde los incisivos hasta el «agujero grande» (*foramen magnum*) de la base del cráneo, por donde la médula espinal se continúa en el interior del cráneo en el bulbo raquídeo (que pertenece ya al tronco encefálico).

Tampoco los músculos que cierran la boca, subiendo la mandíbula, o los que hacen que se desplace lateralmente tenían un desarrollo desmedido comparado con nosotros, si bien los neandertales presentan unos relieves muy marcados en la zona de la mandíbula donde se insertan los pterigoideos internos. Los elevadores de la mandíbula son los músculos temporal y masetero, y los rotadores de la mandíbula, los músculos pterigoideos internos y externos, como seguro que recordáis porque os pedí que os palparais los maseteros y temporales mientras apretabais las muelas de un lado sobre un objeto duro.

No podríamos decir que su aparato masticador era una máquina de triturar, un molino biológico, como decíamos en su momento de los australopitecos y sobre todo de los parántropos, que debían de estar todo el día masticando productos vegetales consistentes, de poco valor energético y con frecuencia duros, que además hacían que se desgastasen los dientes. Sobre todo si no los lavaban, porque la tierra tiene partículas minerales que son abrasivas.

Lo mismo puede decirse del *Homo erectus* o del *Homo antecessor*. Por supuesto que sus caras, mandíbulas y muelas eran más robustas que las nuestras, y los músculos de la masticación estaban más desarrollados, pero se parecían mucho más a nuestra especie que a los australopitecos, y no digamos a los parántropos. El *Homo habilis* en cambio se asemejaba más en el aparato masticador (y en casi todo) a los australopitecos. Todo esto ya se ha dicho.

Ahora bien, la cara de los neandertales tiene una singularidad, y es que carece de pómulos. Este concepto hay que explicarlo bien. ¿Qué es eso de que no tenían pómulos? ¿Es que les faltaba algún hueso? Por supuesto que no les faltaba ningún hueso.

La región de los pómulos se llama en anatomía de superficie la «región malar» y está ocupada por un hueso denominado zigomático o malar. Podéis ahora tocaros los pómulos y estaréis poniendo el dedo sobre el hueso malar.

Los pómulos destacan como un relieve de la cara debido a que el hueso malar está realzado por una depresión en el hueso maxilar, que es el hueso contiguo. Es ese hundimiento el que le da su relieve al pómulo. Ya decía el gran Miguel Ángel Buonarroti que esculpir el *Moisés* o la *Piedad* era fácil, solo hacía falta eliminar con el cincel lo que sobraba en el bloque de mármol.

La depresión que hace destacar a los pómulos se conoce como «fosa canina» porque está en la zona del maxilar que se sitúa, más o menos, por encima de los caninos, a los que la gente llama «colmillos». Seguid por favor con la exploración palpatoria.

Pues bien, en los neandertales los pómulos no destacaban en la cara porque no existía esa depresión en el hueso maxilar, la fosa canina.

Ya os he contado que eso mismo les pasaba a las caras de algunos fósiles que ciertos autores asignan a la especie *Homo heidelbergensis*, como Arago (Francia), Petralona (Grecia), Bodo (Etiopía) y Kabwe (o Broken Hill, en Zambia). Su cara parece una máscara porque está inflada, sin relieves, llena de aire, producto de unos senos maxilares expandidos.

La cara de los neandertales se parecía a esas caras *sin pómulos*, pero además de su inexpresividad, tenía forma de cuña, estaba apuntada, porque la abertura de la nariz se encontraba adelantada, como si hubiera avanzado hacia adelante. ¡Se había movido en la evolución de los neandertales!

Esto es lo que técnicamente se conoce como «prognatismo mediofacial de los neandertales». Es decir, una proyección hacia adelante en los neandertales de la región nasal. La nariz, no hace falta que os lo diga, está en la mitad de la cara.

Otro adelantamiento que se produjo en la cara de los neandertales fue el de la arcada dental, y de este modo quedó un hueco en la mandíbula por detrás de la última muela, que se conoce como «espacio retromolar».

Habría cabido una muela más en la mandíbula por detrás de la muela del juicio de los neandertales. Pero, por supuesto, no había una cuarta muela. No la hay en ningún primate.

Todas las mandíbulas de los neandertales tienen ese espacio retromolar. Ningún estudiante puede equivocarse al identificar una mandíbula neandertal por esa razón. Pero algunos de mis alumnos se lían con el concepto del espacio retromolar y ponen en el examen que los neandertales «tenían una muela más». Parece que no soy capaz de explicárselo bien, así que espero que vosotros lo entendáis mejor.

Otra referencia para apreciar ese corrimiento de la arcada dental hacia adelante es un orificio de la mandíbula llamado «foramen mentoniano», por donde pasa el nervio del mismo nombre (importante en odontología). En nuestra mandíbula está por debajo del último premolar, y en los neandertales por debajo del primer molar debido a que las muelas han avanzado, se han movido hacia adelante.

Con la edad, las muelas se van gastando por el roce de cada muela con la anterior y con la siguiente en las caras de contacto de las coronas. Eso hace que todo el conjunto avance todavía más hacia adelante y se marque más el espacio retromolar en los neandertales viejos.

¿Qué explicación tiene esta extraña morfología facial? Los neandertales vivían en Europa. No solo en Europa, como iremos viendo, pero lo cierto es que la mayoría de los fósiles se han encontrado en Europa, seguramente porque es donde más se ha excavado. También porque el centro de la evolución de los neandertales estaba en Europa.

La Sima de los Huesos de Atapuerca es un buen ejemplo, pero hay otros fósiles de preneandertales en Europa, como el cráneo de Steinheim o el de Reilingen en Alemania, y el de Swanscombe en Inglaterra. Los neandertales serían así un endemismo europeo, un producto local de la evolución humana.

En Europa las glaciaciones tuvieron un gran impacto en los ecosistemas y en todas las especies y por eso se ha intentado relacionar los rasgos de la morfología neandertal con el frío. Serían algo así como adaptaciones árticas, del mismo modo que los elefantes lampiños eran sustituidos por los mamuts lanudos cuando llegaban las glaciaciones.

Eso no quiere decir, en absoluto, que los pueblos árticos actuales tengan una cara que recuerde a los neandertales. No se parece en nada porque la cara de los inuit (los esquimales) es como la de cualquier otro humano moderno. También es cierto que los inuit llevan pocos miles de años viviendo en el Ártico, y que sus adaptaciones al medio son tecnológicas, no biológicas, y lo mismo valdría para los pueblos indígenas de las latitudes altas de Europa (como los saami) y Asia.

En realidad, las aberturas nasales de los pueblos que viven en latitudes altas, comparadas con otros pueblos de la Tierra, tienden a ser más estrechas, no más anchas como las de los neandertales. Parece haber una correlación muy fuerte entre latitud y anchura de las aberturas nasales.

A eso se le ha llamado la «paradoja de una abertura nasal ancha en unos neandertales adaptados al frío». Una abertura nasal estrecha parece funcionar mejor en ambientes secos y fríos a la hora de humedecer y calentar el aire inhalado, así como para recapturar la humedad durante la exhalación. Por el contrario, unas aberturas nasales anchas son más adecuadas para disipar calor en ambientes más tropicales.

Lo repito para que quede todavía más claro: las narices estrechas, al menos en nuestra especie, conservan el calor y la humedad del aire, y las narices anchas lo pierden.

Por lo tanto, los neandertales *deberían haber tenido* aberturas nasales estrechas para adaptarse al frío, no unas aberturas nasales muy anchas como en realidad tenían.

¿Qué es lo que les impedía a los neandertales tener aberturas nasales estrechas? Tal vez, se ha dicho, el que los neandertales, además de unas aberturas nasales anchas, poseen una gran anchura anterior del maxilar, es decir, una gran distancia entre los dos caninos, por otras razones que tienen seguramente más que ver con el uso que se le daba a la boca. Y la anchura de la abertura nasal quizás esté relacionada en la arquitectura del esqueleto de la cara con la anchura del arco dental en su región anterior, entre los caninos.

Sin embargo, el adelantamiento de la abertura de nariz de los neandertales (recordad su cara apuntada o en cuña) podría aumentar en profundidad el espacio de la cámara nasal donde el aire se calienta y se humedece, y eso sí podría haber sido una ventaja en un mundo frío y seco, el de las estepas, taigas y tundras del Pleistoceno.

Además, los senos maxilares eran más grandes en los neandertales que en los humanos actuales, porque la cuña facial estaba hueca. No era una cuña de hueso macizo, ¡qué horror, la cara pesaría mucho!, sino que estaba ocupada por los enormes senos maxilares, que son cámaras vacías. En realidad el hueso maxilar es fino como el papel. Nuestra cara está *neumatizada*, como se dice técnicamente.

Tal máscara facial rellena de aire habría funcionado en los neandertales como un aislante térmico, dicen los partidarios de la adaptación al frío de los neandertales.

Ahora bien, esta máscara, ¿qué órgano concreto protegería del frío? No el cerebro, desde luego, porque este órgano vital se relaciona *directamente* con el exterior a través de la caja craneana, no a través de la cara y del esqueleto facial. Aunque los senos frontales de los neandertales también tienen mucho desarrollo, argumentan los partidarios de los *neandertales árticos*.

Pero tal vez ese aislamiento que proporcionaría la cara hinchada protegería el cerebro del frío exterior *indirectamente*, manteniendo caliente la sangre que sube hasta él por la arteria carótida. Sin embargo la entrada de la carótida en el interior del cráneo se hace a través del conducto carotídeo de la porción petrosa (o *peñasco*) del hueso temporal, que está bastante por detrás de la cara, como podéis ver vosotros mismos si miráis un cráneo por debajo o una imagen de este en internet (solo os llevará un segundo y merecerá la pena). De paso aprovechad para fijaros en la posición relativa de los incisivos y del «agujero magno» de la base del cráneo (*foramen magnum*), porque enseguida os voy a hablar de la distancia que los separa.

Estas explicaciones basadas en adaptaciones térmicas para la cara de los neandertales han caído bastante en desuso hoy en día, en favor de las adaptaciones mecánicas. De hecho, las caras hinchadas son anteriores a los neandertales, como hemos visto, y se encuentran tanto en Europa (Arago, Petralona) como en África (Bodo, Kabwe). Y para senos frontales enormes, los de los cráneos de Petralona (Grecia) y Bodo (Etiopía), que no pueden interpretarse como adaptaciones árticas.

La cara de los neandertales respondería, según esta nueva teoría, al uso que hacían de la boca como una tercera mano. Yo, por mi parte, encuentro semejanzas entre las mandíbulas de los neandertales y las de los carnívoros, y en mi opinión han sido los humanos más carnívoros de la historia.

Ahora lo importante es destacar que todas estas especializaciones de la cara de los neandertales ya se encuentran, más o menos marcadas, en la Sima de los Huesos, de manera que podemos decir que por ahí empezaron a cambiar los neandertales, y que la expansión y el alargamiento del cerebro vino más tarde. Como Atapuerca está en la península ibérica, y no en el Ártico, la hipótesis de que la cara neandertal es una adaptación climática no parece tener mucho sentido. En aquella época en el Ártico no vivía nadie, y la mayor parte de la población humana de Europa habitaba las penínsulas mediterráneas.

Tenemos por lo tanto ya un modelo para la evolución de los neandertales, y es de dos etapas que voy a repetir. Primero cambió la cara, tanto en el adelantamiento de la región de la nariz y de la arcada dental como en la orientación de los laterales de la cara, que ya no miran al frente, sino que se disponen diagonalmente formando la cuña facial.

Así fueron los preneandertales. Los fabricantes de las lanzas de madera de Schöningen, de los que os he hablado aquí con tanta pasión, pertenecían a una población de preneandertales que fabricaban hachas de mano como sus contemporáneos de Atapuerca. No se han encontrado sus restos fósiles, pero coincide a grandes rasgos su cronología. Además, yo creo que ya usaban el fuego cotidianamente unos y otros (aunque carezco de pruebas).

Más adelante en el tiempo, y de una manera bastante rápida, se produjo el crecimiento del cerebro de delante a atrás y de lado a lado de los preneandertales, que se convirtieron en neandertales.

Este modelo de evolución por etapas sucesivas se conoce, ya lo sabéis, como *evolución en mosaico*. Primero se modifica una parte del cuerpo que tiene una determinada función, como el aparato masticador, y luego cambia otra parte del cuerpo que tiene una función diferente, como el cerebro.

Sus contemporáneos africanos, los presapiens, no tenían una cara en forma de cuña. La cara apenas varió. Pero más adelante también su cerebro experimentó una gran expansión, en su mandíbula apareció la barbilla o mentón y se convirtieron en el *Homo sapiens*, nosotros.

El registro fósil de los neandertales españoles ha aumentado enormemente en las últimas décadas. Es impresionante todo lo que se ha encontrado en tantas cavidades. Yo he tenido la suerte de investigar muchos de estos restos, que harían la lista demasiado larga para el propósito de este libro. Pero si queréis ver de cerca cómo era la cara de los neandertales, con todos los rasgos que os he contado, os recomiendo que vayáis a ver uno que no he estudiado yo. Es el esqueleto neandertal de la Cova Foradada, que se exhibe en el Museo de Prehistoria de Valencia. Junto con ese esqueleto podéis ver otros fósiles de la comunidad valenciana en cuyo estudio sí he participado. Guardo un cariño especial por los restos neandertales de Cova Negra, en Xàtiva, porque fueron los primeros fósiles humanos que yo estudié en mi vida. Y luego vinieron más fósiles de Cova

Negra hasta el día de hoy, siempre de la mano del profesor Valentín Villaverde, el arqueólogo que estudia este magnífico yacimiento, que fue casa de los neandertales durante muchos miles de años.

Seguimos con la cuestión de las supuestas adaptaciones de los neandertales a los climas fríos y secos, pero ahora en relación con la forma del cuerpo, que también ha sido interpretada como claramente ártica en esta especie. Como todas las teorías sencillas, esta se ha difundido ampliamente y convertido en un tópico difícil de erradicar. Mis alumnos siempre me ponen en el examen que los neandertales estaban adaptados al frío, por mucho que yo diga en clase que hay muchas razones para ponerlo en duda.

Los neandertales tenían un cuerpo diferente del nuestro también de cuello para abajo. Eran humanos, claro está, y no se parecían en nada a los australopitecos, y mucho menos a los chimpancés y otros grandes simios.

Con esto quiero decir que los reconoceríamos como humanos inmediatamente, es decir, como personas, pero nos sorprenderían su enorme fortaleza física, su gran complexión, su musculatura.

Podemos asimilar la forma del cuerpo humano a la de un cilindro. Imagínate que te metemos dentro de cilindros dejando los brazos fuera, o practicando unos orificios para que salgan. Ese es el cilindro corporal.

Un cilindro tiene tres dimensiones: *altura*, *anchura* de lado a lado y *profundidad* de delante atrás. En cuanto a su altura los neandertales no eran muy altos, pero bastantes individuos masculinos llegarían al metro setenta y hay muchos hombres vivos en el mundo que no llegan a esa altura. Por lo tanto no eran tan bajitos como suele decirse, y mucho menos eran pigmeos. Nunca sabremos cuánto habrían podido llegar a medir si formaran parte de una población europea actual, sin pasar hambre y sin enfermedades durante la infancia, que son las dos causas que limitan el crecimiento, pero yo creo que muchos neandertales del sexo masculino pasarían holgadamente del metro setenta en nuestros días.

Como referencia, cuando empezó el siglo XX la estatura promedio de los varones españoles no sobrepasaba los 165 cm, ni la de las mujeres los 155 cm. Son cifras que conviene recordar cuando se habla de «la corta estatura de los neandertales».

Un cilindro tiene un volumen, y el peso está relacionado con el volumen. Para saber si una persona tiene sobrepeso se calcula lo que se conoce como Índice de Masa Corporal o IMC y consiste en dividir el peso (en kilogramos) por la estatura en metros elevada al cuadrado (en notación matemática: kg/m^2). En internet hay calculadoras para hacer el cociente y ver inmediatamente el resultado. Si la fórmula te da un valor de 25 tienes unos kilos de más, sobrepeso. Si sale más de 30 debes tomarte muy en serio tu estilo de vida porque no es saludable. Demasiadas calorías y poco ejercicio, probablemente.

Los neandertales eran tan corpulentos que habría que utilizar valores diferentes para saber si tenían sobrepeso, porque un IMC saludable para un neandertal sería un valor superior al nuestro con toda seguridad.

Por ejemplo, un hombre que mida 1,70 metros y pese 80 kilos tendrá un valor del IMC de 28, aproximadamente, que es una cifra preocupante, pero un neandertal con ese índice habría estado en bastante buena forma. Esto se debe a que la constitución de los neandertales era diferente a la nuestra, con un cilindro corporal más ancho y más profundo.

La piel es la envoltura del cuerpo, como todos sabemos, y su capa externa o epidermis está en contacto directo con el aire en un mono desnudo como somos nosotros. En los animales que tienen pelo no es así, pero nosotros lo hemos perdido. Para ser más exactos habría que decir que nuestros pelos son más finos que los de los grandes simios y no nos aíslan del exterior.

Por otro lado, resulta que cuanto más ancho y profundo sea un cilindro corporal, porque la altura del cilindro no cuenta, menor es la relación entre la superficie y el interior del cilindro, que en nuestra especie es lo mismo que decir entre la piel y lo que hay por debajo de la piel.

Se pierde calor a través de la piel, y se pierde menos calor en un cuerpo voluminoso que en uno delgado, porque hay menos piel en relación con el volumen del cuerpo. El calor se les escapa a los que tienen un cuerpo fino, un cilindro corporal estrecho, mientras que los corpulentos se asan a poco que hagan ejercicio. ¿Verdad que os habéis dado cuenta? Es una ley física.

Por eso las poblaciones africanas del Sahel nos sorprenden por sus cuerpos de pasarela. Están muy delgados, *quieren* perder calor. Calor es lo que sobra en el ecuador. Los pueblos del norte, por el contrario, *quieren* retener calor. Lo que hay en abundancia donde ellos viven es frío.

Por lo mismo, un cuerpo como el de los neandertales es muy apropiado para retener calor, y se ha pensado que se trata de una adaptación a las glaciaciones. Parece lógico, pero no siempre las cosas son lo que parecen.

Nosotros, en Atapuerca, defendemos que los neandertales eran anchos simplemente porque su cuerpo era muy fuerte. Lo necesitaban para llevar una vida como la de los lanceros de Schöningen. Aquellos preneandertales que cazaban caballos y otros grandes y poderosos herbívoros emboscándolos, y los mataban casi cuerpo a cuerpo.

Los individuos de la Sima de los Huesos son también anchos de cuerpo como los neandertales, aunque parecen un poco más altos. La pregunta es cómo eran los presapiens. Nosotros pensamos que también eran anchos, como el *Homo erectus*, y que el *Homo sapiens* ha sido el único hominino de la historia con cuerpo estrecho.

En el caso de los neandertales se añade un factor a la anchura y profundidad del cilindro corporal, y es el acortamiento (pequeño, pero apreciable) de los *segmentos distales* de las extremidades (los más alejados). Dicho de una manera más sencilla, de los antebrazos (radio y cúbito) y sobre todo de las piernas (tibia y peroné).

Resulta que la longitud de los miembros está muy correlacionada en la especie humana con la latitud, de forma que son largos cerca del ecuador y se van acortando conforme se asciende hacia el polo norte. Los inuit tienen un cuerpo compacto, con el tronco proporcionalmente largo. O dicho de otro modo, con las piernas y los brazos relativamente cortos.

No hay que pensar por ello que los inuit sean unos pigmeos, ni mucho menos. A principios del siglo XX el promedio masculino entre los inuit de Groenlandia (calculado sobre una muestra muy amplia) estaba en 162 cm y el femenino, en 152 cm, cifras no muy diferentes de las de la población española de aquel entonces. Y a pesar de las *proporciones árticas* que se les suponen, no eran en absoluto raros los varones de más de 170 cm en algunas comunidades inuit. Por poner un ejemplo de la prehistoria del que ya os he hablado, Ötzi, el Hombre del Hielo del Tirol, medía 160 cm, y como no tenía nada de grasa corporal extra pesaría unos cincuenta kilos. Los neandertales masculinos eran, por lo general, más altos y mucho más pesados que Ötzi.

Las proporciones de los neandertales podrían interpretarse en términos de adaptación a los climas árticos, porque desde luego son útiles en ese sentido, como lo es tener un tronco ancho y profundo, pero yo creo que no fue esa la causa del acortamiento, sino una vez más la fortaleza física. En otras palabras, unas piernas cortas hacen que el centro de gravedad descienda, algo que siempre favorece a un luchador.

Por otro lado, el músculo bíceps braquial hace girar la articulación del codo como una palanca de tercer grado. Eso quiere decir que la inserción del músculo está en el antebrazo, por delante del codo. Dobla ahora el codo (como para *sacar bola*) y lo entenderás. Para explicar estos conceptos biomecánicos de una manera simplificada diré que si el antebrazo es largo se favorece la velocidad del movimiento de la mano hacia arriba. Pero si el antebrazo es corto se favorece la fuerza con la que actúa el músculo. Su ventaja biomecánica. Un antebrazo corto es mejor levantando un peso. En resumen, favorece biomecánicamente a un luchador forzudo.

Por tanto, los acortamientos de antebrazos y piernas en los neandertales pudieron ser primeramente adaptaciones para la fuerza, como la anchura del tronco. Y secundariamente, allí donde hiciera frío, también para la termorregulación. Pero solo en climas árticos, no en el litoral mediterráneo. Con todo, yo preferiría un buen abrigo de pieles, como los que seguramente llevaban los neandertales. Y una buena fogata por las noches.

Una imagen vale en ocasiones mucho más que un largo texto para explicar una teoría, y ahora me estoy refiriendo a una foto publicada por David R. Carrier de un *pit bull* y un galgo juntos. Este autor quería demostrar que los australopitecos estaban mejor diseñados para la lucha que los miembros de nuestra especie. Lucy, sin ir más lejos, tenía una anchura de la pelvis (tanto por fuera como en el canal del parto) similar al promedio de una mujer moderna, pero solo medía un metro de estatura.

Pero mejor que irme hasta los australopitecos yo prefiero comparar a nuestra especie con los neandertales, que están más cerca evolutivamente y en el tiempo. Ellos, los neandertales, serían los *pit bulls*, más anchos y más bajos, con los extremos distales de las patas más cortos y más musculados, y nosotros, los humanos modernos, seríamos los galgos, con las extremidades más largas y el cuerpo menos musculado. Nuestra especie estaría por lo tanto mejor adaptada a la carrera (como los galgos) y los neandertales, a la lucha (como los *pit bulls*).

Dejadme que me detenga ahora un poco en una falacia que me parece importante cuando se piensa en la evolución humana, y que puede dar pie a interpretaciones erróneas y a veces malintencionadas. Para sostener que los neandertales estaban adaptados al frío se recurre siempre a la regla termoecológica de Bergmann, que probaría la teoría. Os la acabo de explicar: una especie de cuerpo compacto está adaptada a un clima frío; una especie de cuerpo esbelto, a un clima tropical.

Así es como se cuenta, pero eso no es lo que pensaba Carl Bergmann, porque lo que de verdad decía (en 1847) es que en una especie *politípica*, es decir, en una que está dividida en subespecies o variedades geográficas muy marcadas (cuasi especies), las que viven en latitudes altas tienen cuerpos más grandes que las que viven cerca del ecuador.

Pero hay que recordar que esa regla se aplica solo *dentro* de la misma especie, y no *entre* diferentes especies. No se formuló para comparar ciervos con bueyes almizcleros, sino ciervos del sur con ciervos del norte. Y este matiz me parece importante.

Los neandertales no pueden de ninguna manera considerarse una población de nuestra propia especie como los aborígenes australianos, los san, los masái, los polinesios o los inuit.

Lo que quiero decir es que no es cierto que los inuit (mal llamados esquimales) y los saami (mal llamados lapones) se parezcan a los neandertales y los dinka del Nilo (Sudán del Sur) a los *Homo erectus*. Los cambios biogeográficos que se producen dentro de los límites de una especie no se pueden extender a la comparación entre especies.

Y ahora vais a entender por qué no me gusta que se compare a las personas con otras especies. El promedio de capacidad craneal de nuestra especie es superior al del *Homo erectus*, y al de los chimpancés y cualquier otra especie viviente de primate. El cociente de encefalización (que relaciona el cerebro con el cuerpo) también. En lo que se refiere a encefalización no nos gana ningún animal. Todos estamos de acuerdo en que somos más inteligentes que el *Homo erectus* y que los chimpancés, pero eso no quiere decir que las personas de cerebro grande que viven en la actualidad sean más inteligentes que las de cerebro pequeño.

La moraleja es esta: no es científico, ni conveniente, comparar las diferencias entre individuos de nuestra propia especie con las diferencias que tenemos con las otras especies.

Como las palabras se las lleva el viento no ha quedado registrada ninguna de las que se pronunciaron en la prehistoria. Solo se han grabado para siempre las de la historia, precisamente porque lo que define a este último periodo de la humanidad es que las palabras se escriben, y de este modo podemos seguir *escuchando*, casi tres mil años después, al bardo Homero, el ciego que iba contando en versos la *Ilíada* y la *Odisea*. Y otros viejos textos sagrados contienen la palabra de Dios, nada menos, o de los dioses.

A pesar de que no tenemos testimonios escritos nadie pone en duda que hablaban los humanos que pintaron los bisontes de Altamira en Cantabria, o los de Chauvet en Francia, porque no se concibe el gran arte sin lenguaje, pero ¿hablaba el *Homo erectus*? ¿Y el *Homo antecessor*? ¿Y los neandertales? ¿Y los preneandertales de la Sima de los Huesos? ¿Y los presapiens? E, incluso, ¿hablaban los primeros *Homo sapiens*? Porque algunos autores piensan que la mente simbólica no apareció *con* el *Homo sapiens*, sino *en* el *Homo sapiens*. Es decir, que en algún momento posterior a la aparición de nuestra especie se produjo lo que llaman una «mutación neuronal», quizás un pequeño cambio genético que dio lugar, en poco tiempo, al cerebro lingüístico. Los primeros *Homo sapiens*, según esa teoría, aún no tendrían un lenguaje propiamente humano.

Hay que empezar por explicar lo que se entiende por lenguaje, que no es lo mismo que comunicación. Los chimpancés se comunican, como todos los animales, pero que sepamos no hablan. Leo hoy que acaba de morir en Japón a la edad de cuarenta y nueve años la chimpancé Ai, considerada un *genio* de los chimpancés porque reconocía más de cien caracteres japoneses, los números que van del 0 al 9, y también once colores. Era sin duda muy inteligente, pero no creo que se pueda decir de ella que tenía un cerebro lingüístico parecido al nuestro. Salvo que se demuestre lo contrario, como decimos siempre, porque no hace mucho se ha publicado un artículo interesantísimo que tiene que ver con el lenguaje de los animales.

Todos estamos de acuerdo en que, se defina como se defina el lenguaje, si una persona tiene nombre es que tiene lenguaje. *Nombre propio*. Estas dos palabras lo dicen todo. El nombre de uno, propiedad privada. Ya sé que los perros responden a su nombre, al apelativo que les hemos puesto, pero es que nosotros los humanos hemos creado a los perros a imagen nuestra. Los lobos no tienen nombres propios que usen entre ellos, que sepamos.

Sin embargo, según el trabajo al que me refiero, los elefantes parecen tener algo similar a un nombre, porque los demás miembros del grupo utilizan el mismo sonido para llamar la atención de un individuo concreto, el cual responde a esa señal acústica y no a las de otros (los elefantes barritan, así que supongo que el nombre propio es un *barrito*). Los científicos reprodujeron con altavoces esos apelativos en el lenguaje de los elefantes y los individuos respondían cada uno al suyo. Un gran experimento, ¿pero quién les pone el nombre (el *barrito*)? Tal vez su madre.

Y algo muy especial se encuentra en cetáceos como los delfines mulares, que parecen tener una especie de firma acústica que emiten antes de empezar a comunicarse, como para decir «soy yo». A mí me recuerda a cuando usábamos un *walkie-talkie*.

Los delfines y sus parientes, junto con los grandes simios, son también los mamíferos con sociedades más complejas, lo que parece sugerir que la complejidad social tiene que ver con la inteligencia, como si el cerebro fuera un órgano que procesa sobre todo información social. En un animal social el grupo es su *medioambiente*. Y es en el grupo donde se desarrolla su vida.

Las ballenas jorobadas, por poner otro ejemplo de cetáceo, emiten cantos muy elaborados, pero no sabemos si tienen un lenguaje con sintaxis y vocabulario porque no entendemos esos cantos. A ver si la inteligencia artificial nos echa una mano y podemos llegar a dialogar con los animales.

Al margen de los mamíferos, los loros y papagayos también podrían tener algo más o menos semejante a un lenguaje, y por qué no los cuervos. Son animales muy inteligentes, tanto como los mamíferos más listos.

El origen del lenguaje humano se ha querido investigar en el aparato fonador, que es el órgano emisor del sonido. Se ha intentado reconstruir la faringe de las especies fósiles, porque en la especie humana la faringe es larga para poder modular el sonido y producir las palabras junto con la cavidad oral (la boca), la cavidad nasal, la lengua y los labios. Todo eso es el aparato fonador, además de la laringe, claro está. Pero la faringe está hecha de tejido blando y no se conserva.

Hay un hueso por debajo de la lengua y por encima del cartílago tiroides que se llama hueso hioides y que es muy diferente en los chimpancés y en los seres humanos. Este hueso no se articula con ningún otro hueso pero lo mantienen en su sitio, y lo mueven durante el habla y la deglución, una serie de músculos y ligamentos.

El hueso hioides solo se ha conservado en un australopiteco (*Australopithecus afarensis*) de la región de Afar en Etiopía (una cría de tres años apodada Selam), en un fósil de la Sima de los Huesos y en dos neandertales (de las cuevas de Kebara, en Israel, y El Sidrón, en Asturias). Hay por lo tanto poco registro fósil. El hueso hioides del australopiteco es como el de los chimpancés, mientras que el de la Sima de los Huesos y los dos de los neandertales son casi iguales a los nuestros. No es una prueba concluyente, pero yo diría, con base en el parecido del hueso hioides, que los australopitecos emitían sonidos que se parecen a los de los chimpancés, mientras que los neandertales y sus antepasados se comunicaban por medio de sonidos que nos recordarían a los nuestros y que identificaríamos como humanos si los oyéramos sin poder ver a los que los emiten.

Os he pedido antes que echarais un vistazo a alguna imagen de la base del cráneo que encontréis en internet. Es un esfuerzo pequeño. El prognatismo se mide como la distancia entre los incisivos y el *foramen magnum*, el «agujero magno», y es por lo tanto una medida del alargamiento anterior del cráneo. Se corresponde en los tejidos blandos con la cavidad oral, por debajo del paladar, y la faringe, por detrás del paladar.

En los chimpancés el prognatismo es grande, porque los incisivos están muy adelantados. Por otro lado, la base del cráneo es plana. En nosotros el prognatismo es pequeño, porque los incisivos están retrasados, y la base del cráneo no es plana, sino que está angulada, flexionada, porque el cráneo se ha acortado por delante.

Todo eso sin duda tiene relación con las vocalizaciones que producen los chimpancés y las que producimos nosotros, pero no se pueden deducir directamente a partir del cráneo de un fósil los sonidos que el aparato fonador podría producir.

¿Cómo son los neandertales en cuanto a la anatomía de la base del cráneo? Como no se conserva bien esa región en los fósiles, porque es delicada, hubo que reconstruirla, y algunos autores opinaron que era plana y larga y les recordaba a los chimpancés, lo que los llevaba a la conclusión de que las capacidades lingüísticas de los neandertales eran intermedias entre las de los chimpancés y las nuestras. O por lo menos que los neandertales no podían emitir todos los sonidos del habla humana, lo que los hacía sospechosos de no poseer un lenguaje como el nuestro.

Pero nuevos fósiles de neandertales, y sobre todo los de la Sima de los Huesos, han puesto de manifiesto que la base del cráneo de los neandertales y de sus antepasados no se parecía a la de los chimpancés. Quizás sí era algo diferente de la nuestra, porque el prognatismo era sin duda mayor en los neandertales y preneandertales, pero eso apenas tendría influencia en la capacidad de comunicarse como lo hacemos nosotros, con nuestros sonidos. En resumen, que lo importante es saber si la mente de los neandertales era simbólica.

El hecho de que los neandertales y sus antepasados de la Sima emitieran vocalizaciones esencialmente como las nuestras sugiere una escena de un grupo humano en el que los individuos se dirigen unos a otros, se llaman por su nombre y se cuentan cosas. Unos hablan y otros escuchan. Nadie emite chillidos agudos como los chimpancés, que son útiles para comunicarse a larga distancia en la selva, sino que utilizan las frecuencias de voz que facilitan la comunicación a corta distancia, cara a cara. Las nuestras, esencialmente. También podemos añadir un fuego a la escena. Nada de esto se puede encontrar en un grupo de chimpancés.

En resumen, nos estamos acercando al momento de la evolución humana en el que surgió la consciencia de uno mismo, y quizás también el conocimiento de la muerte como destino inevitable de todo ser vivo, humano o no. La consciencia de la finitud.

Se trata del mayor acontecimiento de la historia de la materia. Primero fue la materia inanimada, luego la materia viva, más tarde la materia sintiente y finalmente la materia consciente de sí misma.

Y con esta, con la materia autoconsciente, empezaron las preguntas, porque los animales (o si lo prefieres, *los otros animales*) no se hacen preguntas, que sepamos. Decía Erich Fromm que «el hombre es el único animal para quien su propia existencia es un problema que tiene que resolver».

Este es el propósito del libro, hacernos preguntas, buscar a las personas que se esfuerzan en contestarlas y ver qué se les ha ocurrido.

Cuando participo en algún coloquio en el que el tono sube de nivel y la discusión se acalora siempre digo lo mismo: «Yo no pretendo tener razón, ni creo que se trate de ver quién tiene razón; me conformo con aportarte unos datos y unos puntos de vista en los que quizás no habías reparado».

Y voy a poner en práctica esta actitud mesurada que quiero hacer mía para hablar de uno de los mayores misterios de la prehistoria, si no el mayor: ¿qué paso en la Sima de los Huesos de Atapuerca?

Lo primero es que os imaginéis el lugar. La Sima de los Huesos se parece a un calcetín, así que me he puesto a buscar en internet cómo se llaman en la industria textil las diferentes partes de la *anatomía* de un calcetín (de los altos, tipo media de montaña), y he visto que son las mismas que las de la anatomía humana. Hay un antepié, un empeine, un arco plantar, un talón, un tobillo, y una *pernera*, que es como se llama, al parecer, a la parte vertical, *ascendente*, del calcetín, la que cubre la parte baja de la pantorrilla y de la tibia. La pernera, o como se llame, equivaldría a la sima propiamente dicha, al pie de la cual se encuentra el yacimiento, o sea, los huesos (todo junto, sima y huesos, hace la Sima de los Huesos).

Ya os he contado que en este yacimiento solo hay dos clases de huesos: humanos y de carnívoros. Estos últimos son mayoritariamente osos. No hay hienas, ni tampoco herbívoros de ninguna clase. Está claro que todos ellos cayeron por la sima abajo, y sus cuerpos se descompusieron en lo que sería el talón del calcetín.

Ahora os pediría que levantarais el talón del suelo, apoyando solo el antepié, porque la Sima de los Huesos tiene una rampa de bajada. Como os decía antes los cadáveres de los humanos y de los osos (y los de los demás carnívoros) se amontonaron al pie de la sima por donde habían caído, formando un cono de huesos unos encima de otros. Como el ambiente de una cueva es húmedo y arcilloso por el constante goteo de agua, ese cono estaba muy embarrado. En las cuevas siempre hay barro por todas partes y por eso los espeleólogos llevan un mono impermeable.

Los conos hechos de huesos, bloques de piedra caídos de las paredes y de los techos y barro son muy inestables, sobre todo si se apoyan en una superficie inclinada, una rampa, de manera que de cuando en cuando se deslizaban como coladas de huesos, bloques y barro hasta llegar al *antepié*, la parte horizontal de la Sima de los Huesos. Hay fósiles humanos y de carnívoros desde la base de la sima hasta el final del *calcetín* (el *antepié*), pero la mayoría están al fondo, en la parte horizontal.

La estratigrafía de la Sima de los Huesos se compone de muchos niveles, pero los inferiores no tienen fósiles. Hay margas blancas procedentes del exterior abajo del todo, y luego, en un nivel superior, arenas depositadas por una corriente de agua subterránea. Sobre las margas y las arenas se formaron suelos estalagmíticos (*costras*) que se han podido datar y nos llevan muy atrás en el tiempo, hace más de medio millón de años. En ese tiempo no se podía entrar por ninguna parte en el sector de la Cueva Mayor donde se enclava la Sima de los Huesos, y por eso no hay fósiles. Luego se abrió al exterior, no sabemos por dónde exactamente, por fisuras del techo de la cueva lo más seguro, y entraron sedimentos más modernos, que llamamos *brechas rojas*, hace 430.000 años. Desde entonces no ha penetrado un solo rayo de luz.

Encontrar osos de las cavernas (o sus antepasados en este caso) en el interior de una cueva no es extraordinario, como os he contado, porque se metían en ellas para hibernar. Que cayeran por la sima en la oscuridad tampoco es sorprendente, y se conocen otros muchos casos de grandes depósitos de huesos de osos de las cavernas al pie de simas en el interior de cuevas, unas simas que habrían funcionado como trampas naturales. Lo que no tiene paralelo es la acumulación de cuerpos humanos. Porque, o entraron hace 430.000 años, cuando lo hicieron las *brechas rojas*, o, si lo hicieron más tarde, como pienso yo que ocurrió, tuvieron que recorrer un largo camino desde la entrada de la cueva en la más absoluta oscuridad.

La Sima de los Huesos se encuentra en un extremo de una cámara muy grande, tanto que se llama Sala de los Cíclopes. Por supuesto que hemos excavado en esta sala y en sus divertículos buscando indicios de presencia humana, pero solo hemos encontrado huesos, en abundancia, de osos muertos durante la hibernación. Estos osos, por cierto, son de la misma especie que los de la Sima de los Huesos (*Ursus deningeri*). Ninguna pista acerca de cómo llegaron los preneandertales al lugar en el que yacen desde entonces.

En el centro de la Sala de los Cíclopes, que es también su punto más bajo porque el suelo de esta gran cámara forma un embudo de paredes muy inclinadas, es donde se ha profundizado más y hemos encontrado una estratigrafía que se parece mucho, en lo esencial, a la de la Sima de los Huesos: abajo del todo margas blancas; por encima de estas margas, arenas transportadas por una corriente de agua; costras calcáreas sobre las arenas y, finalmente, fósiles de osos. Faltan solo los humanos.

Los fósiles humanos se encuentran en el nivel inferior de la masa de fósiles de la Sima de los Huesos. Debieron de ser los primeros cuerpos que cayeron, o de los primeros. Luego se acumularon cientos de osos encima de los humanos durante miles y miles de años. Así que podemos hablar de un *evento humano*, porque *evento* es la palabra que se utiliza en geología para procesos de corta duración, que se consideran instantáneos en tiempo geológico.

Ese *evento humano* no tiene aspecto de accidente, como en el caso de los osos que caían en la trampa natural de la sima, sino que parece una acumulación antrópica, resultado de un comportamiento mortuorio o funerario. Es decir, dejaron caer los cadáveres por la sima. Junto con los huesos humanos se encontró, por cierto, un bello bifaz achelense, el único utensilio de piedra del yacimiento.

Cuando propusimos que la acumulación de restos humanos era deliberada muchos colegas se resistían a admitir que una especie fósil diferente de la nuestra fuera capaz de tener una mente simbólica, a pesar de que algunos individuos de la Sima de los Huesos poseían cerebros más grandes que muchos de los humanos que pueblan hoy la Tierra. Ni siquiera se reconocía a los neandertales (sus descendientes) la capacidad de comunicarse con sus semejantes por medio de un lenguaje articulado, como os he explicado antes.

Hoy en día todo ha cambiado. Las pruebas se acumulan a favor de la mente simbólica de los neandertales, de los que ahora nadie duda de que enterraban a sus muertos, con o sin ceremonia. Y esa nueva imagen de los neandertales se puede extender también a sus inmediatos antepasados, los preneandertales, que ya dominaban el fuego y sabían cómo producirlo con pirita, pedernal y yesca. En realidad, no había más que mirar de cerca, sosteniéndola en la mano, una de sus hachas, tallada por las dos caras, tan simétrica, tan perfecta. Tan bella.

UN CUERPO HECHO DE CONFLICTOS

¿Por qué correr al hospital, con la máxima urgencia, si estamos sanos? Esta es una anomalía que necesita ser explicada. La especie humana no deja nunca de sorprendernos. Realmente somos unas criaturas muy extrañas.

Normalmente vamos al hospital cuando estamos enfermos. Es decir, cuando nos sentimos mal. Entonces le contamos nuestro problema a un médico, que quizás nos envíe a un especialista, que nos hará pruebas para averiguar qué nos sucede.

El cuerpo está cerrado por la piel, y tiene unos pocos orificios para acceder a su interior. No vemos lo que pasa dentro, en las entrañas. Pero a través de la piel se pueden palpar huesos, músculos y tendones, ligamentos, nervios, vasos y órganos, y desde los orígenes de la medicina occidental, en la Antigüedad griega, la exploración manual, por medio de la palpación, ha permitido investigar el interior del cuerpo.

Además, tradicionalmente la auscultación proporcionaba información muy importante sobre el funcionamiento del corazón y los pulmones, unos órganos encerrados en una jaula hecha de costillas, la caja torácica. En mi infancia, cuando me llevaban al médico, el doctor me tomaba el pulso, me exploraba manualmente y me auscultaba con el fonendoscopio.

Sin embargo, desde el descubrimiento de los rayos X el cuerpo se ha hecho trasparente, y esa accesibilidad a los órganos internos ha mejorado enormemente con la ecografía, la radiografía, el TAC y la resonancia magnética. A través de la endoscopia podemos además penetrar por los orificios naturales del cuerpo, o por incisiones muy pequeñas, y ver cómo están las cosas ahí dentro de una manera mínimamente invasiva.

En ocasiones se hace necesaria una invasión mayor del cuerpo, y entonces te llevan al quirófano y te abren para reparar cosas, implantarte prótesis o trasplantarte órganos.

El adelanto de la biología molecular hace que nos prescriban análisis de sangre y de orina para ver la causa de nuestros padecimientos o prevenirlos. Y podríamos seguir mucho rato repasando los avances de la medicina moderna. Gracias a ellos ahora vivimos *en promedio* muchos más años que en la prehistoria, y con mejor calidad de vida.

Insisto en lo del promedio, porque eso *no quiere decir* que «a los cuarenta años eran viejos» como se oye a menudo. Llegaba menos gente que hoy a esa edad, pero estaban como toros.

Como la mortalidad infantil se ha reducido muchísimo, la esperanza de vida *al nacimiento* ha crecido una enormidad en un siglo. Eso *quiere decir* que un recién nacido español *espera* vivir más de ochenta años, porque la edad media de muerte en nuestro país supera esa cifra, lo que *no quiere decir* que no se muera nadie antes; pero esas bajas, vamos a decir *prematuras*, se compensan con los que llegan a los noventa o más años.

En resumen acudimos al hospital cuando nos sentimos enfermos para averiguar qué nos pasa o para hacernos un chequeo y ver cómo estamos de salud.

Pero hay una situación en la que también vamos al médico sin estar enfermos, o sea, sin padecer una patología. Bueno, no nos pasa a todos, solo a las mujeres embarazadas, porque modernamente la mayoría de los partos se realizan en los hospitales. No ha sido siempre así, antes se daba a luz en casa, pero ahora los partos son generalmente hospitalarios.

O sea, que hay una función biológica, que no existe solo en los seres humanos, sino en todas las especies de mamíferos, y me refiero al parto, que es extremadamente dolorosa en las mujeres y requiere asistencia médica. En ocasiones un parto puede producir la muerte de la madre y del feto también. Se calcula que la frecuencia de muerte entre las parturientas (antes de que existiera la medicina) rondaría el 1,5 %. De estos fallecimientos aproximadamente la tercera parte se producirían por conflicto cefalopélvico, es decir, incompatibilidad entre la cabeza del feto y el canal del parto (*parto detenido*). Una barbaridad, sobre todo si se tiene en cuenta que las mujeres tenían muchos partos.

¿Por qué algo tan común en la naturaleza como parir es tan doloroso y preocupante? Nadie considera que dar a luz sea una enfermedad, ni que el parto sea una patología, y sin embargo acudimos a la clínica de maternidad. Esto requiere, exige, una explicación.

La que da la Biblia ya la conocemos, se trata de un castigo divino, de una maldición por haber Eva incitado a Adán a comer el fruto del árbol de la ciencia del bien y del mal. Desde entonces las hijas de Eva paren con dolor y los hijos de Adán se ganan el pan con el sudor de su frente. Las maldiciones bíblicas, hay que reconocerlo, no han sido nunca equitativas, porque además de parir con dolor las mujeres siempre se han ganado el pan con el sudor de su frente.

Pero recurramos al árbol de la ciencia para buscar una respuesta diferente a la pregunta de por qué el parto es doloroso.

Lo primero que hay que saber es si los humanos somos la única especie que pare con dolor, no vaya a ser que hubiera otras especies en el jardín del paraíso con el mismo problema a pesar de no haber desobedecido ninguna prohibición divina.

Si nos ocupamos de los mamíferos lo primero que vemos es que hay especies que solo tienen una cría y otras que tienen muchas crías. O sea, hay especies en las que se apuesta todo a una sola carta en la que se pone toda la energía, toda la carne en el asador, podríamos decir.

Y otras especies que juegan a muchas cartas. Ya dijimos en su momento, y espero que os acordéis, que estas dos estrategias reproductivas tienen nombres diferentes en ecología: estrategia de la K, consistente en tener una o dos crías, y estrategia de la r, que es la de tener muchas.

Cuando solo hay una cría esta nace muy desarrollada, como es lógico. Con los ojos abiertos y capaz de escapar de un peligro. Las crías de partos múltiples, por el contrario, nacen con los ojos cerrados y completamente desvalidas. O sea, una cría recién nacida puede ser precoz o retrasada. Al estado de gran inmadurez del neonato se lo llama técnicamente *altricialidad*.

Las especies de mamíferos han adoptado una u otra estrategia dependiendo de su ecología, es decir, de su nicho, de su lugar en la trama de la vida, en la red trófica del ecosistema, de su manera de ganarse la vida.

Entre los *lagomorfos* encontramos las dos estrategias claramente diferenciadas. Los conejos paren muchas crías y las liebres, solo dos. ¿Por qué esa gran diferencia en especies tan cercanas y tan parecidas y que además comen prácticamente lo mismo: hierba?

La explicación es que los conejos excavan galerías subterráneas, verdaderas ciudades, donde se resguardan los gazapos, que nacen muy poco desarrollados. Son *altriciales* (retrasados, inmaduros, desvalidos). Estas conejeras se llaman vivares. De este modo las conejas se reproducen exponencialmente, y si no hubiera depredadores se convertirían en una plaga por su tremenda fecundidad.

Eso fue exactamente lo que ocurrió cuando se introdujeron los conejos en Australia, y lo mismo pasa en los taludes de las autopistas y de los trenes de alta velocidad, que están protegidos de los depredadores animales y humanos por mallas infranqueables.

Pero los conejos dependen de terrenos blandos, arenosos, donde se puedan excavar los vivares, y por eso los suelos *rocosos* o arcillosos *no crían* conejos.

En cambio las liebres no excavan vivares para esconderse, sino que por las noches se encaman, o sea, duermen, en un hoyo en el suelo, mucho más expuestas a los ataques de los depredadores. Pero las liebres son muy rápidas y salen disparadas en cuanto se acercan sus enemigos.

Las liebres tienen dos lebratos, que nacen con los ojos bien abiertos y preparados para correr casi inmediatamente. Son precoces.

En las praderas y sabanas africanas las cebras y los antílopes, los búfalos y demás ungulados paren una sola cría, que también es precoz. En cambio los leones, las hienas, licaones, leopardos, guepardos y demás carnívoros tienen camadas de muchas crías que nacen indefensas, *altriciales*. La razón es que a un potro de cebra o a un ternero de búfalo se lo puede comer un león, pero a una cría de león no se la comerá nunca una cebra.

Los partos de las leonas son por lo tanto múltiples y fáciles, mientras que los de las cebras y demás ungulados son únicos y trabajosos, aunque no tanto como los de las mujeres, evidentemente, salvo en el caso de los animales domésticos, como las vacas, que pueden necesitar de la ayuda del veterinario.

Entonces, ¿en qué categoría se encuadran los primates, el orden de mamíferos al que pertenecemos? ¿Y en particular los primates superiores? Solo tienen una cría, por lo general, a veces dos, por lo que ya podemos imaginar que nacen adelantados, precoces. No les queda más remedio, porque tienen que colgarse de su madre y no pueden caerse. Los primates viven en los árboles y las madres necesitan las cuatro extremidades para trepar.

Por lo tanto el parto de los primates no es fácil, ya que el bebé es grande. Hay además una dificultad añadida que los ñúes de la sabana africana no tienen, y es que los primates superiores están muy encefalizados. Teilhard de Chardin decía que los primates son cerebro-manuales. Me gusta esa definición para nuestro grupo zoológico.

El cerebro de los primates superiores es más grande que el de la mayoría de los mamíferos. En consecuencia también lo es la cabeza. Los primates superiores son *cabezones* comparados con otros mamíferos, algo que por otro lado salta a la vista.

El resultado es que el parto de los primates superiores es un parto por lo general ajustado, aunque no parece que se produzcan muertes.

En la especie humana la situación se complica todavía más porque nosotros somos los más cerebralizados de todos los mamíferos, sin excepción. Eso hace que la cabeza del feto a término sea la mayor de todos los primates. El cerebro de un recién nacido humano es del tamaño del cerebro de un chimpancé adulto, o incluso mayor. Impresionante, ¿no? Lo repito. Un niño tiene en promedio un encéfalo de 450 cc, una cifra a la que no llegan la mayoría de los chimpancés adultos. A mí me asombra esta cifra.

Pero además de estas dificultades resulta que la anatomía de la cadera humana no facilita en absoluto el parto. Por el contrario, lo dificulta enormemente. Me estoy refiriendo al interior de la pelvis, la cavidad pélvica, que en las mujeres constituye la pared ósea del canal del parto. Por ahí tiene que pasar el feto a término, y no es fácil ese tránsito en la especie *Homo sapiens*. La razón es, en pocas palabras, que el canal del parto humano no es un cilindro, no es un tubo de sección constante y circular como en los demás primates. Lo veremos con detalle, pero el resultado es que la cabeza del feto tiene que flexionarse, rotar y extenderse. Tres movimientos muy forzados. Y luego tienen que pasar los hombros.

El canal del parto no es fácil de palpar porque es una cavidad interna, pero podemos hacernos una idea con una pequeña descripción de la entrada y la salida.

Es fácil palpar el borde superior de la cadera, y os animo a que lo recorráis con el dedo. Se llama cresta ilíaca y veréis que no está cerrada por delante, sino que termina en unas prominencias, unos salientes (unos *picos*, hablando pronto y mal), que llamamos espinas ilíacas anterosuperiores (anteriores y superiores). Si lo pensáis un momento el nombre es una buena descripción del lugar que ocupan.

Pues bien, la cresta ilíaca, ese borde que habéis recorrido con los dedos, no es la entrada del canal de parto, que está situada más abajo, a la altura del pubis y del borde superior del sacro. El pubis sabéis donde está, y el sacro también. Lo que queda por encima del pubis y del sacro, las alas ilíacas, es lo que se conoce en anatomía como *pelvis mayor* o *pelvis falsa*, y no tiene relación directa con el parto, aunque sí, y mucha, con la locomoción bípeda.

Era la región de la pelvis que se parece más a la nuestra en Ardi según la interpretación de sus descubridores, ¿os acordáis?

La región de la pelvis que guarda relación con el parto es la inferior, se llama *pelvis verdadera* o *pelvis menor* y esa es la que nos interesa ahora. En Ardi se parece a la de los chimpancés, porque la pelvis de Ardi, según ha sido reconstruida, es contradictoria.

En los australopitecos, en cambio, tanto la pelvis mayor (o pelvis falsa) como la pelvis menor (o pelvis verdadera) son las propias de un bípedo pleno y se parecen a las nuestras (hay algunas diferencias, claro, pero se quedan para los especialistas).

El hueso sacro es una parte de la columna vertebral y está formada por cinco vértebras soldadas. Se articula por arriba con la quinta vértebra lumbar y por debajo con el cóccix (o coxis), vulgarmente la rabadilla. Utilizo las referencias de arriba y abajo suponiendo que estáis de pie o sentados, es decir, con el tronco vertical (posición *ortógrada*, que es la que usamos los humanos siempre, y también los simios cuando están sentados, o trepando por un tronco vertical o colgados de los brazos; la postura cuadrúpeda se llama *pronograda*). Y la quinta vértebra lumbar da muchos problemas de dolores a las personas, así que mucha gente la conoce por experiencia.

La salida de la pelvis es un rombo que se puede palpar en sus cuatro ángulos o vértices. El de delante es el pubis y el de detrás es el cóccix. Si ahora os sentáis sobre las palmas de las manos notaréis dos salientes de hueso, uno a cada lado. Se llaman tuberosidades isquiáticas y ya os he hablado, y mucho, de ellas a propósito de la pelvis de Ardi y de su locomoción. Es más, recordaréis que ya os hice entonces sentaros sobre las palmas de las manos. Ahí es donde se originan los tres músculos isquiotibiales.

Volviendo al tema del parto, esas dos tuberosidades isquiáticas son los ángulos laterales del rombo de salida de la pelvis. El pubis y el cóccix están más altos que las tuberosidades isquiáticas, como también podréis comprobar, si estáis todavía sentados sobre las palmas de las manos.

Pues bien, este rombo de salida de la pelvis se puede dividir en dos triángulos, el anal y el *urogenital*. En el posterior está el ano, y en el anterior, la salida de la vagina en la vulva. Los niños al nacer emergen por el triángulo anterior o urogenital.

Ya tenemos por lo tanto situadas la entrada y la salida del canal óseo del parto. Pero en un plano intermedio existen dos obstáculos que tiene que sortear el feto a término para nacer. Se trata de dos proyecciones óseas (más o menos con forma de triángulo) que se llaman espinas isquiáticas (o espinas ciáticas) y forman el punto más estrecho de todo el canal del parto. Podríamos preguntarnos por qué no han desaparecido tan molestas espinas, y la razón es que en ellas se insertan unos ligamentos muy importantes para la estabilidad de la pelvis.

El resultado es que los diámetros máximos de los tres planos del canal del parto no coinciden en su orientación y eso hace que el feto tenga que rotar dentro del canal del parto para acomodarse a esos diámetros máximos. A la entrada del canal del parto el diámetro máximo puede ser el diagonal o también el transversal (el que va de lado a lado), pero en el plano medio el diámetro máximo es el que va de delante a atrás, porque las espinas ciáticas se aproximan mucho la una a la otra.

Por eso la cabeza del feto tiene que rotar: primero entra diagonal o transversalmente en el canal del parto y luego se orienta de delante a atrás (*sagitalmente* es como se dice) para pasar entre las dichosas espinas ciáticas.

Y como la cabeza está dispuesta perpendicularmente a los hombros, primero tiene que girar la cabeza y luego los hombros.

Además de que el canal del parto humano es un conducto retorcido, que obliga a rotar al feto, es un conducto doblado en ángulo recto. Por eso en el parto más frecuente la cabeza del feto tiene que doblarse hacia adelante (flexionarse ventralmente) para entrar en el canal del parto y luego doblarse hacia atrás para salir, realizando entonces una flexión dorsal muy grande o hiperextensión de la cabeza.

Por lo tanto el feto entra en el canal del parto siguiendo una trayectoria y sale siguiendo otra que forma un ángulo recto con la anterior porque la vagina de nuestra especie (y solo de ella) forma un ángulo recto con el eje del abdomen. En el humano el parto es ventral y en los animales es dorsal.

Estas son pues las dificultades del parto humano: la cabeza del feto es muy grande, el canal del parto está acodado y la forma de ingresar el feto en el canal del parto no coincide con la de salir (porque hay rotación).

En nuestros parientes más cercanos, los chimpancés, gorilas y orangutanes, el parto es holgado y la trayectoria, recta. Los grandes simios son eso, grandes monos, y por ello el parto es rápido, ya que el cuerpo ha crecido en la evolución más que la cabeza.

Esos cambios en las proporciones a lo largo de la evolución, o en el desarrollo de un individuo, se llaman en biología *alometrías*. Ya he hablado de una alometría evolutiva con respecto del enanismo insular. Dije que cuando un elefante se hace enano en una isla no se conserva la proporción entre la cabeza y el cuerpo, sino que la cabeza se reduce menos que el cuerpo. Y por eso había dudas de que el Hombre de Flores viniera del *Homo erectus*, y yo pensaba que tendría que ser en todo caso de un *Homo erectus* primitivo, como el de Dmanisi. ¿Os acordáis?

Lo que quiero decir ahora es que la cabeza del macaco es más grande en relación con su cuerpo y, en particular, con su pelvis que la del chimpancé. Así pues, el parto es más difícil en un macaco que en un chimpancé. Un macaco tiene un parto ajustado, y un gran simio lo tiene facilitado.

En los humanos ha ocurrido al revés, la cabeza ha crecido más que el cuerpo a lo largo de nuestra evolución, y eso que el cuerpo ha crecido mucho desde los australopitecos, lo que se traduce en que somos los únicos grandes simios que tienen dificultades en el parto. En los demás es una operación muy rápida: canal del parto amplio y recto, cabeza del feto pequeña.

¿Desde cuándo el parto de nuestros antepasados es como el nuestro, es decir, desde cuándo el feto tiene que rotar (primero la cabeza y luego los hombros) y flexionar la cabeza hacia adelante y hacia atrás (la flexión dorsal es técnicamente una hiperextensión)?

Hay mucha discusión al respecto. Las pelvis no se conservan bien, para empezar, porque gran parte del hueso es esponjoso. Si toda la pelvis fuera de hueso compacto no podríamos andar con tanto peso. ¿Os imagináis unas caderas de hueso sólido? Pero el hueso esponjoso, hecho de trabécula o trama ósea, con mucho aire y poco hueso, se conserva mucho peor que el hueso sólido.

Una de las pelvis conservadas milagrosamente es la de la famosa Lucy, la pequeña hembra de australopiteco. Sin embargo no es fácil reconstruirla en todos sus detalles y así permitirnos un pronunciamiento inequívoco acerca de cómo era su parto. Suponemos que el feto a término se parecería a uno de chimpancé, así que ya tenemos al bebé, pero los especialistas no nos ponemos de acuerdo acerca de la mecánica del parto en los australopitecos.

Para simplificar, la pregunta es: ¿parto rotacional o parto no rotacional? De lo que sí estamos seguros es de que el parto era ventral y no dorsal como en los cuadrúpedos, incluidos los grandes simios. Eso quiere decir que la vagina formaba un ángulo con el eje del abdomen y que por lo tanto la trayectoria del parto no era recta, sino angulada como la nuestra.

Hay autores (como C. O. Lovejoy) que piensan que el pubis de Lucy estaba en una posición más baja que el nuestro, de donde se deduciría que su parto era menos ventral que el nuestro, más inferior. Pero yo no lo creo. A mí me parece que el pubis de Lucy no estaba situado más bajo que el nuestro y espero demostrarlo con números, que es como los científicos demostramos las cosas.

En Atapuerca se ha encontrado la pelvis más completa de todas, la de la Sima de los Huesos, a la que hemos apodado Elvis, pero creemos que es masculina por su robustez. Sabemos que la pelvis mayor es enorme (fuera de los límites de la especie humana actual) y que el canal del parto es más ancho que el nuestro (sobre todo si se compara con los varones). Y sabemos también que el cerebro del adulto era algo más pequeño que el actual (pero no demasiado, la capacidad craneal de la Sima de los Huesos varía —redondeando— entre 1.100 y 1.400 cc, como ya os dije). Todo esto apunta a que el parto era más holgado que el moderno, pero como no tenemos una pelvis femenina completa aún no podemos asegurar que era un parto rotacional.

De lo que sí estoy seguro es de que el parto de la especie humana actual es el más dificultoso de la evolución humana, porque se unen dos factores que lo complican: el enorme tamaño de la cabeza del feto y la estrechez de la pelvis. En los neandertales el encéfalo de los adultos era en promedio algo superior al nuestro actual, así que el feto tendría una buena cabeza, pero la pelvis era bastante más ancha que las de las mujeres de hoy en día, por lo que yo creo que el parto sería algo más fácil.

También creo, por lo mismo, que las diferencias entre la pelvis masculina y la femenina nunca han sido tan grandes como en el actualidad. Por eso no estoy seguro de que se pueda decir de una pelvis fósil si es de un sexo u otro, salvo que sea muy pequeña, como la de Lucy, o muy robusta, como la de Elvis.

Tenemos un cuerpo lleno de contradicciones, de conflictos, podríamos decir, como sucede con todas las especies, porque las diversas adaptaciones entran en conflicto inevitablemente. Nuestra evolución nos ha hecho cada vez más inteligentes, y al mismo tiempo nuestro cuerpo se ha estrechado para mejorar la locomoción bípeda. Así que se ha llegado a una especie de arreglo, de trato, de solución de compromiso. Nuestro parto es doloroso y peligroso, pero viable.

En otras palabras, podríamos ser más eficientes al andar y en la carrera, pero el parto se complicaría aún más, y podríamos ser menos eficientes (biomecánicamente peores) y tener un parto más fácil, pero no podemos tener las dos cosas a la vez porque la pelvis sufre dos presiones de selección de signo contrario: para tener un canal del parto más ancho y a la vez para tenerlo más estrecho.

Y esa no es nuestra única contradicción. Estamos llenos de ellas. Nosotros y el resto de los animales del planeta. La razón es que no hemos salido de un laboratorio de ingeniería, sino que toda novedad evolutiva es el resultado de la modificación de una estructura corporal que antes cumplía otra función. Y muchas veces las mismas estructuras sirven para funciones diferentes y hasta opuestas, que entran por lo tanto en conflicto, como en el caso de la pelvis femenina.

Desde Darwin se han utilizado las llamadas *imperfecciones* del diseño de los animales como una prueba de que no hemos sido creados por un ingeniero superdotado, sino que somos el resultado de infinidad de pequeños cambios acumulados a lo largo de mucho tiempo, muy poco a poco.

Pero a mí me parece que más que en las imperfecciones del diseño nos podríamos detener en lo maravillosamente que la selección natural ha sabido resolver y superar las contradicciones de nuestro cuerpo llegando a una solución que no es la óptima para ninguna de las funciones en conflicto pero que sirve con eficacia a la supervivencia del individuo. Y de eso se trata, de que viva hasta llegar a adulto y reproducirse, siempre y cuando los hijos sobrevivan luego y se reproduzcan a su vez.

¿QUÉ ES MEJOR, SER RATÓN O SER ELEFANTE?

Los bebés humanos nacen muy desvalidos, mucho más dependientes que los de los chimpancés comunes y bonobos, que siempre son la referencia por ser nuestros parientes más cercanos. ¿Cuál es la razón de nuestro desvalimiento? ¿No somos más listos que los chimpancés? ¿No tenemos el cerebro más grande? Entonces, ¿por qué nacemos más atrasados en lugar de más espabilados?

Hemos aprendido en capítulos anteriores que hay dos estrategias reproductivas. He insistido mucho en este concepto porque me parece esencial para entender la evolución humana, así que volveré a él por última vez, pero relacionándolo con el entorno.

Gastar toda la energía disponible para la reproducción en tener muchas crías resulta muy conveniente en entornos poco predecibles, inestables, en los que lo mismo viene un año bueno y se produce una explosión demográfica con muchísimas crías que salen adelante que viene un año malo y la mortalidad infantil es enorme.

De cuando en cuando, en los años muy favorables, se producen explosiones demográficas de topillos en nuestros campos de cereal, o plagas de langosta en otros lugares (aquí hemos acabado ya con casi todos los insectos a base de pesticidas).

La estrategia contraria, propia de entornos predecibles, poco variables de un año a otro, es invertir toda la energía en una sola cría, que pesa tanto como pesaría una camada numerosa.

Los primates superiores pertenecen al segundo caso, y quizás se deba a que el medio forestal tropical no cambia mucho y es relativamente estable.

En resumen, las crías de los chimpancés son precoces, como las de los gorilas, orangutanes, papiones o macacos. Nosotros los seres humanos tenemos una sola cría por lo general, que nace muy rolliza, más que las de los otros primates, que son flacas como alambres. Por lo tanto un bebé humano debería ser más precoz aún, puesto que se ha invertido en él mucha energía.

Sin embargo está muy indefenso, y así se pasa el primer año de vida. Hasta el final de ese primer año, aproximadamente, no empezamos a andar, a movernos por nosotros mismos con la postura de los adultos (de pie, no gateando o arrastrándonos). Aunque nacemos con los ojos abiertos somos una especie altricial (retrasada) que ha evolucionado a partir de una especie precoz. Somos como los conejos en cuanto al estado de desarrollo, pero nos parecemos a las liebres en el tamaño de la camada. Una contradicción absoluta.

Se atribuye a un antropólogo americano llamado Sherwood L. Washburn la expresión «dilema obstétrico». La idea detrás de este llamativo nombre es que en nuestra especie el cerebro es tan grande que el feto no puede crecer dentro del útero el tiempo que necesitaría para nacer espabilado, precoz como los demás primates, porque en ese caso la cabeza se habría hecho tan grande que no podría pasar por el canal del parto. El feto, simplemente, no podría venir al mundo.

Por ese motivo tiene que ser *expulsado* del útero antes de haber completado su desarrollo fetal, y de ahí que nazca retrasado, altricial.

Contra esta hipótesis del dilema obstétrico se han alzado voces críticas en los últimos años. En realidad, el desarrollo fetal de nuestra especie dura lo que tiene que durar, se dice ahora. Y con razón. Si se pone en relación el tamaño del cuerpo con la duración del embarazo (con una *recta de regresión*, acordaros de cómo se hacía), a un ser humano le corresponde una gestación más o menos como la que tiene, que es en promedio una semana más larga que la de un gorila o un orangután, pero un mes más larga que la de los chimpancés, que son entre los grandes simios los *menos grandes*. Los australopitecos se parecerían, tanto en el tamaño de la cabeza del feto a término como en la duración del periodo de gestación, a los chimpancés y bonobos.

Los gibones, que son los simios más alejados de nosotros, porque fueron los que se separaron antes del tronco común, tienen un tamaño menor (por eso no son *grandes simios*, sino *simios menores*), y en consecuencia la gestación es más corta que la nuestra en dos meses.

Esto es cierto, porque las cifras lo demuestran y no hay forma de cuestionarlo. Como también es cierto, y lo sabe cualquier madre humana, que el embarazo no podría durar mucho más tiempo de los nueve meses. ¿Podemos imaginar a una mujer embarazada de 24 meses viviendo en el Paleolítico? Eso sería imposible para ella.

Pero también para el feto. Al margen de que no podría nacer se haría demasiado grande para ser alimentado a través de la placenta por vía sanguínea.

No, es mejor que salga fuera y que se alimente de leche

materna, rica en nutrientes, aunque nazca en un estado muy dependiente en nuestra especie.

No existe tal dilema obstétrico dicen las voces críticas, el bebé humano nace cuando le corresponde, el tamaño del canal del parto no es la causa de su inmadurez.

Es cierto, pero hay que examinar el problema con detalle y procurar entender mejor el dilema obstétrico. Porque yo creo que existe, pero que no viene de la parte del feto, sino de la madre. Es decir, no es que la cabeza del feto a término haya crecido demasiado, sino que el canal del parto se ha estrechado en nuestra especie. Y por razones de la biomecánica de la locomoción, para hacer la marcha más eficiente.

En el chimpancé y las demás especies de monos el desarrollo *fetal* del cerebro es más rápido que el desarrollo del cerebro *después* del parto, que se produce a un ritmo más pausado. En la gráfica que compara el peso del cerebro (en el eje vertical) con el peso del cuerpo (en el eje horizontal) a lo largo de los meses, la línea de crecimiento del cerebro está más inclinada antes del parto que después del parto, cuando se hace más horizontal.

Pero no es así en nuestro caso. Se ha dicho que el primer año de vida fuera del útero se puede considerar desarrollo fetal porque el cerebro del bebé crece al ritmo fetal (un ritmo acelerado), como si todavía estuviera en la tripa materna. En la gráfica de crecimiento del peso del cerebro respecto del cuerpo la línea continúa inclinada después del parto, en lugar de hacerse más tendida como en los demás primates.

De acuerdo con este dato nuestro desarrollo fetal duraría, al menos en lo que se refiere al crecimiento del cerebro, casi dos años. Nueve meses dentro del útero y doce fuera. Pensándolo bien, tiene lógica. El retraso de nuestros neonatos respecto de los chimpancés se debe a que su cerebro todavía tiene que crecer mucho, un año entero, para llegar al mismo nivel de madurez que un chimpancé recién nacido.

¿Pero por qué digo que nuestros bebés nacen retrasados, si he afirmado antes —cuando hablaba de las dificultades del parto— que el encéfalo de un neonato humano tiene el tamaño (unos 450 gramos) de un encéfalo adulto grande de chimpancé? ¿No deberíamos por lo tanto nacer tan inteligentes como los chimpancés adultos, y tan preparados para la supervivencia como ellos? A igual cerebro, igual inteligencia, ¿no?

La clave está en el porcentaje. El cerebro (en realidad lo que se mide es el encéfalo, pero lo dejo así para que esté todo más claro) del chimpancé recién nacido es más pequeño que el de nuestros bebés, desde luego, pero representa un porcentaje mayor del cerebro del adulto de su especie. Quiero decir que le falta menos recorrido para completar el desarrollo del cerebro y llegar al tamaño del adulto. Por eso está más maduro neuronalmente que el recién nacido humano.

Las cifras no están del todo claras pero el cerebro de un neonato de chimpancé representa un 40-50 % del cerebro del adulto, mientras que el cerebro de un neonato humano es un 20-30 % el del adulto. Es decir, casi la mitad en el chimpancé y la cuarta parte, más o menos, en el humano. El cerebro del niño humano alcanza el 50 % de su tamaño al año de vida, y el 95 % a los diez años.

Lo que hace el cerebro del bebé humano durante el primer año de vida extrauterina es seguir creciendo a ritmo acelerado, a ritmo fetal, para ponerse al nivel de un chimpancé recién nacido.

Los datos de comportamiento no coinciden exactamente con los de crecimiento del cerebro, pero tampoco discrepan demasiado. Por ejemplo, poco antes de cumplir el año de vida fuera del útero se produce en nuestros niños lo que se ha llamado la «revolución de los nueve meses», un cambio radical hacia la madurez.

Los humanos somos, desde luego, una especie extraordinaria en casi todo. ¿Cómo se explica esta anomalía? Todo hace pensar que nuestro antepasado común con los chimpancés tenía crías precoces, y que incluso eran así, precoces, los neonatos de los ardipitecos y de los australopitecos (aunque enseguida haré una matización con respecto a estos últimos).

Hay que imaginárselos delgados, con un tronco y unos miembros sin grasa alguna, con los sentidos bien alerta, cubiertos de pelo y con la capacidad completa de aferrarse al pelo de su madre y sujetarse bien.

Los bebés de los ardipitecos tendrían unos pies con el dedo gordo separado de los otros, y los dedos de las manos y de los pies largos, pero las manos y los pies de los australopitecos serían como los de los niños humanos, porque sus padres eran bípedos completos y tenían una mano y un pie *modernos* (es decir, como los nuestros).

Supongo que los bebés australopitecos se sujetarían peor a sus madres y necesitarían más ayuda, pero a cambio las madres se subirían menos a los árboles.

Luego, en algún momento de la evolución del género *Homo* los bebés empezaron a nacer cada vez más dependientes de sus madres, que los transportaban en brazos. Ya no tenían sus madres que subirse a los árboles con sus hijos colgando, por lo que a las crías les era posible sobrevivir naciendo tan atrasadas.

Entre los primeros representantes de *Homo erectus* están los fósiles de Dmanisi en Georgia, que ya conocéis. Su edad es de casi dos millones de años. Son tan primitivos que fueron considerados al principio una especie intermedia entre *Homo habilis* y *Homo erectus*, llamada *Homo georgicus* (lo que a mí no me parecía una mala idea en absoluto).

Se han encontrado hasta cinco cráneos bien conservados de esta población (o especie, según gustos) georgiana. Uno de ellos (el Cráneo 3, que tiene mandíbula asociada) corresponde a un individuo que según los estudios sobre la formación del esmalte de los dientes murió cerca de los once años y medio. Casi había terminado la formación completa de la dentición con el cierre de las raíces de la tercera muela (la del juicio), que habría tenido lugar en este chico de Dmanisi —si no hubiera muerto— entre los doce y los trece años y medio. Una edad mucho más próxima a la de los chimpancés que a la de la especie humana actual, porque entre los chimpancés la madurez dental completa se alcanza entre los once y los trece años, mientras que en los humanos eso mismo sucede entre los dieciocho y los veintidós.

En los chimpancés empieza la vida fértil de las hembras (quiero decir que se produce el primer estro o periodo de celo) sobre los once años y medio (con un rango entre los ocho y los catorce) en el Parque Nacional del Gombe en Tanzania (los chimpancés que estudió Jane Goodall y que yo conocí *en persona*). El primer parto en esta población se produce a los quince años (con un rango entre los doce y los veintidós).

El pico de fertilidad máxima entre las hembras de chimpancé está en esos quince años, y empieza a declinar sobre los treinta (como en la especie humana, aunque las mujeres tienen su pico de fertilidad más tarde, sobre los veinte-veintiún años).

El intervalo promedio entre nacimientos en los chimpancés está en torno a los 5,5 años para el conjunto de la especie.

Igual que las mujeres, las hembras de chimpancé dejan de tener hijos a los cincuenta años, así que ellas también tienen una menopausia. Aunque es raro que vivan mucho más tiempo, a diferencia de la especie humana, incluso en la prehistoria.

Pero quizás os sorprenda saber que hay algunas hembras de chimpancés que viven, en la naturaleza, más de cincuenta años. Efectivamente esto no es lo habitual, pero se dan casos. Depende de la población de chimpancés y de su tasa de mortalidad, pero al menos en una comunidad hay longevidades sorprendentes. Me refiero a la comunidad de Ngogo (en el Parque Nacional Kibale, Uganda). En un estudio de campo de esta comunidad realizado de 1995 a 2016 se registraron 16 hembras que pasaron de los cincuenta años (es decir, posmenopáusicas, no reproductivas ya).

Más aún, una hembra murió a los sesenta y cuatro años y otra a los sesenta y nueve, y una tercera tenía sesenta y uno cuando se publicó el artículo. He visto fotos de estas hembras y efectivamente parecen ancianas, pero debían de conservar su capacidad para subirse a los árboles.

Hay estudios que apuntan a que ya en los bebés de los australopitecos se mantenía por un periodo de tiempo el acelerado ritmo de desarrollo del cerebro. Es decir, existiría una cierta altricialidad del neonato. Como el cerebro de los australopitecos adultos era algo mayor que el de los chimpancés adultos no me sorprende que sus bebés nacieran ligeramente más retrasados. Pero al ser ya bípedos podrían cargar con sus bebés en brazos, y así los representan los paleoartistas.

Supongo que también sería el caso de la población de Dmanisi, con neonatos algo retrasados, pero a pesar de todo creo que se puede decir que los primeros *Homo erectus* nacían bastante más precoces que los humanos actuales. Y también sin duda más espabilados que los hijos de los neandertales, que como nosotros criarían unos bebés muy tiernecitos, muy ricos y muy necesitados de cuidados desde el primer momento. Y ese dato es importante para entender su vida social.

El desarrollo de los humanos es el más lento de todos los primates, porque la fusión de la mayor parte de los huesos no se completa hasta aproximadamente los veinte años, cuando la de los chimpancés lo hace sobre los doce. No me cansaré de repetir que no existe el *humano promedio* ni el *chimpancé promedio*, pero creo que estas aproximaciones numéricas nos sirven para ver que el desarrollo humano es extraordinariamente largo. Sorprende la paradoja, que habrá que intentar aclarar, de que el intervalo entre nacimientos es más corto en los humanos que en los grandes simios, pese a la inmadurez del recién nacido humano y al prolongado periodo de dependencia.

Esa lentitud en el desarrollo humano tiene que ver con el tamaño del cerebro del adulto, desde luego. Es una regla general para los mamíferos: cuanto más cerebro se tiene, más se tarda en llegar a adulto.

Y eso puede ser un problema, porque lo ideal es completar el desarrollo cuanto antes y empezar a reproducirse. Si el desarrollo se hace más lento y se tarda más en tener hijos aumentan las posibilidades de morirse prematuramente y no dejar descendencia detrás. Y la evolución es una cuestión de la supervivencia de los genes. Los individuos mueren, es inevitable, pero su descendencia los perpetúa, si tienen suerte de engendrar hijos y que estos sobrevivan a su vez y les den nietos.

¿Y qué les importa a los animales —os preguntaréis— que sus genes se trasmitan a la siguiente generación, que *su sangre* siga corriendo aunque sea por otras venas? No les importa nada en absoluto a los animales, me apresuro a contestar, pero los humanos actuales, como tú y como yo, y los ciervos actuales, y los petirrojos actuales, y los percebes actuales, todos, descendemos de aquellos humanos, ciervos, petirrojos y percebes que en el pasado tuvieron hijos, muchos hijos. Y de los que los cuidaron hasta que fueron capaces de valerse por sí mismos y reproducirse a su vez (¡no en el caso de los percebes!). Nadie desciende de unos antepasados que NO tuvieron hijos o que los tuvieron y se les murieron de pequeños porque no supieron criarlos.

¿Lo veis? Como siempre ocurre en la ciencia es un razonamiento contra la intuición y el sentido común. Pensar al revés.

Por ese motivo los animales tienen hijos y los cuidan: han sido seleccionados solo aquellos que dejan descendientes detrás. De los demás no ha quedado nada de nada. Su línea genética murió con ellos. Su *sangre* se ha perdido, no son nuestros antecesores.

Desde «el punto de vista del gen» (adoptemos provisionalmente esa mirada) optar por un desarrollo largo es aumentar el riesgo de no pasar a la siguiente generación. No es el individuo lo que importa, todos hemos de morir antes o después, sino la continuidad del gen. Pero es un riesgo que se pueden permitir algunas especies: las que tienen una mortalidad baja. Ese es el caso de los elefantes, de los cetáceos, de los grandes simios y de los humanos.

En cambio, las especies que tienen una mortalidad alta son todas de ciclo vital corto. Nacen, se desarrollan rápido, tienen muchos hijos pronto y mueren.

No se puede decir, en términos estrictamente biológicos, que una estrategia sea mejor que otra. Hay ratones y hay elefantes, y todos conviven en el mismo planeta. En realidad, como grupo biológico a los roedores les va mejor que a los grandes simios. Hay muchas especies de roedores en el planeta, y muy pocas de grandes simios. O de elefantes, de las que solo hay tres (una en Asia y dos en África).

Es decir, a nivel individual podemos decir que es mejor ser chimpancé y vivir (si se tiene suerte) hasta casi los cincuenta años en libertad (con algunas excepciones de longevidades extraordinarias hasta casi los setenta años), pero a nivel de especie las cuentas son otras. Hay roedores por todas partes.

Un caso interesante es el de los murciélagos, que al ser mamíferos voladores tienen una mortalidad baja, y por eso viven muchos más años que los roedores, aunque su tamaño es similar. Los murciélagos también tienen pocas crías, como los primates.

En todo caso, ni los roedores ni los murciélagos ni los chimpancés se hacen estas preguntas porque la única especie que se hace preguntas de este tipo (*preguntas existenciales*) es la nuestra. Ya lo dijo Erich Fromm.

NIÑOS PRODIGIO

Después de la niñez viene la adolescencia, como todo el mundo sabe muy bien porque es difícil olvidarse de ella. Se sufre, podríamos decir, la adolescencia propia y la de los hijos. Pero ¿qué es eso de la adolescencia? ¿La tienen todas las especies animales? ¿Pasan nuestros animales de compañía, gatos y perros, por la adolescencia?

En los libros de primatología que consultamos los paleontólogos que nos interesamos no solo por los huesos de los muertos, sino también por las vidas de los vivos, cuando se comparan las diferentes épocas de la vida, lo que se conoce como la *historia vital* o *ciclo vital* de una especie, se distinguen las siguientes etapas.

La primera es la gestación (etapas embrionaria y fetal), que por supuesto varía con las especies y es más larga en aproximadamente un mes en la especie humana que en los chimpancés, como ya dije.

La siguiente etapa es la infancia y dura hasta la salida de la primera muela definitiva. Coincide a grandes rasgos con la lactancia en los chimpancés (sale a los 3-4 años), pero no en los humanos, porque nuestra primera muela sale mucho después del destete (a los 5-6 años). Recordad que el

Niño de Taung (el ejemplar tipo de la especie *Australopithecus africanus*) murió cuando le estaba saliendo la primera muela y que se le asigna una edad de muerte similar a la de un chimpancé en su mismo estado de desarrollo dental (3-4 años).

La que viene a continuación llega hasta la salida de la muela del juicio. Así que si nos encontramos un fósil de australopiteco en ese periodo comprendido entre la salida de la primera muela y de la tercera decimos que es un «individuo juvenil», no un «individuo infantil». En el registro fósil de la evolución humana abundan los individuos juveniles. Y luego ya viene la edad adulta, que en el caso de las mujeres incluye un largo periodo posmenopáusico, y en las hembras de chimpancé también, aunque suele ser muy corto (con excepciones, como siempre en biología).

De este modo se elaboran gráficos en forma de columnas que comparan las historias vitales de un macaco, un chimpancé y un humano, por ejemplo, para mostrar cómo se van prolongando las etapas de la vida conforme nos acercamos evolutivamente a nuestra especie.

El periodo juvenil es demasiado largo en los grandes simios, que tienen desarrollos mucho más lentos que los de los papiones, macacos y otros monos. En los estudios de campo de los chimpancés se hila más fino, porque el comportamiento cambia mucho, de modo que esta etapa se divide en dos: una anterior a la salida del canino (8-10 años) y otra posterior. En la fase *precanino* los hijos todavía pasan mucho tiempo con las madres y se mantienen de tamaño pequeño. Es a estos exclusivamente a los que se llama *juveniles*. En la fase *poscanino* las hembras empiezan a tener ciclos y estros, mientras que en los machos descienden los testículos, se vuelven más agresivos y se juntan con otros machos. Esta segunda época se llama *adolescencia* porque es la de la iniciación a la vida adulta y a la reproducción, pero en realidad no es exactamente igual a la nuestra, porque en los humanos existe un fenómeno muy curioso al comienzo de la adolescencia que se conoce como *pubertad*. O sea, los chimpancés tienen adolescencia, si se la quiere llamar así, pero no el estirón o la edad del pavo, que es un comienzo abrupto de la adolescencia en el que se producen grandes cambios en poco tiempo.

Es difícil empezar bien un libro, de manera que se atrape al instante la atención del lector. Pocos saben hacerlo, y esos son los grandes escritores, a los que todos admiramos. Fijaos en cómo empezó James Matthew Barrie su libro *Peter Pan*:

> Todos los niños crecen, excepto uno. Enseguida saben que crecerán, y fue de la siguiente manera como se enteró Wendy. Cuando tenía dos años, un día estaba jugando en el jardín cuando arrancó una flor y corrió a llevársela a su madre. Imagino que la señora Darling debió de mirar a la niña conmovida porque se puso la mano sobre el corazón y exclamó: «Por qué no puedes quedarte así para siempre». Esto fue todo lo que pasó entre ellas, pero a partir de ese momento Wendy supo que tenía que crecer. Siempre se sabe a partir de los dos años. Dos años es el comienzo del fin.

Sabemos ya que la longitud de la vida, lo que se conoce como longevidad, varía de una especie a otra. La longevidad es, dicho de otra manera, lo máximo que puede vivir un animal en la naturaleza. Los animales domésticos viven más años, pero es porque nosotros los cuidamos. Lo mismo pasa con las personas. Podemos vivir hasta los ciento veinte años, pero sin llevar la vida de cazadores y colectores de nuestros antepasados.

La longevidad de nuestra especie en condiciones naturales ronda los setenta años. Siempre utilizo expresiones como «ronda», «alrededor», «redondeando», «más o menos», «en torno a», «aproximadamente», «a grandes rasgos», etc., y es porque en la biología no hay leyes deterministas, exactas, como en la física y la química; en lo referente a la vida todo es probabilístico (aunque en el corazón de la física vuelve a aparecer la probabilidad en la mecánica cuántica).

Pero a lo que voy es a que la longevidad de la especie humana se corresponde, más o menos, con mi edad. Por eso yo presumo de ser el más Viejo de la Tribu, el depositario de todas las tradiciones, el guardián de la memoria. Porque hasta que se inventó la escritura, hace tan solo 5.000 años y en Mesopotamia, el único almacén del conocimiento eran las redes de neuronas del cerebro. Y la única forma de transmitirlo era a través del cuento.

La longevidad de una especie está relacionada con la duración de su desarrollo. Vidas largas, desarrollos largos. Por lo tanto, las especies longevas llegan tarde a la reproducción. Esta es una estrategia de mucho riesgo, porque cuanto antes empecemos a tener hijos más posibilidades tendremos de que nuestros genes pasen a la siguiente generación, de que *nuestra sangre* se perpetúe en el tiempo. Todo esto ya lo sabéis, pero es que hay más.

Porque el desarrollo humano sigue un modelo especial, que casi me atrevería a comparar con la metamorfosis de una mariposa. Como todo el mundo sabe, sobre todo si ha criado gusanos de seda dándoles hojas de morera para comer, las mariposas pasan la mayor parte de su vida viviendo como orugas, que es lo más opuesto que puede haber a una mariposa. Y el cambio de oruga a mariposa no puede ser más radical. En medio hay una fase inmóvil que se llama *pupa*, de la que emerge el *imago* o insecto adulto. Con todo y con eso, una oruga pertenece a la misma especie que la mariposa en la que se va a transformar.

En nuestra especie somos niños hasta que entramos en la adolescencia, y eso sucede más o menos a la edad a la que nos salen los segundos molares permanentes, sobre los doce años. Entonces se desencadena el torrente hormonal que produce lo que yo comparo con la metamorfosis de las mariposas (pero sin la fase de pupa). Un niño o una niña se convierten en un hombre o una mujer, con físico casi de adultos. Y también les cambia la voz y el comportamiento.

Las mujeres tienen entonces su primera regla (la menarquia o primera menstruación) y empiezan a ser fértiles, aunque el momento de máxima fertilidad en nuestra especie está sobre los veinte o veintiún años, como ya os dije no hace mucho.

Siempre que hablo de la especie humana me refiero a la vida en la prehistoria, o en sociedades modernas de cazadores y recolectores, donde no sobra el alimento y las calorías son un bien preciado porque no se consiguen en las bandejas de los supermercados. El alimento es casi siempre escaso y además hay que gastar energía para conseguirlo.

Eso hace que el desarrollo vaya más rápido en las poblaciones humanas modernas bien alimentadas que en las de la prehistoria o en las de hace un siglo, sin ir más lejos. Un buen ejemplo es precisamente el de la menarquia, que se ha adelantado mucho en los países europeos en un siglo. Las suecas, las inglesas o las españolas tienen la primera regla mucho antes (en promedio, como siempre en biología) que sus bisabuelas.

Es interesante ver que lo mismo sucede con las edades de erupción dentaria en los chimpancés cuando se comparan individuos cautivos (me refiero a los bien alimentados) con los que viven en la naturaleza buscándose la vida. La diferencia es notable, porque en los chimpancés salvajes el retraso puede ser hasta de dos años (o más bien el adelanto de los chimpancés cautivos).

La adolescencia de los ingleses se corresponde con los años que terminan en *teen*, y que van de los trece a los diecinueve. Pero el gran cambio se produce en los dos primeros años, y a ese periodo se lo conoce como pubertad, o *edad del pavo* en España. Los *ritos de paso* de todas las culturas humanas están asociados a ese momento crítico del desarrollo en el que se atraviesa una puerta que solo se abre hacia adelante.

Por este motivo me ha interesado saber cuándo establece la Iglesia católica la edad para recibir la primera comunión y la primera confesión. Y leo que el papa Pío X decretó en 1910 que esa edad fuera en torno a los siete años, por considerarla la edad del discernimiento o de la «discreción», o sea, la del razonamiento, como previamente había establecido el Concilio Lateranense IV (de 1215) y confirmado el Concilio de Trento (de 1551-1552).

Como os venía contando desde la biología, también la Iglesia romana entiende que el uso pleno de la razón precede a la adolescencia. Cuando el cuerpo todavía es infantil. Los de la primera comunión son todavía niños. No es, claramente, un rito de paso a la pubertad, que llega más tarde.

¿Qué sentido tiene —os preguntaréis— este modelo de desarrollo? Está sin duda relacionado con el cerebro y con la vida social. Veréis, justo antes de la pubertad, en la preadolescencia, un niño o una niña tienen prácticamente un cerebro del tamaño definitivo. Por eso son tan listos a la hora de resolver problemas matemáticos, o de interpretar música, o de juzgar al ajedrez. No son niños prodigio, como suele decirse. O más bien todos los preadolescentes son niños prodigio, porque parecen niños y hacen muchas cosas mejor que sus padres. Son igual de inteligentes o más.

Sin embargo, el tamaño y el peso del cuerpo de los preadolescentes está muy lejos del que van a tener de adultos. Cuando entren en la pubertad empezarán a comer como hienas y no pararán de crecer. Es el famoso estirón. Antes estaban siempre enfermos y era una tortura para los padres que comieran, mientras que ahora vacían la despensa y el frigorífico.

Puesto que nuestro cerebro es tan grande y consume tanta energía, durante la niñez el cuerpo es pequeño, económico, lo más barato posible. Cuando el cerebro ya ha crecido casi del todo, le toca al cuerpo recuperar el terreno perdido, y es cuando se produce el estirón. Los adolescentes entran además en la vida de los adultos y tienen que desarrollar habilidades sociales. Son inteligentes, pero todavía les queda mucho por aprender para triunfar en la vida, como se suele decir.

En otras palabras, es la edad en la que se entra en el juego social, en la lucha por el poder y por la reproducción. Y ya no están protegidos por su aspecto inofensivo —los niños producen ternura por su aparente indefensión—, que los pone a resguardo de la violencia de los adultos porque inhibe su agresividad.

Los animales no tienen pubertad, el crecimiento se produce a un ritmo mucho más constante desde el nacimiento hasta el final, sin estirón, es decir, sin *metamorfosis*. Todo es más gradual, sin acelerón.

¿Cuándo apareció el estirón en la evolución humana? Como la duración de crecimiento está relacionada con el tamaño del cerebro en las diferentes especies de mamíferos, cabe pensar que al ir aumentando en nuestra evolución el volumen del *endocráneo*, que es lo único que podemos conocer a partir de los fósiles, nuestros antepasados fueron adoptando este modelo de desarrollo tan peculiar que nos caracteriza.

Pero necesitamos muchos más fósiles de individuos en las diferentes etapas del crecimiento, porque solo es posible estudiar el desarrollo en un individuo vivo. Es decir, solo podemos hacer estudios *longitudinales* (a lo largo de la vida) en la actualidad y con niños a los que se sigue en su desarrollo durante años. Con las especies extinguidas nos vemos obligados a hacer estudios *transversales*, es decir, reconstruir el desarrollo a partir de individuos de la misma especie (o mejor, si fuera posible, de la misma población), que murieron a diferentes edades. Y para eso se necesitan muchos muchos fósiles.

Afortunadamente tenemos dos fósiles de los primeros *Homo erectus* en los que podemos investigar esta cuestión, y vamos a detenernos en ellos. Uno es el merecidamente famoso Turkana Boy, datado en 1,6 millones de años, y el otro es uno de los cráneos de Dmanisi, en Georgia, con 1,8 millones de años (siempre redondeo un poco en la cifras para no llegar a los dos decimales). Vamos a hablar de ellos, empezando por el Turkana Boy por tratarse de un esqueleto muy completo.

El primer resto de este fósil (que lleva la sigla WT 15000) lo encontró Kamoya Kimeu en Nariokotome, una de las localidades del lago Turkana (Kenia), que tantos fósiles ha proporcionado desde que a finales de los años sesenta del siglo pasado Richard Leakey empezó las investigaciones. Cuando hablamos de localidad nos referimos a lugares (puntos en el mapa) donde se han encontrado fósiles, no a pueblos habitados por personas. Kamoya Kimeu era un hábil *cazador de fósiles* (fallecido en 2022), un prospector que había descubierto muchos y muy importantes restos para

Richard Leakey, famoso hijo de los esposos Leakey, marido de Meave Leakey y padre de Louise Leakey, todos ellos paleoantropólogos que han hecho historia. En la excavación posterior al primer hallazgo se descubrieron muchos restos de este esqueleto, que resultó ser de un individuo juvenil, no de un adulto.

Por lo tanto el problema era triple. Había que reconstruir el esqueleto, averiguar a qué edad murió, y *hacerlo crecer* para saber cómo sería de adulto.

En un primer estudio se le calcularon al Turkana Boy unos 11-12 años y una estatura en torno a los 162 cm. De adulto habría llegado, según los autores de aquel estudio, a los 185 cm y habría pesado 68 kilos. La estatura era sorprendente, porque nadie había imaginado tan alto a un *Homo erectus*, pero el peso era todavía más sorprendente para mí.

Yo no estuve nunca de acuerdo con el cálculo del peso, porque siempre he pensado que somos la especie más grácil de la historia, es decir, la especie con la pelvis más estrecha. Me basaba, junto con mis colegas de Atapuerca, en las pelvis de las especies fósiles, especialmente la de la Sima de los Huesos, que es la más completa. Todas ellas, neandertales incluidos, se parecen mucho en los rasgos esenciales, incluyendo dos coxales africanos más o menos contemporáneos del Turkana Boy y también atribuidos a *Homo erectus*.

En pocas palabras, yo pensaba que solo nuestra especie podía pesar menos kilogramos que *sus centímetros*. Todas las especies fósiles han pesado más kilos que *sus centímetros* o como poco los mismos. En pocas palabras, si el Turkana Boy (o Niño de Nariokotome) medía de adulto 185 cm, no podía pesar mucho menos de 85 kilos, y en ningún caso 68 kilos.

Para que os hagáis una idea, el famoso futbolista Cristiano Ronaldo (que está muy fuerte) mide 187 cm y pesa

83 kilos. Pero en su reconstrucción los investigadores habían llegado a la conclusión de que el cilindro corporal del Turkana Boy, cuando fuera adulto, vendría a ser como el de las poblaciones actuales de la zona, que son muy esbeltas, es decir, altas y delgadas.

Se atribuye ese *somatotipo* (tipo físico) al clima y la necesidad de perder calor a través de la piel, aumentando la relación entre la superficie del cuerpo y su volumen (o peso); o entre el número de centímetros cuadrados de piel, si lo preferís así, y el número de kilos. Es decir, que el Turkana Boy estaría adaptado a un clima ecuatorial.

El problema es que como el Turkana Boy es un preadolescente los huesos que forman el coxal (ilion, isquion y pubis), además de estar mal conservados, aún no estaban soldados en el acetábulo, por lo que es muy difícil, o imposible, estimar la anchura de la pelvis de adulto.

Posteriormente se corrigió el cálculo de la anchura de la pelvis del Turkana Boy, y por lo tanto se aumentó su peso. Además, la edad de su muerte se bajó a unos ocho años y la estatura a 154 cm.

La cuestión, en definitiva, es que, como no sabemos si la especie tenía el estirón de la pubertad o no lo tenía, podemos utilizar, para hacerlo crecer, el modelo de desarrollo de los grandes simios africanos (sin pubertad) o el de los humanos actuales (con pubertad).

Usando las dos curvas, y teniendo en cuenta que al ser la bóveda craneal en las especies fósiles más plana que la nuestra, y por lo tanto la altura de la cabeza unos 3 cm menor, se ha llegado a un rango de estatura del adulto entre 160 y 178 cm, y un rango de peso entre 60 y 83 kilos. Ya no resulta tan excepcionalmente alto este ejemplar de *Homo erectus*, ni tan delgado.

Sin embargo, hay un motivo para sospechar que el modelo de desarrollo de estos primeros *Homo erectus* se parecía mucho al de los grandes simios africanos, y que por lo tanto los valores más bajos de ese rango son los correctos (no mucho más de 160 cm de estatura y 60 kilos de peso para el Turkana Boy adulto).

Y ese motivo al que me refiero es el Cráneo 3 de Dmanisi, del que os he hablado extensamente hace poco. Como recordaréis, la edad de muerte del individuo se estima en torno a los once años y medio, es decir, que murió más tarde que el Turkana Boy. Parece por estos estudios que el desarrollo dental en los primeros *Homo erectus* (Dmanisi y Turkana) era al principio de la vida (hasta los cuatro años) tan lento como en el humano actual pero luego se aceleraba para alcanzar a los grandes simios a los ocho años, y terminar el desarrollo entre los doce y los trece años y medio, más o menos como ellos.

Para resumir este capítulo, vamos a repasar el dato con el que quiero que os quedéis en la cabeza: el final del desarrollo dental, o sea, la madurez dental completa, se alcanza en los chimpancés entre los once y los trece años; en los primeros *Homo erectus* (Dmanisi, Turkana Boy), entre los doce y los trece años y medio, y en los humanos actuales, entre los dieciocho y veintidós años. Podéis ver que el desarrollo (al menos el dental) acababa mucho antes en los primeros *Homo erectus* que en nuestra especie, lo que me hace pensar que no tenían todavía el estirón.

Por eso termino el capítulo con esta pregunta: ¿tenían los neandertales *edad del pavo*? En Atapuerca pensamos que sí porque los preneandertales de la Sima de los Huesos alcanzaban el tamaño del cerebro del adulto cuando todavía tenían un aspecto del cráneo muy infantil. Es decir, eran niños con cerebros de adulto, niños prodigio.

De esos niños de Atapuerca, prematuramente muertos, os hablaré en el próximo capítulo. Uno de ellos tiene una historia muy emocionante que contar.

LOS SANTOS INOCENTES

Definitivamente, el tráfico saca lo peor de nosotros. Es la situación de la vida urbana en la que se manifiesta más claramente nuestra naturaleza animal, nuestra agresividad fuera de todo autocontrol. Es una observación que podemos hacer cada día. Hay más gestos y señales de amenaza entre conductores que entre viajeros en un transporte colectivo, por apretados (y apretujados) que vayamos. ¿Somos agresivos por naturaleza, como vemos en los coches, o la especie más tolerante del mundo, como vemos en el metro?

Me ocurrió el día pasado. Iba yo en el coche y vi a lo lejos un semáforo que se ponía naranja. Me daba tiempo de sobra para frenar despacio sin que el coche que me seguía se me echara encima, así que fui reduciendo la velocidad tranquilamente. Entonces el coche de detrás empezó a hacer sonar la bocina desesperadamente mientras me lanzaba destellos con las luces. O mejor dicho, lo hacía el ser humano que lo conducía.

Pretendía que me saltara el semáforo, que ya se había puesto rojo a esas alturas. Cuando finalmente se detuvo detrás de mí me di cuenta de que la persona que conducía gesticulaba exageradamente, dando muestras de un enfado enorme, como si yo le hubiera hecho algo del todo inaceptable y enormemente ofensivo. Para entonces el semáforo ya llevaba un buen rato con la luz roja. El energúmeno que yo observaba por el espejo retrovisor se pasó todo el tiempo que duró la luz roja gesticulando de forma muy enérgica.

Por un momento, durante el tiempo en el que estuvimos parados, tuve la intención de salir del coche y explicarle de buenas maneras, con cariño, lo inapropiado de su conducta. Le habría dicho que tocar el claxon es una agresión sonora, es decir, que me estaba agrediendo. Habría añadido que lanzarme destellos de luz era una agresión lumínica. Y finalmente le habría hecho saber que todos los gestos que hacía dentro del coche dirigidos hacia mí, y que yo podía ver perfectamente, eran gestos de amenaza. Es decir, que me estaba amenazando y agrediendo. Que se estaba comportando como un chimpancé común, no como un bonobo.

No salí del coche para explicarle todo esto, porque el mero hecho de salir del coche y dirigirme hacia esa persona podía interpretarse también como una amenaza, en este caso una amenaza directa y física. Entonces decidí que lo mejor que yo podía hacer era contar todo esto en un libro, y es lo que estoy haciendo.

Somos la única especie animal que se comunica por medio del lenguaje articulado. Es decir, que podemos trasmitir la información por medio de sonidos, fonemas, símbolos en definitiva, o por medio de la escritura, y sin embargo, nos pasamos la vida gesticulando. ¿Por qué gesticulamos tanto, si lo podemos contar con palabras? La respuesta es que hay cosas que no podemos contar con palabras, no puede haber otra explicación.

Y la prueba la tenemos en los emoticonos. Los necesitamos para evitar malentendidos, para expresar por ejemplo que lo que escribimos es una broma, que no se lo tome el otro literalmente. Que no lo estamos diciendo en serio.

A veces, la respuesta a un tuit es simplemente un emoji, como por ejemplo una sonrisa o unas manos aplaudiendo. O una cara triste cuando queremos solidarizarnos con el dolor ajeno. No es difícil, por otro lado, distinguir una cara triste de una alegre. Basta poner la curvatura de la boca hacia arriba o hacia abajo. Las lágrimas, curiosamente, sirven para reforzar el llanto y también la risa porque se nos caen las lágrimas de tanto reír. Un ojo guiñado es una expresión de complicidad, por lo menos en algunas culturas (quizás no en todas: me pregunto si los emoticonos son los mismos en todos los países). Los emojis son muy simples, porque el cerebro no necesita mucha información gráfica para interpretar una cara.

En realidad, los mensajes escritos son literales, o sea, que dicen lo que dicen, pero lo que no siempre está claro es la intención con la que se envían.

Lo diré con otras palabras, el lenguaje sirve para trasmitir información objetiva, sin tono emocional. Yo puedo explicar de viva voz (¡qué bonita expresión!) o por escrito cómo se va a cierto sitio, o a qué hora es un espectáculo. La señal de tráfico del triángulo invertido significa que hay que ceder el paso. Y la de *stop*, que hay que detenerse. El semáforo rojo significa que hay que frenar, y el verde, que se puede cruzar, le guste o no le guste al conductor este código de colores.

Para transmitir emociones necesitamos dos canales de información: el sonoro del tono y el volumen de la voz y el visual del lenguaje corporal. La persona que me amenazaba desde dentro de su coche usaba la voz y los gestos; yo no podía oír la primera, pero me sobraba con los ademanes de enfado y rabia.

En otras palabras (nunca mejor dicho) somos al mismo

tiempo la única especie que dispone de lenguaje articulado para *contar* algo y la que más utiliza su cuerpo para *expresar* algo. Contar y expresar son dos cosas diferentes.

Después del incidente del semáforo fui a dar una charla a un estudio de actores, devolviendo la visita que hizo uno de los profesores al Museo de la Evolución Humana de Burgos. Allí les expliqué a los alumnos que el lenguaje corporal no engaña nunca y que es el medio más seguro que tenemos para conocer los estados emocionales de otras personas, para *leer sus mentes*. No hay forma de controlar las expresiones del cuerpo. En eso no somos tan diferentes de los animales. Todos sabemos *leer la mente* de un perro cuando da muestras de estar contento y amistoso, o cuando, por el contrario, nos enseña los colmillos y gruñe como si nos fuera a atacar. ¿Quién se pondría a jugar con un perro amenazante?

Nadie puede hacernos creer que le ha gustado el regalo que le hemos hecho cuando vemos con nuestros propios ojos que no es así. Ningún político es capaz de fingir satisfacción cuando los resultados le han sido adversos.

Con razón dicen los jugadores de baloncesto americanos que lo peor no es perder, sino la cara que se te queda. Es una cara que preferiríamos que no vieran nuestros rivales.

Un actor puede fingir cuando está trabajando porque se mete dentro de su papel, pero no en casa cuando es él mismo, o ella misma.

Es curioso que no podamos controlar la expresión de las emociones, cuando claramente nos convendría hacerlo en muchas ocasiones para que no pudieran leer nuestras mentes con tanta facilidad los demás.

Después de publicar *El origen del hombre*, en 1871, Charles Darwin publicó *La expresión de las emociones en los animales y en el hombre*. Pensó primero en incluirlo como un capítulo de *El origen del hombre*, pero creció tanto que acabó siendo un libro diferente que se puso a la venta el año siguiente (1872). Y es un gran libro, por cierto, que merece mucho la pena leerse. Yo leo la magnífica edición que hizo Penguin a partir de la rara segunda edición de 1890, ampliándola con fotografías y dibujos que Darwin reunió para su investigación. Una joya que no me canso de consultar (las obras de Darwin se leen una vez y luego se consultan).

Como se deduce del propio título, lo que Darwin pretendía demostrar es que hay una continuidad entre la especie humana y nuestros parientes más próximos en lo que se refiere al lenguaje corporal. El estudio que hizo fue exhaustivo e incluía a los niños también. Darwin anotaba cuidadosamente lo que observaba en sus propios hijos, por lo que se puede decir que su casa era un laboratorio de etología humana.

A Darwin le llamaba la atención que los seres humanos nos sonrojáramos y lo consideraba un rasgo único de nuestra especie. También se fijaba en que los humanos fruncimos el entrecejo y alzamos las cejas, algo que nos da una capacidad de expresar emociones de la que carecen los chimpancés y los orangutanes, según observaciones del propio Darwin en los *zoological gardens* de Londres. En el caso de las cejas, dice Darwin, porque las tienen casi desnudas, lo que hace que sus movimientos sean menos conspicuos. Pero cuando las alzan, anota, la frente se les arruga como a los humanos.

Sin embargo, afirma, lo que hace que sus caras sean inexpresivas comparadas con las humanas es sobre todo que bajo ninguna emoción fruncen el ceño «hasta donde he sido capaz de observar, y he prestado cuidadosa atención a esta cuestión». Se dice, comenta Darwin, que ni los chimpancés ni los orangutanes carecen del músculo corrugador, pero parece que rara vez entra en acción. El músculo *corrugador superciliar* es el músculo que en la especie humana junta las cejas y las hace descender, produciendo arrugas verticales en el ceño.

Todas las especies del género *Homo* menos la nuestra (salvo al principio) han tenido un toro supraorbitario (o *torus supraorbitalis*), es decir, un grueso saliente óseo sobre las órbitas, igual que los chimpancés y los gorilas (los orangutanes no tienen ese toro). Me parece a mí que con esa superestructura les sería difícil hacer los dos gestos que le parecía a Darwin que daban expresividad a la cara humana: fruncir el ceño y alzar las cejas. Quizás solo nosotros, sin toro supraorbitario, podamos hacerlo con toda libertad.

Como los neandertales tenían un buen toro supraorbitario es posible que no fueran tan expresivos como nosotros. No es una demostración científica, ni mucho menos, pero en todas las reconstrucciones que hacen los paleoartistas de los neandertales yo los encuentro inexpresivos.

Por otro lado, si la función de las cejas es la de proteger los ojos del sudor y del sol puede que con un toro supraorbitario desarrollado no fueran tan necesarias.

Os rogaría que pensarais en esto: ¿si fuerais paleoartistas les pondrías unas gruesas cejas a los neandertales, al *Homo erectus* o a los denisovanos? Y si es así, ¿dónde se las plantaríais? ¿Sobre el *torus* supraorbitario? Los chimpancés no las tienen muy desarrolladas, dice Darwin, ¿en qué momento aparecerían las cejas en la evolución humana? ¿Con los humanos modernos? Y ahora, por favor, mirad las reconstrucciones de los paleoartistas en internet y preguntaros dónde le pondríais las cejas, o si se las pondríais. Voy a hablar mucho más de reconstrucciones de las caras de las especies de homininos fósiles más adelante, así que también podéis esperar hasta entonces.

Quedaos de momento con que tal vez seamos la especie más gesticulera, más expresiva, de la historia. Yo así lo creo.

Y además nos ponemos colorados, como observó Darwin. En lo que no se fijó el gran naturalista inglés es en que somos la única especie de primates que tiene blanco en los ojos, algo que sirve para que los demás sepan hacia dónde dirigimos la mirada. Puede que no nos convenga dar esa información, hablando en términos egoístas, ni tampoco nos gusta ponernos colorados, pero parece que en nuestra especie la necesidad de comunicarnos con los demás es prioritaria y se impone a cualquier otro interés.

Los seres humanos expresamos desprecio e ira levantando el labio de lado para enseñar un canino, aunque no tenga ya una corona grande y cónica como la de los demás primates, sobre todo en los machos. Sería un gesto heredado, pero que sigue valiendo aunque nuestros caninos no sean ya una amenaza.

Los australopitecos tampoco tenían los caninos en forma de daga, como los de los chimpancés, gorilas, orangutanes y gibones, sino que se parecían mucho a los nuestros, lo que quiere decir que renunciamos a esas armas muy pronto. Nadie sabe por qué. Tal vez les estorbaran en la masticación, porque los australopitecos eran megadontos, tenían grandes muelas, como ya sabemos. En todo caso ¿cómo se las arreglaban para luchar con los grandes félidos? A partir de *Homo habilis* y de *Homo erectus* ya disponíamos de la tecnología de la piedra, que podría usarse para afilar palos y sacarles punta, convirtiéndolos en lanzas, pero ¿y antes?

Una explicación que ya hemos discutido es la de que la reducción de los caninos de los machos de los ardipitecos (y el cambio de su forma para hacerlos más semejantes a los incisivos) se debe a selección sexual ejercida por las hembras, que preferían a los machos menos agresivos (suponiendo que el temperamento esté asociado al tamaño y la forma del canino), así que no volveremos sobre esa cuestión.

Sin embargo, no puedo imaginarme a unos chimpancés sin colmillos viviendo en la selva hoy en día. Sin duda estarían mucho más expuestos a los leopardos que con ellos. Y además los australopitecos frecuentaban hábitats en los que correrían más peligro que en la selva. Así que sigo sin tener respuesta a la pregunta de cómo se las arreglaban con esos pequeños caninos *incisiviformes* para mantener a raya a sus enemigos. ¿Quizás a pedradas? No es mala arma esa para ahuyentar a una fiera. Muchos individuos lanzando muchas piedras, una lluvia de piedras, es una amenaza seria.

No hace falta más que criar a un niño para saber que somos *monos de imitación*, y empezamos copiando los gestos y las acciones de los mayores, intentando parecernos a ellos aunque no comprendamos lo que hacen. Me viene a la cabeza ahora la imagen de mi nieta poniéndose en la oreja el mando a distancia de la televisión, como si estuviera oyendo algo, porque está imitándonos a los mayores hablando por el teléfono móvil.

El italiano Giacomo Rizzolatti, el descubridor de las neuronas espejo, me dijo en cierta ocasión que somos la especie que más desarrollada tiene la imitación y que en eso reside nuestra asombrosa facilidad para el aprendizaje. Me pareció entenderle que ahí es donde está la clave de la evolución humana y el desarrollo de la cultura y la tecnología. Si tienes un niño cerca copiando todo lo que haces es más fácil enseñarle a tallar un hacha de mano o a hacer un cesto. Como profesor sé que lo más difícil es conseguir la atención del alumno, y lo mismo les pasa a los psicólogos en los experimentos cognitivos con los animales. Podrían hacer muchas más cosas si prestaran atención y nos imitaran.

En 1963 Konrad Lorenz publicó un famoso libro titulado *Sobre la agresión, el pretendido mal*, en el que aplicaba sus conocimientos del mundo animal a la especie humana. También, como Darwin, creía observar una continuidad entre los animales y las personas en lo que se refiere a la expresión de las emociones. Y prestaba atención a las reglas de urbanidad de las diferentes culturas, que se han elaborado para hacer posible la convivencia. Son de obligado cumplimiento, pero cada una en el contexto de su cultura. No se trata de instintos, no están en los genes, pero tienen la misma fuerza. Dice Konrad Lorenz:

> Las normas y ritos creados por la cultura son tan característicos de los grupos humanos, grandes y chicos, como los caracteres innatos formados evolutivamente que distinguen y les son propios a subespecies, especies, géneros y unidades taxonómicas más grandes. La historia de su formación puede reconstruirse empleando métodos comparativos semejantes. Su divergencia en el curso de su desarrollo histórico levanta barreras entre las unidades culturales, de modo semejante a la evolución divergente entre las especies.

Pero yo creo que con la globalización estamos cada vez más cerca de que las reglas de urbanidad, de las buenas maneras y la buena educación se universalicen y sean las mismas en todos los países, con matices muy menores.

Y eso me lleva de vuelta al incidente del semáforo. Necesitamos urbanidad para ser verdaderamente humanos.

Si hay una controversia que atraviesa toda la historia de la filosofía, en su rama de la ética, es la de la naturaleza humana. ¿Somos, los miembros de la especie humana, buenos o malos por naturaleza?

El filósofo inglés Thomas Hobbes tenía una visión aparentemente negativa de la naturaleza humana, pero pensaba que gracias a ella hemos construido la civilización. Es una gran paradoja, lo sé, pero tiene lógica. Los seres humanos, decía Hobbes, son egoístas, o somos egoístas, y miramos cada uno por lo nuestro. Hobbes lo expresaba con la frase latina *Homo homini lupus* («el hombre es un lobo para el hombre»), que es una locución usada en el siglo III a. C. por Plauto en *La comedia de los asnos*.

Así no hay, desde luego, manera de cooperar para construir una sociedad. Nos mataríamos unos a otros, como se matarían un grupo de lobos de diferentes manadas si los obligáramos a convivir en un mismo recinto.

Pero precisamente por eso —dice la teoría— los seres humanos decidieron renunciar a la fuerza y delegarla en un ente superior al individuo, el Estado, que tendría el monopolio de la fuerza. De este modo, sometidos voluntariamente al Gran Leviatán, convivimos pacíficamente, aunque sea a la fuerza, los seres humanos. El resultado es que podemos vivir en ciudades de millones de personas y viajar en el transporte público sin que surjan violentas disputas, ni siquiera amenazas graves, a pesar de los inevitables roces e incomodidades que se producen en un vagón de metro o en un avión en clase turista. Precisamente el trasporte aéreo, que en sus inicios era un medio cómodo de viajar, con asientos separados y atenciones del personal de vuelo, se ha convertido en una forma de enlatar personas. Y allá vamos.

Parece lógico, ¿pero es verdad? ¿Somos egoístas por naturaleza? ¿Somos lobos? La alternativa a la visión de Hobbes es que los seres humanos son, somos, corderos, no lobos.

Por naturaleza beatíficos, o sea, tolerantes, desprendidos y solidarios, y es la sociedad la que nos hace malos y egoístas. La civilización, en suma, nos ha hecho peores. Eso al menos era lo que decía el famoso pensador francés Jean-Jacques Rousseau. Podríamos llamarla la «teoría del buen salvaje» por oposición a la «teoría del Gran Leviatán» de Thomas Hobbes.

En una versión mucho más moderna de las ideas de Rousseau, el sudafricano Nelson Mandela decía que nadie nace odiando, porque a odiar se aprende. Es decir, nos enseñan a odiar. El fanatismo se inculca.

¿Cuál de las dos teorías preferiríamos que fuera cierta? Uno siente más simpatía por la del buen salvaje, aquello de que somos buenos por naturaleza, pero si de verdad creyéramos en ella habría que ser consecuentes y cambiar la sociedad de arriba abajo, empezando por la educación, a la que habría que darle la vuelta como un calcetín. Y no se necesitaría un código de la circulación, ni multas para hacer que se cumpla, ya que hemos empezado este capítulo hablando del tráfico.

La teoría del buen salvaje, o mejor, la de una sociedad de buenos salvajes, también le era grata a Karl Marx, cómo no. Antes del capitalismo, venía a decir, no existía la propiedad privada, que es la causa de las desigualdades entre los seres humanos ya desde la misma cuna, y de la explotación del hombre por el hombre. Nuestros ancestros practicarían una especie de comunismo primitivo, o *comunalismo* si se prefiere utilizar este término para orillar las connotaciones políticas.

Si Charles Darwin publicó *El origen de las especies* en 1859 y *El origen del hombre* en 1871, el discípulo más aventajado de Karl Marx, Friedrich Engels, publicó en 1884 su propio *Origen*, pero en este caso el de la familia, la propiedad privada y el Estado.

Sin ser marxistas, muchos autores modernos también se han abonado a la idea de que en las bandas de cazadores y recolectores no había propiedad privada, ni tampoco violencia, porque la naturaleza no tenía dueño. Todo lo malo empezó en el Neolítico, se lee muy a menudo, porque la invención de la agricultura y la ganadería hizo posible acumular mucha riqueza en muy pocas manos. Antes de que hubiera dinero, la riqueza se medía en cantidad de grano, de ovejas, de vacas... o de mujeres.

Así nacieron las clases sociales y la opresión. Y así, según la teoría, seguimos hasta el día de hoy. En resumen, el Paleolítico era el paraíso, y el Neolítico supuso la expulsión de ese paraíso.

Ya os hablaré en su momento de la llamada revolución neolítica y de sus consecuencias para la humanidad y para el planeta. Porque de lo que os quiero hablar ahora es de si nuestros antepasados cazadores y recolectores eran mejores, en el sentido moral de la palabra, que nosotros, los civilizados. ¿Cómo lo podríamos saber?

Un modo de contrastar la teoría del buen salvaje es recurriendo a lo que sabemos de los pueblos recientes que llevaban hasta hace poco una vida dedicada a la caza, a la recolección o a la horticultura, es decir, una agricultura basada en pequeños cultivos en claros abiertos en el bosque, complementada con la caza y la recolección, como la de algunas culturas amazónicas. Es lo que se conoce como agricultura de roza y quema, que consiste en cortar los árboles con el hacha y usar el fuego para crear pasto, sin renunciar por ello a la caza, la pesca y el alimento vegetal.

Me veo obligado a advertir que no pretendo decir que los pueblos con economía de caza y recolección sean culturalmente equivalentes a nuestros ancestros. Nada más lejos de mi intención que considerar a cualquier cultura humana como un fósil cultural o como una cultura primitiva. Esos calificativos responden a la idea tradicional de la historia como una escalera de progreso que conduce a las sociedades occidentales actuales. Es cierto que todo empezó en el Paleolítico y que la globalización ha ido extendiendo el modelo occidental de economía a todo el mundo, pero entre ambos momentos han pasado muchas cosas en los diferentes continentes y regiones de la tierra, cada una de las cuales ha tenido su propia historia más o menos independiente. Desde luego, en el caso de América una historia completamente independiente de la del resto del mundo hasta el año 1492.

Pero sí creo que pueden obtenerse algunas lecciones interesantes para el debate que nos traemos aquí. Como mínimo veremos si los pueblos que no pueden acumular riqueza son como se los imaginaban Jean-Jacques Rousseau o Karl Marx.

Una cultura de cazadores y recolectores era la de los aché en Paraguay, estudiada por Kim Hill. Estos indígenas compartían el alimento, por lo que se puede decir que entre ellos no había propiedad privada. Hasta tal punto llegaba el desprendimiento que era lo habitual que el cazador que había cobrado una pieza la repartiera entre los demás miembros del grupo, excluyéndose a sí mismo. Es más, su propia familia recibía la misma porción de carne que las demás. Aquí parece que podemos hablar de comunalismo sin problemas. Pero la cuestión es si esa era la regla entre los cazadores y recolectores o más bien la excepción.

La respuesta es que no siempre es así. Parece que existen todo tipo de situaciones entre estos pueblos que *viven en el Paleolítico* o en los comienzos de la agricultura. En algunas culturas que se han conocido la generosidad era mucho menor y cada familia, por así decirlo, iba a lo suyo.

En resumen, entre el comportamiento absolutamente generoso de los aché con la comida, en un extremo del espectro, y la propiedad privada de esta, en el otro extremo, hay una gran variedad de situaciones.

Por ejemplo, el cazador que ha abatido una presa puede disfrutar de las partes más sabrosas de esta, como el tuétano de los huesos y las entrañas, y compartir el resto.

En todo caso, si un cazador decide compartir una presa es porque es su propietario en primer lugar. Tampoco es cierto que para los pueblos que *viven en el Paleolítico*, por así decirlo, la tierra no tenga dueño, porque los individuos y las familias proclaman sus derechos sobre partes del territorio y los recursos que contiene. Los árboles, por ejemplo, pueden tener dueño si sirven para construir canoas o casas o cualquier otra cosa útil.

Y lo más importante. Existe en todos estos pueblos el concepto de robo, es decir, aprovecharse de la propiedad de otro, y está considerado un delito merecedor de castigo. Si no hubiera propiedad en absoluto nadie podría ser acusado de ladrón por tomar lo que tiene otro.

Podríamos ir más lejos, porque la justicia distributiva parece ser un instinto en los primates. En los experimentos ha quedado demostrado que a los monos no les gusta que se le dé más comida a otro, o comida más rica para su gusto.

Lo que sí es cierto es que en las condiciones en las que viven los cazadores y recolectores es obligatorio cooperar si se quiere sobrevivir de los recursos naturales. Más que ausencia del concepto de propiedad lo que se observa es un constante intercambio de favores, empezando por la comida. Es decir, somos una especie social por naturaleza, pero no por las razones que pensaban Rousseau o Hobbes, sino porque solo el grupo hace posible la existencia del individuo y por lo tanto la continuidad de sus genes en la siguiente generación.

Uno de los libros científicos que más me han dado que pensar en mi carrera es el que escribió Kim Hill con Ana Magdalena Hurtado en 1996 (*Ache Life History*). Por primera vez tenía delante de mis ojos hechos reales, con datos numéricos, de una cultura de cazadores y recolectores, no anécdotas sin valor estadístico.

Y una de las cosas que más me impresionaron es el infanticidio, en particular de los huérfanos que habían perdido a su madre. Si tenían menos de un año los huérfanos de madre, en todos los casos se practicaba el infanticidio. Los santos inocentes.

¿Cuándo empezaron nuestros antepasados a fabricar instrumentos para matar?

Antes de que nuestros antepasados tallaran la piedra ya confeccionaban armas, pero con restos animales. Usaban dientes, mandíbulas y cuernos de herbívoros que partían para convertirlos en herramientas de muerte. El autor de esta teoría *osteodontoquerática* se llamaba Raymond Dart y recordaréis que había descubierto en 1924 en Taung (Sudáfrica) al primer australopiteco (creando la especie *Australopithecus africanus*). Más tarde Dart se puso a excavar en el yacimiento de Makapansgat (como todos los de Sudáfrica, una antigua cueva) donde encontró muchos huesos de animales y de australopitecos de la misma especie, y llegó a la conclusión de que los australopitecos eran carnívoros y habían cazado a los animales para alimentarse de ellos, utilizando armas hechas con huesos, mandíbulas y cuernos partidos intencionadamente.

Era la «teoría del simio asesino».

Con el tiempo se demostraría que esos huesos y cuernos terminados en punta, a modo de puñales, no habían sido trabajados por los australopitecos, sino que los habían partido las hienas con sus poderosas mandíbulas. Los australopitecos sudafricanos no tenían armas para matar grandes presas. Ni tampoco caninos tipo dagas, como recordaréis. Como mucho serían carroñeros. Y seguro que también presas de los leopardos.

Lo importante es que según la teoría de Raymond Dart nuestros orígenes fueron violentos. Somos los descendientes del *simio asesino*, nacimos a la evolución con las manos manchadas de sangre. La teoría encontró música e imágenes en la película *2001: Una odisea del espacio*, dirigida por Stanley Kubrick a partir de un relato de Arthur C. Clarke. Yo la vi con asombro y deslumbramiento. Seguramente me marcó para siempre.

El tercer autor de la película, se podría decir, es el compositor Richard Strauss, cuya sinfonía *Así habló Zaratustra* se ha convertido desde entonces en la banda sonora de la evolución humana. Inevitablemente me acompaña siempre que me hacen una entrevista en la radio.

La película fue estrenada en 1968, un año especialmente convulso. Se produjeron en los mismos meses acontecimientos que cambiaron la historia: la invasión de los tanques rusos para aplastar la Primavera de Praga, que pudimos ver en directo; los asesinatos de Martin Luther King y de Bob Kennedy; la matanza de la plaza de las Tres Culturas de Ciudad de México; la ofensiva del Tet en Vietnam; la revuelta de París (conocida como Mayo del 68), y la irrupción del Black Power en las Olimpiadas de México, entre otros acontecimientos.

Había motivos para pensar que arrastramos una pesada herencia de violencia en nuestros genes. De ese mismo año es también la película distópica *El planeta de los simios*, con el mismo argumento de fondo: de puros insensatos los humanos somos capaces de destruirnos a nosotros mismos.

Pero el día de Nochebuena de 1968 el astronauta William Anders hizo una foto histórica desde la nave espacial Apolo 8 orbitando alrededor de la Luna. Mostraba el *Earthrise*, la salida de la Tierra, todavía parcialmente en sombra, sobre la superficie lunar, que aparece en primer término. Esa imagen es desde entonces el símbolo de nuestra consciencia planetaria. Todos los seres humanos, junto con los demás seres vivos, viajamos en la misma nave. Una maravillosa nave de color azul.

Deberíamos cambiar aquí la música, como hizo Kubrick en *2001: Una odisea del espacio*, y pasar del *Así habló Zaratustra* de Richard Strauss al *Danubio azul*, el vals de otro Strauss, Johann.

O tal vez a *Mrs. Robinson*, cantada por Simon & Garfunkel, que era la canción que yo escuchaba aquel mismo año de 1968.

Los descubrimientos que hemos hecho en Atapuerca hablan de violencia abundante en la prehistoria. En el caso de la Gran Dolina, con el *Homo antecessor*, se trata de agresión y muerte. El yacimiento lo forman los desperdicios de un festín caníbal. En el caso de la Sima de los Huesos, con los primeros neandertales, la acumulación tiene más que ver con la piedad por los muertos y el amor que les profesaban, pero en sus bóvedas craneales hay abundancia de marcas de impactos.

El famosísimo Cráneo 5 de la Sima de los Huesos, apodado Miguelón, sufrió un golpe tremendo en el lado izquierdo de la cara, que quedó deformada. Como resultado del impacto un diente se partió y se infectó, produciéndose un flemón. Tal vez muriera de la infección. Sospechamos que el golpe se lo dio un humano diestro.

Y recordaréis que los cráneos del *Homo erectus* de Java tenían las paredes muy engrosadas y reforzadas, así como una frente formando visera, una morfología que a mí me parece que indica un elevado grado de violencia. A fin de cuentas el cráneo es la caja que alberga el encéfalo.

En el capítulo anterior os hablaba de la pubertad en la evolución humana. En la Sima de los Huesos se han reconstruido tres cráneos (todavía sin cara) de niños que murieron en ese momento del paso de la infancia a la adolescencia. Los tres muestran depresiones producidas por golpes recibidos en la cabeza durante su corta vida. Uno de los cráneos tiene un hundimiento terrible en la región de la ceja izquierda (que pudo haber afectado al globo ocular, pero no lo sabemos). Esos golpes parecen haber sido producidos por un objeto romo, como una piedra lanzada desde lejos o manejada desde cerca. A todos ellos sobrevivieron, pero algo los mató. Y quizás fuera un objeto perforante, como una lanza, porque también muestran, en la parte baja de la caja craneal, unos orificios que podrían tener ese origen.

Ahora bien, uno de esos tres cráneos es el de una niña que llegó hasta la preadolescencia con graves deformidades de la cabeza, que afectaban también a la cara. Una sutura de la parte posterior del cráneo (la parietooccipital izquierda, concretamente) se soldó prematuramente (lo que se conoce como *craneosinostosis*) y el cerebro no pudo crecer de forma normal, simétricamente, por igual en todas partes. Su aspecto sería muy diferente al de los otros niños, y tal vez tuviera trastornos cognitivos y sufriera fuertes dolores de cabeza. Era una niña *rara* que sin embargo vivió muchos años. Me imagino que su madre estaba ahí para cuidarla. Este es el primer caso patológico no traumático (no accidental) del registro fósil de la evolución humana. Un individuo con una enfermedad larga que no era producto de un golpe, un fósil como no hay ningún otro.

A mí me parece que los yacimientos de Atapuerca son la respuesta a la controversia entre Jean-Jacques Rousseau y Thomas Hobbes, y también su solución. Somos por naturaleza cooperativos *dentro* del grupo e intolerantes *entre* grupos. Al mismo tiempo corderos dentro del rebaño y lobos contra las otras manadas.

Respecto de lo que decía Nelson Mandela del odio, ya habrá ocasión de comentarlo al final del libro.

SANCHO PANZA NO QUIERE SER PALEOLÍTICO

Los bosques europeos alimentan a una gran cantidad de animales vegetarianos, que son a su vez devorados por los carnívoros. Cuando estos se mueren se los comen los necrófagos, como los buitres. En realidad todos los carnívoros son además carroñeros y al revés. Esta es la estructura de la famosa pirámide trófica o pirámide ecológica. La base es muy ancha, tiene mucha biomasa. Son los organismos productores de materia orgánica, las plantas. Por encima están los vegetarianos, también muy abundantes, y en la cúspide hay carnívoros y necrófagos, menos numerosos. ¿Dónde ponemos en esta pirámide a los neandertales y a nuestros antepasados de Altamira?

Ya sabemos de sobra que somos primates. A mí me gusta decir que Darwin nunca afirmó que viniéramos del mono, como suele decirse, sino que demostró que somos monos. Y nunca hemos dejado de serlo.

Si queremos entendernos como especie no podemos olvidarnos de todo lo que somos, de las sucesivas capas de nuestra biología. Somos animales, para empezar, bilaterales, es decir, con el cuerpo dividido por un plano medio en dos mitades simétricas; somos vertebrados, mamíferos, placentados, primates, simios; y finalmente somos humanos.

Es mucho lo que nos separa de los demás animales, pero también es mucho lo que compartimos con todos los animales bilaterales, ya sean gusanos, insectos o peces. La genética moderna ha puesto de manifiesto todo lo que podemos aprender de las moscas del vinagre que se utilizan en los laboratorios, porque a pesar de su lejanía evolutiva los programas de desarrollo se parecen mucho, como ya os he explicado. La caja de herramientas (el *tool kit*) para producir una mosca del vinagre no es tan diferente de la necesaria para producir un ser humano. El matiz importante está en la receta.

Si tuviéramos que hablar de la ecología del *orden* de los primates, así en general, diría que es un grupo de mamíferos forestales, tropicales y omnívoros, que comen de todo. Pero hay excepciones. Algunos primates (pocos) no viven en los bosques, otros (también pocos) no son tropicales y nosotros somos los únicos monos verdaderamente depredadores.

Nuestros parientes más cercanos, los simios, son vegetarianos casi por completo, aunque algunos grupos de chimpancés cazan monos y se los comen con gran apetito, como si fueran una golosina. No alimenta mucho su carne, pero está deliciosa. Una explosión de sabores.

Además, el reparto de la presa es un instrumento *político*. Los amigos, primero. A los enemigos nada de nada. Ya os he contado que el reparto de la comida es un punto importante a la hora de estudiar la existencia o no de la *propiedad privada* entre los grupos humanos que vivían hasta hace poco solo de lo que da la naturaleza.

El progreso científico se produce de diferentes maneras. A veces se trata de un hallazgo, literalmente, como sucede cuando se encuentra un nuevo fósil, una nueva planta, un nuevo animal o una nueva especie unicelular.

Otras veces es una nueva idea, una mirada distinta que

cambia la forma de ver las mismas cosas. Los hechos de la historia natural estaban a la vista de todos, pero solo Charles Darwin y Alfred Russel Wallace los supieron leer correctamente.

Y en ocasiones es una nueva metodología. Ya os hablaré más delante de un científico (español, para más señas) que está convencido de que los avances en el conocimiento vienen por la vía de la metodología, que incluye nuevos instrumentos, como el telescopio de Galileo.

Se sabía que hay dos tipos de plantas en cuanto a su manera de realizar la *fotosíntesis*, la producción de la materia orgánica a partir de la energía solar. Unas se llaman *plantas C3* porque utilizan la «vía de tres carbonos» y otras se llaman *plantas C4* porque utilizan la «vía de cuatro carbonos». Estos detalles no son importantes en este momento.

Las plantas C_4 son más abundantes en los trópicos y en ambientes secos, como la sabana. En España y el resto de Europa no hay plantas C_4 comestibles para los humanos. Lo que nos interesa ahora es que los dos tipos de plantas se diferencian en la proporción entre los isótopos estables del carbono. Los isótopos estables son variantes o formas no radioactivas de un elemento químico (acordaos de la tabla periódica) que se diferencian en el número de neutrones de sus núcleos (pero no en el de protones). Para resumir, diré que podemos saber lo que comía una especie viendo las proporciones de ^{13}C y ^{12}C (dos isótopos del carbono) en su esmalte dental.

Los chimpancés, bonobos y gorilas consumen plantas C_4, que son las que existen en la selva húmeda. Podemos mirar la química de las especies fósiles y encontramos que los ardipitecos (*Ardipithecus ramidus*) y los primeros australopitecos (*Australopithecus anamensis* y *Australopithecus deyiremeda*) tienen una proporción isotópica del carbono parecida a la de los chimpancés, luego comerían casi exclusivamente vegetales de la selva lluviosa. En australopitecos posteriores (*Australopithecus afarensis*) la dieta era mixta entre plantas de selva y de sabana. En aquella época nuestros antepasados y parientes próximos eran todavía esencialmente vegetarianos, en mi opinión, fabricaran o no herramientas de piedra ocasionalmente.

A partir de *Homo habilis* la dieta empezó a cambiar y a incorporar de forma habitual productos animales. En nuestra evolución hemos integrado la caza, el carroñeo y el consumo de carne en nuestro nicho ecológico porque la dieta es un elemento del nicho (pero no todo el nicho, cuidado porque no es lo mismo la dieta que el nicho). Y ya he dicho aquí que me parece que los neandertales han sido la especie más carnívora de toda la evolución humana, y por lo tanto de toda la historia evolutiva de los primates.

Sin embargo algún vegetal comerían también los neandertales, suponemos, porque el campo está lleno de plantas y hay montones de especies que se alimentan de ellas. Hasta los propios osos, que pertenecen al *orden* de los carnívoros, comen plantas en mucha ocasiones. Los de la cornisa cantábrica, en particular, son muy aficionados a las manzanas, las cerezas, las castañas, las avellanas y otros frutos. Gracias a ellos obtienen las grasas de reserva que les permiten pasar lo peor del invierno adormecidos.

En muchas ocasiones se me acercan padres y madres para contarme que sus hijos quieren ser paleontólogos como yo. «¿Qué les recomienda que lean?», me preguntan. Mi respuesta suele desconcertarlos: «El *Quijote*», respondo.

Y es que lo importante es que los chicos y las chicas tengan una buena formación clásica, una cabeza bien amueblada. Los tecnicismos ya los aprenderán más tarde. También les recomiendo que lean todo lo que puedan sobre la naturaleza y que la frecuenten. Que aprendan a amarla y a conocerla.

Como los regeneracionistas de la Institución Libre de Enseñanza del siglo pasado, yo creo que hay que educar en contacto con la naturaleza. Saliendo todo lo posible del aula para ir al teatro, a la sala de conciertos, a los museos de la ciudad y al gran museo del campo. Una enseñanza que nunca sale del aula es una enseñanza a la que le falta el amor, porque no se enseña a amar.

Aunque no lo parezca, todo esto viene a propósito de la alimentación de nuestros antepasados. A la pregunta de qué comían los neandertales yo siempre respondo lo mismo: lo que había. Lo que se ha comido siempre. No podían comer aquello que no producen nuestros ecosistemas.

Mi antiguo compañero de estudios universitarios Ramón Morales ha escrito un libro sobre la flora en la obra de Cervantes y a este estudio vamos a acudir para tener una idea de lo que comían en los tiempos en los que el ingenioso hidalgo de la Mancha campeaba por media España.

Hay por supuesto trabajos muy serios de etnobotánica y de historia de la alimentación que nos permiten saber con mucha precisión qué se comía en la antigüedad y en el mundo rural moderno, pero me parece que es mejor hablar de Cervantes. Sin olvidar los artículos científicos.

Los neandertales vivieron tanto en tiempos fríos, de glaciaciones, como en tiempos cálidos, de periodos entre glaciaciones. El último interglacial fue incluso más caliente que el actual momento de calentamiento global, de manera que la flora de Cervantes nos puede servir para esos periodos cálidos, al menos en la península ibérica.

Pero también hubo edades del hielo, episodios de clima como el que hay en Groenlandia ahora. Para referirme a ese tiempo de gran frío recurriré al final de esta historia a un estudio sobre los esquimales.

Cervantes no dice una sola palabra sobre las patatas, ni en el *Quijote* ni en ningún otro texto salido de su pluma. Las patatas han sido una fuente de calorías sin la que no se puede entender la historia de Europa, pero vienen de América y en su época todavía no formaban parte de la alimentación del Viejo Mundo.

Luego llegaron a ser tan importantes que la plaga del hongo de la patata que arruinó las cosechas de este tubérculo en Irlanda a mediados del siglo XIX produjo una hambruna monstruosa que, aparte de diezmar a la población, con un millón de muertes, empujó a la emigración hacia Estados Unidos a una parte considerable de los irlandeses.

La patata es un geófito, es decir, una planta que sobrevive al invierno enterrada. Hay geófitos naturales en los ecosistemas europeos, pero ninguno con la capacidad de alimentar a las poblaciones neandertales o a las de los cromañones que las sustituyeron. Es decir, a los de nuestra especie. Así que no me imagino a los pintores de Altamira perforando la tierra con el palo de cavar y alimentándose de trufas (que por cierto no son geófitos sino hongos).

Eso no quiere decir que ninguna población humana lo haya hecho, porque sabemos que los hadza del lago Eyasi obtienen una parte importante de sus calorías de un tubérculo salvaje que llaman *//ekwa* (*Vigna frutescens*). Son las mujeres las que lo obtienen. Como los hadza tienen una lengua clic, es decir, que utiliza chasquidos, como la lengua del pueblo san (antes llamado bosquimano), me es imposible pronunciar el nombre de la planta en las conferencias y clases, aunque cuando estaba con los hadza lo intentaba y me miraban con cierto asombro. No habían oído, me parece, pronunciar la palabra a muchos europeos.

El descubrimiento de América trajo también el pimiento, que sustituyó a la pimienta de la India, mucho más cara. La pimienta era una especia imprescindible en la cocina europea y generó una gran economía. Los pimientos eran conocidos por la sociedad española en la época cervantina, pero no aparecen en el *Quijote*.

En el *Quijote* aparecen por supuesto muchos nombres de plantas cultivadas, pero no voy a mencionarlas porque lo que queremos en este capítulo es hablar de lo que podrían haber comido unos cazadores recolectores del Pleistoceno en la península ibérica. Me estoy refiriendo a dos especies, neandertales y *Homo sapiens*, que dominaban el fuego y por lo tanto podían cocinar los alimentos tostándolos, asándolos en un horno excavado en la tierra o quizás cociéndolos en agua.

Estos tipos de preparación no solo ablandan el alimento, sino que pueden eliminar los productos tóxicos para el ser humano de muchas plantas que de otro modo no serían comestibles.

La cocción se hace habitualmente con una vasija que se pone al fuego para hacer hervir el agua. La cerámica proporciona ese tipo de recipiente, pero no se empezó a producir hasta más tarde, en el Neolítico, pasada la última glaciación.

Sin embargo, también puede calentarse el agua sin necesidad de puchero utilizando piedras puestas al fuego que se introducen dentro de un cuenco de madera o de una piel con agua. Los famosos *kaikus* vascos son cuencos de madera de abedul en los que se podía calentar la leche con piedras candentes.

Los esquimales de los que hablaré luego eran muy aficionados a las sopas hechas con huesos rotos de reno, y se ha especulado que también podrían haberlas hecho nuestros antepasados, a pesar de no tener cacharros de cocina, usando piedras candentes como he explicado antes.

Me temo que hay que excluir casi por completo las verduras naturales de la alimentación de los cazadores y recolectores europeos, aunque algunas podrían haber entretenido su hambre. Pero no mucho más, me parece. Con todo, hay muchas personas que consumen todavía los espárragos naturales, entendiendo por este nombre a las yemas de una serie de especies vegetales, como el espárrago triguero, el lúpulo, la nueza blanca o el lupio.

Otra verdura que se consume y está muy rica es la penca de las hojas de la roseta basal del cardillo. Esta planta (*Scolymus hispanicus*) es muy frecuente en toda España. Seguro que la conoces porque es el único cardo que tiene flores amarillas, que duran además mucho tiempo. Se llama tagarnina en Andalucía y se echa al delicioso potaje que llaman berza gitana en Jerez, o berza jerezana o gaditana, así como a otros tipos de cocido. También se come en tortilla.

En el *Quijote* aparece la planta con el nombre de tagarnina. Hay un *sabroso* diálogo entre Sancho Panza, el escudero de don Quijote, y el escudero del Caballero del Bosque que hace alusión a la comida austera, casi diríamos silvestre, que deben llevar los caballeros, y a la comida que, por el contrario, les gusta a los escuderos, que no han hecho los mismos votos. Y no se parecen mucho las dos comidas.

Sancho Panza dice:

> Vuesa merced sí que es escudero fiel y legal, moliente y corriente, magnífico y grande, como lo muestra este banquete, que si no ha venido aquí por arte de encantamento, parécelo, a lo menos; y no como yo, mezquino y malaventu-

> rado, que solo traigo en mis alforjas un poco de queso, tan duro, que pueden descalabrar con ello a un gigante; a quien hacen compañía cuatro docenas de algarrobas y otras tantas de avellanas y nueces, mercedes a la estrecheza de mi dueño, y a la opinión que tiene y orden que guarda de que los caballeros andantes no se han de mantener y sustentar sino con frutas secas y con las yerbas del campo.

Y contesta el escudero del Caballero del Bosque con estas palabras:

> —Por mi fe, hermano [...], que yo no tengo hecho el estómago a tagarninas, ni a piruétanos, ni a raíces de los montes. Allá se lo hayan con sus opiniones y leyes caballerescas nuestros amos, y coman lo que ellos mandaren; fiambreras traigo, y esta bota colgando del arzón de la silla, por sí o por no; y es tan devota mía y quiérola tanto, que pocos ratos se pasan sin que la dé mil besos y mil abrazos.

Está claro que los escuderos eran más *neolíticos* que sus amos, más *paleolíticos*. Pero han aparecido en el diálogo una serie de frutos silvestres que merece la pena anotar: la algarroba, la avellana, la nuez y el piruétano, que es el fruto del peral silvestre.

Nuestros orígenes son africanos. En el bosque tropical no hay apenas cambios a lo largo del año. No todos los árboles fructifican a la vez, ni siquiera los de la misma especie, y los chimpancés, que son sobre todo frugívoros, tienen buenos mapas mentales en la cabeza para situar cada árbol en su sitio. No salen a ver qué encuentran, caminando al azar, sino que visitan los frutales de su territorio cuando están en sazón, porque los chimpancés solo comen los frutos maduros, no los verdes. Para eso hay que tener desarrollada la capacidad de *navegar* por el territorio, aunque sea en tierra.

Hay dos buenas razones para tener un cerebro grande y las dos tienen que ver con la complejidad de la información que procesa ese órgano, por otro lado tan caro. Un tipo de información compleja es la de carácter social, porque el comportamiento de los demás miembros del grupo cambia constantemente y es a menudo imprevisible. Y en los chimpancés, como en los humanos, se llega al poder a través de las alianzas, no por ser el más bruto del grupo. Como dijo el primatólogo neerlandés Frans de Waal, los chimpancés también hacen política.

Lo mismo sucede con los frutos maduros. No es un alimento que se encuentre por todas partes, como las hojas o la hierba, sino que aparece en paquetes. De cuando en cuando un árbol fructifica. Y cuando lo hace produce mucho alimento, de manera que congrega a toda la comunidad en sus ramas. La *verdura* que comen los gorilas es continua (en el tiempo y en el espacio) y la de los chimpancés es discontinua (también en el tiempo y en el espacio).

Pero esas dos buenas razones los chimpancés son tan inteligentes.

Una forma de averiguar lo que comían los neandertales y los cromañones (los *Homo sapiens* del Pleistoceno) es estudiar la composición a nivel atómico del colágeno (una proteína) de sus huesos, y así es como se ha comprobado que su dieta era esencialmente carnívora. Se han utilizado dos isótopos, uno del nitrógeno y otro del carbono. Las plantas fijan el nitrógeno atmosférico o lo obtienen del suelo y lo incorporan a sus tejidos. En los herbívoros, que se comen las plantas, la concentración de ^{15}N aumenta, y todavía lo hace más en los carnívoros, que se comen a los herbívoros. Es decir, cuanto más arriba está una especie en la pirámide ecológica, mayor es la concentración de ^{15}N. Y así es como sabemos que los neandertales eran muy carnívoros, porque el colágeno de sus huesos tenía valores altos de ^{15}N.

El otro isótopo del colágeno utilizado es el ^{13}C, del que acabamos de hablar a propósito de los dos tipos de plantas que hay en África, las C_3 y las C_4, y la alimentación y el hábitat de los primeros homininos. En Europa solo hay plantas comestibles de las primeras, pero los isótopos estables del carbono también son útiles para ver si se consumían recursos marinos o terrestres, porque los valores de ^{13}C son mayores entre los consumidores de productos marinos. Y ha resultado que los neandertales eran muy carnívoros, pero de animales terrestres. En cambio, los primeros *Homo sapiens* de Europa (hace entre 40.000 y 27.000 años) tenían una alimentación más variada, porque el rango de valores del ^{15}N y del ^{13}C es más amplio.

Pero los neandertales también comerían vegetales, porque se necesitan hidratos de carbono. Cuando escasean en la dieta el cuerpo avisa y se experimenta *hambre de hidratos de carbono*, como si la carne no nos saciara. Los inuit que vivían en las regiones más desoladas y con menos vegetación se alimentaban casi exclusivamente de carne y pescado, y por eso la piel y el hígado de las ballenas, con alto contenido de glucógeno, les parecían una golosina.

Pero no hay que exagerar en la comparación. Los neandertales no eran inuit y no vivían en las mismas condiciones porque carecían de la tecnología que ha hecho posible la vida en el ártico (los trineos, los kayak, etc.).

El glucógeno es la manera de acumular hidratos de carbono que tienen los animales. Las plantas guardan sus reservas de alimento en forma de fécula o almidón, que también es un polisacárido (un hidrato de carbono complejo, a diferencia de los *azúcares*, como la glucosa y la fructosa, que son monosacáridos, hidratos de carbono simples). Y sorprendentemente el almidón se conserva en forma de granos en el sarro de los dientes durante miles de años, de forma que es posible saber de este modo qué vegetales comían las especies fósiles, porque los granos de almidón varían según las especies.

Así se ha podido averiguar que los neandertales de un yacimiento de Bélgica (Spy) comían juncos churreros, como lo hacía hasta hace poco la chiquillería española mordiendo la base blanca de las hojas del junco y masticando el rizoma enterrado.

Y otros neandertales, estos de Irak (Shanidar), se alimentaban de dátiles. No sé si se subirían a la palmera datilera a por ellos: esta es una escena que nunca he visto representada por los paleoartistas.

En España y otras partes del Mediterráneo tenemos una palmera mediterránea a la que llamamos palmito (*Chamaerops humilis*). Se trata de la única palmera europea autóctona y se comen tanto los cogollos como los dátiles. Tal vez los neandertales lo hicieran también, y en este caso sin necesidad de trepar, dado el pequeño porte de los palmitos.

Y los dátiles nos llevan al mundo de los frutos, seguro que una fuente de alimentación muy importante en los ecosistemas europeos, de la que se aprovechan muchas especies omnívoras como lo somos nosotros, y estoy pensando en los jabalíes y en los osos, de los que podemos aprender muchas cosas en cuanto a la alimentación pese a estar tan lejos evolutivamente hablando.

En los dos casos se trata de especies que pueden pasar tranquilamente de los 100 kilos, es decir, de un peso similar o incluso mayor que el nuestro. ¿Cómo hacen para alimentar un cuerpo tan grande? ¿Y cómo lo hacían los gigantescos osos de las cavernas, algunos de más de media tonelada?

Los ecosistemas europeos son marcadamente estacionales, porque hay cuatro estaciones muy diferentes. En primavera explota la vida y hay mucha renovación vegetal y muchas crías por todas partes; es la estación de la paridera, el tiempo en el que se pare. Su color es el verde más brillante que pueda haber, el más *clorofílico*.

Por eso hay también abundante caza, que se prolonga en el verano, cuando se van secando los ríos y agostando los pastos; el color predominante es ahora el amarillo.

El otoño es la época en la que se marchitan y caen las hojas de los árboles en el bosque atlántico. Pero de los árboles caen también los frutos. Un abundante maná lleno de calorías. Su color es el del castaño de las hojas y de las castañas. Es la montanera, como decimos en España, porque es el tiempo en el que el ganado de cerda está pastando y se alimenta de hayucos, castañas o bellotas. Y lo mismo hacen los jabalíes en el bosque. El otoño es para los mamíferos vegetarianos la estación pródiga del año, cuando más comida hay por nuestras tierras. Es la oportunidad de acumular reservas para pasar la peor estación del año. El crudo invierno. Y en la época de las glaciaciones el invierno era largo, muy largo, y no se le veía un final.

En el invierno no hay nada. Ni pastos ni fruto. Su color es el blanco de la nieve. Es la época del silencio blanco. La vida calla.

Eso quiere decir que, al ser el clima estacional, los frutos solo están disponibles en una parte del ciclo anual, que va desde finales del verano hasta finales del otoño. Y eso es muy malo para un primate frugívoro. Por esta razón, los únicos monos que conocieron los neandertales fueron los macacos que hoy viven en las montañas del Atlas norteafricano. Y en Gibraltar, pero ahí han sido introducidos.

Sin embargo, en los yacimientos europeos son frecuentes hasta que llegan los fríos de la última glaciación. En realidad el macaco de Berbería es una especie mediterránea, que seguramente ha estado entrando y saliendo de Europa con el vaivén de las glaciaciones.

¿Pero qué frutales naturales existen en la península ibérica? Hay manzanos silvestres, llamados maíllos, y perales silvestres, llamados piruétanos, pero no tienen nada que ver con los cultivados, que son los que se comen los osos, los muy listos. Ya hemos visto que al escudero del Caballero del Bosque los piruétanos no le hacían gracia.

Lo mismo sucede con los cerezos, que son los primeros frutales que dan comida, pero hay pocos cerezos silvestres y no se pueden comparar en carnosidad con los cultivados. Europa, en definitiva, no es un buen continente para primates. Pero lo fue. Acordaos del tiempo, hace millones de años, en el que había grandes simios en las selvas europeas.

Cuando pienso en las glaciaciones y en cómo se adaptarían a un mundo tan frío los neandertales y los cromañones me vienen a la cabeza los inuit (llamados esquimales por los occidentales). No todos vivían en regiones desarboladas de tundra y algunos habitaban los bosques de coníferas, la taiga. En particular he aprendido mucho de un libro que se llama así: *Los esquimales de bosque*, publicado en el año 1956. Trata de una comunidad que vivía junto al río Kobuk, en Alaska.

El libro nos cuenta cómo era la vida de estos inuit del bosque en los años ochenta del siglo XIX, justo antes de que entraran en contacto con los occidentales. La información se recogió en los años cuarenta del siglo XX de tres ancianos y una anciana que estaban entonces en sus años setenta y ochenta. Es decir, hablaban de una época que conocían bien porque cuando llegaron los primeros europeos ya eran adultos, y por lo tanto podemos considerar sus recuerdos plenamente fiables.

Yo mismo podría contar cómo era la España anterior a la llegada de los tractores, la España del arado romano y las carretas de bueyes, y cómo se transformó rápidamente en los años sesenta del siglo pasado. Se ha dicho que la España rural cambió menos desde los romanos a 1960 que de 1960 a 1970. Es un poco exagerado, pero hay algo de cierto en todo ello.

Estos inuit dependían mucho de los salmones, que capturaban en el río con redes durante la freza en el verano y luego ponían a secar para que la carne durara el resto del año.

Se trataba de una actividad exclusivamente femenina porque los hombres partían para cazar en ese tiempo. Volverían al final del verano cargados con las pieles de los animales cazados, pero no con su carne, que no tenían modo de conservar.

Es decir, que las mujeres aportaban la comida y los hombres las pieles para el vestido. Ahora se escribe mucho acerca de la caza de las mujeres en la prehistoria, pero creo que se debe tratar el tema en toda su complejidad. Porque así es mucho más interesante. En este caso, por ejemplo, los hombres cazaban y las mujeres pescaban. Y cuando llegaban los renos durante la emigración, toda la tribu participaba.

En el mes de agosto las mujeres también recolectaban arándanos azules y rojos, que introducían en una cesta hecha de corteza de abedul. La técnica de recolección consistía en arrimar la cesta y sacudir las ramitas del arbusto. Los arándanos eran luego conservados para el invierno en aceite o semisecos.

Cuando las mujeres llegaban a donde estaban los arándanos a veces se encontraban con que ya habían pasado por allí los osos negros y se habían dado un festín. Como dije antes, los osos y los humanos tenemos muchos puntos en común en cuanto a la alimentación. Que se lo digan a los asturianos, montañeses y leoneses, que tienen a los osos pardos de vecinos comiéndose sus manzanas y, cuando pueden, también sus panales de miel, como si fueran de la familia.

Desde hace ya algunas décadas en España se han puesto de moda los llamados «frutos del bosque». En inglés se llaman *berries* y también se han traducido como «bayas» —a pesar de que no todos lo son hablando como un botánico— o «frutos rojos», aunque tampoco son todos de este color.

En ese saco de los «frutos del bosque» se pueden meter los arándanos azules y rojos que recolectaban las mujeres inuit mientras los maridos estaban de caza y otros frutos de los que voy a hacer una lista sucinta: la fresa silvestre, la zarzaparrilla, la frambuesa, la zarzamora, el madroño, el majuelo, los escaramujos, la endrina y las propias cerezas. Todas estas *bayas*, y otras que se comen menos, tienen en común que no hay que trepar muy alto para conseguirlas y que son silvestres.

Todos hemos comido por lo menos las zarzamoras, así que algo paleolíticos seguimos siendo.

Ahora se cultivan los frutos del bosque en huertos y uno puede ir paseándose con una cesta recogiendo estas *berries*. Es una manera de recordar un pasado en el que comíamos vegetales silvestres.

Lo mismo puede decirse de las setas, que tanta gente mueven en el otoño, hasta el punto de que ha habido que crear cotos para setas. Es como si el urbanita suspirara por ser, al menos durante un breve tiempo, un recolector prehistórico.

Las castañas han matado mucha hambre en España, sobre todo antes de que llegara la patata de América. Son muy sabrosas y energéticas, pero cada vez se comen menos. Hay disputas acerca de si había castaños naturales en el Pleistoceno. Es posible, pero los grandes castañares que conocemos han sido plantados desde la época romana para alimentar a las personas y al ganado. Algo parecido sucede con el nogal.

Seguro que los neandertales y los cromañones comían avellanas, y bien ricas que están, y los piñones del pino piñonero.

Pero el fruto por excelencia de la Hispania mediterránea es la bellota. No siempre dan bellotas las encinas, porque este es un árbol *vecero*, como se dice. Se trata por lo tanto de un recurso muy irregular, pero en los años buenos una encina puede producir cientos de kilos de bellota en una sola temporada.

Como las bellotas son dulces se ha pensado que el hombre ha intervenido de alguna manera, seleccionando aquellos pies que las producen más dulces en perjuicio de las amargas.

El caso es que la bellota era muy consumida antes de los romanos por los pueblos de la Península. Se hacía harina de bellota y con ella tortas. Luego se ha abandonado su uso en la alimentación humana porque la gente prefiere la harina de trigo (excepto los celíacos, claro).

Pero siempre quedan tradiciones vivas que conservan viejas costumbres. Dando una vuelta por internet he podido observar que todavía se hacen platos con harina de bellota. Nunca he probado ninguna torta o tarta de bellota, pero me propongo hacerlo.

HOMO SAPIENS, VETE A CASA

Los humanos somos simios africanos, la tercera especie de chimpancé, podríamos decir. Nuestro origen está pues en el continente africano, de donde nuestros antepasados salieron una y otra vez. Todos somos africanos. Pero antes de ir a África a buscar los huesos de los primeros *Homo sapiens* me gustaría recapitular un poco lo que ya sabemos y volver brevemente al concepto de *mosaico evolutivo*, que es uno de los temas principales del libro y por eso insisto tanto. Tomáoslo como un descanso antes de que os hable, en este mismo capítulo, de mitocondrias y de ADN, temas un poco más técnicos. Aunque la verdadera protagonista será una microbióloga a la que admiro mucho.

Llevamos un tiempo hablando de la evolución humana en Europa, desde los primeros pobladores de nuestro continente hasta los neandertales. A estos los podemos considerar la verdadera especie autóctona europea. Los auténticos europeos. Los europeos *fetén*, como se decía antes.

Los europeos anteriores a los neandertales habían llegado de África, como vimos, y los siguientes, que somos nosotros, también hemos llegado de África, como veremos.

Tanto es así que para las excavaciones que llevamos a

cabo en Pinilla del Valle, en la sierra de Madrid, nos hemos encargado una camiseta con mucha intención. Son estos unos yacimientos de neandertales de los que hablaremos largamente en su momento. Allí vivieron muchos miles de años a sus anchas, porque el valle alto del río Lozoya, donde se localizan sus cuevas, era un buen cazadero y un lugar abrigado de los vientos heladores de las mesetas, sobre todo durante las glaciaciones.

Cada año buscamos un motivo diferente para la camiseta del equipo, y en la de hace dos años aparecía un neandertal que manda con la mano detenerse a un *Homo sapiens* con mochila de turista y le dice: «*Europe for Neandertals. Sapiens go home*».

Como ya sabemos, los *Homo sapiens* no se volvieron a su casa africana sino que se extendieron por todo el planeta llegando hasta el último rincón terrestre, menos a la Antártida, que es el único continente deshabitado.

Hemos visto aquí que los primeros fósiles neandertales, o mejor, los primeros restos identificables como pertenecientes a la línea de los neandertales son los esqueletos de la Sima de los Huesos en la sierra de Atapuerca.

Gracias a este yacimiento sabemos que en el proceso de *neandertalización* (pido perdón por la palabra) algunos rasgos aparecieron antes que otros. A ese modelo se lo llama, como sabéis de sobra, *evolución en mosaico* y es probable que sea el modelo más común en la evolución de las especies en general. Pero hay que demostrarlo, y en eso estamos los paleontólogos que nos interesamos por los procesos evolutivos.

¿Cómo fue la evolución de las aves, o la de los cetáceos, o la de los murciélagos, o la de los elefantes? ¿Todos los elementos del diseño biológico de estos tipos de organismos evolucionaron a la vez, de la mano, poco a poco? ¿O quizás unos caracteres lo hicieron antes que otros?

Estos son los problemas a los que se enfrenta la biología evolutiva, que se propone entender cómo se desarrolla la evolución en el tiempo geológico. No las anécdotas, los cambios menores entre especies muy parecidas, sino las líneas maestras de la historia de la vida.

Por eso merece la pena que nos detengamos un momento a pensar. La evolución humana, en sus rasgos mayores, ¿es de tipo mosaico? En líneas generales podríamos decir que sí, porque la adquisición de la postura bípeda y de la mano hábil se produjeron más o menos a la vez, según nos dicen las dataciones con las que contamos. Y el que aparecieran a la vez nos lleva a pensar que la mano y el pie, la postura y el agarre, están relacionados, aunque está por ver cómo exactamente. Seguro que a vosotros mismos se os ocurren varias ideas al respecto.

En cambio, el cerebro cambió más lentamente.

Estoy pensando en los australopitecos, que cuentan con fósiles de hace más de cuatro millones de años. La anatomía de su esqueleto y las icnitas de Laetoli nos indican que su modo de caminar era muy parecido al nuestro. No igual del todo, seguramente, porque el dedo gordo del pie tenía más movilidad que el nuestro, como vimos, pero podemos considerar las diferencias en la forma de andar como menores.

Por otro lado, las manos de los australopitecos (y parántropos, que algunos autores consideran solo australopitecos especializados) tenían capacidades para la manipulación fina, es decir, de objetos pequeños, muy parecidas a las nuestras.

Es verdad que las piernas de los australopitecos (y parántropos) eran más cortas que las nuestras y su zancada, por lo tanto, más pequeña. No caminarían largas distancias habitualmente. Y las falanges de los dedos de manos y pies estaban curvadas, lo que indica que trepar bien a los árboles todavía les resultaba útil.

En cambio, su cerebro era mucho más pequeño que el nuestro, aunque algo mayor que el de un chimpancé. Lo que quiero decir es que los australopitecos (y parántropos) se parecían mucho más a nosotros que a los chimpancés en el esqueleto del cuerpo, y mucho más a los chimpancés que a nosotros en el cerebro. Su desarrollo también se parecía mucho más al de los chimpancés. Crecían al mismo ritmo y casi con el mismo patrón de desarrollo que los chimpancés.

Es decir, los australopitecos (y los parántropos) no son intermedios entre nosotros y los chimpancés en todo. Son casi como nosotros en el cuerpo y casi como los chimpancés en el cerebro y en el desarrollo. Eso es evolución en mosaico.

Pero además los australopitecos tenían unas muelas realmente grandes, es decir, una gran superficie de masticación. Trituraban el alimento, que necesariamente tenía que ser vegetal porque la carne se corta, no se muele ni se tritura, y eso se refleja en los huesos de la cara y de la mandíbula.

En los parántropos la *megadoncia* (el gran tamaño de las muelas) es aún mayor, así como la robustez de la cara, de la mandíbula y de los músculos que cierran la boca. En eso no se parecen ni a los chimpancés ni a nosotros, porque las muelas no son grandes en ninguno de los dos casos. Los chimpancés se alimentan de frutos maduros, blandos, y de *verdura*, y no tienen por lo tanto que triturar, y nosotros tampoco.

Australopitecos y parántropos son un buen ejemplo de cómo evolucionan las especies y de cómo hay que entenderlas, porque son un mosaico de rasgos primitivos, de rasgos modernos y de rasgos propios, desarrollados por su cuenta y no compartidos con nadie. Ninguna especie viviente es primitiva en todo, y por eso es un error hacer un árbol de la evolución utilizando especies vivientes. Eso se hacía antes, cuando apenas había fósiles. Pero la tentación de ver a los chimpancés como nuestros antepasados persiste, y hay que combatirla. Tienen razón los descubridores de Ardi cuando dicen que los chimpancés no son unos simios primitivos, sino que están muy especializados en la vida en el bosque (y hay razones para pensar que sus antepasados *se internaron en la selva* para no competir con los nuestros).

Todo esto nos lleva de vuelta a los neandertales, que también son un mosaico de rasgos arcaicos, modernos y propios. Lo que tienen de especial los neandertales, como ya se ha dicho, es una cara apuntada, es decir, en forma de cuña. Es como si la nariz y las muelas hubieran avanzado hacia adelante, dejando los pómulos atrás. ¿Os lo imagináis?

Esa conformación ya se puede reconocer en la Sima de los Huesos aunque todavía no se vea tan exagerada como en los últimos neandertales.

Los neandertales tienen también un cerebro enorme pero que ha crecido en dos ejes sobre todo: el eje anterior y el eje transversal, es decir, de delante a atrás y de lado a lado. En cambio, el crecimiento es menor en altura, lo que hace que la bóveda craneal sea baja, y la frente plana (*huida*), no vertical como la nuestra. *Frontón* y *frente* tienen la misma raíz. No tenéis más que mirar de perfil a la persona que se encuentre más cerca para daros cuenta de lo que significa una frente vertical como una pared. Y en eso somos únicos los humanos modernos. No en el volumen de nuestro cerebro, sino en su forma. El problema es que no sabemos qué significa en términos cognitivos (de *pensamiento*) esa diferencia de forma, si es que significa algo.

Pero al menos creo que puedo decir algo al respecto. El que el cerebro haya crecido de modo diferente en los neandertales y en los humanos modernos me lleva a pensar que se trata de evoluciones independientes, historias que se han desarrollado en continentes separados. Y dos evoluciones separadas pueden producir resultados algo diferentes en la función de ese órgano tan singular que es el cerebro.

El cerebro de los neandertales no es un cerebro primitivo, porque ni en el tamaño ni en la forma es como el del *Homo erectus*. Es un cerebro tan grande como el nuestro pero con forma propia, sobre todo en el gran desarrollo hacia atrás del lóbulo occipital. Ahora bien, recordaréis que cuando una especie *crece* o *decrece* evolutivamente no se mantienen las proporciones, y que a ese fenómeno se le llama *alometría*. Hay autores que han llegado a la conclusión de que el cerebro del neandertal es en realidad el de un *Homo erectus* que ha crecido *alométricamente*, cambiando las proporciones de sus diferentes lóbulos. Habrá que seguir estudiándolo, pero el tema es muy interesante.

Pues bien, en la forma del cerebro y de la caja craneal los fósiles de la Sima de los Huesos no son todavía como los neandertales *clásicos* (aclararé este concepto más adelante en el libro). Tenemos por lo tanto en el cráneo de la Sima de los Huesos un mosaico de caracteres. La cara es muy neandertal pero el cerebro todavía no. O no tanto. Como la colección de cráneos (y por lo tanto de cerebros) de la Sima es muy amplia, seguiremos investigando y seguro que podemos decir pronto mucho más.

Y ahora nos preguntamos por la evolución del *Homo sapiens*. Reconozco que en esto hay un debate y no nos ponemos de acuerdo los investigadores. Pero me parece un debate muy interesante, que me gusta compartir con el público en general. Para unos la especie humana es una más, un homínido más, una variante dentro de la limitada diversidad del género *Homo*. Esencialmente, un *Homo sapiens* sería lo mismo que un neandertal o un denisovano, algo incluso no muy diferente de un *Homo erectus*.

Más aún, puesto que muchos humanos modernos son portadores de genes neandertales y denisovanos, en realidad seríamos la misma especie que ellos.

Yo no lo creo así. A mí me parece que físicamente el cuerpo de la humanidad moderna representa un diseño biológico nuevo, un diseño revolucionario, podríamos decir. De cuello para abajo se trataría de un diseño adaptado a recorrer largas distancias con poco gasto energético. Un diseño biomecánicamente muy eficiente. Biotecnología de alta precisión.

El diseño de los neandertales, denisovanos y *Homo erectus* sería por el contrario un diseño mucho más idóneo para los esfuerzos explosivos, al ser más ancho y con más musculatura. Más fuerte, en definitiva, pero menos resistente. Más preparado para el trabajo anaerobio que los humanos modernos, que a cambio tendríamos más fondo.

Algunos piensan que este diseño ideal para largos desplazamientos apareció con *Homo erectus*, y que la gran corpulencia de los neandertales sería una adaptación de estos aborígenes europeos a los climas fríos de los tiempos de las glaciaciones, la Edad del Hielo. Una adaptación ártica, por lo tanto.

En Atapuerca pensamos lo contrario. La corpulencia es característica del *Homo erectus* y la heredaron los neandertales, mientras que nosotros nos hemos desprendido de ella en aras de una mayor resistencia física.

De ser cierto nuestro punto de vista, habría que concluir que el parto nunca ha sido tan doloroso como en la especie humana actual, porque a un cerebro muy grande se unen unas caderas estrechas por razones biomecánicas.

De los denisovanos aún no os he hablado, pero no os preocupéis porque tengo cosas muy importantes que contaros. Se han hecho recientemente descubrimientos extraordinarios.

Los fósiles más antiguos que se atribuyen a la especie *Homo sapiens* son los del yacimiento marroquí de Jebel Irhoud, fechados en torno a los 300.000 años. Se han encontrados restos de diferentes individuos de los que se ha dicho que son «la Sima de los Huesos africana». Es decir, así como en la cueva burgalesa se reconocen los primeros neandertales, en la marroquí veríamos a los primeros humanos modernos.

Pero yo no estoy de acuerdo. La mandíbula de Jebel Irhoud no tiene mentón, y ese es un rasgo distintivo de la especie humana actual. Y la frente no es vertical como la de vuestro vecino de al lado, al que habéis estado mirando antes de perfil. Además Jebel Irhoud tiene un grueso toro supraorbitario, que no sería un problema si los otros dos rasgos fueran modernos.

Pero los tres caracteres juntos —ausencia de mentón, frente baja y grueso toro supraorbitario— me parecen demasiados para dar entrada a estos fósiles en la especie humana actual, el *Homo sapiens*.

Aceptamos sin problemas que el *Homo sapiens* evolucionó a partir de una población con las características de los fósiles marroquíes, pero estos todavía no son *Homo sa-*

piens en sentido estricto. Para encontrarnos con ellos, con los primeros de los nuestros, en Etiopía, tendremos que esperar otros 100.000 años.

Pero ahora vamos a dejar los huesos por un tiempo para hablar de células, orgánulos y moléculas.

Todos los años, cuando me toca hablar de la mitocondria en las asignaturas de evolución humana que imparto, me hago la misma pregunta: ¿se lo cuento, o no se lo cuento?

A vosotros os lo voy a contar porque me parece una historia fascinante en la que aparece además una gran científica a la que he tenido el privilegio de conocer. Y me considero muy afortunado por ello.

La mitocondria es un orgánulo de nuestras células, y muy importante además, porque produce la energía celular por medio de la combustión lenta de la materia orgánica, es decir, por medio de la oxigenación.

La mitocondria es como la batería o más bien como la central energética de la célula. Los órganos de las células se llaman *orgánulos* porque reservamos la palabra *órgano* para referirnos a los seres multicelulares, como las plantas, los hongos y los animales. Un órgano está hecho de células especializadas, es decir, de tejidos. El hígado, los pulmones y el cerebro son órganos.

Los orgánulos, en cambio, no están hechos *de* células, sino que están *dentro* de la célula, concretamente en el citoplasma. Recordad que una célula se compone de núcleo y de citoplasma. El núcleo contiene los cromosomas y está rodeado de la membrana nuclear. La célula en su conjunto está rodeada por la membrana celular, que la separa del medio; aunque es una membrana semipermeable, que deja pasar unas moléculas sí y otras no, selectivamente.

Todo esto vale para las llamadas células complejas (o *eucariotas*), las de los organismos pluricelulares (animales, plantas y hongos). Y también para las de los protozoos de toda la vida, como las amebas y paramecios de la escuela, que ahora se llaman *protistas*. Estos últimos son organismos formados por una sola célula, pero con núcleo. Organismos sin órganos, pero con orgánulos (parece un trabalenguas, ¿no?).

Lo dicho no vale para las bacterias, que no tienen membrana nuclear ni orgánulos, pero eso sí, contienen ADN en un cromosoma circular único. Y de este modo, sin darnos cuenta, hemos recorrido los cinco reinos del mundo viviente: animales, plantas, hongos, protistas y bacterias. A los que habría que añadir las *arqueas* (antes llamadas *arqueobacterias*), que como las bacterias son organismos sin membrana nuclear ni orgánulos (técnicamente hablando, *procariotas*).

En esta clasificación moderna de la vida en cinco o seis reinos (los mayores recordarán que antes solo se hablaba de dos reinos: animales y vegetales) tuvo mucha participación una microbióloga estadounidense llamada Lynn Margulis, ya fallecida, a la que traté en diferentes ocasiones porque venía a España muy a menudo.

Una vez nos visitó en el yacimiento de Atapuerca durante la campaña de excavaciones veraniega y luego yo la acompañé al Departamento de Paleontología de la Universidad Complutense de Madrid para ver los fósiles humanos que estábamos estudiando allí. Creo sinceramente que debería haber una placa en la puerta de aquel despacho o en la puerta del antiguo Departamento de Paleontología, pero no por mí, sino recordando la visita de la investigadora norteamericana.

Fue una verdadera pena que Lynn no obtuviera el Premio Príncipe de Asturias (entonces se llamaba así) porque se lo merecía y habría engrandecido el galardón.

Quizás su mayor aportación a la biología fue la teoría de la *simbiogénesis sucesiva*, que paso a explicar a continuación. Y no temáis que me pierda en estos vericuetos, por otro lado tan interesantes, porque todo esto nos llevará de vuelta a la evolución humana.

Como he dicho antes, en las bacterias no hay separación entre el núcleo y el citoplasma, pero eso no significa que no tengan la misma molécula de la herencia que el resto de los seres vivos: el ADN.

Y ahora os daré un dato que seguro que os sorprenderá: las mitocondrias también tienen ADN, el llamado *ADN mitocondrial*.

Es decir, las mitocondrias de nuestras células se parecen a nuestras bacterias. Sin ese ADN mitocondrial no podrían ser nuestras fábricas de energía celular.

Si ahora os digo que las bacterias fueron los primeros seres vivos que hubo, y que durante tal vez 2.000 millones de años no existieron otros seres vivos en las aguas de este planeta, puede que vosotros lleguéis a la misma conclusión que Lynn Margulis: las mitocondrias son antiguas bacterias que ahora viven por miles en el interior de nuestras células, donde se reproducen por su cuenta como si todavía fueran bacterias de vida libre.

Pero no están atrapadas dentro de la pared celular y aguardando cualquier oportunidad para escapar, ni infestan nuestras pobres células y se aprovechan de ellas, sino que viven *felices* porque la relación es de un tipo que se llama en biología *simbiosis*; es decir, de beneficio mutuo, para la célula y para la bacteria. La simbiosis es tan completa que la mitocondria no podría vivir sola, ni tampoco la célula podría prescindir de sus miles de mitocondrias. Se quedaría sin energía inmediatamente.

Las plantas, por cierto, además de mitocondrias tienen unos orgánulos llamados *cloroplastos*, que son los que realizan la fotosíntesis. Los cloroplastos tienen su propio ADN y procederían, según la teoría de Margulis, de un tipo de bacterias capaces de hacer la fotosíntesis, que no es otra cosa que producir materia orgánica a partir del agua y del dióxido de carbono (CO_2) utilizando la energía solar. Como subproducto se genera O_2, el oxígeno.

Estas bacterias fotosintéticas son las *cianobacterias*, a las que debemos mucho porque fueron ellas las que crearon la atmósfera rica en oxígeno en la que vivimos y respiramos. Sin oxígeno no habría animales y no estaríamos nosotros escribiendo y leyendo libros.

Lynn Margulis iba más allá y pensaba que la simbiogénesis demostraba que la evolución está basada en la cooperación, y que no es la competición lo que predomina. ¡Cuántas veces se lo habré oído contar!

Se ha querido contraponer esta idea de Margulis a la de Darwin, que defendía el mecanismo de la selección natural para explicar la evolución. Pero yo no creo que Darwin defendiera que la competición sea el motor de la evolución. Ni siquiera creo que la evolución fuera su preocupación principal. Simplemente la daba por hecho a la vista de la biogeografía de las especies y de los datos de la paleontología. Nuestros ancestros están ahí, enterrados o encerrados en las rocas. Caminamos sobre los cadáveres de nuestros antepasados.

Lo que a mi entender le preocupaba a Darwin era la adaptación, es decir, cómo es posible que las especies estén tan maravillosamente adaptadas a su modo de vida, cada una al suyo particular, a su nicho ecológico, como decimos hoy en día.

Y es en relación con la adaptación para lo que la selección natural sigue siendo, estoy convencido, la única explicación científica.

El ADN es un sistema de información del tipo que llamamos digital. No solo son digitales nuestros móviles, nuestros ordenadores, nuestras cámaras de fotos y nuestras televisiones.

También lo es el ADN, aunque en lugar de ser binario como nuestra informática, con solo dos posibilidades: cero y uno, sea cuaternario, con cuatro posibilidades, cuatro *dígitos*, que son las cuatro letras del alfabeto genético: A, T, C y G.

Estas letras no son de verdad, es decir, no hay letras escritas en el ADN, sino unas moléculas llamadas por los biólogos moleculares *adenina*, *timina*, *citosina* y *guanina*. A, T, C y G son sus iniciales.

Se puede escribir un texto solo con ceros y unos, o con cuatro letras, o con 27 letras, como nuestro alfabeto. Pero todos son sistemas digitales de guardar información.

Una vez que conocemos la estructura molecular del ADN falta por conocer el código genético (no es lo mismo un alfabeto que un código). Os lo diré de manera muy simplificada. Los genes prescriben proteínas, que son unas moléculas extraordinariamente complejas que están hechas de cadenas de aminoácidos que adoptan una estructura 3D (las propiedades de las proteínas no dependen solo de la secuencia de aminoácidos, sino también de la forma de plegarse que tiene la cadena).

Cada tres letras del alfabeto ATCG codifican un aminoácido. Estos tripletes codificantes se llaman *codones*. Pero como hay más combinaciones de tres letras (64) que aminoácidos (20) algunos tripletes codifican el mismo aminoácido (o codifican *para* el mismo aminoácido, como también se dice). Son *codones sinónimos*.

Hay tres aminoácidos que están codificados por seis codones diferentes cada uno. De hecho solo dos aminoácidos están codificados por un solo codón. Para ser más precisos, 61 tripletes codifican aminoácidos (y uno de ellos es además el codón de inicio de *lectura*) y otros tres son codones de finalización de *lectura*. Como un mismo aminoácido puede ser codificado por más de un triplete se dice que el código genético es *degenerado*.

No hace falta que os quedéis con todo lo que he dicho, solo pretendía que entendierais cómo funciona el código genético, porque ahora viene lo que me asombra a mí particularmente y me da que pensar: ¡el código genético es universal para todas las especies!

Volviendo a los fósiles, este de los genes y las proteínas es un tema que apareció insinuado en su momento, cuando dije que quizás algún día podamos estudiar la proteómica del Hombre de Flores, es decir, sus proteínas, ya que su ADN de momento no se ha podido recuperar. Y volveré a hablar del ADN mitocondrial y de la proteómica cuando os desvele el rostro secreto de los misteriosos denisovanos, que seguramente estáis esperando conocer, en el próximo capítulo. Los he mencionado ya junto con los neandertales y el *Homo sapiens*, como si formáramos un trío. Y el caso es que lo formamos, porque aparecimos en la evolución casi a la vez, evolucionamos en diferentes continentes del Viejo Mundo, y ya solo quedamos nosotros, pero con algunos genes de las otras dos especies dentro (si las consideramos como tales).

Richard Dawkins escribe que habría que elevar por encima de todos los científicos a James Watson (norteamericano) y Francis Crick (inglés), los descubridores en el año 1953 de la estructura molecular del ADN. De este modo demostraron que no hay nada que no pueda entenderse en la herencia biológica, que se basa simplemente en un sistema de información digital. Como los de nuestros móviles, nuestros ordenadores o nuestras máquinas de fotos.

Antes de ese descubrimiento se habían invocado *teorías vitalistas*, que venían a decir que las propiedades de la vida no se pueden entender solo a partir de la materia. Tenía que haber *algo más* en los seres vivos, un *algo* que no es material sino misterioso. Un *impulso* o *principio vital*, por llamarlo de alguna manera.

Ese tipo de pensamiento mágico expresado con el «tiene que haber algo más» ha encontrado su último refugio en la mente humana, que efectivamente todavía no entendemos. Ni siquiera sabemos cómo se producen nuestras sensaciones y nuestros sentimientos particulares, es decir, nuestra subjetividad, nuestra *vida interior*. Pero tampoco se entendía la herencia biológica antes del año 1953. De este tema os hablaré en su momento.

Con cuatro tipos de letras se escriben textos larguísimos. En la jerga de la genética estas letras se llaman bases nitrogenadas (o nucleobases) y se cuentan por pares. Explicar esto me obligaría a meterme de lleno en la biología molecular y prefiero no entrar en ese jardín. Pero quizás os dé una pista saber que la molécula del ADN tiene una estructura de hélice doble, es decir, está formada por dos hebras que se retuercen como una escalera de caracol. Eso hace posible que el ADN pueda replicarse, y que de una célula salgan dos con la misma información genética.

Pues bien, toda la información que contiene el ADN mitocondrial humano y sirve para producir la energía celular tiene unos 16.000 pares de bases (redondeando), mientras que el ADN nuclear tiene unos 3.000 millones, repartidos en 23 pares de cromosomas.

Lo que quiere decir que es más fácil (y más barato) conocer tu ADN mitocondrial que tu ADN cromosómico.

Me imagino que a estas alturas entenderéis por qué me asalta la duda en clase cuando llego a la parte del ADN mitocondrial, tan importante en los estudios de evolución humana. Es un poco complicado, lo sé. Pero ya que he llegado hasta aquí voy a seguir un poco más porque todos los seres humanos tenemos una especie de madre, y esa *madre* se llama *Eva mitocondrial*. Muy fuerte, ¿no?, eso de que tanto un africano de Namibia como un coreano, un papúa de Nueva Guinea, un boliviano, un pakistaní o yo mismo descendamos de una misma mujer. Pero es así. De esa mujer y de muchas otras, pero esa madre ancestral la compartimos todos los mortales, y las otras madres en cambio no son universales.

Lo voy a explicar porque es completamente cierto. Lo primero que hay que saber es que las mitocondrias se heredan por vía materna, es decir, con el óvulo. El espermatozoide es mucho más pequeño, aunque también tiene algunas mitocondrias en el flagelo, ya que necesita energía para llegar *agitando su cola* hasta el óvulo, que es su diana. Pero por lo general solo la cabeza del espermatozoide entra en el óvulo en el acto de la fecundación. El flagelo se pierde y las mitocondrias del espermatozoide no pasan al interior del óvulo.

Cuando el zigoto, o célula huevo, es decir, el óvulo fecundado, empieza a dividirse, en el embrión solo hay mitocondrias maternas. Las mismas en todas las células.

Pues bien, existen muchos linajes mitocondriales en la especie humana. No es exactamente igual el ADN mitocondrial en todas las poblaciones, sino que varía dentro de los límites de la especie. De hecho puede utilizarse para conocer la procedencia geográfica de una persona.

Es posible reconstruir el proceso de separación de los diferentes linajes mitocondriales actuales y así es como se llega a la Eva mitocondrial, que vivió en el África subsahariana hace entre 150.000 y 200.000 años.

Eso no quiere decir que solo existan genes de esa mujer en la humanidad actual porque lo que cuento se aplica exclusivamente al ADN mitocondrial. Tenemos en nuestros cromosomas genes de muchos hombres y de muchas mujeres de la población a la que perteneció la Eva mitocondrial. Con todo, no era una gran población, solo unas decenas de miles de personas.

Para entenderlo mejor pensad en vosotros mismos. Tenéis cuatro abuelos. Todos ellos han aportado material genético a vuestros cromosomas, pero el ADN de vuestras mitocondrias procede exclusivamente de la madre de vuestra madre. Y ahora pensad en vuestros ocho bisabuelos. Todos ellos han contribuido a vuestros genes, pero el ADN mitocondrial de vuestras células solo procede de la madre de la madre de vuestra madre, es decir, de vuestra bisabuela por vía materna.

Otra forma de verlo es pensando en el primer apellido. En España hasta hace poco tiempo era el apellido del padre por ley. Y el más frecuente, con mucha diferencia, es García. Todos los que lo llevan en principio descienden de un García ancestral. Eso no quiere decir que no hayan contribuido otros hombres a su lista de apellidos, pero como lo han hecho a través de sus hijas no aparecen en primera posición.

Como los apellidos raros se van perdiendo línea a línea (cada vez que un hombre que tiene un primer apellido raro no deja hijos varones se pierde una línea) podemos imaginar que llegará el día en el que todos los españoles se llamarán García. Pues eso mismo sucede, solo que por vía materna, con el ADN mitocondrial. Pensadlo un poco antes de pasar al siguiente capítulo, en el que seguiré hablando de mitocondrias, pero ahora con fósiles humanos.

EL LÍO EN EL MEDIO

Supongo que estáis ansiosos por que os hable por fin de cómo eran los denisovanos. Hasta hace muy poco tiempo era una pregunta sin respuesta. Se conocía su genoma completo, como el de los neandertales y el de la humanidad actual, pero no había fósiles importantes. Era una especie sin rostro. Ahora ya no lo es. Tiene rostro, cráneo cerebral y mandíbula. Pero antes de que os hable de anatomía tenemos que terminar con las mitocondrias, porque son las que han permitido identificar el rostro de los denisovanos.

Puede que a estas alturas hayáis llegado a la conclusión de que era mejor que no os hubiera contado todo este asunto de las mitocondrias. O puede que os hayáis quedado con la pregunta de cómo se sabe que la Eva mitocondrial era africana y queráis que me extienda más.

Lo diré de manera abreviada. La razón es que en África hay mucha mayor diversidad genética humana que en cualquier otro lugar del mundo. Los humanos modernos que salieron de África solo representaban una parte pequeña de la especie que vivía en el continente cuna. El resto siguió como si tal cosa. Para cuando ese pequeño subgrupo humano salió de África ya se había producido cierta diversificación genética entre las poblaciones del continente que nos vio nacer como especie. África es muy grande y había transcurrido mucho tiempo desde que aparecimos hasta que algunos salieron (unos pocos).

Si el origen del *Homo sapiens* como especie lo situamos hace 200.000 años (o 300.000 si queremos incluir a Jebel Irhoud) y la salida de África tuvo lugar hace, pongamos, 60.000 años, la especie habría tenido 140.000 años (o 240.000, según donde pongamos el origen) para diversificarse en poblaciones algo distintas entre sí antes de que un grupo pequeño abandonara el continente.

Así que los africanos son más antiguos, y por lo tanto más diversos, que el resto de los humanos que pueblan el planeta.

Pero no quiero que os quedéis con la idea de que los seres humanos somos genéticamente muy diversos. Me preocuparía mucho que lo hicierais. Por el contrario, somos esencialmente iguales desde el punto de vista genético. En realidad somos una de las especies de mamíferos en la que hay menos diferencias genéticas. Y la razón es que el origen de nuestra especie es muy reciente en el tiempo geológico.

Técnicamente esto se expresa diciendo que la variación genética en el interior de las poblaciones es mucho mayor que la variación entre las poblaciones. Somos diferentes, sí, pero no porque pertenezcamos a esta o a esa población. No recuerdo la cifra exacta pero sí el concepto: si la humanidad entera desapareciera de pronto menos las personas que estaban en un cine cualquiera de una ciudad cualquiera del planeta la pérdida de diversidad genética de la especie sería mínima. Tan iguales somos todos los seres humanos.

Se puede explicar esto mismo de otra manera. Toda la variación genética de la humanidad, que está repartida por todo el planeta porque somos una especie cosmopolita, es bastante menor que la de los chimpancés, que solo viven en el África tropical. Y eso sin contar a los bonobos, que se consideran una especie diferente a los chimpancés pero son muy parecidos y se clasificaban como una subespecie hasta hace poco. De hecho, toda la humanidad tiene la diversidad genética de una sola de las poblaciones que se conocen de chimpancé.

Y ahora me gustaría volver a Europa, y en concreto a la Sima de los Huesos de Atapuerca. Aquí se ha secuenciado el ADN humano más antiguo del mundo, y lo hicimos con nuestros fósiles y con las máquinas secuenciadoras del Instituto Max Planck de Leipzig, en Alemania. El director del equipo de ADN antiguo era ni más ni menos que el sueco Svante Pääbo, que años después recibiría el Premio Nobel. A nosotros nos gusta pensar que en algo hemos contribuido.

Pero la relación más directa la teníamos con un destacadísimo investigador de su equipo, y gran amigo, el alemán Matthias Meyer, con quien seguimos trabajando. Para recuperar ADN tan antiguo y tan fragmentado, es decir, tan degradado, hace falta mucho talento, además de los equipos más avanzados y más caros. Así que nos embarcamos en la tarea de buscar ADN en fósiles tan viejos como los de la Sima de los Huesos.

Naturalmente, primero intentamos recuperar el ADN de las mitocondrias (ADNmt, para abreviar), que ya he dicho que es mucho más corto que el ADN nuclear: 16.000 pares de bases, y cuando digo bases digo letras del alfabeto del ADN, frente a 3.000 millones de pares de bases del ADN de los cromosomas, o sea, un texto de 3.000 millones de letras.

El esfuerzo se vio coronado con el éxito. Primero (en 2013) secuenciamos y publicamos el ADN mitocondrial de los osos de la Sima de los Huesos, que se habían atribuido con base en la anatomía ósea y dental a una especie llamada *Ursus deningeri*.

El ADN mitocondrial confirmaba que esta especie era un antepasado del oso de las cavernas, *Ursus spelaeus*. Todavía no eran osos tan grandes como los gigantescos osos cavernarios, y no comían tantos vegetales. Eran más pequeños y más carnívoros, con las muelas más estrechas y más cortantes.

En el Museo de la Evolución Humana de Burgos tenemos una reconstrucción de uno de estos osos de la Sima de los Huesos al que apodamos Isidro, que es un buen nombre para un oso. La autora de la reconstrucción es Sonia Cabello, y combina el rigor científico con el arte.

Más tarde (2014) publicamos en la revista *Nature* el gran resultado que perseguíamos: «Se recupera el ADN mitocondrial humano más antiguo del mundo».

Este milagro científico fue posible gracias a las excepcionales condiciones de conservación de la Sima de los Huesos. Os dije ya que sabemos que el último rayo de sol entró en el yacimiento de la Sima de los Huesos y en las salas aledañas de la cueva hace unos 430.000 años.

Y lo sabemos porque la huella del último sol queda registrada en ciertos minerales. No puedo ahora detenerme en explicaros cómo lo sabemos, desgraciadamente.

Desde entonces las condiciones de humedad y de temperatura han permanecido constantes en el corazón de la cueva, favoreciendo la conservación de los huesos humanos y de osos, y también de las moléculas orgánicas que se encuentran en su interior.

Una vez secuenciado el ADN mitocondrial de la Sima de los Huesos se procedió a compararlo con los otros ADN mitocondriales humanos conocidos. El nuestro para empezar, el del *Homo sapiens*. El de los neandertales para continuar, el del *Homo neanderthalensis*. Y finalmente el de los denisovanos, que son una población humana en la que merece la pena detenerse un rato.

En una cueva llamada Denisova, en los montes Altai, en Siberia (Rusia), el equipo de Svante Pääbo había obtenido un ADN humano desconocido hasta entonces. No conocíamos apenas el aspecto físico de sus poseedores porque el ADN procedía de unos pocos dientes y fragmentos de hueso. Ahora sabemos que en la cueva Denisova vivieron también los neandertales y que se cruzaron con los denisovanos.

Los genéticos decidieron no ponerle un nombre científico en latín a los denisovanos, del estilo de *Homo denisovanus*, entre otras razones porque no había manera de describirlo al modo clásico, es decir, en base a la morfología dental y ósea. Habría sido la primera especie humana definida solo por su genoma, algo así como su *código de barras*, sin una *diagnosis* basada en la morfología. No creo que hubiera sido admitida como válida, como comentaré luego.

El resultado de la comparación entre fósiles y personas vivas fue que el ADNmt de los denisovanos y el de la Sima de los Huesos se parecían mucho, mientras que el de los neandertales se asemejaba más al de los humanos modernos. Por lo tanto se formaban dos grupos atendiendo al ADNmt: 1) denisovanos/Sima de los Huesos; y 2) neandertales/«sapiens».

A nosotros, los de Atapuerca, nos sorprendió enormemente el resultado, nos desconcertó, mejor dicho, porque pensábamos, con base en la anatomía, que la población de la Sima de los Huesos era antepasada de los neandertales (publicamos un estudio exhaustivo sobre el particular en la revista *Science* en 2014). Por lo tanto no esperábamos en absoluto que a lo que más se pareciera genéticamente fuera a los fósiles siberianos. O sea, nosotros esperábamos estos tres grupos: 1) denisovanos; 2) neandertales/Sima de los Huesos, y 3) «sapiens».

En un estudio posterior (2016) se consiguió secuenciar un poco de ADN nuclear, el de los cromosomas, de la Sima de los Huesos y aquí se confirmó que esta gente estaba más estrechamente relacionada con los neandertales que con los humanos modernos. Un alivio, porque la anatomía y la genética no pueden ir en direcciones contrarias.

¿Cómo se explicaba entonces que el ADN mitocondrial agrupara a los neandertales con los humanos modernos y no con los fósiles de la Sima de los Huesos, sus supuestos antepasados?

Para mí solo cabía una explicación, aunque pareciera un disparate. En una época posterior a la de la Sima de los Huesos se había producido un flujo de genes desde África hacia Europa. En otras palabras, el ADN mitocondrial de los neandertales no era una herencia de antepasados europeos como los de la Sima de los Huesos, sino que había venido de África.

Svante y Matthias me dijeron que eso no podía ser porque no se produjo un flujo de genes desde África hacia Europa hasta que los humanos modernos salieron mucho tiempo después de África para poblar el mundo entero. Si se hubiera producido ese flujo anterior, argumentaban, lo veríamos en el ADN nuclear de los neandertales, no solo en el ADN mitocondrial, porque si una madre «sapiens» tiene un hijo con un neandertal, el hijo no solo hereda el ADN mitocondrial de la madre, sino también, a partes iguales, el ADN nuclear del padre y el de la madre. Además, ¿cómo pudo llegar a imponerse el ADN mitocondrial de los «sapiens» en las poblaciones neandertales europeas hasta reemplazar por completo el ADN mitocondrial neandertal? ¿Cuántos «sapiens» vinieron a Europa? No pudieron ser muchos, y no vemos su huella en la morfología de los neandertales posteriores al supuesto flujo génico antiguo.

Pero yo me empeñé en que se mencionara el flujo de genes desde África como una posible explicación para lo que nos decía la genética, a saber: que el ADN mitocondrial de los neandertales era más parecido al de los humanos modernos que al de la Sima de los Huesos y los denisovanos porque podría haber habido un flujo de genes desde África. Y así salió publicado en el artículo de 2016, como una alternativa entre otras.

Si el ADN de las mitocondrias se hereda exclusivamente por vía materna, el cromosoma sexual Y solo se hereda por vía paterna. Es como el primer apellido cuando por ley tiene que ser el del padre, como sucedía antes en España (ya lo hemos comentado en el capítulo anterior). También hay, por lo tanto, un Adán para el cromosoma Y, como hay una Eva mitocondrial.

Cuando se secuenció el cromosoma Y de los neandertales y denisovanos se encontró que pasaba lo mismo que con el ADN mitocondrial. Es decir, que el cromosoma Y neandertal se parecía más al cromosoma Y moderno que al de los denisovanos.

Aún no se ha secuenciado el cromosoma Y de la Sima de los Huesos, pero yo vaticino que se parecerá más al de los denisovanos que al nuestro o al de los neandertales. Es solo una apuesta.

Ya solo quedaba una posible explicación. Los antepasados de los neandertales de la Sima de los Huesos aún no habían recibido los genes africanos que llegaron luego. O sea, tuvo que ser en algún momento posterior al de la Sima de los Huesos cuando se produjo ese flujo de genes desde África hacia Europa.

El ADN mitocondrial y el cromosoma Y de los neandertales son la prueba de ese flujo de genes antiguo.

¿Cuándo sucedió eso en el calendario? Yo calculo que ocurrió hace entre 250.000 años y 100.000 años.

¿Pero a quién se parecían físicamente más los denisovanos, a los neandertales o a los humanos modernos? ¿Cuándo se separaron los tres linajes, y en qué orden?

El primer fósil *con anatomía* que se atribuyó a los denisovanos (en 2019) no procedía de la misma cueva Denisova, ni de Siberia, sino del altiplano tibetano, y era la mandíbula de Xiahe, con una antigüedad de al menos 160.000 años. La atribución a los denisovanos se basaba en las proteínas. Es una mandíbula primitiva sin duda, porque es robusta y carece de mentón, para empezar, pero no porta ninguna de las especializaciones tan fácilmente reconocibles de los neandertales. No es un neandertal, pero tampoco un «sapiens».

Y luego llegó el cráneo de Harbin, conocido popularmente como el Hombre Dragón (*Dragon Man*, ni más ni menos). Lo había encontrado un trabajador en 1933 y lo había guardado en su casa hasta 2018 (lo que, por cierto, me hace concebir esperanzas de que la colección de Zhoukoudian haya sufrido una suerte parecida y se encuentre escondida en alguna parte de China).

El fósil recibió en 2021 un nombre nuevo de especie: *Homo longi*. Su antigüedad es de por lo menos 146.000 años, pero podría tener hasta 300.000. El nombre viene del río Long Jiang, que significa en el habla local literalmente el «río del dragón».

Lo bueno de *crear* (como se suele decir) una nueva especie es que te ves obligado a definirla, porque, para ser admitida en el código internacional de nomenclatura zoológica como válida, para cada especie que se *nombra* (los científicos en realidad solo ponemos nombres a las especies, no las *creamos*) se tiene que designar un ejemplar tipo u *holotipo* (en este caso el cráneo de Harbin) y una *diagnosis*, que es una descripción de la especie (un diagnóstico) que muestra que es diferente de las especies a las que ya se les había puesto nombre. Bien porque tiene rasgos exclusivamente suyos, bien porque la combinación de rasgos que presenta es única.

Para empezar con la descripción, el cráneo tiene una gran capacidad, de 1420 cc aproximadamente. Estas son palabras mayores, porque no creo que mi encéfalo llegue a ese volumen. Soy de cabeza pequeña, y mi parto fue fácil. Vine al mundo sin dar mucha guerra, pero luego no he parado.

No se pudo extraer ADN nuclear del cráneo de Harbin, pero de un cálculo dental se obtuvo ADN mitocondrial y se publicó en julio de 2025. ¡Era denisovano! Un estudio paralelo de la proteómica de Harbin confirmó la identificación en agosto de 2025. Por fin conocíamos el rostro de los denisovanos, y no se parecía en absoluto a los neandertales. No tenía esa cara en cuña que ya se reconoce en la Sima de los Huesos, y la caja craneal, aunque baja y alargada, no exhibía el característico *moño* o proyección occipital de los neandertales, pese a su gran capacidad craneal.

La cara de los denisovanos es por lo tanto *plana* en la región malar (la del pómulo), a los dos lados de la abertura nasal, y no *apuntada* como en los neandertales, porque la abertura nasal no está adelantada. Cuando hablo de cara *plana* o de cara *apuntada* me estoy refiriendo a los huesos maxilar y cigomático (o malar) para ser más precisos. Lo que se ha llamado en paleoantropología la *placa infraorbitaria*, que es la superficie más o menos rectangular de hueso situada por debajo de las órbitas y a los lados de la abertura nasal.

Está dividida diagonalmente por una sutura, la que separa los huesos maxilar y cigomático.

El *torus* supraorbitario de Harbin tampoco tiene las características de los neandertales, porque está claramente divido en dos arcos supraorbitarios, uno por encima de cada órbita, sin fusionarse en el centro. Al contrario de lo que ocurre en los neandertales, en los que los dos arcos del toro supraorbitario se continúan en la línea media como si fueran uno solo.

Los autores chinos del estudio de Harbin lo comparan con el cráneo de Jinniushan, también chino, que tiene una gran capacidad craneal (de unos 1390 cc), pero consideran es este último diferente. Jinniushan me interesa a mí especialmente, porque conserva uno de los dos huesos coxales, y es muy parecido a los de la de la Sima de los Huesos.

¡Y por si fuera poco aparece una mandíbula denisovana procedente del fondo del mar! Se publicó en abril de 2025, que desde luego ha sido el año de los denisovanos chinos. La mandíbula fósil en cuestión (Penghu 1) no fue excavada en un yacimiento, sino adquirida en un anticuario de Taiwán.

Durante las glaciaciones el nivel del mar bajaba muchos metros, de manera que lo que hoy es el canal de Penghu (entre las islas Penghu y la isla principal de Taiwán) formaba parte del continente asiático. Su profundidad actual varía entre los 60 y los 120 metros de profundidad. Y aunque el canal ahora esté sumergido, se *pescan* fósiles, involuntariamente, con las redes de arrastre. Estos fósiles se venden en las tiendas de antigüedades y así es como apareció la mandíbula. Su cronología tiene que corresponder a la de alguno de los dos últimos periodos fríos en los que el mar se retiró, que son: hace 70.000-100.000 años o hace 130.000-190.000 años.

Morfológicamente es una mandíbula arcaica, porque es robusta y no tiene mentón, pero tampoco muestra los rasgos tan marcados de las mandíbulas neandertales. La identificación de la mandíbula como denisovana se basa en las proteínas. Lo más importante es que ahora sabemos que los denisovanos vivieron en cualquier parte de Asia, desde la fría Siberia hasta la elevada meseta tibetana y la cálida Taiwán. Eran unos humanos con gran capacidad de adaptarse a los más variados ambientes. Y algunos de sus genes todavía se conservan en poblaciones modernas, especialmente entre los papúas de Nueva Guinea y las islas de la Melanesia, bien lejos del continente asiático.

Me gustaría ahora recordaros una vez más (a riesgo de que os hartéis) lo ya discutido tantas veces acerca de la forma del cuerpo, que presenta dos *estados* diferentes, como se dice en la jerga de la *cladística*. Esta es la escuela de sistemática biológica que cuenta con más partidarios hoy en día porque permite establecer científicamente, es decir, objetivamente, las relaciones evolutivas entre las especies. Eso no quiere decir que haya garantía de que se acierte siempre a la primera. Pero se puede rechazar una hipótesis si los datos resultan ser incompatibles con ella, y esa es la marca de la ciencia. Yo diría que todos los biólogos evolucionistas somos ahora *cladistas*, aunque me considero uno de los primeros en adscribirme a esta escuela de sistemática en España, y por influencia del paleontólogo Borja Sanchiz. En aquella época yo seguía a otra escuela, llamada *fenética* o *taxonomía numérica*.

Volviendo a la forma del cuerpo, un *estado* era el cilindro corporal ancho, como el de los neandertales, y otro *estado* era el cilindro corporal estrecho, como el nuestro. Nosotros, en Atapuerca, pensamos que el *Homo erectus* tenía el cuerpo ancho, y que ese es el «estado primitivo del carácter», como se dice en la sistemática *cladista*. De manera que los neandertales conservarían ese *estado primitivo*, y nosotros tendríamos el *estado derivado*, o *evolucionado*, que es el del cilindro estrecho.

Pues bien, yo creo que todo lo contrario sucede con la forma de la cara. La cara plana, *frontal*, la que mira hacia adelante, la que tenemos los *Homo sapiens*, en definitiva, no sería un rasgo que nos defina como especie, sino que representaría el estado primitivo del carácter —en sus líneas básicas ya estaría en *Homo erectus*—, mientras que la cara apuntada, la que se orienta diagonalmente, con la región nasal y las muelas adelantadas, sería el estado derivado, y solo lo tendrían los neandertales, que serían así una rama diferente de la evolución humana.

Más aún, algunos cráneos antiguos de China, como pronto veremos, tienen una depresión ancha por debajo de las órbitas, en el hueso maxilar, que se llama *fosa canina*. Se trata simplemente de que el seno maxilar, la cámara de aire que se encuentra a cada lado de la nariz, se ha deshinchado, de manera que la superficie externa del maxilar aparece como hundido. No tiene nada que ver con el diente canino, por lo que el término oficial *fosa canina* cada vez me gusta menos. Yo la llamaría *depresión maxilar*.

De todas formas, si queréis entender lo que os estoy contando de la fosa canina, haced como yo, que he dedicado muchas horas a intentarlo. Y al final me decanté por el arte. La respuesta está en los museos y en las iglesias. En los cuadros aparecen muchas calaveras, especialmente en la pintura barroca, y san Jerónimo siempre se acompaña de una que le sirve para meditar sobre la brevedad de la vida y la inevitabilidad de la muerte (como hacemos todos, pero no todo el tiempo). En esas calaveras podréis ver estupendamente una depresión triangular que se corresponde con la fosa canina de las anatomías, aunque los artistas no la hubieran estudiado científicamente. Pero la veían. Y de todos los *sanjerónimos* y de todas sus calaveras, yo me quedo con el cuadro de Caravaggio en la catedral de La Valeta en Malta, que siempre pongo como primera diapositiva en mis conferencias cuando quiero hablar del *Homo antecessor* y de la evolución humana.

Esta fosa, en cualquier caso, aparece muy marcada en el maxilar de *Homo antecessor*, como si se tratara de un humano actual, pero al ser un individuo muy joven cabe pensar que con la edad podría rellenarse un poco y ser menos profunda. Pronto lo sabremos, cuando se recuperen más maxilares en el yacimiento de la Gran Dolina. En todo caso, la depresión infraorbitaria del maxilar de la que estamos hablando me parece un rasgo primitivo que se ha conservado en el *Homo sapiens*.

Por este motivo es más fácil reconocer una cara fósil de la línea neandertal que una cara fósil de la línea humana moderna, porque a fin de cuentas la *cara moderna* es vieja, no moderna, y espero que hayáis entendido el juego de palabras.

Los científicos chinos están produciendo en los últimos años extraordinarios hallazgos de fósiles humanos, que nos están permitiendo conocer cada vez mejor lo que pasó en el Pleistoceno medio. Esta unidad del tiempo geológico (una *subépoca*) va desde hace 780.000 años hasta hace 129.000 años (redondeando, como siempre), y es crucial para entender el origen de los neandertales, de los denisovanos y de nuestra propia especie. Sin embargo, hay todavía mucha confusión respecto de estas tres líneas, como ya vais viendo, por lo que los autores de lengua inglesa hacen un juego de palabras y lo llaman «the muddle in the middle», «el lío en el medio».

En 2019 se publicó un cráneo de un adolescente con su mandíbula que procedía de la cueva de Hualong (todo junto escrito como Hualongdong, simplificado como HLD). Su cronología ronda los 300.000 años, así que está bastante cercano en el tiempo a los cráneos de la Sima de los Huesos, del Hombre Dragón de Harbin y de Jebel Irhoud en Marruecos. Y como todos estos cráneos están bastante completos podemos compararlos.

Hualong tiene un *torus* supraorbitario de sección redondeada que es continuo en el centro, como en los neandertales, pero la raíz nasal no está adelantada como en ellos y este detalle es decisivo para mí. Hablaré más adelante otra vez de este rasgo, pero hay otro fósil chino, llamado Maba, con una morfología del toro supraorbitario que se asemeja a la de Hualong, aunque está menos completo en la parte central y su cronología se desconoce, más allá de que es del Pleistoceno medio. Podría ser contemporáneo de Hualong o más reciente. En todo caso, la raíz nasal está hundida respecto del toro supraorbitario y eso no es propio de los neandertales.

La cara de Hualong es muy interesante además porque el maxilar está algo deprimido y la mandíbula, sin llegar a tener mentón, es bastante vertical en la línea media (región que se llama *sínfisis mandibular*).

Por todos estos rasgos los científicos chinos que estudiaron en 2019 el fósil de Hualong vieron similitudes con otros fósiles de su país, como Dali, y consideraron que forman parte del sustrato del que emergió el *Homo sapiens*. Serían presapiens si hablamos en un sentido muy amplio.

Para complicar aún más la clasificación, en 2021 los autores de la especie *Homo longi* (los del Hombre Dragón) consideraron que Hualong y Dali podrían pertenecer a una especie diferente de la de *Homo longi*, que sería *Homo daliensis*. Se le subiría así de categoría, porque ya había sido *nombrada* como subespecie: *Homo heidelbergensis daliensis*. A mí, personalmente, dos especies en el Pleistoceno medio de China (*Homo longi* y *Homo daliensis*) se me hacen demasiadas.

A los alumnos les explicaba el otro día en clase que me siento como si estuviera *sacando* fósiles del saco de *Homo heidelbergensis* y metiéndolos en los de las tres especies que van a llegar al Pleistoceno final: los neandertales, los denisovanos y nosotros. De momento ya he metido en este libro en el saco de los neandertales a los fósiles de la Sima de los Huesos, al cráneo de Swanscombe en Inglaterra y a los cráneos de Steinheim y Reilingen en Alemania. Todos ellos son antepasados de los neandertales sin duda. Y ya conocemos un cráneo y dos mandíbulas chinas que pertenecen al saco de los denisovanos, según nos dicen el ADN mitocondrial y las proteínas.

Todos estos fósiles pertenecen a la segunda mitad del Pleistoceno medio, con menos de medio millón de años, pero hay un fósil chino anterior, del Pleistoceno inicial, que también pide la palabra en este debate. En el yacimiento de Yunxian se han encontrado tres cráneos con una antigüedad de quizás un millón de años, pero están muy deformados por el peso del sedimento (cuando el hueso está todavía fresco, es decir, poco después de la muerte, es muy plástico, como en vida).

Uno de estos cráneos (Yunxian 2) ha podido ser reconstruido en su forma original por *retrodeformación*, que es una palabra que suena muy bien pero que en esencia consiste en aprovecharse de que un cráneo tiene simetría bilateral, es decir, que se puede dividir en dos mitades simétricas, como si fueran imágenes especulares. El cráneo *retrodeformado* tiene que recuperar esa simetría bilateral, de espejo.

La informática es fundamental en todas estas tecnologías de la imagen.

Cuando se comparó Yunxian 2 con todos los demás fósiles utilizando herramientas de *morfometría geométrica* (es decir, situando puntos estándar en el cráneo, *escalando* todos los cráneos al mismo tamaño y viendo dónde quedan esos puntos en los diferentes ejemplares) se obtuvo un resultado (publicado en septiembre de 2025) que entra en contradicción con el ADN y la proteómica. El fósil de Yunxian se agrupa con los otros fósiles chinos, incluido Harbin, por lo que podría tratarse de un denisovano muy antiguo, el primero de todos, con un millón de años. Y luego se agrupan todos los fósiles chinos con *Homo sapiens* antes que con los neandertales. Por lo tanto, según este estudio de la morfología, los denisovanos comparten un antepasado común con los humanos modernos, pero los neandertales se habrían separado antes.

Yo creo que la contradicción entre los resultados de la anatomía y de la genética se debe a que los humanos modernos retenemos, como ya he dicho, muchos rasgos antiguos en la cara. Por ejemplo, Yunxian 2, Harbin, Hualong y Dali tienen, con diferentes grados de profundidad, una fosa canina (que es, repito, una amplia depresión en el hueso maxilar por debajo de la órbita).

Dicho en otras palabras, no es que Yunxian 2, quizás con un millón de años de antigüedad, se parezca a los humanos modernos, sino que los humanos modernos nos parecemos en la cara a Yunxian y otros fósiles que no son de la línea neandertal, que es donde verdaderamente se ha producido el cambio hacia una cara muy especializada.

Por cierto, el último de los tres cráneos en ser encontrado (Yunxian 3) se encuentra en proceso de reconstrucción, pero se dice que es el mejor conservado. Ya veremos *qué cara tiene* cuando se presente en sociedad.

En un estudio reciente y enormemente importante en el que participaron Svante Pääbo y Matthias Meyer los *paleogenéticos* fueron capaces de reconstruir, usando tanto el ADN mitocondrial como el nuclear, la evolución de las tres especies y ponerle fechas, y esta es la historia que os voy a contar a continuación para salir de este *lío en el medio* y ocuparnos de otras cosas.

La primera división que tuvo lugar fue la de los linajes que conducen, por un lado, al *Homo sapiens*, y, por otro, a los denisovanos (*Homo longi*) y a los neandertales, que se separaron más tarde unos de otros. Esta primera división se fecha en torno a los 850.000 años, lo que querría decir que todos los fósiles posteriores son de una u otra línea, salvo que sean *Homo erectus*, *Homo naledi* u *Homo floresiensis*. Esta sería la Gran División.

Para los que trabajamos en Atapuerca la fecha de 850.000 años es importante porque *Homo antecessor* es justo anterior en el tiempo a la Gran División, así que puede perfectamente mantenerse en el lugar que le atribuimos de ser el *último antepasado común* de neandertales, denisovanos y humanos modernos (es importante mantener estas tres palabras juntas, *último antepasado común*, que en inglés se abrevian con las iniciales LCA: *last common ancestor*). Un lugar sin duda alguna de privilegio.

La siguiente división tuvo lugar entre los denisovanos y los neandertales, hace más o menos medio millón de años. En la línea de los neandertales se encuentran, después de la división, los fósiles de la Sima de los Huesos, como sabíamos por la anatomía y por el ADN nuclear.

Dejadme que os lo explique de otra manera porque es

importante que se entienda bien. Imaginad que vais por una calle que llega a una *primera bifurcación*. La calle que se abre a la derecha (pongamos) conduce al *Homo sapiens*, de manera que la podemos llamar *calle Sapiens*. La calle que sale por la izquierda (*calle Nosapiens*) se divide, un poco más adelante, en una nueva bifurcación. La calle que sale a la derecha de esta *segunda bifurcación* conduce a los neandertales (*calle de los Neandertales*), mientras que la calle que sale a la izquierda lleva a los denisovanos (*calle de los Denisovanos*). Siguiendo por la calle de los Neandertales, a mitad de camino más o menos, nos encontraremos a la población de la Sima de los Huesos, que son antepasados de los neandertales.

Más tarde, en un momento posterior a la Sima de los Huesos, se produjo la entrada de genes (*introgresión* se dice en nuestra jerga) desde *Homo sapiens* hacia los neandertales, como prueban tanto el ADN mitocondrial (que se hereda por línea materna) como el cromosoma Y (por vía paterna). Por eso el ADN mitocondrial de la Sima de los Huesos se parece más al de los denisovanos que al de los neandertales, que *lo han perdido*. Es como si desde la calle que lleva al *Homo sapiens* se hubieran colado algunos individuos por un estrecho pasadizo hacia la calle de los Neandertales (en un número de la calle posterior a la Sima de los Huesos).

Y finalmente las tres especies (*Homo sapiens*, *Homo neanderthalensis* y *Homo longi*) intercambiaron genes en diferentes regiones, porque las tres calles confluyen en una gran plaza común, pero la humanidad actual apenas conserva genes de los neandertales y los denisovanos. Ya solo quedamos nosotros en esa gran plaza común.

No hace falta que diga que solo hay una forma de intercambiar genes: teniendo hijos. Pero luego hay que cuidarlos para que los genes se perpetúen. Es decir, esos hijos *híbridos* (o *mestizos* si consideráis que el padre y la madre son de la misma especie) deben ser aceptados por la comunidad a la que pertenece la madre, porque somos una especie social por necesidad y una madre aislada con un hijo no podría sobrevivir.

¿Quiénes fueron esos humanos modernos que salieron finalmente de África y se encontraron con las otras dos especies (o subespecies, como prefiráis)?

Para contestar a esta pregunta tenemos que revisar el registro fósil africano y el de Oriente Próximo, porque esa es la única salida por tierra de África. Salvo que navegaran, tuvieron que salir de África por la península del Sinaí y atravesar la tierra que hoy llamamos Israel y Palestina. Pasaron por Tierra Santa, como se decía antes.

EL ENCUENTRO

Cuando una especie entra en un nuevo territorio se encontrará con otras especies, porque hasta en la Antártida viven animales. Puede que alguna especie local sea parecida a la que llega de fuera y en ese caso se establecerá una competencia entre ambas. Es lo que pasa cuando dos especies explotan el mismo nicho ecológico. Puede también suceder que la especie nueva sea un carnívoro. Entonces son los herbívoros locales los que peligran en primer lugar, pero también están amenazados los carnívoros indígenas.

Tal vez los herbívoros y carnívoros aborígenes no hayan visto nada igual nunca y no estén preparados para la nueva máquina de matar que ha evolucionado en otro lugar, quizás con presas más rápidas o más fuertes. Puede que no sepan defenderse y sucumban ante el nuevo asesino.

Puede que esa máquina de matar sea un ser humano. No provisto con garras y colmillos, sino con azagayas, propulsores, arcos y flechas. Una máquina de matar a mucha distancia. Y que caza en grupo, organizándose con otras máquinas de matar.

Para saber cuándo apareció la especie humana, primero hay que definirla. Es fácil distinguir a un ser humano de cualquier otro animal y esta observación en sí misma tiene su enjundia. ¿Por qué somos tan diferentes de los animales?

Una posible respuesta a la pregunta es que no somos animales, sino una creación independiente, pero esta respuesta no es válida. Es religiosa, no científica. Sin embargo, es cierto que somos muy distintos de los chimpancés y bonobos, que son nuestros parientes más cercanos, a los que por eso «nos deberíamos parecer más». Lo que hace que la gente me pregunte por qué los chimpancés «no han evolucionado». No es una mala pregunta, si se mira bien, porque puesta al revés se convierte en por qué hemos cambiado tanto y tan rápido *solo* nosotros.

Yo respondo que han evolucionado, pero para ser chimpancés y bonobos, como nosotros hemos evolucionado para ser humanos. Dicho de otra manera, el antepasado común de chimpancés, bonobos y humanos no era ninguna de estas tres cosas. No era un chimpancé, ni un bonobo ni un humano.

Ese antepasado común vivió hace muchos millones de años. ¿Cuántos? No se sabe. Seguramente hace entre seis y siete millones de años. Algún día conoceremos mejor la cifra, cuando tengamos mejores fósiles y mejores dataciones.

Aunque sabemos que los chimpancés y los bonobos están más cerca de nosotros que de los gorilas, nos parecen más semejantes a los gorilas que a las personas, por lo que es legítimo preguntarse: ¿hemos evolucionado los seres humanos muy deprisa, más que los otros grandes simios? ¿El *fenómeno humano*, como lo llamaba Pierre Teilhard de Chardin, es realmente excepcional?

Hagamos un rápido repaso a lo que ya sabemos.

La postura bípeda se consiguió con los australopitecos, hace algo más de cuatro millones de años, y ese fue un cambio completo del patrón corporal, que afectó también a las manos, que también eran como las nuestras. Lo importante ahora es que la aparición del nuevo diseño biológico de los australopitecos en el registro fósil es muy rápida, pese a la revolución anatómica que significa. Ardi (*Ardipithecus ramidus*) no llega a los 4,5 millones de años y los primeros fósiles de *Australopithecus anamensis* pasan algo de los cuatro millones de años.

Algo más de dos millones de años después de los primeros australopitecos llegó el *Homo erectus*, al que ya no dudamos en llamar *humano* porque era más grande que los australopitecos, su cerebro se había casi duplicado y su aparato masticador se había reducido notablemente, abreviándose la proyección de la cara (o prognatismo). Y menos de dos millones de años después de los primeros *Homo erectus* aquí estamos nosotros, preguntándonos si esto que nos ha pasado es normal.

Yo diría que se trata de una evolución bastante rápida, mucho cambio en poco tiempo geológico, pero me gustaría compararla con otros grupos biológicos.

¿Se pueden encontrar casos semejantes en otros mamíferos? ¿Se ha producido una especie de équido (la familia de los caballos, cebras y asnos) completamente diferente de las otras en el diseño del cuerpo, en el cerebro, en la cara y en los dientes en un periodo de tan solo seis o siete millones de años, que es el de la evolución de los homininos? ¿O en el caso del delfín? ¿O en el del oso? ¿O en el de los cánidos (la familia de los lobos, coyotes, chacales y zorros)? ¿O en el de los félidos? Me parece que no, aunque solo sea una apreciación subjetiva. La evolución humana fue muy rápida porque produjo resultados espectaculares en poco tiempo geológico.

Finalmente aparece el *Homo sapiens* en África, más o menos a la vez que los neandertales en Europa. Ya sabemos lo que es un neandertal, pero ¿qué características debe tener un esqueleto para que lo consideremos propiamente de la especie *Homo sapiens*? ¿Se puede definir *en positivo*? Para mí las caderas y el cuerpo estrechos, el cráneo cerebral con forma esférica y la mandíbula con mentón son los elementos clave de la definición de nuestra especie. Un cráneo cerebral globoso hace que la frente sea vertical, en lugar de tendida o huidiza, como suele decirse. En cambio, un cerebro de gran volumen no nos distingue de los neandertales, que lo tenían igual de grande o mayor. Ni tampoco del Hombre Dragón, el denisovano.

Para explicar mejor lo que quiero decir cuando me refiero a la singularidad del humano moderno (el *Homo sapiens*) nos vamos a ir un rato a dar un paseo por el mundo del arte. ¿Dónde mejor para encontrar una definición de lo que es un cuerpo humano?

El escultor griego Policleto escribió un tratado llamado el *Canon* (palabra que en griego significa «norma») en el que explicaba cómo debía representarse al ser humano perfecto, el ideal. Y después de todo, ¿qué es una especie cualquiera sino una idealización de un conjunto de individuos diversos, pero que comparten algo que los hace diferentes de las otras especies y por lo tanto reconocibles? ¿O es que no sabemos distinguir un humano, un chimpancé, un gorila y un orangután, e incluso las diferentes especies de chimpancés, gorilas y orangutanes? ¿O es que hace falta explicar lo que es un ciervo o un tigre?

El libro de Policleto se perdió, pero quedan sus obras escultóricas, aunque sean copias romanas. Otros artistas geniales intentaron en el Renacimiento aproximaciones matemáticas a los cuerpos humanos, como Leonardo da Vinci o Alberto Durero.

Pero no quiero ir tan lejos. Supongamos que os apuntáis a una academia de dibujo y os enseñan a representar el cuerpo humano. Os hablarán sin duda de proporciones, que son fracciones, cocientes entre medidas. Me voy a limitar a las de la cara.

Os dirán que la cara humana se puede dividir en tres partes iguales, de arriba abajo, como si fueran tres pisos, o bandas, o franjas, o zonas horizontales. Y son las mismas tanto mirando de frente como de perfil. La parte más alta es precisamente la frente, y va desde el arranque del pelo hasta las cejas. La parte intermedia es la nasal, que prefiero llamar naso-orbital porque incluye los ojos, y va desde las cejas hasta la base de la nariz. Y la tercera parte sería la bucal, que desciende desde la nariz hasta la barbilla. Si lo queréis más simple, frente, nariz y boca.

Estas tres regiones de la cara tienen que ser iguales en altura para que quede una cara armoniosa, tanto de hombre como de mujer, según el canon. Es decir, la cara se divide en tres tercios (que por definición son igual de altos, porque de otro modo no serían tercios): frente, nariz y boca.

Por supuesto que luego, cuando sepamos pintar mejor, podremos alterar las proporciones si nos parece, pero para no dibujar monstruos sin gracia es mejor empezar conociendo la norma. Picasso también lo aprendió así y luego se hizo cubista y lo cambió todo en la representación del cuerpo humano, empezando por la simetría.

Pero hay hombres que son calvos, por lo que la raíz del pelo ha retrocedido hasta perderse de vista. ¿Dónde empieza entonces la frente? Representemos la cara como un óvalo, se recomienda, en el que el punto más alto corresponde al tope de la cabeza, donde se toma la estatura a la gente (lo que en antropología se llama vértex o vértice del cráneo), y el más bajo corresponde a la base de la barbilla. En este caso no se aplica la regla de los tres tercios, sino la de las dos mitades (también necesariamente igual de altas, porque de otro modo no serían dos mitades). La línea divisoria del óvalo pasa por los ojos, y hay una mitad superior (*supraocular*), y otra mitad inferior (*infraocular*).

Apliquemos ahora estos conocimientos a la evolución humana. Los tres tercios o las dos mitades solo existen en nuestra especie. En las otras especies las tres regiones de la cara (con pelo), o las dos regiones del óvalo facial (sin pelo), no eran iguales en altura. Los australopitecos tenían la región bucal más grande que las otras dos, porque eran tan prognatos como los chimpancés. Luego, a partir del *Homo erectus*, las dos franjas inferiores (la naso-orbital y la bucal) se fueron igualando, pero la franja superior (la frontal) era siempre más baja. Y no fue hasta la llegada del *Homo sapiens* cuando las tres franjas se hicieron iguales, porque la frente se elevó al hacerlo la bóveda craneal en su conjunto.

Y ahora nos encontramos tan guapos a nosotros mismos con una cara dividida en tercios. Así es como tiene que ser, pensamos, pero no lo verían así los neandertales, que tenían otro modelo de cara y otro canon de belleza. Con todo, se cruzaron, porque yo tengo un pequeño porcentaje de genes neandertales, y vosotros también los tenéis (salvo que seáis originarios del África subsahariana, donde nunca vivieron los neandertales).

Si trabajamos con solo dos regiones de la cara, usando la línea de los ojos como separación, la parte inferior ha sido siempre más alta que la superior hasta la llegada del *Homo sapiens*. Es lo mismo que decíamos antes a propósito de los tercios. La bóveda craneal ha sido baja hasta que apareció nuestra especie. También nuestro cerebro acusa ese cambio de forma, porque es más alto y más corto que el de los neandertales. Ahora bien, como dije, no sabemos qué significa esa diferencia en términos de cognición (pensamiento, inteligencia).

Todo lo anterior de los tercios y las mitades vale para

los adultos, porque las proporciones van cambiando a lo largo del desarrollo. Cuando somos niños muy pequeños la región superior de la cara es claramente más alta que la inferior, y la diferencia se va reduciendo hasta que las dos partes (la que está por encima de la línea de los ojos y la que está por debajo) se igualan en la adolescencia.

Cuando yo veo las reconstrucciones que hacen los excelentes paleoartistas que trabajan a partir de esqueletos poniéndoles los músculos y la piel encima, como el americano John Gurche, los hermanos holandeses Kennis o la francesa Elisabeth Daynès, miro las proporciones de las tres franjas y las mido (en el libro o en la pantalla) con un calibre de plástico que tengo encima de la mesa. Como normalmente les ponen cabellos largos a los dos sexos, y barba a los hombres, no es fácil ver proporciones, por lo que yo prefiero las esculturas y dibujos en los que se representa a los individuos sin cabello ni barba, con la piel desnuda, sin trucos que valgan.

Vosotros podéis también practicar este *divertimento* y preguntaros, por ejemplo: «¿Cómo tendría la cara el Hombre de Flores?». Si queréis hacerlo, completamente gratis, os recomiendo la página web de John Gurche. Al Hombre de Flores lo reconstruye sin prominencia nasal, como a los australopitecos y parántropos (y no digamos a los ardipitecos), y eso me resulta intrigante. Si el Hobbit desciende por enanismo insular del *Homo erectus* de Java, o del de Dmanisi, ¿no debería tener unos huesos nasales más proyectados, aunque no fuera mucho? Tal y como aparecen en la reconstrucción de Gurche la nariz es de gran simio, o de australopiteco, y en consecuencia también la cara se asemeja a la de estas especies.

Pero yo creo que en el caso del Hobbit Gurche se ha

equivocado en la reconstrucción, porque para mí el toro supraorbitario y la prominencia nasal se empezaron a insinuar, ambos rasgos a la vez, con el *Homo habilis*, y adquirieron su forma definitiva en el *Homo erectus* (el toro supraorbitario desapareció en el *Homo sapiens*, aunque no desde el principio de la especie). Los fósiles anteriores a *Homo habilis* y también algunos otros fósiles atribuidos unas veces a *Homo habilis* y otras a una especie diferente (*Homo rudolfensis* o *Kenyanthropus rudolfensis*) tienen un borde superior de la órbita engrosado, pero no propiamente un toro supraorbitario. Les falta el surco que delimita el toro por arriba y le da su forma (*sulcus supratoralis*). En eso, por cierto, se parecen los ardipitecos a los australopitecos, y yo pienso que es el principal argumento para considerar a *Sahelanthropus tchadensis* (el más antiguo de todos los fósiles) un hominino, un miembro de nuestra rama evolutiva.

Volviendo al Hombre de Flores, resulta que le falta al cráneo la parte de la cara que permitiría reconstruir la nariz, y yo creo que eso ha confundido a Gurche. En una práctica que hicimos en clase con los alumnos le pusimos unos huesos nasales más prominentes y yo creo que quedó muy bien. Otros paleoartistas también lo han hecho así.

Ya de paso podéis ver la reconstrucción de John Gurche del cráneo de Harbin, el Hombre Dragón, al que le implanta unos cabellos y una barba que recuerdan a los de los orientales actuales.

Y ahora ocupémonos un momento del cuerpo, que también se enseña a dibujar en las academias. Con tres rasgos (frente vertical, mentón, cilindro corporal estrecho) me basta para identificar un humano moderno, pero hace falta un esqueleto bastante completo para poder decirlo.

Ya os he contado que hay unos fósiles humanos de hace 300.000 años (o algo más) procedentes del yacimiento de Jebel Irhoud en Marruecos que se han atribuido a la especie *Homo sapiens*, pero yo prefiero llamarlos *presapiens* porque no tienen ni el mentón, ni la frente vertical ni el cráneo suficientemente globoso, y del cuerpo no podemos decir nada (pero yo me lo imagino ancho).

Los primeros esqueletos bastante completos y con pelvis de *Homo sapiens* proceden de Galilea, en Israel, y concretamente de dos yacimientos de esta región llamados Skhul y Jebel Qafzeh (este último es una cueva enclavada en la localidad de Nazaret, tan importante para el cristianismo). La edad geológica se puede establecer en torno a los 100.000 años en el caso de la cueva de Qafzeh, pero quizás el abrigo de Skhul sea algo más antiguo y se acerque a los 150.000 años. Los esqueletos están bien conservados (*para la edad que tienen*) porque fueron enterrados deliberadamente. Si se trataba de actos sociales con ceremonia, es decir, de una práctica funeraria y no simplemente de una mortuoria, ya es más difícil de saber. Como me toca dar mi opinión en este libro, yo pienso que sí eran enterramientos rituales.

Estos esqueletos tienen caracteres arcaicos, como cabía esperar dada su antigüedad, en particular un toro supraorbitario marcado en algunos individuos, no en todos, pero esto no los excluye de la especie *Homo sapiens*.

Antes de estos esqueletos de Galilea hay fósiles humanos en África que pueden considerarse también humanos modernos. Los más claros para mí son los de Herto Bouri en la región de Afar en Etiopía, donde Tim White, Berhane Asfaw y su equipo encontraron tres cráneos adultos y uno juvenil. Estos fósiles, con los que sus descubridores nombraron la subespecie *Homo sapiens idaltu*, tienen las características craneales que he mencionado como exclusivas de nuestra especie.

Cuando se publicaron los hallazgos en la revista *Nature* en 2003 la portada la ocupaba la reconstrucción en tres fases de la cabeza del cráneo más completo, que se supone de sexo masculino, con la que os podéis entretener viendo sus proporciones. A mí me parecen completamente modernas. Aunque no sabemos con seguridad la forma de su cilindro corporal, yo apuesto por una silueta estrecha. Estos humanos modernos tienen unos 160.000 años.

Y en otra región de Etiopía (en el valle bajo del río Omo, que desemboca en el lago Turkana) Richard Leakey encontró en 1967 un cráneo con características humanas modernas (Omo-Kibish 1) que se ha datado recientemente en al menos 230.000 años. Desgraciadamente, este cráneo, aunque parece globular, se conserva en mal estado. Hay también un fragmento de coxal, con una morfología que ha sido interpretada como de tipo moderno.

Si la especie humana salió de África para poblar el planeta, ¿cuándo se produjo esa salida? ¿Fue en una o en varias oleadas, siguiendo una o varias rutas?

Una vez más me gustaría recordar que para mí la expansión humana fuera de África no debe imaginarse como una migración ni representarse con una flecha, tal como habitualmente se hace. La imagen de una expansión en forma de círculos concéntricos me parece más adecuada en este caso, y en general para las expansiones geográficas de las especies biológicas.

Claro está que hay accidentes geográficos que actúan de barrera o de filtro a la expansión e impiden que esta se pueda producir en todas las direcciones, pero la imagen de la flecha no me gusta porque parece apuntar hacia algún objetivo, como si la especie se dirigiera hacia un destino decidido de antemano, una tierra prometida.

Una de las posibles puertas de salida de África, la única vía terrestre, es por la península del Sinaí y Oriente Próximo. Y como allí se ha excavado mucho y se han encontrado muchos fósiles merece la pena detenerse un poco en Tierra Santa. Además, nosotros, los del equipo de Atapuerca, hemos colaborado con el profesor Israel Hershkovitz y su equipo en el estudio de los últimos fósiles descubiertos en las excavaciones que se están desarrollando allí. En general son restos incompletos y difíciles de clasificar, pero sumamente interesantes.

Los más antiguos son unos dientes encontrados en diferentes niveles estratigráficos de la cueva Qesem y tienen en conjunto una edad comprendida entre 400.000 años y 200.000 años. Por cronología podrían ser preneandertales o presapiens. Es difícil saber dónde encajan en el árbol de la evolución humana porque los rasgos característicos de las dos líneas estaban formándose en ese intervalo. Prefiero no definirme en este caso.

Un fósil clásico es el de la cueva de Zuttiyeh, que conserva todo el hueso frontal y el malar (o hueso cigomático) derecho. No se conoce con seguridad su antigüedad pero se cree que es más viejo que los esqueletos antes mencionados de Skhul y Qafzeh. Es decir, parece seguro que tiene más de 150.000 años y podría incluso corresponder al intervalo entre 350.000 y 250.000 años, pero es difícil establecer una fecha para estos hallazgos procedentes de excavaciones antiguas (el fósil de Zuttiyeh fue encontrado en 1925). Hay discusión respecto de la especie a la que pertenece, pero yo diría, por la morfología del toro supraorbitario, que se trata de un neandertal.

Y es una morfología muy peculiar, que conozco bien. Para empezar, el toro supraorbital de los neandertales es de sección bastante redonda, y además no está separado en dos arcos, sino que es continuo sobre los huesos nasales en la región media, que se llama *glabela*. Pero lo que me parece más importante es que la raíz de los huesos nasales está tan adelantada como la glabela, mientras que en las demás especies (incluida la nuestra cuando teníamos toro supraorbital) la raíz nasal se encuentra retrasada, o sea, hundida respecto del toro supraorbital.

Por recordarlo, el cráneo del Hombre Dragón, que es un denisovano, tiene el toro supraorbitario *normal*, con la raíz nasal deprimida respecto del toro. En ese rasgo, y en los demás, no se parece en nada a los neandertales.

Si fuera cierto que Zuttiyeh es un neandertal, y estoy muy convencido, podríamos decir que la región del Levante mediterráneo fue ocupada por los neandertales antes de la salida de África de los humanos modernos, que los sustituyeron. Esos humanos modernos que venían de África serían los enterrados en Skhul y Qafzeh.

Sin embargo resulta que en Israel hay esqueletos de neandertales que son sin duda más recientes que los humanos modernos de Skhul y Qafzeh, es decir, que tienen menos de 100.000 años. Lo que significaría que los humanos modernos fueron sustituidos a su vez por los neandertales, o que convivieron con ellos, hasta la definitiva salida de África de los humanos modernos, que sería posterior.

Estos neandertales proceden de las cuevas israelíes de Kebara y Amud y tienen entre 60.000 y 50.000 años. También en el Kurdistán iraquí, en la cueva de Shanidar, se han encontrado numerosos esqueletos neandertales, que parecen corresponder a enterramientos múltiples. Después de la interrupción de las excavaciones por las guerras de la región se han reanudado los trabajos con nuevos e importantes hallazgos. Y también se han encontrado restos neandertales en Siria, de modo que estamos seguros de que los neandertales habitaron todo el suroeste de Asia.

Yo he tenido ocasión de participar en el estudio de un maxilar izquierdo muy interesante encontrado en la cueva de Misliya, en Israel. Es un fragmento de la región alveolar, y conserva todos los dientes de ese lado. Su edad geológica está entre 220.000 y 200.000 años. Aunque el fósil es tan solo una pequeña parte de la cara, para mí y para todo el equipo está claro que es de un humano moderno. Con esa antigüedad podría ser el «sapiens» más antiguo del mundo (si consideramos a Jebel Irhoud presapiens), y sin duda es el «sapiens» más antiguo fuera de África.

Y también he colaborado en el estudio del fósil de Nesher Ramla, una mandíbula y parte del cráneo, que yo considero neandertal sin lugar a dudas. Su antigüedad se calcula en 126.000 años. Este es el único fósil humano de Israel que no procede de una cueva.

Para complicar aún más las cosas tenemos el yacimiento de Tabun, también en Galilea y muy cercano al abrigo de Skhul. En la cueva de Tabun se encontraron dos individuos. Un esqueleto muy bien conservado de una mujer neandertal (Tabun C1) y una mandíbula aislada situada más abajo en la estratigrafía (Tabun C2). Esta mandíbula presenta una combinación extraña de rasgos porque la rama es de tipo moderno (una mandíbula se compone de un cuerpo y dos ramas ascendentes), mientras que en el cuerpo mandibular se puede ver claramente un espacio retromolar, del que ya os dije que era una característica definitoria de los neandertales (os recuerdo que queda por detrás de la muela del juicio). La región de la sínfisis mandibular, para terminar, parece insinuar un mentón óseo como el nuestro, pero no está bien conservada y no se puede asegurar al cien por cien. Yo, siguiendo a mi admirado colega israelí Yoel Rak, doy más peso a la rama ascendente y por eso creo que Tabun C2 perteneció a un *Homo sapiens*. Recientes dataciones sitúan la base del nivel C, donde se encontró la mandíbula, en cerca de 200.000 años.

Cuando se ponen en secuencia todos estos fósiles israelíes tenemos el siguiente resultado:

Primero habitaron la región de Israel y Palestina los humanos modernos, procedentes de África, representados por el paladar de Misliya, hace entre 220.000 años y 200.000 años. Quizás la mandíbula Tabun C2 perteneciera a esa población. Hay constancia de que hubo poblaciones anteriores en la región (como la de Qesem), pero no sabemos si eran preneandertales o presapiens.

Luego llegaron los neandertales, procedentes de Europa, representados por el cráneo y la mandíbula de Nesher Ramla, que tiene 126.000 años, una edad muy cercana a la del esqueleto de la mujer neandertal Tabun C1, que se ha datado en 130.000 años. El cráneo neandertal de Zuttiyeh podría también pertenecer a esta población neandertal bien asentada en el Levante mediterráneo, o quizás fuera incluso anterior a los primeros *Homo sapiens* del tipo Misliya. Todo depende de las dataciones.

Hace 100.000 años nos encontramos con los esqueletos de Skhul y Qafzeh, que son humanos modernos, aunque los restos de Skhul podrían ser algo más antiguos que los de Qafzeh.

Después vuelven los neandertales a la región con esqueletos como los de Amud y Kebara, que tienen en torno a los 60.000-50.000 años.

Y finalmente los humanos reemplazan a los neandertales, hace quizás 50.000 años, y se expanden por todo el mundo.

En resumen, aunque hay muchas dudas con las dataciones y no se puede establecer una secuencia precisa, lo que a mí me parece más importante de todo este registro levantino es que los fósiles nos hablan de un vaivén entre humanos modernos y neandertales que duró mucho tiempo, hasta que finalmente desaparecieron los neandertales y empezó la historia del *Homo sapiens* fuera de África.

Durante este largo tiempo los neandertales y los humanos modernos se alternaron en la región levantina, pero seguramente también convivieron y se vieron las caras. Hay que tener en cuenta que fósiles neandertales como Nesher Ramla y Tabun C1, y fósiles «sapiens» como Skhul y Qafzeh, están todos fechados entre 130.000 años y 100.000 años, y las dataciones tienen un margen de error bastante amplio, así que en algunos momentos las dos especies podrían haber convivido y haberse encontrado.

No hay que olvidar que todos los descendientes de estos humanos que salieron de África llevamos unos cuantos genes neandertales en nuestros genomas, y es probable que algunos de ellos los adquiriéramos en Tierra Santa.

Por ahí pasaron nuestros antepasados.

Los neandertales que conocieron los humanos modernos cuando llegaron a Europa no eran como los de la Sima de los Huesos de Atapuerca. Habían evolucionado mucho. En Paleontología Humana los llamábamos «neandertales clásicos».

Alguna vez me ocurre que un revisor de un artículo que yo he escrito me pide que aclare eso de los *neandertales clásicos*. Entonces pienso que es un joven científico que no conoce el significado del término *clásico* aplicado a los neandertales. Y me doy cuenta de que yo soy ya *un clásico*.

El verdadero motivo por el que me gusta la expresión *neandertales clásicos* es porque la acuñó un gran científico y un gran amigo norteamericano que se llamaba Francis Clark Howell. Yo lo conocí después de la campaña de Atapuerca del año 1983, cuando fui a visitarlo a su última excavación en Torralba y Ambrona (Soria). Son estos unos yacimientos míticos de *elefantes y bifaces achelenses*, que había excavado en los años diez del siglo pasado el marqués de Cerralbo. Quien me llevó a ver a Clark Howell en los yacimientos fue ni más ni menos que Emiliano Aguirre (el *padre de Atapuerca*), que colaboraba con el norteamericano estudiando los elefantes, de los que era un gran especialista de fama mundial. Conservé la amistad con Francis Clark Howell desde entonces y lo vi muchas veces hasta su muerte en 2007, aprendiendo siempre de su sabiduría.

Francis Clark Howell se propuso poner orden en el entonces confuso mundo de los neandertales y elaboró un modelo de evolución humana muy interesante, que supuso un gran avance, distinguiendo, para empezar, los fósiles neandertales que presentaban todas sus características, que eran los más recientes y a los que llamó *clásicos*, de sus antepasados. El artículo de referencia, publicado en 1957, se titulaba «The evolutionary significance of variation and varieties of "Neanderthal" man».

Otra cosa que nos enseñó Clark Howell fue una visión biológica, más que tipológica, de los fósiles. Prefería hablar de poblaciones antes que de ejemplares aislados. Recurría para eso al término *deme*, que en griego significa «pueblo» (también se dice *demo*, de donde viene *democracia*). Así que Howell hablaba de *paleodemes*, como hacemos también nosotros cuando nos referimos a conjuntos de fósiles que pertenecieron en vida a una misma población biológica, aunque no necesariamente se conocieran entre sí. La Sima de los Huesos es un magnífico ejemplo de un paleodeme, y además pensamos que sí se conocían personalmente los individuos encontrados, o por lo menos algunos de ellos. Lo mismo puede decirse de las víctimas de los caníbales de la Gran Dolina, cuyos restos mortales han servido para nombrar la especie *Homo antecessor*.

Cuando Francis Clark Howell murió, Nina Jablonski escribió un elogio sobre él tan sentido como este: «Es apropiado que Clark Howell dedicara su vida al estudio de la evolución humana porque era un excelente ejemplo de lo que un ser humano puede llegar a ser».

Una vez hecho el debido homenaje a Clark Howell podemos continuar con nuestros asuntos, que eran los suyos.

Tampoco me gusta especialmente la expresión «humanos modernos», que usa todo el mundo (*modern humans* en inglés). Tal vez deberíamos decir «humanos actuales», porque «humano moderno» se opone a «humano arcaico», y yo no creo que los neandertales fueran *arcaicos* en todo. Más bien estaban muy evolucionados en algunas cosas, pero a su manera.

Los neandertales eran un mosaico evolutivo o combinación de caracteres, unos heredados (o *primitivos*, como se dice en la jerga cladística) y otros propios de los neandertales (llamados *derivados*; o sea, exclusivamente suyos). Nosotros, los humanos actuales, también somos un mosaico evolutivo, aunque tenemos caracteres heredados que no tienen los neandertales y caracteres propios que hemos adquirido con el correr del tiempo. Nuestras especializaciones no son sus especializaciones.

A mí me gustaba más el término *cromañón* para referirse a los humanos modernos del Paleolítico europeo. El nombre viene del yacimiento francés de Cro-Magnon, igual que *neandertal* procede del yacimiento *epónimo* (el que le da nombre) de Neandertal (antes escrito Neanderthal), cerca de Düsseldorf.

Así que con permiso de los jóvenes prehistoriadores hablaré un poco de neandertales clásicos y de cromañones, como se hacía antes de la introducción de la antipática expresión «humanos modernos».

En Europa, y en el resto del mundo, se han sucedido las glaciaciones a lo largo de los últimos 2,5 millones de años, alternando con periodos menos fríos llamados *interglaciales*. Digo «menos fríos» en lugar de «cálidos» (como se dice habitualmente) porque la tendencia general del clima ha sido hacia un mundo más frío y más seco.

O sea, las glaciaciones eran cada vez más frías y más secas y los periodos interglaciales también. Ahora estamos en uno de ellos, una época geológica llamada Holoceno, cada vez más cálida a causa del cambio climático producido por las actividades industriales y la emisión de gases con efecto invernadero. Sobre esto no tengo la más mínima duda. Nunca la concentración de dióxido de carbono en la atmósfera ha sido tan alta desde que se tiene registro como en este año (y no hace falta que diga a qué año me refiero porque cada uno registra más partes por millón de CO_2 que el anterior).

Cuando F. Clark Howell hablaba de los neandertales clásicos se refería a los de la última glaciación, los neandertales que se encontraron los cromañones que venían de África. He utilizado a propósito la terminología antigua de las glaciaciones porque ese era el marco climático que utilizaban en la época de Clark Howell. Pero advierto que en la actualidad en lugar de las cuatro glaciaciones tradicionales para todo el Pleistoceno se reconocen muchas más pulsaciones frías, hasta seis solo en el último medio millón de años, junto con sus correspondientes periodos cálidos (o menos fríos) intercalados.

Todos estos vaivenes climáticos se numeran desde el cálido presente hacia atrás, de modo que los ciclos impares son cálidos y los pares, fríos. Donde mejor se han estudiado las fluctuaciones globales de temperatura es, lógicamente, en los mares, y por eso se llaman estadios isotópicos marinos (cuyas siglas en inglés son MIS).

El Holoceno, la época geológica en la que nos encontramos ahora, es el estadio 1; o dicho más técnicamente, el MIS 1. La última glaciación en la escala tradicional corresponde a los estadios que van del MIS 2 al MIS 4, y tiene dos picos fríos y uno menos frío, en el medio, que es el MIS 3. Fue en este estadio algo menos frío, que va desde hace 60.000 años hasta hace 30.000 años (redondeando, como siempre), cuando se extinguieron los neandertales.

Quiero insistir en que los neandertales se desvanecieron como tales antes de que el frío alcanzara su punto álgido (el llamado «último máximo glacial») hace unos 22.000-20.000 años, de modo que fueron los cromañones los que tuvieron que soportarlo en solitario.

Y fue realmente atroz para un ser humano, aunque supongo que una delicia para los renos, los bueyes almizcleros, los antílopes saiga, los bisontes de estepa, los caballos, los rinocerontes lanudos, los leones de las cavernas, los osos pardos, los lobos y otros habitantes de la llamada «tundra-estepa del mamut lanudo», un enorme bioma que se extendía desde la península ibérica hasta Norteamérica.

Este gran bioma, como se dice en ecología, o *gran paisaje*, si preferís llamarlo de una manera más sencilla, duró hasta que se acabó la glaciación. Entonces se dividió en los dos biomas que hoy existen: la tundra por un lado y la estepa por otro.

Los neandertales que se encontraron los cromañones en Europa eran, por lo tanto, los últimos y los mejor conocidos por los prehistoriadores desde el siglo XIX, y de ahí el apelativo de *clásicos*.

A los neandertales del último periodo interglacial (en la actualidad se numera como MIS 5 y duró desde hace

130.000 años hasta hace 70.000 años, pero con bandazos hacia el frío y hacia el calor) se los llamaba tradicionalmente «neandertales arcaicos» porque tenían algún que otro rasgo primitivo.

Ahora sabemos que, con muy pocas diferencias, los neandertales existen ya con toda seguridad desde la penúltima glaciación (el MIS 6, que va desde hace 190.000 años hasta hace 130.000 años), y seguramente desde la segunda mitad del anterior periodo interglacial (o MIS 7, que empezó hace 240.000 años y acabó hace 190.000).

En cambio, fósiles de más de 225.000 años muestran diferencias notables con los neandertales que conocieron los cromañones, y yo creo que es mejor llamarlos preneandertales. El ejemplo perfecto, por la abundancia de restos, es el paleodeme de la Sima de los Huesos de Atapuerca.

Ya he contado que la evolución de los neandertales empezó por el aparato masticador, y el resto de los caracteres del cráneo aparecieron (se desarrollaron por evolución) luego, seguramente en la penúltima glaciación.

Los neandertales ya conocían la tundra-estepa cuando llegaron los cromañones. Pero este bioma es muy poco favorable para los seres humanos, porque es un paisaje demasiado abierto para cazar. La emboscada es muy difícil si no hay bosque. El monte, como se dice en España, da más oportunidades para la caza por sorpresa que la pradera. Por eso la mayor parte de los neandertales vivirían cerca del litoral, no en el interior de las tres penínsulas mediterráneas: la ibérica, la itálica, la balcánica. Y lo mismo vale para otros territorios del sur de Europa.

Supongo que no habría muchos neandertales viviendo en las dos mesetas hispánicas, que son unos altiplanos con un clima muy continental, incluso ahora. Frío en invierno y abrasador y sin una gota de agua en verano. Mucho más extremo aún durante la última glaciación.

Ahora bien, en el sistema Central, que es la cordillera que separa las dos mesetas, había algunos valles abrigados donde los neandertales se las arreglaban mucho mejor. Un buen ejemplo es el valle del Lozoya en la sierra de Guadarrama.

También se adaptaron muy bien los neandertales, como sabemos, al Levante mediterráneo y suroeste de Asia. Y algunos grupos de neandertales llegaron mucho más lejos, hasta el Asia Central y hasta Siberia. Como ya he dicho, en la cueva Denisova, de los montes Altai en Siberia, hay pruebas genéticas de la presencia de neandertales, e incluso de cruces con los denisovanos, unos parientes muy lejanos.

También nosotros, los humanos modernos, absorbimos genes denisovanos en nuestra expansión fuera de África, genes que están presentes en poblaciones humanas actuales tan alejadas de África como Nueva Guinea y Australia.

Y para terminar, dejadme que os hable un poco de sexo, o quizás de amor. Sabéis que los humanos actuales que poblamos el planeta, excepto los de origen subsahariano, tenemos entre un 1% y un 4% de alelos neandertales (un alelo es una variante de un gen). Eso se debe, por supuesto que lo sabéis, a que los neandertales nunca estuvieron en el África subsahariana. Por eso alguien ha dicho que ahora mismo hay más alelos neandertales que nunca en la historia, ya que ellos eran muy pocos y ahora somos miles de millones de seres humanos. Pero no todos los alelos neandertales están presentes en la humanidad actual. Hay regiones de los cromosomas llamadas «desiertos neandertales» en las que nunca se encuentran alelos neandertales. Se supone que estos alelos no son beneficiosos para nuestra especie, y por eso fueron eliminados por la selección natural. Uno de esos «desiertos neandertales» es el cromosoma X completo, que es uno de los cromosomas sexuales. El otro es el cromosoma Y. Los hombres tienen uno de cada tipo y las mujeres, dos cromosomas X. Recientísimamente se han secuenciado cromosomas X de tres neandertales (dos siberianos y uno de Croacia), y ha resultado que tenían sobrerrepresentados los alelos del *Homo sapiens*. Para simplificar la cuestión, la interpretación más sencilla de estos resultados es que la gran mayoría de los cruzamientos se produjeron entre varones neandertales y mujeres cromañonas. O, dicho de otro modo, si estas uniones fueron consentidas se consideraban más favorecedores los rasgos neandertales en los varones y los «sapiens» en las mujeres.

Y ahora me viene a la cabeza la novela *La danza del tigre*, del paleontólogo finlandés (de lengua sueca) Björn Kurtén, en la que los neandertales encuentran muy entrañables a los cromañones porque los ablandan nuestros rasgos infantiles, como la cara chata, la frente abombada y la ausencia de un saliente óseo bajo las cejas. Nos encontraban neoténicos, una historia de la que ya os he hablado aquí largamente.

Esta expansión del *Homo sapiens* por Eurasia no produjo extinciones en masa de grandes especies animales. Es cierto que desaparecieron los mamuts lanudos, los leones de las cavernas y los rinocerontes lanudos, pero eso ocurrió al final de la glaciación, cuando el hábitat se hizo menos favorable para las especies árticas. Los renos y los bueyes almizcleros se refugiaron en el norte, y lo mismo hicieron los mamuts. Los últimos gigantes se extinguieron en el norte de Siberia cuando ya se habían construido las grandes pirámides de Egipto. Lamentablemente también se extinguieron hacia el final de la glaciación los cérvidos de cuernas gigantes y palmeadas, los megaceros, a veces llamados «alces irlandeses» porque se han encontrado esqueletos muy completos en ese país, no porque fueran realmente alces.

Pero con todo aún hay grandes mamíferos (megafauna, como se dice técnicamente) en África y en Eurasia. Donde no hay megafauna comparable a la de la glaciación es en América y en Australia. Ahí no se hacen safaris fotográficos. No hay nada comparable que se iguale a los grandes parques nacionales africanos. El Yellowstone es formidable, sin duda, pero durante la última glaciación había en América del Norte mamuts, elefantes, mastodontes, perezosos gigantes, esmilodones (grandes gatos con dientes de sable), osos gigantes y un larguísimo número de grandes mamíferos que harían las delicias de los turistas de naturaleza. Y lo mismo o más en América del Sur. Y en Australia igual, con los marsupiales y tortugas gigantes. ¿Qué pasó con todos ellos?

Tal vez la extinción de las megafaunas americana y australiana fuera resultado de los cambios en el clima, que tuvieron grandes efectos ecológicos. Pero puede que el principal factor fuera la llegada del ser humano a Australia, hace 50.000 o 60.000 años, y al interior del continente americano hace 13.000 años.

Mientras que la megafauna del Viejo Mundo había coevolucionado con los humanos, en el Nuevo Mundo y en Australia no los conocían y no estaban preparados para enfrentarse a ellos.

Lo que ha venido después, a partir del desarrollo de la agricultura y la ganadería y la formación de los imperios, es todavía peor y se puede resumir como una serie de grandes destrucciones de los ecosistemas naturales.

¿Os acordáis del archifamoso dibujo de la fila de especies que se van poniendo de pie como si fueran hacia alguna parte, concretamente como si fueran hacia el *Homo sapiens*? Si la evolución fuera predominantemente lineal, una especie se convertiría en otra y desaparecería como tal. La especie madre se transformaría completamente en la especie hija. Y así es como nos han contado tradicionalmente la evolución humana, como una lista de especies: *Ardipithecus ramidus*, *Australopithecus afarensis*, *Homo habilis*, *Homo erectus*, *Homo sapiens*.

Una historia lineal es mucho más fácil de entender y de recordar que una ramificada y por eso mis alumnos quieren que les cuente la evolución humana como una lista de especies, a lo que me yo me niego.

Porque este modelo de evolución lineal tiene el grave inconveniente de que en general es falso. La evolución es básicamente ramificación, diversificación, complejidad. Si fuera lineal habría muy pocas formas de vida diferentes en la biosfera. La vida explora —sin proponérselo— todas las posibilidades, de manera que cada vez hay más biodiversidad. Y, como decía George Gaylord Simpson, cada gran novedad evolutiva que se produce crea las condiciones para que surjan otras nuevas formas de vida, ampliando la variación indefinidamente. Hay pocos lugares de la Tierra hasta donde la vida no haya llegado.

Desde luego, cuando las plantas, los insectos (junto con otros invertebrados) y los vertebrados salieron del agua se amplió mucho la biodiversidad, porque había una tierra seca que poblar. Y los continentes representan la tercera parte de la superficie del planeta.

Eso sí, cada mucho tiempo se produce un cataclismo, como el meteorito que impactó en la Tierra y acabó con los dinosaurios hace 66 millones de años. La extinción en masa que provocó redujo la biodiversidad terrestre drásticamente, pero pronto empezó a recuperarse. De cuando en cuando se producen extinciones masivas, que reducen enormemente la diversidad biológica. Ha habido cinco de esas grandes extinciones en la historia de la vida.

Es una buena pregunta la de si la biodiversidad actual, resultado de la acumulación de radiaciones evolutivas que aumentan la biodiversidad y de extinciones generales que la reducen, es la mayor de la historia de la vida. Grandes sabios como George Gaylord Simpson y Edward O. Wilson opinan que sí, que vivimos en la época de biodiversidad máxima. Nunca ha habido tantas especies. Yo también lo pienso.

De modo que seguramente la mayor biodiversidad del planeta en toda su historia se alcanzó en los años centrales del siglo pasado. Y por lo tanto puedo decir que yo he conocido ese momento glorioso de la historia de la vida y he sido un privilegiado por ello.

Se lo puedo contar a mis nietos.

Pero a partir de entonces se produjo una nueva extinción en masa y muchas especies desaparecieron y lo siguen haciendo. Esta vez el origen de la fuerza destructiva no es extraterrestre, sino que somos nosotros, los seres humanos, la causa. Por eso se habla de la Sexta Extinción. Y yo también he asistido a ese momento desastroso de la historia de la vida. Pertenezco a la generación que recibió la mayor herencia y la despilfarró.

¿Cómo se lo contaré a mis nietos?

Ahora me vais a permitir que os cuente una historia de ciencia ficción. Quién sabe, a lo mejor tengo suerte y la llevan al cine.

Los extraterrestres se presentan un buen día con su gigantesca nave, que es en realidad una nave planeta en la que atraviesan el espacio-tiempo. Son atacados por los aviones de los humanos, pero su escudo protector hace inútiles todos los intentos de alcanzarlos con un cohete.

Entonces, aburridos de los juegos infantiles de los terrícolas, piden hablar con algún humano sensato y como respuesta se les envía una veterana profesora que ha estudiado la formación y el colapso de las civilizaciones humanas a lo largo de la historia, estableciendo sus causas. Hay patrones muy evidentes que se repiten, argumenta la profesora. Los extraterrestres, que ya se han informado de la obra científica de la profesora, entablan conversación con ella. Y descubren que es precisamente ella, la enviada, quien quiere preguntarles a ellos una cosa al parecer muy importante para el futuro de la humanidad.

Primero hace una breve introducción, que os sonará, explicando que todas las civilizaciones humanas empezaron en algún lugar particularmente fértil de la Tierra, rico en recursos naturales. La población creció y se formó un imperio que agotó los recursos naturales del territorio en el que se había desarrollado y se vio obligada a conquistar por la fuerza otros territorios cuyos pobladores no habían desarrollado aún una civilización como la suya. Le resultó fácil porque tenía un ejército muy poderoso tanto en número de guerreros como en tecnología militar.

A los extraterrestres parece interesarles el relato y la profesora humana tiene la sensación de que ya lo conocen. ¿Habrán venido a la Tierra en ocasiones anteriores?, se pregunta.

Y así, continúa la profesora, siguieron expandiéndose porque la población y sus necesidades de recursos naturales iban aumentando geométricamente. De cuando en cuando dos imperios de parecido tamaño chocaban en su lucha por el territorio y uno de ellos aniquilaba al otro y se quedaba con todo lo suyo.

La profesora les explica que como resultado de esta dinámica, que parece ser el verdadero motor de la historia, ya no quedan tierras sin esquilmar, y que los humanos se han visto obligados a comerse también la despensa de los océanos, que consideraban inagotable. Pero no lo era.

La profesora concluye diciendo que el siguiente paso, siguiendo la misma lógica, sería colonizar otro planeta y explotar todas sus riquezas, pero que por desgracia el ser humano no ha desarrollado una civilización tecnológica lo suficientemente avanzada como para hacerlo.

Los extraterrestres parecen asentir, como si lo entendieran bien: los terráqueos han agotado sus recursos planetarios y están atrapados porque no pueden escapar de su planeta.

Así que, en conclusión, la profesora quiere saber cómo se las han arreglado los alienígenas para desarrollar una tecnología capaz de viajar por el espacio, saliendo de su propio sistema solar, sin destruir su planeta cuna.

Y así llegamos a la escena final de la película, en la que el mando supremo de la nave planeta alienígena contesta (mientras suena una música inquietante):

> No lo hicimos: explotamos nuestro planeta hasta dejarlo inhabitable, y por eso hemos venido al vuestro, de la misma manera que vosotros fuisteis a explotar otros continentes.

Pero soy optimista y creo que ese no será el final de nuestra historia real si hacemos lo necesario para cambiar el curso de nuestra historia. Al final del libro lo cuento.

Y ahora tengo que daros una no sé si buena o mala noticia. Aquí se han acabado los nombres de yacimientos, la parte del registro fósil de la evolución humana. Pero seguiré hablando de evolución humana hasta el final del libro, porque no tenemos más que observarnos a nosotros mismos para ver el resultado.

¿SOMOS LA ESPECIE PEREZOSA?

A pesar de ser bípedos, la zancada de los australopitecos no era muy larga, así que no irían muy lejos. En comparación, los seres humanos nos movernos más, o deberíamos. Caminar 20 kilómetros de una tirada no se considera ninguna proeza física. Esa es la distancia que recorre a diario cualquier peregrino que sigue el Camino de Santiago, por ejemplo. De hecho, los especialistas en salud recomiendan andar diariamente unos 7,5 kilómetros, a pesar de que no tenemos la vida organizada para encontrar fácilmente el tiempo para hacerlo. Por no hablar de los maratones que corre tanta gente. Son algo más de 42 kilómetros, y el récord del mundo está en solo dos horas. Somos, en consecuencia, una especie a la que se le da bien andar y correr largas distancias, en terreno llano y quebrado.

Fue necesario que llegaran los ingleses Charles Darwin y Alfred Russel Wallace con su teoría de la evolución para que descubriéramos algo que nunca deberíamos haber olvidado: que somos animales. Muy listos, sin duda, pero animales. Concretamente mamíferos, y, dentro de los mamíferos, primates.

Así que tenemos una biología, como los demás animales. Yo no veo por qué tendría que disgustarnos, pero en algunas culturas llevamos varios milenios considerándonos lo opuesto a los animales. Así que cuando decimos animales pensamos en los demás animales, no en nosotros.

Todo esto viene a propósito de que para contestar a la pregunta que da título a este capítulo tendremos que hacernos otra: ¿les cuesta a los demás animales hacer ejercicio? ¿O, por el contrario, lo están deseando? Los lectores que tienen animales en casa poseen sin duda amplia experiencia al respecto. Los perros salen disparados en cuanto les abrimos la puerta, y se diría que lo estaban deseando, que lo necesitaban, que ya no podían aguantar por más tiempo las ganas de correr (salvo que sean viejos, y en la naturaleza no hay viejos). Los gatos, en cambio, son mucho más cautelosos. Los caballos necesitan desfogarse, y si los tenemos varios días en la cuadra se acumulan sus ganas de brincar y de galopar. Podríamos decir que soportan peor el confinamiento aquellos animales domésticos que descienden de antepasados salvajes que se movían en territorios amplios y recorrían grandes distancias a diario. Como nosotros, los miembros de la especie *Homo sapiens*, que nos caracterizamos como especie por nuestra resistencia corriendo y andando, y nuestro cuerpo estrecho así lo atestigua.

Estoy hablando en todo caso de ejemplares adultos, porque las crías de todas las especies de mamíferos, repito, de todas, son juguetonas, hiperactivas e imprudentes en su afán por explorar el mundo. Los seres humanos no somos una excepción. Hay que retener a los niños para que no se escapen, lo contrario que pasa con los adultos, que no quieren hacer ejercicio y se quedan en el sofá viendo la tele, comiendo y bebiendo pese a las admoniciones de las ciencias de la salud contra estos hábitos tan poco sanos.

Para saber más de cualquier aspecto del comportamiento animal debemos acudir siempre al padre de la psicología animal, es decir, de la etología. Konrad Lorenz comprendió enseguida que para penetrar en la psicología de los animales había que convivir con ellos, tenerlos muy cerca: en un acuario en el caso de los peces o en la casa y en el prado si nos interesan los mamíferos y las aves. Así llegó a conocer muchas especies íntimamente. Fruto de esas experiencias fue un libro fantástico de 1949 cuyo título se tradujo al español como *El anillo del rey Salomón*. En alemán se titulaba *Er redete mit dem Vieh, den Vögeln und den Fischen*, es decir, «Hablaba con las bestias, los pájaros y los peces». En torno al sapientísimo rey Salomón, epítome del conocimiento, se tejieron muchas leyendas, y una de ellas decía que poseía un anillo que le permitía hablar con los animales.

Yo tengo la fortuna de poseer una primera edición del libro en español, y al delicioso texto del autor se une el privilegio de que la traducción sea del gran Ramón Margalef, un gigante de la ciencia barcelonés que está considerado uno de los padres de la moderna disciplina de la ecología.

En el libro de Konrad Lorenz hay un capítulo titulado «La compasión hacia los animales», hoy en día más pertinente que nunca porque hemos caído en la cuenta hace relativamente poco tiempo de que los animales salvajes sufren con la cautividad y de que nosotros, los seres humanos, somos responsables de ese padecimiento. Hemos elaborado el concepto de *bienestar animal*.

En consecuencia, se cuestionan los delfinarios y se propone devolver a los delfines, a las orcas y a las belugas a la naturaleza de la que fueron extraídos, aunque nunca podrán ser liberados completamente porque no serían capaces de sobrevivir. También se está intentando la reinserción en su medio natural de chimpancés capturados en la selva cuando eran crías, después de matar a sus madres.

Así pues, ¿qué animales sufren más en cautividad según Lorenz? Esta pregunta nos lleva inevitablemente a hacernos otra: ¿somos los seres humanos que habitamos en las grandes ciudades también animales cautivos que sufren por ello? ¿Cómo podríamos recuperar nuestra *libertad*? ¿Es el *running* (eso que antes se llamaba *correr*) la solución? ¿O deberíamos volver a cazar y recolectar? Hay gente que caza y gente que recoge setas, o que hace las dos cosas. O que sube a las montañas, aunque no cace.

Konrad Lorenz nos cuenta que los visitantes del zoológico sienten mucha pena por los grandes depredadores como el león y el águila, lo que le parece un despilfarro de compasión que debería dirigirse hacia otras especies que lo pasan mucho peor en cautividad. La razón es que el rey león es un gran holgazán que se pasa todo el día tumbado, como cualquier visitante del zoo puede comprobar. Y lo mismo se ve en los parques nacionales africanos, añado yo. Es muy difícil que los turistas que los contemplan desde los coches fotografíen a los leones en movimiento, salvo cuando cazan. Pero suele suceder al anochecer, cuando los coches de los turistas ya han sido obligados a abandonar el parque.

Lorenz nos cuenta la anécdota de que en el parque zoológico de Berlín se construyó un gran recinto para los leones, que estos utilizaban solo en una mínima parte. Como el león es el «rey de la selva», y también lo somos nosotros desde hace por lo menos un millón de años, nos preguntamos si no tendremos también los seres humanos algo, o mucho, de la holgazanería de los leones, y por eso nuestra tendencia es la de estar todo el día sentados, ahora que ya no tenemos que cazar y ni siquiera estamos obligados a trabajar duramente en el campo como hacían las generaciones anteriores a la llegada de los tractores. Es decir, nuestros abuelos.

Las águilas, aunque sean las «reinas de los cielos», tampoco son muy desgraciadas, según Lorenz, en sus grandes jaulones, siendo alimentadas sin tener que cazar. Cuando uno las ve elevarse en el cielo aprovechando las corrientes térmicas, al igual que los buitres, se diría que les da pereza volar y que, si pudieran, dejarían de hacerlo. Son demasiado pesadas para sostener un vuelo batido durante mucho tiempo. Otras aves de presa más pequeñas, como el halcón peregrino, son más activas. Y no digamos nuestro familiar cernícalo, que bate las alas a un ritmo endiablado para quedarse clavado en el cielo. Seguramente estas rapaces necesitan hacer más ejercicio para dar rienda suelta a sus instintos.

A diferencia de los leones, que están echados, los lobos, chacales y zorros enjaulados —es decir, los cánidos— se pasan todo el día moviéndose en su prisión, recorriendo muchos kilómetros en pocos metros con movimientos estereotipados, repetidos automáticamente. Los cánidos cautivos sí que son dignos de lástima, porque tienen un instinto muy fuerte para recorrer largas distancias. A los perros les pasa lo mismo, pese a que la domesticación ha atenuado mucho la pulsión ancestral de vagar. Pero aún se les queda pequeño el territorio de un piso. También los osos de los zoológicos se mueven todo el tiempo, aunque la jaula sea pequeña, dejando un surco en el suelo.

Por la misma razón a Lorenz le daban mucha pena los cisnes cantores de los zoológicos alemanes en la época de la migración. Para que no se fueran volando les habían cortado parte de un ala, así que, aunque lo intentaban una y otra vez, no eran capaces de levantar el vuelo. El instinto migratorio los dominaba, pero no conseguían nunca satisfacerlo y no recuperaban la tranquilidad hasta que pasaba la época de viajar.

Aparte de los que están impelidos a la hiperactividad por un fuerte impulso interior, ¿cuáles son los animales que más sufren con el encierro? Los más inteligentes, contestaba el amigo Lorenz.

Entre las aves, destacan por su inteligencia los loros y cacatúas, así como también los córvidos. Todos ellos sufren más con el aislamiento, porque necesitan usar su inteligencia tanto como sus alas. Por lo contrario, las águilas, pese a ser las reinas del cielo, no poseen grandes capacidades cognitivas. Al menos no era el caso de una hembra de águila que el reconocido etólogo tenía en su casa. Por lo que yo sé, tampoco los cetreros tienen una gran opinión de la inteligencia de sus aves de presa.

Definitivamente los más listos son los cuervos, que han sido considerados los *chimpancés de las aves* porque igualan o superan a los grandes simios en las pruebas de inteligencia. Incluso son capaces de fabricar y de utilizar instrumentos.

Recordad la frase de Louis Leakey a Jane Goodall: «Ahora debemos redefinir lo que es una herramienta, redefinir al ser humano, o aceptar al chimpancé como humano». ¿Y al cuervo, también debemos aceptarlo como humano? Volveremos a acordarnos de esta frase más adelante.

Con los mamíferos pasa lo mismo que con los animales. La higiene mental puede ser tan importante como la física. Los chimpancés son muy inteligentes, por lo que se deprimen si se los aísla en una jaula pequeña. Para Lorenz, los monos son los animales que más sufren en cautividad, y eso se puede comprobar a simple vista. Necesitan estímulos para ejercitar tanto su mente como su cuerpo. Habría que pronunciar la famosa frase al revés y decir: «*corpore sano in mens sana*».

Cuando escribía todo esto, Konrad Lorenz había leído el libro de Robert Yerkes sobre la colonia de chimpancés que estudiaba en Florida, donde disponían de unas instalaciones muy amplias. Lorenz termina el capítulo diciendo que esos chimpancés viven «mucho más felices de lo que vivimos tú o yo, querido lector».

Así que la cuestión que os planteo en este capítulo es la de si nosotros, los seres humanos, nos parecemos más a los lobos o a los leones. Si fuéramos como lobos no debería darnos pereza salir a correr. Es más, estaríamos esperando con impaciencia el momento del día en el que poder hacerlo. Y si pudieran ser varios momentos al día, mejor. Por ejemplo, una carrerita por la mañana, otra al mediodía y una tercera por la noche. ¿No es eso lo que recomiendan los médicos, que hagamos ejercicio? ¿No es eso lo que le gusta a nuestro perro doméstico?

Ahora bien, si nos parecemos más a los leones la tendencia natural del cuerpo sería la de estar tumbados y comer. En este caso, correr sería un duro castigo.

La respuesta que se da en algunos libros es que nos pasa como a los leones. No les gusta cazar, pero tienen hambre y se ven obligados a hacerlo. Si se les da la comida, entonces son felices tumbados a la bartola. Lo que de verdad les gusta es comer, no correr.

Lo mismo les habría ocurrido a nuestros antepasados. No les gustaba correr, pero tenían hambre, así que no había otra alternativa que hacerlo. Pero nuestra salud depende de nuestro estado físico, por lo que, a pesar de que ya no lo necesitemos para nuestra supervivencia, tenemos que imponernos obligaciones como la de correr. Como la comida se consigue hoy en el supermercado no sentimos nunca la necesidad de correr.

¿Pero no resulta todo esto muy raro? Me refiero a que no tengamos un instinto para correr si es tan beneficioso para nuestra salud. La OMS recomienda a los adultos hacer un mínimo de 150 minutos de ejercicio aeróbico a la semana. ¿No es sabia la naturaleza, como suele decirse? ¿No es sabia la selección natural, como dicen los biólogos evolutivos? ¿El cuerpo está hecho para la carrera pero no tenemos el instinto de correr? ¿Y cómo es posible que los leones en la naturaleza tengan esos cuerpos tan bien preparados para correr y cazar, y les falte el instinto para hacerlo? ¿Tienen la anatomía y les falla la etología?

La teoría de Konrad Lorenz dice lo contrario. Los animales están programados para llevar a cabo todo el repertorio de comportamientos propios de la especie cada cierto tiempo. ¿Con qué frecuencia? La que sea necesaria para su supervivencia. Si estamos hablando de depredadores que necesitan cazar todos los días para vivir, la programación de la conducta los impulsará a cazar todos los días. Y si la especie caza cada tres días porque sus presas son mayores, tienen más carne y requieren un esfuerzo mayor, su instinto de caza se despertará con esa frecuencia.

Quiero decir que no solo es el hambre lo que los mueve. Hay una motivación interna para desarrollar la conducta programada, una pulsión cazadora que actúa en su sistema nervioso. Un gato montés caza para comer, desde luego, pero un gato doméstico, por muy bien alimentado que esté, necesitará también desarrollar los movimientos de la caza cada cierto tiempo. La prueba está en que los animales, decía Lorenz, buscan activamente los estímulos que se necesitan para que se dispare la conducta, y no esperan pasivamente a que esos estímulos se presenten. Y cuanto más tiempo pase desde que se realizó la conducta en cuestión, con más ahínco buscarán el estímulo desencadenante. Al final, si no encuentran el disparador en el mundo real la conducta se ejecutará de todos modos (*en el aire*) y el animal acechará y cazará una presa imaginaria, como saben todos los que conviven con gatos.

Por ese motivo los cánidos dan vueltas en su jaula todo

el tiempo, porque necesitan cazar todos los días y para ello recorren largas distancias cuando viven en libertad. Da igual que se los alimente a diario. Necesitan hacer muchos kilómetros cada día. Están programados para ello.

Los leones cazan con una frecuencia apreciablemente menor porque sus presas son muy grandes y les proporcionan mucho alimento. Realizan un esfuerzo explosivo y extenuante, y luego necesitan recuperarse. Por eso los vemos tumbados en el zoológico la mayor parte del tiempo. Pero ellos también tienen la pulsión cazadora, también están programados.

Y eso nos lleva a los seres humanos. Nuestros antepasados eran cazadores y recolectores. Hacían muchos kilómetros al día y se agachaban y se levantaban continuamente. ¿No deberíamos estar programados para hacer mucho ejercicio? ¿No deberíamos sentir esa pulsión? ¿Cómo es que no salimos corriendo a la calle como nuestros perros?

Los cazadores y recolectores modernos podrían ayudarnos a saber cómo se vivía hace miles de años, en el Paleolítico final, pero ya han desaparecido prácticamente todos. Hay buenos estudios etnográficos de cómo era su economía, su cultura material y sus creencias, pero faltan datos biológicos de las sociedades sin escritura.

Para empezar no se hicieron en el pasado buenas tablas demográficas para saber a qué edad se morían y de qué, así que la creencia general sigue siendo que vivían pocos años y que los adultos se morían muy jóvenes. O lo que todavía es más absurdo, que a los cuarenta años eran viejos.

La excepción son los hadza del lago Eyasi, en Tanzania, que yo tuve la ocasión de conocer en 2003. De estos tenemos buenas tablas demográficas, y en contra de lo que suele pensarse había personas de sesenta y de setenta años en los campamentos que visitamos. No faltaban, en consecuencia, los abuelos ni las abuelas, y yo conocí a una que tenía a sus hijas y sus numerosos nietos alrededor.

Unos estudios recientes de Herman Pontzer (antropólogo evolutivo estadounidense) y colaboradores con los hadza nos permiten conocer mejor a la especie humana, y compararla con los grandes simios.

Resulta que los primates en general, y los grandes simios en particular, tienen un metabolismo bajo para ser mamíferos, es decir, para su peso. Nosotros los seres humanos superamos a todos los demás primates, gastando al día 400 calorías más que los chimpancés y los bonobos, y todavía más calorías que los gorilas y los orangutanes, que son menos activos. Su vida es lenta. En los estudios a los que me remito se corrigen los datos en función del tamaño de la especie, para que no cuente el peso a la hora de sacar conclusiones sobre las calorías.

Eso quiere decir que en nuestra evolución no solo habríamos transferido calorías desde el tubo digestivo al cerebro, como vimos en el capítulo dedicado al fuego, sino que habríamos aumentado claramente el gasto energético total, el metabolismo humano. En algún momento del paso desde los australopitecos a la especie humana actual habríamos empezado a echar *más leña al fuego*.

Sin duda nuestros primos los chimpancés y bonobos tienen tubos digestivos más largos —y por lo tanto más costosos en términos energéticos— para procesar alimentos vegetales ricos en fibra, al igual que nuestros más remotos antepasados, cabe suponer. Pero para Pontzer y sus colegas lo que verdaderamente nos hizo humanos fue un incremento neto en el metabolismo.

Y aquí puedes apreciar, si has puesto atención y te interesa el tema, una discrepancia importante con lo que te conté en el capítulo del fuego. Entonces te dije que el cambio principal en nuestra evolución estaba en el acortamiento del tubo digestivo, que hizo posible la expansión cerebral. Pero sin negar que esto haya ocurrido, lo que dicen estos estudios de metabolismo en humanos y otros primates que se están llevando a cabo es que necesitamos más calorías que nuestros primos. En resumen, en nuestra línea evolutiva se habría incrementado el gasto energético, y todo apunta hacia *Homo erectus* para impulsar ese cambio.

Puede que tengas curiosidad por saber cómo se calcula el gasto energético de unas personas que viven en la sabana a su aire. Se utiliza el método llamado de la «doble etiqueta». Los participantes en el estudio tienen que beber agua enriquecida en dos isótopos, el deuterio y el oxígeno 18. Y luego se envían las muestras de orina a un laboratorio especializado para su análisis. La concentración de esos isótopos en la orina permite calcular la producción de dióxido de carbono al día y en consecuencia el gasto energético.

Todo parece por lo tanto más lento en nuestros primos evolutivos, según estos estudios, incluyendo el tiempo que transcurre entre nacimientos, que puede ser tranquilamente de cinco años o seis años en los chimpancés, y de siete en los orangutanes, mientras que un promedio de un hijo cada tres o cuatro años debía de ser la norma humana en el Paleolítico, como ya comenté. Y eso a pesar de que nuestro desarrollo es más largo y en consecuencia también lo es el periodo de dependencia de los padres. Cabe pensar que en estos aspectos nuestros primeros antepasados, los ardipitecos y los australopitecos, eran como los grandes simios, con partos distanciados en el tiempo.

Esta fecundidad de nuestra especie, claramente mayor

que la de los grandes simios, puede haber sido una de las razones de nuestro éxito evolutivo, de nuestra capacidad de poblar ambientes poco previsibles (inestables) y de expandirnos a todo lo ancho del planeta. El número de hijos que puede tener a lo largo de su vida fértil una hembra de chimpancé es claramente menor que el de una mujer paleolítica. Y la demografía es importante. A fin de cuentas el juego de la vida consiste en que nuestros genes se transmitan a la siguiente generación en la mayor cantidad posible. Descendemos, como ya os dije, de los que tuvieron muchos hijos, no de los que tuvieron pocos o ninguno.

Herman Pontzer y colaboradores han constatado además un hecho bastante asombroso. El número de calorías que gastan al día los hombres y las mujeres hadza, a pesar de la vida tan activa que llevan —cazando, trepando a la copa de los árboles, algunos muy altos, a por miel, recolectando *berries* y cavando enérgicamente para extraer tubérculos—, es el mismo que el de cualquier ciudadano normal de una ciudad actual. Unas 2.600 calorías al día los hombres y 1.900 calorías las mujeres (siempre en promedio).

Aparentemente el metabolismo de la especie humana es constante, pero en eso no somos una excepción. Lo mismo sucede cuando se comparan primates encerrados con primates en libertad, y en general cualquier mamífero cautivo con su equivalente salvaje (incluidos los canguros y los osos panda).

¿Cómo es posible gastar el mismo número de calorías viviendo de los recursos de la naturaleza y andando varios kilómetros al día que yendo a la oficina en coche o en transporte público? ¿Cómo se explica que un chimpancé que vive en la selva no gaste al final del día más calorías que un chimpancé cautivo al que le dan la comida?

Después de analizar todas las posibilidades imaginables los investigadores se han visto obligados a especular con que las calorías que los habitantes de las ciudades *no* gastamos haciendo ejercicio se destinan a otros procesos fisiológicos, como la actividad inflamatoria del sistema inmune o la producción de hormonas reproductivas, como el estrógeno.

De lo que no cabe dudar es de la importancia de hacer ejercicio físico a menudo. No aumentaremos el número de calorías totales que quemamos, pero nuestro cuerpo será más saludable y viviremos más porque dedicaremos las calorías a aquello para lo que está programado por la evolución (que no es otra cosa que llevar la vida de nuestros antepasados), mejorando la salud de nuestro corazón y evitando la inflamación crónica, que está ligada a enfermedades autoinmunes y cardiovasculares.

Engordar, en consecuencia, es más la consecuencia de comer demasiado que de no hacer ejercicio (está más asociado al vicio de la glotonería que al de la pereza). Quizás hacer una vida de cazador recolector urbano no sea directamente útil para adelgazar, pero puede serlo indirectamente. Para empezar, ayuda a no engordar, porque una vida activa no nos lleva a un exceso de calorías en la dieta. Naturalmente, esta teoría aparentemente tan «loca» de Pontzer ha sido cuestionada, y se ha iniciado un debate científico muy interesante.

Hay tres características de la especie humana que nos separan de los grandes simios y que vienen completamente a cuento aquí. Una es de naturaleza anatómica y fisiológica y las otras dos tienen que ver con el comportamiento.

La primera es que tenemos más grasa corporal que los grandes simios, que en realidad no tienen prácticamente nada. Los hadza, que están muy delgados, tienen grasa corporal en la misma proporción que cualquier ser humano. Ya nacemos gorditos si nos comparamos con un neonato de gran simio, o de primate en general, que es todo músculo.

¿Cuándo empezamos en nuestra evolución a tener grasa corporal aunque estemos en forma; es decir, grasa *normal*, que podríamos llamar *constitutiva* de nuestro cuerpo? No creo que los ardipitecos y los australopitecos la tuvieran. Tampoco el *Homo habilis*. Más bien empezaría la grasa corporal, me parece, con el *Homo erectus* (como otras muchas cosas que nos distinguen a los humanos).

Seguramente esta facilidad para acumular reservas de calorías en nuestro propio cuerpo tiene que ver con nuestra capacidad para adaptarnos a entornos donde la comida no es tan previsible como en la selva, especialmente la carne. Una pieza de caza mayor al mes ya está bien para un cazador hadza. Las bayas y los tubérculos que recolectan las mujeres hadza es lo que mantiene a la familia en el día a día. Y los niños necesitan comer todos los días.

La segunda diferencia con nuestros primos es la importancia que tiene el fuego en la asimilación de esos alimentos. Los tubérculos de los hadza son un buen ejemplo.

Y la tercera característica diferenciadora es que nosotros compartimos el alimento. Si tú no has cazado ni recolectado hoy de todos modos no te faltará algo de comida para la cena.

Tienes suerte de no ser un gran simio. Ellos no comparten la comida.

Así que ya podemos contestar al problema de la pereza a la hora de hacer ejercicio físico. No es verdad que seamos la especie perezosa. Sí es verdad que nos encanta practicar deporte. Afirmativo. Lo que pasa es que somos una especie social, y nos gustan los juegos de equipo más que los deportes solitarios.

Todo es mucho más agradable si lo hacemos en grupo, desde montar en bicicleta hasta subir una montaña o salir a correr.

Y no digamos los juegos. Nos gustan hasta los de mesa. Por no hablar de un partido de fútbol o de baloncesto con los amigos, o jugar con ellos al frontón, al tenis o al béisbol. Nada nos da pereza si hay una pelota de por medio, es decir, un objeto que se mueve como si tuviera vida propia (una presa). También les enloquece a nuestros perros perseguir pelotas, por cierto. Ya saben que no se comen, pero les da igual.

Nos entusiasma hasta ser espectadores de los grandes acontecimientos deportivos. Claro que aquí también interviene el elemento tribal, del que tenemos que hablar más adelante.

Y por supuesto nos gusta mucho bailar, y ese es un gran ejercicio. Podemos hacerlo durante horas sin parar, sudando a chorros. Se trata a la vez de deporte y de música, pero es que los humanos somos así. Una mezcla de biología y cultura.

Una vez terminado el libro apareció un artículo científico que me parece necesario referir. En un yacimiento que se encuentra en un abrigo rocoso de Sudáfrica (Umhlatuzana, en KwaZulu-Natal) se ha identificado veneno en puntas de flecha (de piedra, naturalmente) de hace 60.000 años. El veneno procedía del bulbo de una planta local (*Boophone disticha*) y está documentado en el siglo XVIII el uso del exudado de esta planta por los cazadores de la región de El Cabo para envenenar puntas de flecha. El estudio es muy fino, porque no es fácil identificar alcaloides después de tanto tiempo. Los autores del trabajo destacan lo que significa este tipo de caza en cuanto a las capacidades cognitivas que se requieren. Primero, entender que una sustancia procedente de una planta determinada mata o debilita a una presa muy grande, actuando químicamente, no mecánicamente. Segundo, entender que el animal alcanzado no se va a morir inmediatamente, sino que hay que seguirlo durante días, rastreándolo sin verlo. En resumidas cuentas, se trata de buscar un beneficio diferido en el tiempo, lo que no es poca cosa para una mente. A esas capacidades cognitivas se añade otra de naturaleza fisiológica: la de ser capaz de persistir en el esfuerzo, andando y corriendo todo el tiempo, sin casi comer ni beber, muchos kilómetros y muchos días. La caza con flechas envenenadas es inseparable de la caza por agotamiento, que se considera una manera de matar presas característica de la especie humana.

Yo he salido de caza con los hadza, que también utilizan veneno en sus flechas, y me imagino la escena. Un verdadero ultramaratón.

LAS SOCIEDADES SUPERCOMPLEJAS

¿Somos los seres humanos animales eusociales? Parece esta una pregunta técnica, por la palabra tan extraña que he utilizado, pero se puede formular de una manera más sencilla. La ciencia se puede explicar a todo el mundo, porque solo se trata de contestar preguntas muy normales, de niños. No tenemos más que imaginarnos una gran metrópoli, con los edificios, las calles y las galerías subterráneas del metro, y preguntarnos: ¿los seres humanos somos como las hormigas, las termitas, las avispas y las abejas? A menudo se han comparado los grandes bloques de apartamentos con colmenas, ¿no?

Esos insectos —las hormigas, las termitas, las avispas y las abejas— son los animales *eusociales* a los que nos estamos refiriendo (espero que os acostumbréis al tecnicismo, porque no lo voy a poner más veces en cursiva). Construyen viviendas colectivas para millones de individuos —que llamamos colmenas, hormigueros y termiteros— y mantienen la temperatura controlada. Son *ciudades* climatizadas y ventiladas íntegramente, algo que todavía no hemos logrado nosotros.

Algunas hormigas tropicales americanas (las *cortadoras de hojas* o *podadoras*) no solo recolectan el alimento saliendo al exterior, sino que incluso cultivan hongos en cámaras subterráneas que crecen sobre las hojas masticadas. Son hormigas granjeras. Se considera a las sociedades formadas por las hormigas cortadoras las más complejas de nuestro planeta junto con las humanas, y también se componen de millones de individuos.

¿No son también las colmenas, los hormigueros y los termiteros como nuestros Estados políticos? ¿No están sus sociedades divididas en clases sociales (castas) con reinas, soldados, granjeros y obreros? ¡Pero si hay incluso algunas hormigas que llegan a tener esclavos!

Los *Estados* de los insectos son muy viejos comparados con los nuestros. Aunque hay que decir que para un geólogo los *Estados* de los insectos no son demasiado antiguos, porque su poderío actual en el mundo de los invertebrados, su dominio de los ecosistemas terrestres, lo consiguieron hace *tan solo* 60 millones de años, aunque sus raíces son mucho más profundas. ¿Pero qué son los imperios *milenarios* de Egipto, Mesopotamia o China comparados con esos imperios *millonarios* de los insectos sociales? Y es que el tiempo geológico es de otra escala que el tiempo de la vida humana.

Por otro lado, aunque todos estos animales son invertebrados, y concretamente insectos, pertenecen a dos grupos evolutivos diferentes. Las abejas y las hormigas son *himenópteros* y las termitas, *isópteros*. Esto es importante porque quiere decir que las sociedades más avanzadas de insectos, las eusociales, evolucionaron de forma totalmente independiente en dos líneas por completo diferentes. Y, además, dentro de los himenópteros la eusocialidad evolucionó separadamente en las hormigas y en las abejas, que no se parecen mucho físicamente. Aunque si te fijas bien, las abejas y las hormigas tienen una cosa en común: su estrecho *talle*, la *cintura de avispa*, que separa su tórax del abdomen.

Entre los insectos eusociales no todos los individuos de la colonia se reproducen, ni mucho menos. Lo hacen las reinas y algunos machos (que en el caso de las abejas se llaman *zánganos*). Estos individuos reproductores son improductivos, es decir, que ni alimentan ni defienden a la comunidad. Pero producen hijos, a los que por cierto no cuidan.

La explicación para la extraña organización social de las abejas podría encontrarse en su genética, que es muy especial.

No sé si sabéis que las abejas reinas y las obreras solo se diferencian en la alimentación que reciben cuando son larvas (jalea real en el caso de las reinas), así que no hay nada especial en la genética de las reinas que las determine para ser las únicas hembras de las colmenas que ponen huevos. Todas las hembras son iguales a efectos genéticos, pero la alimentación de las larvas las hace diferentes.

Pero en realidad una abeja obrera no tiene ningún interés en procrear, porque, debido a su peculiar sistema de determinación del sexo (que no voy a tratar aquí), una obrera tendría más relación genética con sus hermanas, las otras hijas de la reina, que con sus propias hijas. Por eso no se reproducen y trabajan para la comunidad, formada por sus hermanas. Si en algún lugar existe la sororidad es aquí, entre las abejas.

Sin embargo, hay muchas especies de himenópteros con el mismo sistema genético y que sin embargo no son eusociales. Y por el contrario, las otras especies de invertebrados eusociales, las que no son himenópteros, tienen el sistema genético normal, que es también el nuestro. Así que se puede llegar a la eusocialidad con un sistema genético normal. Y esto es importante.

Efectivamente hay otros invertebrados eusociales, como una especie de coleóptero y unos pequeños crustáceos decápodos (el grupo de los camarones) que viven dentro de esponjas. Pero hablando en términos de biomasa, de número de individuos, de peso total de la especie, los invertebrados eusociales que de verdad cuentan son los insectos sociales de los que os hablaba antes.

Ahora bien, el que haya otros invertebrados sociales, aunque sean poco significativos en los ecosistemas, tiene mucha importancia para un sociobiólogo (el estudioso de la biología social). Significa que las sociedades supercomplejas pueden evolucionar en cualquier grupo animal, un factor a tener en cuenta.

Aunque no por ello deja de ser un fenómeno excepcional. Se puede dar quizás en cualquier grupo animal, pero la eusocialidad es rara en el conjunto de las especies. Son pocos los casos que conocemos, sobre todo si pensamos en todas las explosiones evolutivas que se han producido en la historia de la vida. En total, la eusocialidad ha evolucionado de forma independiente 19 veces.

Con nosotros, los seres humanos, serían 20, en el caso de que también seamos eusociales. ¿Lo somos? ¿Nos hemos convertido por eso en el grupo biológico dominante entre los vertebrados terrestres, como los insectos eusociales lo son entre los invertebrados terrestres?

Entre los mamíferos hay también dos especies eusociales, que viven un poco a la manera de las hormigas. Son subterráneas y los grupos tienen solo una hembra reproductora, una reina. Se llaman *ratas topo desnudas*. Las dos especies viven en África y desde luego son muy feas (a nuestros ojos, claro, ellas se encontrarán muy sexis). Su cuerpo lampiño se parece a una cría recién nacida de roedor, pero se conservan así toda la vida. Nunca se cubren de pelo.

Las ratas topo desnudas tienen pocos depredadores, su mortalidad es muy baja y por eso viven muchos años. Ya sabéis, mortalidad baja, vida larga. En el mundo de los roedores podrían considerarse prácticamente inmortales, porque un ratón de campo no supera los cuatro años de vida y las ratas topo pasan de los veinte. Es como si nosotros viviéramos medio milenio o más.

Como no se conoce el cáncer en las ratas topo desnudas, ni otras enfermedades relacionadas con la edad (las enfermedades propias de los viejos), son objeto de estudio en los laboratorios de biología del envejecimiento. Hasta ahora no se ha encontrado la fórmula mágica para la eterna juventud. O mejor dicho, se conoce pero no nos interesa: se trata de ser rata topo desnuda. Elemental. Pero poco interesante.

Parece un juego de palabras, pero no lo es: para ser inmortal como las ratas topo desnudas... hay que ser una rata topo desnuda *en todo*, me temo, o en casi todo.

Ya nos han *visitado* los extraterrestres hace dos capítulos. Y es porque muchas veces, cuando pienso acerca de la evolución, de lo que podría y no podría haber sucedido, y de lo que finalmente sucedió, pienso en los extraterrestres. Y no porque crea que nos han visitado o lo vayan a hacer, sino porque me parece un espléndido experimento de sillón. O sea, una especulación académica, que sale gratis, además, y está al alcance de cualquiera que tenga curiosidad. No se suele llegar a ninguna conclusión definitiva, pero se aprende mucho.

Por ejemplo, en relación con el sexo. No hay ninguna razón biológica por la que en los animales solo pueda haber dos tipos de gametos: espermatozoides y óvulos. Hay especies hermafroditas, desde luego, que producen los dos tipos de células sexuales, aunque por lo general en épocas diferentes, y hay especies partenogenéticas, en las que las hembras se reproducen sin el concurso de los machos. Pero no hay especies de animales, plantas u hongos, es decir, de organismos pluricelulares, con tres tipos de gametos.

Podrían existir, en teoría, en otro planeta, pero en este que habitamos añadiría complejidad a la tarea de reproducirse, y seguramente aportaría pocos beneficios en términos de recombinación de genes. La ventaja de la reproducción sexual es precisamente esa, que los genes se barajan y todos los individuos son diferentes entre sí. No hay dos iguales genéticamente salvo los gemelos monocigóticos (los que proceden del mismo óvulo y el mismo espermatozoide).

Y ahora viene la pregunta en la que estoy pensando. Quizás también tú. ¿Podrían unos seres extraterrestres desarrollar una civilización tecnológica como la nuestra, o más avanzada, siendo eusociales como las hormigas, las abejas o las ratas topo desnudas?

Formulado de otra manera: ¿hace falta ser eusociales para desarrollar una civilización tecnológica como la nuestra o más avanzada?

Confieso que me cuesta trabajo imaginarme a las ratas topo desnudas creando una civilización tecnológica y construyendo naves espaciales. Pero no hace falta que los extraterrestres sean roedores subterráneos, porque ya sabemos que la eusocialidad puede desarrollarse de forma independiente en grupos animales completamente diferentes.

¿Por qué no habría de hacerlo en unos primates del grupo de los grandes simios, que es el nuestro? A fin de cuentas, nuestros parientes más cercanos, los chimpancés comunes y los bonobos, son especies sociales, y ya partiríamos de esa base, suponiendo que el antepasado común de la línea de los chimpancés y bonobos, por un lado, y de los humanos, por el otro, fuera muy sociable. Yo así lo creo. Entre los grandes simios solo los orangutanes son solitarios.

Aunque todavía no nos hemos pronunciado acerca de si la especie humana es eusocial, o solo lo parece en algunos rasgos, porque nosotros, las personas, sí que hemos desarrollado una civilización tecnológica y viajamos fuera de nuestro planeta.

El padre de la sociobiología, Edward O. Wilson, opina que somos una especie eusocial y se basa en los siguientes rasgos.

El primero de todos es que tenemos un *nido*, un lugar en el que dejar a las crías, un hogar para todo el grupo. En el Paleolítico y en las sociedades de cazadores y recolectores recientes ese *nido* recibe el nombre de *campamento*. Imaginemos una cueva, por ejemplo, o un abrigo bajo un saliente de la roca, a modo de visera, un lugar cubierto donde guarecerse de la intemperie. Os recuerdo ahora que hay quien sostiene que fue el campamento lo que nos hizo humanos, ni más ni menos. No creo que hayáis podido olvidaros de la teoría de la monogamia, o del macho proveedor, que sostiene que las hembras se quedaban en el campamento y los machos las aprovisionaban. Esto habría sido así desde los ardipitecos, es decir, desde antes de los australopitecos. La postura bípeda habría sido *seleccionada para* poder transportar el alimento (siempre que escribo una expresión del tipo «seleccionado o seleccionada para» siento la necesidad de matizar, porque la evolución no funciona direccionalmente, sino a base de circuitos de retroalimentación o *feedbacks*; como una rueda, no como una flecha). Y también recordaréis que yo personalmente no me puedo imaginar a un ardipiteco, con su diseño corporal y sus escasas capacidades para la marcha erguida, transportando comida a larga distancia en sus brazos.

Desde que se generalizó el fuego, cuando quiera que fuese —y ya hemos hablado bastante del tema aquí—, ese *nido* es más hogar todavía. El emplazamiento del campamento puede variar, pero siempre nos recibe el calor del fuego cuando llegamos.

Sigamos preguntándonos si somos unos animales eusociales. En nuestra especie no existe una división en castas entre individuos reproductores e improductivos e individuos productivos y no reproductores como en las especies eusociales, ni creo que sea biológicamente viable este modelo, ya que nuestro desarrollo es largo, los partos están muy distanciados en el tiempo y solo nace una cría cada vez, por lo general. El caso de las ratas topo desnudas es totalmente diferente porque, aunque mamíferos, son roedores y tienen camadas de muchas crías varias veces al año. Así que la *rata reina* produce ella sola toda la descendencia. En cambio, una *humana reina* no podría dar a la comunidad muchos hijos a lo largo de su vida.

Pero... el caso es que llevamos a los niños a la guardería y luego al colegio. O sea, que se ocupan de su cuidado y formación unos adultos que no son sus padres. Es lo que en la jerga de la sociobiología se llama «cuidado aloparental».

En los campamentos ancestrales también sucedía lo mismo, de alguna manera, dice E. O. Wilson. Unos adultos se iban del campamento a cazar y recolectar y otros adultos estaban *más predispuestos* (lo expresa así) a quedarse en los campamentos.

Finalmente, en nuestros campamentos paleolíticos han convivido tres generaciones, y este es también un rasgo importante de eusocialidad según se dice. Todo nieto que tiene *uso de razón* sabe quiénes son sus abuelos, y todo abuelo que *conserva la razón* sabe quiénes son sus nietos. Ese vínculo intergeneracional es importante para crear una sociedad compleja. ¿Desde cuándo conviven tres generaciones en nuestra especie? Desde que se prolongó la vida media y cada vez más gente pasaba de los cuarenta años, que es la edad a la que tu hija de veinte años te hace abuelo en una sociedad de cazadores y recolectores. Yo me imagino muchos abuelos y abuelas en los grupos humanos que pintaban en las cuevas cantábricas. Los mayores serían, mucho antes de que se inventara la escritura, los depositarios de la sabiduría y de las tradiciones de la tribu, incluyendo el arte. ¿Y entre los neandertales? Pienso que habría menos abuelos, y por lo tanto menos conocimiento acumulado en los grupos. Pero está por demostrar. El principal problema, además de la sempiterna ausencia de fósiles, es que es difícil determinar la edad a la que se murió un adulto, porque ya ha acabado su desarrollo.

Ninguna de estas características se encuentra en el mismo grado entre los chimpancés u otras especies de primates sociales, ni entre los elefantes, los lobos, los licaones africanos o los cetáceos. No hay realmente un *nido* en el que unos adultos que *no producen* cuiden de los hijos propios y de los hijos de los *productores*, que son los adultos que van a obtener el alimento para toda la comunidad. Aunque se aproximen de un modo u otro a ese modelo los mamíferos más sociales.

La aparición del campamento favorece otro elemento fundamental de la eusocialidad, que es la división del trabajo. Los chimpancés, y merece la pena detenerse un momento en ello, no tienen campamento, nuestros antepasados sí, sobre todo desde el momento en el que se empezó a utilizar el fuego a diario. Los chimpancés se dispersan por la selva, y se congregan a veces cuando hay mucho alimento en algún lugar, pero no tienen campamentos en los que reunirse al final del día ni división del trabajo entre los miembros del grupo.

Como los mamíferos sociales han evolucionado hacia la complejidad en varias líneas independientes, aunque no hayan llegado a la eusociabilidad plena, no podemos descartar que los extraterrestres sean especies eusociales en sus respectivos mundos.

No conozco, de todos modos, ninguna novela de ciencia ficción que nos los presente así. Quizás algún autor de esa rama de la literatura me lea y lo plasme en una trama.

Este capítulo lo cerramos aquí, pero todavía hay mucho que decir sobre altruismo, cooperación e inteligencia. Y también sobre la paz y la guerra, porque los insectos sociales son muy cooperativos dentro de sus comunidades, heroicos a la hora de defenderlas, y muy excluyentes con las comunidades vecinas, con las que compiten a muerte.

Los insectos sociales no firman tratados de paz. Los humanos lo hacemos, pero no siempre los respetamos.

CÓMO CONVERTIR ENERGÍA EN HIJOS

Cada vez veo más corzos en el campo cuando viajo en coche y me llama la atención su trasero blanco como una diana. ¿Por qué? El resto de su pelaje es críptico, y hace que el corzo se confunda con el fondo, y sin embargo su trasero los delata, rompiendo el mimetismo cuando salen corriendo para alejarse de mí. Si no huyen, sino que pastan confiados, no veo esa diana blanca.

La explicación tradicional es que el escudo anal, que es como se llama técnicamente, es una señal de alarma dirigida a los otros corzos. Cuando lo ven es porque hay que salir corriendo. Es decir, se trata de un rasgo físico altruista porque un corzo con escudo anal de color blanco impoluto y con los pelos erizados corre más peligro de que lo cacen que un corzo que no tenga esa señal de advertencia por detrás y se funda con el paisaje. El escudo anal de un ciervo es menos llamativo, pero levantan la cola, que es blanca por debajo, para llamar la atención, como los conejos. Y esa es la cuestión: que obviamente quieren llamar la atención *precisamente* cuando hay peligro, mientras que el resto del tiempo tratan de pasar desapercibidos.

Recordaréis que mi *espina punzante* eran las muelas de los elefantes. Se decía que los elefantes se morían de hambre cuando se les desgastaba la última muela (las muelas de los elefantes van saliendo una detrás de otra por el mismo alveolo). Yo pensaba que un elefante mutante que tuviera unas muelas más resistentes sería favorecido por la selección natural, porque viviría más tiempo y tendría más hijos. Sería una inversión de calorías muy rentable.

El tópico que hacía sufrir al gran biólogo evolutivo americano George Williams, su espina punzante, era el de los peces venenosos. ¿De qué le sirve a un pez, se preguntaba, ser venenoso si eso no le va a salvar la vida, puesto que el depredador solo sufrirá los efectos del veneno después de que se lo haya comido?

Será una victoria después de muerto que no le aprovecha en absoluto a la presa. No solo desaparece el individuo, sino que además pierde la posibilidad de engendrar descendencia y perpetuarse a través de ella. Es una línea genética desaparecida irremisiblemente.

La respuesta habitual era que el veneno beneficiaba *a la especie*, no al individuo. Un depredador que haya sufrido los efectos del veneno ya no volverá a comerse a un pez de la misma especie.

Pero ese razonamiento va a en contra de la teoría de Darwin de la selección natural. Solo los peces que evitan que se los coman se reproducirán y dejarán descendencia. La explicación darwinista de los peces indigestos es que su veneno evita que se coman a otros peces, eso es cierto, pero de su familia. Un matiz muy importante.

¿Cómo es esto posible? Normalmente los peces venenosos de la misma zona tienen un cierto parentesco entre sí porque comparten la misma madre, el mismo padre o las dos cosas, ya que los peces tienen fecundación externa y liberan al agua grandes cantidades de óvulos y de espermatozoides durante la freza. De este modo el veneno favorece a los parientes, que son de la misma sangre y comparten muchos genes.

Del mismo modo, la explicación alternativa al altruismo de los corzos que dio George C. Williams en 1966 es la de que los corzos (él hablaba de los ciervos y conejos, que es lo mismo a estos efectos) no hacen nada por los otros corzos que están pastando a su lado, ni les importan lo más mínimo, salvo que sean sus propias crías, que suelen estar detrás, siguiendo a la madre. Es decir, arriesgan su vida solo por sus hijos. Y como la mayor parte del año están acompañadas de sus descendientes, llamar la atención de los depredadores sobre ellas mismas tiene sentido.

Aquí aparece uno de los grandes debates de nuestro tiempo. ¿Existe realmente el altruismo dirigido hacia cualquiera, o solo nos preocupan nuestros hijos, que a fin de cuentas llevan en promedio la mitad de nuestros genes, y quizás también —aunque menos— nuestros sobrinos, portadores en promedio de la cuarta parte de nuestros genes?

O retorciendo todavía más el argumento, ¿no será que (metafóricamente hablando) los genes se sirven de nuestros cuerpos para perpetuarse y que no les importa nuestro bienestar sino el suyo? Esta es la *teoría del gen egoísta* del biólogo inglés Richard Dawkins, de la que os hablé a propósito del infanticidio en los gorilas. Dawkins, por cierto, también es el inventor del término *meme*, tan utilizado por todo el mundo. Y lo creó por analogía con los genes.

Ya se sabe, hay memes que se hacen virales, como la propia palabra *meme*.

Vivimos en la era de la información. La información es poder, nos dicen. El Algoritmo, con mayúsculas porque ya le damos categoría casi humana, lo sabe todo. Porque maneja los *big data*, enormes cantidades de datos sobre nosotros. Espía nuestra comunicación. La comunicación es la clave. Hablemos de ella.

Por supuesto, las sociedades de insectos tienen avanzados sistemas de comunicación. Las abejas utilizan una asombrosa especie de *danza del ocho* para indicar a otras abejas de la misma colmena dónde se halla el alimento, en qué cantidad se encuentra y cómo llegar hasta él.

Y allá que van las otras abejas, después de informarse, a por más alimentos para la comunidad, que se beneficia enormemente de este sistema de comunicación que ha sido creado por la selección natural y por eso está en los genes. Porque a pesar de la cantidad de información que trasmiten las abejas, y de su utilidad, utilizan un lenguaje de comunicación genético, es decir, programado, no un lenguaje aprendido como es el lenguaje humano.

En realidad, el único lenguaje animal que hemos podido descodificar es la danza del ocho de las abejas, pero se hereda biológicamente, no es como el lenguaje humano, que se hereda culturalmente. Eso sí, todas las abejas se entienden en el mismo *idioma*, mientras que los humanos no podemos hacerlo porque no nacemos sabiéndolo y nos lo enseñan nuestros padres.

Con todo y con eso, el lenguaje humano tiene un componente genético muy fuerte, que hace posible que podamos aprender un idioma con tanta facilidad, con tanta *naturalidad*, deberíamos decir, en la infancia. O incluso dos y tres muy diferentes. De mayores ya no resulta tan *natural*, sino que requiere un esfuerzo (no hay más que ver lo que nos cuesta dominar el latín o el inglés). A pesar de ello podemos hacerlo porque no hemos perdido del todo la capacidad de adquirir idiomas.

Lo que sí hemos perdido los seres humanos es la capacidad de comunicarnos por medio de compuestos químicos o feromonas, como las que producen los insectos sociales y muchos otros animales. Por ese canal químico recibimos muy poca información las personas respecto de los demás miembros de nuestra especie o de nuestro grupo. Somos audiovisuales en lo que respecta a la comunicación.

Aunque hay que admitir que los bebés huelen muy bien, y no es por casualidad. Su olor hace que los cuidemos y los queramos. Y también los adultos emiten feromonas por las axilas, es decir, sustancias químicas al servicio de la comunicación.

He comparado las sociedades de los insectos con los Estados humanos, o sea, con la política. Pero hay una analogía mucho más interesante entre las sociedades de insectos y los seres humanos, y está en nuestro cerebro y nuestra inteligencia.

Porque sería más acertado decir que un hormiguero y un termitero se parecen a un cerebro humano antes que a un Estado político. Las hormigas, las termitas o las abejas no son inteligentes individualmente, sino comunitariamente.

No demuestran, una por una, mucha flexibilidad en su conducta y más bien parecen autómatas programados con unos algoritmos muy simples. Sin embargo, el termitero, el hormiguero y la colmena demuestran un alto nivel de organización. Podemos decir que se comportan de manera muy inteligente, es decir, flexible y adaptada a las circunstancias cambiantes del medio. Utilizan la información para tomar decisiones.

Las abejas, las termitas o las hormigas tienen un sistema nervioso muy simple, a fin de cuentas son artrópodos, y dentro de estos, son insectos. O sea, que son artrópodos adaptados a la vida terrestre, que impone sus condiciones.

Una de ellas es la gravedad, que aplasta los cuerpos contra el suelo, y otra es que el oxígeno está en el aire (no en el agua) y hace falta un sistema de respiración aéreo para llevar el oxígeno hasta las células (no valen unas branquias). El nuestro consiste en los pulmones, y en los anfibios en los pulmones y la piel, por la que también respiran.

En los insectos el oxígeno circula a través de una red de conductos llamados tráqueas y traqueolas, que son más finas. Si los insectos fueran más grandes el sistema de tubos tendría que desarrollarse mucho más y eso sería un problema. No obstante, hubo un tiempo, en los periodos Carbonífero y Pérmico de la era Primaria o Paleozoico, en el que los insectos y otros artrópodos llegaron a ser considerablemente más grandes. Se piensa que la concentración de oxígeno en esa época era mayor que la actual, lo que facilitaba la oxigenación de las células.

Por otro lado, los insectos tienen un exoesqueleto o esqueleto externo de quitina, que es un polisacárido (un hidrato de carbono), y no un endoesqueleto o esqueleto interno de hueso como los vertebrados. Con ese exoesqueleto los insectos y demás artrópodos terrestres no pueden alcanzar demasiado peso, porque colapsarían.

Por diversas razones, en suma, no hay insectos grandes. El mayor en cuanto a volumen es el escarabajo goliat, de las selvas africanas, que es del tamaño de un puño.

Unos alienígenas con exoesqueleto de gran tamaño son difíciles de imaginar, salvo que vivieran en un planeta con poca gravedad y mucho oxígeno, o fueran marinos y respiraran por branquias. Pero los animales acuáticos no pueden utilizar el fuego, esa tecnología que a los seres humanos nos ha llevado al espacio quemando combustible fósil.

Así que debido a su pequeño tamaño los insectos no pueden tener un sistema nervioso central muy desarrollado, ni siquiera un encéfalo como el de los vertebrados más simples, los peces, y eso hace que no sean muy inteligentes a nivel individual, pero pueden serlo colectivamente.

Algo por el estilo sucede con las neuronas. Cada una de ellas no es inteligente. Se limita a enviar una señal electroquímica a otras neuronas. O sea, que puede disparar o no disparar. Solo tiene dos estados. Es binaria.

Pero la cosa es más complicada, porque a una neurona le llegan a través de sus dendritas impulsos nerviosos de cientos o miles de otras neuronas, por lo que recibe mucha información antes de disparar. Los estímulos pueden ser de naturaleza excitatoria (*predisponen* a la neurona a disparar) o de naturaleza inhibitoria (la *calman*), y de la integración de unos estímulos y otros resulta la *decisión* de que la neurona dispare o no dispare una señal electroquímica a través de su axón, que a su vez puede estar conectado a miles de neuronas.

Pero podemos quedarnos con la idea de que una neurona «no piensa», así, entre comillas, como tampoco lo hace una hormiga. Sin embargo el cerebro es inteligente, como el hormiguero.

En torno a los animales eusociales se ha reproducido un viejo debate, que es nada más y nada menos que el de si la evolución biológica puede producir animales realmente altruistas. Porque el altruismo es la seña de identidad de las especies eusociales. Y para discutir apropiadamente esta espinosa cuestión necesitamos volver a la selección natural. Sin conocerla bien no podemos entender la evolución en general, y el comportamiento animal y humano en particular.

Como ya sabemos y hemos repetido muchas veces la selección natural es el mecanismo que se le ocurrió a Charles Darwin para explicar la evolución. Ese sería el *motor de explosión* de la evolución. Aunque para ser más exactos yo creo que lo que intentaba explicar Darwin era la adaptación, más que la evolución.

A esta la daba por hecha después de su viaje alrededor del mundo de cinco años en un buque de la marina real llamado Beagle, «sabueso». Después de observar la distribución de las faunas sobre la superficie de la Tierra, de ver que las especies fósiles se parecían a las actuales en cada región, como si fueran sus antepasadas, y que el aislamiento geográfico producía especies nuevas en las islas, no le quedó ninguna duda de que las especies no habían sido creadas tal y como son actualmente, sino que habían cambiado a lo largo del tiempo.

Pero le faltaba por explicar cómo era posible que los organismos estuvieran tan perfectamente adaptados a sus modos de vida, a su nicho ecológico, que diríamos hoy en día. Ahí sí que podía invocarse la benevolencia divina como única explicación del ajuste perfecto entre los organismos y las condiciones de vida particulares de cada especie. Las especies tienen las herramientas que necesitan para ganarse la vida.

La solución la encontraron tanto Darwin como Wallace leyendo al sociólogo Thomas Malthus. La clave estaba en la competencia entre los individuos por el alimento. Darwin y Wallace entendieron entonces que son muchos más los que nacen que los que pueden alimentarse con los recursos del medio (para cada especie), y solo unos pocos, los mejor adaptados, sobreviven y transmiten sus cualidades a la descendencia.

Por lo tanto, la selección natural no favorece a la especie, sino al individuo. Es, de hecho, una competencia entre individuos de la misma especie. Recordad siempre que la idea de la selección natural le vino a Darwin a partir de la selección artificial de los ganaderos y agricultores. En la granja se seleccionan los mejores perros (para el uso que se les quiera dar), o las mejores vacas (siempre desde el punto de vista del criador), o las mejores alubias.

Si la selección natural se ejerce sobre los individuos, porque la competencia es entre individuos, en principio cada uno debería ir a lo suyo. Y lo suyo es sobrevivir y perpetuarse en la descendencia. Todos los seres vivos que poblamos la Tierra descendemos de antepasados que sobrevivieron el tiempo suficiente para tener muchos descendientes. Recuérdese la cita de Herman Pontzer con la que he empezado este libro: «El juego de la vida consiste en convertir energía en hijos, y cada rasgo ha sido afinado por la selección natural para maximizar el retorno evolutivo de cada caloría gastada».

Pero Darwin también era consciente de que las abejas melíferas, las que producen la miel, no eran individualistas, sino que miraban por el bien de la colmena. Así que llegó a la conclusión de que había que considerar a la colmena como el verdadero individuo y no a la abeja, que puede morir por el bien de la colmena y no pasa nada.

Respecto del ser humano Darwin también parecía inclinarse por pensar que los grupos en los que la cooperación y el altruismo fueran mayores, un poco al modo de las abejas, habrían triunfado en la competencia con otros grupos peor cohesionados.

En resumen, ¿puede producir la selección natural altruismo? Esa es la cuestión a la que muchos biólogos, todos los que estudian especies sociales, se *enfrentan*, y que a muchos biólogos *enfrenta*. La mayoría piensa que no es posible, salvo en el caso de los parientes cercanos, a los que podría resultar *genéticamente* rentable ayudar desinteresadamente, porque a fin de cuentas compartimos muchos genes con ellos.

Lo que importa son los genes, que es lo que se continúa entre las generaciones. Un favor puede ser un buen negocio si salen ganando nuestros genes, aunque estén en el cuerpo de nuestros primos, sobrinos u otros parientes más alejados.

Depende de lo que cueste el favor. Un favor que sale muy caro está reservado a parientes muy cercanos, con los que compartimos muchos genes, como nuestros hijos y hermanos (tus concuñados y concuñadas, por ejemplo, quedarían excluidos de tus intereses genéticos porque ni ellos ni sus hijos llevan tus apellidos: piénsalo un momento).

O dicho de otro modo, si yo estoy soltero y doy mi vida por mi hermano casado, que está en peligro de muerte por ahogamiento, no se pierde nada —en términos genéticos— si mi hermano casado tiene dos hijos para *reemplazarme*. Este es un ejemplo que se le ocurrió en 1955 a J. B. S. Haldane, que ya ha salido en este libro en relación con la enfermedad de Huntington.

Un favor que cuesta poco se puede conceder a parientes más alejados, ya que solo la octava parte de los genes de nuestros primos carnales son idénticos a los nuestros por descendencia común.

Esta forma de selección natural basada en el parentesco se llama «selección familiar» o «selección consanguínea» (*kin selection* en inglés) y no es difícil de entender.

Pero como estamos hablando de una cuestión de mucha importancia, nada menos que del origen del altruismo en nuestra especie, si es que existe, voy a intentar explicarlo todavía un poco mejor.

La selección familiar *no* significa que las familias de un grupo se pelean entre sí como en las películas de la mafia. Así jamás podrían funcionar los grupos humanos. Es algo más sutil, que está centrado en el individuo a pesar del nombre de *selección familiar*. Se trata de que un individuo aumenta su *fitness* a través de sus parientes, siempre que el esfuerzo merezca la pena.

Ahora todo el mundo conoce la palabra inglesa *fitness*. Estar *fit* significa estar en buenas condiciones físicas, en plenitud. De hecho me metí en internet para ver exactamente cómo se entiende comúnmente la palabra *fitness* en la actualidad y desde entonces me bombardean los gimnasios con anuncios que me ofrecen ponerme en forma (la culpa la tiene el Algoritmo del que hablaba antes, que lo sabe todo sobre mí).

Pero en biología evolutiva la *fitness* no guarda relación alguna con el gimnasio, sino con el legado genético. Uno puede aumentar su *fitness* —entendida como la cantidad de genes que transmite a la siguiente generación— a través de los hijos de los parientes. Esa *fitness* ahora incluye a los consanguíneos, y por eso se llama «*fitness* inclusiva», abreviado como *IF* en inglés.

La idea de la IF se le ocurrió a un biólogo inglés llamado William D. Hamilton en 1964 y desde entonces se supone que los individuos se comportan en su vida social de modo que se incremente su *fitness* inclusiva.

No es altruismo, aunque lo parezca, es interés propio. La *teoría IF* parecía explicarlo todo en el comportamiento social, incluyendo el altruismo de los insectos sociales.

El famoso libro *El gen egoísta* (1974) de Richard Dawkins viene de esta teoría, pero como una vuelta más de tuerca, porque Hamilton todavía mantenía el foco puesto sobre el individuo, a la manera tradicional, mientras que Dawkins lo desplazó decididamente al gen. Insisto, por si no se ha entendido bien, en que el *egoísmo del gen* es una metáfora, y nadie debe entender que realmente se le atribuye a una molécula propósito alguno, y menos aún razonamiento.

El especialista en insectos sociales E. O. Wilson creyó en la selección familiar durante un tiempo. Pero en 2010 publicó con otros colegas más inclinados a la biología teórica un artículo (que fue portada) en la prestigiosa revista *Nature* en el que se oponía a la teoría IF. Este artículo fue duramente, ferozmente, criticado al año siguiente en la misma revista por 137 partidarios de la selección familiar.

En 2012 E. O. Wilson sacó un libro en el que defendía un tipo diferente de mecanismo como responsable del altruismo humano. Podría haber en nuestra especie, y en muchas otras, un tipo de selección que favoreciera el altruismo verdadero, que consiste en hacer favores o incluso dar la vida por alguien que no sea pariente. Para ello haría falta un tipo de selección diferente, que se llama «selección de grupo». Este modelo de selección explicaría que los individuos se sacrifiquen o trabajen por el bien del grupo en contra de sus propios intereses.

Richard Dawkins publicó a continuación en una revista una crítica muy dura del libro de Wilson, en la que recomendaba al lector arrojar el libro lo más lejos posible. En 2014 E. O. Wilson escribió otro libro sobre el tema de la evolución humana con la selección de grupo como responsable de nuestro altruismo. En él se refiere a Richard Dawkins como «el elocuente periodista científico» (*the eloquent science journalist*). Nunca he visto nada así en el mundo académico, porque, si E. O. Wilson fue catedrático de Harvard, Dawkins lo fue de Oxford.

Para que la selección de grupo funcione la competencia entre los grupos tendría que ser feroz, de manera que si en un grupo hay muchos egoístas todo el grupo desaparece. Eso haría que el nivel de egoístas en un grupo no pueda ser muy alto, y predominen los altruistas. En las propias palabras de E. O. Wilson: «Dentro de los grupos los individuos egoístas vencen a los altruistas, pero los grupos de altruistas vencen a los de egoístas. O, a riesgo de simplificarlo excesivamente, la selección individual promueve el pecado, mientras que la selección de grupo promueve la virtud».

E. O. Wilson creía en la *selección multinivel*, que actúa a niveles diferentes. En resumen, para Wilson el altruismo verdadero existe y está en nuestros genes porque es la consecuencia de la competencia terrible entre grupos a la que estuvieron sometidos nuestros antepasados. Solo los grupos solidarios y formados por altruistas sobrevivieron.

Como esto de los niveles de selección es un poco complicado voy a intentar explicarlo siguiendo al propio E. O. Wilson. La selección natural trabaja con rasgos hereditarios, es decir, características de los organismos, bien sean orgánicas o del comportamiento, que se transmiten a los hijos. Eso era lo que pensaban Darwin y Wallace.

Pero si los rasgos están prescritos por los genes, es decir, si se heredan, podemos decir con toda propiedad que lo que se selecciona es el gen que está detrás del rasgo (sería todavía mejor decir el alelo o variante genética, pero este matiz es solo para biólogos). La selección natural no *ve* el gen, pero *ve el rasgo*.

El resultado es la adaptación de las especies a sus nichos ecológicos, cada una al suyo. Por eso ninguna especie es mejor ni peor que las otras, sino que cada una ocupa su nicho.

Si estamos hablando de un rasgo individual, la competencia se establece entre los individuos de la misma especie.

Ahora bien, podría ocurrir que el rasgo fuera interactivo con otros miembros del grupo, no individual. En particular, estoy pensando en la comunicación y en la cooperación. En ese caso, el rasgo social habría sido creado por la selección entre grupos.

El problema es que la selección familiar podría haber producido los mismos resultados, porque la mayor parte de los animales sociales forman grupos con mucha consanguinidad, como las familias extendidas humanas, lo que llamamos «la parentela» en sentido amplio. Si al interés común dentro de la familia le añadimos el interés común entre todos los miembros del grupo y el intercambio de favores, podemos explicar la cooperación y el altruismo sin recurrir a la selección de grupo, por lo menos en muchos casos.

Dicho de otra forma, a veces los individuos persiguen el mismo fin y cooperan por interés mutuo, aunque no sean parientes. Y solo hace falta tener un poco de memoria para recordar quién te debe un favor. Los que no lo devuelven, los gorrones, son marginados y se les complica mucho la vida social. Ser un aprovechado no es un buen negocio a largo plazo.

Pero el camino hacia las sociedades complejas que han seguido desde la era de los dinosaurios los insectos sociales no es el de los mamíferos, según E. O. Wilson. Nosotros no podíamos seguir la misma vía para llegar al altruismo por las diferencias estructurales entre los invertebrados y los mamíferos, de las que ya he hablado. El tamaño del cuerpo limita el del cerebro, en pocas palabras.

Curiosamente, en sus últimos años de vida E. O. Wilson pasó a proclamar que la selección que opera sobre los insectos sociales es la selección individual clásica, no la selección familiar ni la selección de grupo. Las que compiten entre sí son las abejas reina, decía, no las colmenas, porque a fin de cuentas las obreras son simplemente una ampliación del cuerpo de la reina, que las produce para que trabajen para ella como si fueran robots. Cada colmena es, en realidad, una abeja reina y su *fenotipo extendido*, que son las obreras.

Demasiado complicado todo esto para que lo explique ahora aquí, porque se necesitan muchos números, así que ocupémonos de los seres humanos, que estarían sometidos a la selección multinivel para E. O. Wilson.

Esta forma de selección sería nuestra gloria y nuestra condenación al mismo tiempo. Porque los pobres humanos vivimos en una permanente contradicción, y supongo que ya os habréis dado cuenta. Algunos de nuestros genes nos programan para ser egoístas, y otros, para ser altruistas. Por eso somos al mismo tiempo ángeles y demonios. No es culpa nuestra, son los genes. Peor sería que solo tuviéramos instintos egoístas o nepotistas.

Ahora estoy pensando en un equipo deportivo, que es la metáfora de nuestro tiempo. Todo *crack* del deporte, la figura del equipo, tiene que controlar su egoísmo porque necesita a los demás para ganar los partidos. Y si no lo hace lo echan del equipo, por muy bueno que sea.

Como en este libro me he propuesto decir lo que pienso yo en los debates más candentes, hago mías las palabras de George C. Williams en 1966. Él no excluía la posibilidad de que la selección de grupo existiera, ya que no hay en teoría nada que la haga imposible o que viole alguna ley biológica, pero pensaba que de existir no debía de tener mucha fuerza, porque todos los casos de altruismo que se han propuesto para los más diversos animales pueden en realidad explicarse sin recurrir a la selección de grupo. Aparentemente ningún animal se sacrifica hasta la muerte, y ni siquiera trabaja, por el bien del grupo, y mucho menos por el bien de la especie, como se ha dicho tantas veces.

En palabras de George C. Williams: «Mi posición es que la adaptación casi nunca necesita ser reconocida a un nivel superior al de una pareja de padres y de sus hijos».

Estoy de acuerdo en que ese debería ser el punto de partida, pero no necesariamente el de llegada. La selección de grupo no solo propicia el altruismo, sino otras propiedades de grupo, como la comunicación. Hablamos de un «grupo bien comunicado», no de «un individuo bien comunicado». O de un «grupo cohesionado», no de un «individuo cohesionado». Y la especie humana tiene un sistema de comunicación entre los miembros del grupo que es excepcional. Se llama lenguaje. Todos los animales se comunican, pero nosotros utilizamos un sistema de comunicación basado en símbolos, para el que se necesita una mente simbólica.

Somos una especie diferente de todas las demás, creada por un mecanismo diferente, y en eso estoy de acuerdo con E. O. Wilson. ¿Por qué? Pues porque en la especie humana no todo es biología, también hay cultura. Nuestra evolución es el resultado de la coevolución de naturaleza y cultura. No se puede entender la anatomía de un *Homo erectus* sin la tecnología lítica, las herramientas de piedra, y quizás tampoco sin la preparación de los alimentos por medio del fuego, que es otro tipo de tecnología.

Por eso tenemos que tratar a nuestra especie como un caso aparte de las otras. Para lo bueno y para lo malo.

Está muy bien esto que dice E. O. Wilson de la solidaridad de grupo de los seres humanos más allá de la familia nuclear, incluso de la familia extendida, pero tiene un peligro, que se llama «tribalismo». La selección de grupo se produce, acabamos de decir, allá donde los grupos compiten ferozmente. Vivimos unos tiempos inesperados de grandes imperios. La historia no había llegado a su fin, como alguien afirmó, aunque en todo el mundo la economía sea más o menos la misma: la de mercado, basada en el consumismo.

Pero todavía no toca hablar de las tribus, porque para que aparecieran hacía falta tener un cerebro especial, un cerebro delirante.

¿SE PUEDE VER UN PENSAMIENTO?

Me gusta pensar que mi trabajo no consiste en estudiar huesos rotos y viejos porque sí, como una simple curiosidad, un entretenimiento para personas ociosas o un capricho. ¿Qué tienen los huesos viejos que contarnos? ¿Qué pueden ofrecernos en el siglo XXI? La misma pregunta podría hacerse cualquier arqueólogo o historiador. ¿Por qué nos interesa conocer el pasado? ¿Qué le aporta a nuestra vida en el presente? La respuesta es muy simple: el principal mensaje que viene del pasado es el de la continuidad. Somos hijos de la historia, sin conocerla no nos entenderíamos a nosotros mismos. Seríamos amnésicos, no sabríamos quiénes somos. En realidad, la especie que yo estudio es el *Homo sapiens*, porque si el ser humano es la pregunta, la evolución es la respuesta.

El cine no solo entretiene. Como cualquiera de las artes, el séptimo arte, como se ha llamado al cine, también puede hacer pensar.

Ya han salido en estas páginas dos películas importantes: *2001* y *El planeta de los simios*. Ambas se estrenaron en 1968, un año en el que pasaron muchas cosas en el mundo cuyos efectos todavía se experimentan en la actualidad. Como decía en la entradilla del capítulo, sin conocer el pasado no podemos entender el presente.

2001 se preguntaba cómo hemos llegado a ser humanos, y *El planeta de los simios* se planteaba un experimento mental. ¿Qué pasaría si los humanos nos autodestruyéramos y desapareciéramos del planeta? ¿Ocuparían los simios nuestro lugar? ¿Desarrollarían una inteligencia y una civilización tecnológica como la nuestra?

En el mismo año 1968, tan lleno de acontecimientos cuando lo vemos retrospectivamente, se publicó una novela importante: *¿Sueñan los androides con ovejas eléctricas?* El escritor era Philip K. Dick. Esta novela se convirtió en película en 1982 con otro título: *Blade Runner*. Philip K. Dick murió ese mismo año y no llegó a verla. La banda sonora es de Vangelis, y también ha pasado a la historia.

En este caso lo que se plantea es la posibilidad de construir por bioingeniería réplicas de los seres humanos: los *replicantes*. La industria del futuro (¡el año 2019 en la película!) produce replicantes para que trabajen en otros mundos en situaciones peligrosas, y les está prohibido viajar a la Tierra y mezclarse con los seres humanos. Los replicantes son fabricados ya adultos y plenamente funcionales, y solo viven unos pocos años.

La pregunta central de la película es la de qué nos hace humanos y si los replicantes son humanos. Hay mucha filosofía en *Blade Runner*, empezando por el nombre del protagonista, que es un policía dedicado a eliminar replicantes que se han escapado de sus destinos y han viajado a nuestro planeta. Su nombre es Rick Deckard y la pronunciación inglesa se parece mucho a la francesa del filósofo René Descartes. El intérprete de Deckard en la película es el mítico actor Harrison Ford.

Descartes es el autor del método científico, de modo que ocupa un lugar destacado en la historia del pensamiento humano, de todo el pensamiento humano, sea filosofía o sea ciencia.

La frase más famosa de las escritas por Descartes es «Cogito, ergo sum», «Pienso, luego existo». Lo que nos hace humanos es pensar, por lo tanto. ¿Pero pueden pensar las máquinas? ¿Piensan realmente los ordenadores? En la película *2001* también se abordaba este problema cuando el ordenador HAL 9000 decide acabar con todos los tripulantes humanos de la nave. No lo consigue porque lo desconecta el astronauta David Bowman, que era el capitán de la misión. El actor que encarnaba al astronauta se llama Keir Dullea y viajó en una ocasión a Madrid, donde tuve la oportunidad de conocerlo. Una persona encantadora.

Hay mucha preocupación hoy en día sobre las posibles amenazas de la inteligencia artificial para la especie humana, nada menos. Así que la cosa va en serio, aunque casi nadie lo veía así cuando se estrenó *2001* en el año 1968.

No entremos ahora en el peliagudo problema de la definición de inteligencia, pero si se trata de la capacidad de resolver problemas, no cabe duda de que la IA lo hace muy bien, mejor que los seres humanos en muchos aspectos. Se trata de inteligencia especializada, instrumental, pero cada vez ocupa más espacio en nuestra vida. La última frontera es la de la inteligencia artificial general, la que se supone que solo tenemos los seres humanos, pero que también está amenazada por las máquinas. Todo el mundo habla ahora del ChatGPT.

Volviendo a la película *Blade Runner*, hay un momento en el que la replicante Pris (interpretada por Daryl Hannah) le dice al bioingeniero Sebastian: «Pienso, Sebastian, luego existo», aludiendo claramente a Descartes.

A petición del propietario de la empresa que fabrica los replicantes, Deckard somete a Rachel, una de sus ejecutivas —interpretada por Sean Young—, a un test para ver si es humana. En un momento determinado Deckard suspende el test y los espectadores y también Rachel entienden que es una replicante, aunque Deckard no se lo dice. El test, por cierto, consiste en observar las respuestas emocionales ante el dolor ajeno. Se supone que los replicantes no tienen emociones (en la novela tardan más en reaccionar porque las respuestas están programadas).

El policía se enamora de la replicante y en la intimidad de su apartamento, y ante su insistencia, no es capaz de negarle que el test no ha salido como ella quisiera. No es humana.

Rachel está desconcertada. «No puede ser —afirma—, no he podido ser creada ya adulta por bioingeniería, tengo recuerdos infantiles.» «Son implantes, no son tuyos, son de otra persona», le confiesa Deckard.

Toda la película gira en torno a la memoria, y tiene su punto álgido en el famoso monólogo del replicante Roy Batty (interpretado por Rutger Hauer):

> Yo he visto cosas que vosotros no creeríais. Atacar naves en llamas más allá de Orión. He visto rayos-C brillar en la oscuridad cerca de la Puerta de Tannhäuser. Todos esos momentos se perderán en el tiempo, como lágrimas en la lluvia. Es hora de morir.

Así que Descartes se equivocaba, después de todo. Debería haber dicho «Tengo recuerdos, luego soy humano». Y este libro en el que os habla el Viejo de la Tribu pretende ser la memoria de la Tribu Humana.

La poesía también ilumina, como la ciencia. Un apartado en torno de la memoria no podía terminar sin recordar, precisamente, el poema «Cambridge» de Jorge Luis Borges, que también define a los seres humanos: «Somos nuestra memoria, somos ese quimérico museo de formas inconstantes, ese montón de espejos rotos».

¿Por qué utilizamos diferentes palabras para los fenómenos de la mente y para las funciones del cerebro, como si fueran dos cosas completamente diferentes? ¿No es lo mismo un estado cerebral que un estado mental? Si lo son, ¿por qué no utilizamos un vocabulario común? Hoy sabemos que el calor no es otra cosa que la velocidad de las partículas que componen un sólido, un líquido o un gas. Si están paradas hace frío, desciende la temperatura; si están en rápido movimiento hace calor, sube la temperatura. ¿Sucede algo parecido con el cerebro y con la mente? ¿Son en realidad la misma cosa? Si hay algo que puede ser llamado *el problema de los problemas* hoy en día es el de la dicotomía cerebro/mente.

En el mes de abril de 2025 estuve en la isla de La Palma en un festival científico y cultural, el Starmus, que tiene como eje central la astronomía, pero en el que caben muchas más cosas.

Por supuesto, no perdí la oportunidad de visitar el volcán que entró en erupción en la isla el año 2021. Mi conferencia fue sobre la ciencia ficción en el cine y en los libros. Yo me hacía la siguiente pregunta: ¿por qué casi siempre se representa a los extraterrestres con forma humana? ¿Es por pereza mental? ¿Es por chauvinismo de especie, es decir, porque no podemos aceptar que una especie no humana con forma de pulpo, de insecto, de reptil o de pájaro pueda ser inteligente como nosotros, hasta el punto de construir naves espaciales? ¿Es porque es más fácil disfrazar a un actor de extraterrestre si le damos una forma general humanoide (aunque este problema ya no debería existir: se puede crear cualquier ser virtualmente)?

Pero de lo que quiero hablaros es de la conferencia que dio el neurocientífico español Rafael Yuste, que trabaja en la Universidad de Columbia de Nueva York, donde dirige un equipo muy importante, que ha conseguido grandes logros científicos.

El título de su conferencia en La Palma era muy provocativo: «¿Se puede ver un pensamiento?».

¿Qué quería decir con esto? ¿No es una contradicción? ¿Es que pensamos con imágenes? ¿Se pueden ver las imágenes que se forman en el cerebro de otro ser vivo? Como Rafael Yuste experimenta con ratones, ¿se pueden ver los pensamientos de un ratón? Como podéis ver, la ponencia prometía.

Mi admirado amigo Rafael Yuste empezó alabando a Santiago Ramón y Cajal, el descubridor en 1888 de las células que forman el sistema nervioso: las neuronas, la unidad estructural. Por ese descubrimiento obtuvo el Premio Nobel en 1906. El inglés Charles Scott Sherrington estableció precisamente ese año que la neurona era la unidad funcional del sistema nervioso y obtuvo su Premio Nobel en 1932.

¿Cómo no admirar a Cajal? No es poca cosa ser el primero en decir que el tejido nervioso está compuesto de células, como cualquier otro tejido. Ahora nos parece obvio, pero en su tiempo no se sabía, y la teoría de Cajal tuvo que vencer fuertes resistencias hasta que se impuso.

Después de pagar el obligado tributo, Rafael pasó a explicar que hasta ahora se ha intentado saber cómo pensamos (los humanos y los ratones) estudiando las neuronas aisladas, y ese procedimiento no funciona, según él.

La razón es que el pensamiento es una propiedad emergente (o un sistema emergente, como prefiráis), y eso lo tengo que explicar un poco porque la expresión *propiedad emergente* viene de la teoría de sistemas.

Un sistema está formado por un conjunto de elementos que interaccionan entre sí, de manera que aquel tiene propiedades de las que sus componentes carecen. Una universidad, se supone, es algo más que la suma de sus profesores. En otro caso, si solo es un aglomerado de profesores que dan cada uno su clasecita, no llegará a ser una gran universidad (y no he recurrido al símil de los equipos de deporte porque es demasiado obvio y me preocupa menos que las universidades. En España tenemos grandes equipos deportivos pero no universidades líderes. Es para pensárselo).

Las propiedades del sistema, se dice, no son deducibles de las propiedades de los elementos que lo forman. Lo vais a entender en un momento.

Una molécula de agua está formada por dos átomos de hidrógeno y uno de oxígeno, pero las propiedades del agua no se deducen de las propiedades de los átomos, sino de su combinación. Un ser humano está hecho básicamente de agua, pero evidentemente tenemos propiedades, como seres vivos, que no son las del agua de nuestros tejidos, o el carbono de todos los compuestos orgánicos, o el nitrógeno de las proteínas, o el calcio de los huesos. Una proteína se compone de aminoácidos, pero las propiedades de las proteínas no son las de los aminoácidos, como vimos en su momento. Ni siquiera son las propiedades de sus aminoácidos puestos en fila, sino las de su estructura terciaria, la manera en la que están plegadas las cadenas de aminoácidos formando una especie de ovillo. Todavía no somos capaces de predecir cómo se plegará una cadena de aminoácidos, que es lo que codifica un gen, para adoptar su estructura tridimensional, y confiamos en que la inteligencia artificial, convenientemente entrenada, nos solucione el problema. Todo esto os lo cuento para que veáis que no es suficiente con conocer las partes constituyentes de un sistema complejo como una proteína para saber qué forma adoptará y cuáles serán sus propiedades.

Nuestro genoma es un sistema de información digital, con un alfabeto de cuatro letras, pero las letras son las mismas en todos los genomas y no todos los seres vivos son iguales (aunque ya vimos que una mosca y un ser humano tienen más en común de lo que nos imaginábamos hasta hace poco tiempo). De la misma manera que el *Quijote* está escrito con el mismo alfabeto que cualquiera de mis libros, y evidentemente no es lo mismo. Solo tenéis que sustituir las letras del alfabeto por números que van del 1 al 27 (de la A a la Z) para entender que es un sistema de información digital.

Lo contrario del *emergentismo* (la teoría de las emergencias) es el *reduccionismo* (que las niega), como cuando se dice tan a menudo que los seres vivos somos *solo química y física*. Estamos hechos de moléculas y de átomos, desde luego, pero la vida es una forma de materia con *propiedades* que le son *propias*, nunca mejor dicho. No porque haya algo inmaterial en los seres vivos, un principio vital, como se llegó a decir, sino porque los organismos somos átomos organizados de una forma diferente a la de los minerales. No hace falta recurrir al *vitalismo* para entender a los seres vivos, basta con la teoría de sistemas.

Por eso dice Rafael Yuste, con razón, que nunca se podrán entender los pensamientos estudiando las neuronas aisladas. Sería reduccionismo. Hay que estudiarlas en conjunto, como un sistema. Yuste compara el cerebro con una pantalla de televisión digital. La imagen que aparece en ella sería la propiedad emergente, que no podemos imaginar viendo los píxeles aisladamente. Si no se ve el conjunto, no se entienden ni siquiera los píxeles.

Rafael Yuste se declara partidario del enfoque metodológico en ciencia. Él cree que los grandes descubrimientos se hacen mejorando los aparatos científicos y los métodos de investigación. Eso es cierto, desde luego, pero quizás no completamente cierto. Es verdad, pero no toda la verdad.

Desde luego que sin el telescopio Galileo Galilei no habría llegado *a ver* hasta donde llegó, ni tampoco Louis Pasteur o Santiago Ramón y Cajal sin el microscopio. Esto es evidente. En el Festival Starmus participaba el astrofísico suizo Michel Mayor, que obtuvo el Premio Nobel por descubrir el primer satélite extrasolar, y para eso necesitó usar un telescopio de última generación.

Pero la teoría de la evolución por selección natural se les ocurrió a Darwin y a Wallace pensando sobre los datos que compartían todos los naturalistas de la época. Y lo mismo puede decirse de Alfred Wegener y la teoría de que los continentes se movían. Él no los vio moverse, lo dedujo, y la teoría de la tectónica de placas le dio luego una explicación mecánica a esa movilidad continental. A Konrad Lorenz, a Karl von Frisch y a Nikolaas Tinbergen les dieron el Premio Nobel por estudiar el comportamiento de las aves y de las abejas sin necesidad de grandes instrumentos de observación.

Es decir, que tiene razón Yuste en que hacen falta aparatos cada vez mejores para estudiar la naturaleza, pero también se necesita talento, como el que Rafael indudablemente tiene.

Y ahora vayamos al experimento que Rafael ha diseñado. Yo tuve la oportunidad de ver en su laboratorio la máquina con la que estudia en conjuntos, no aisladamente, las neuronas de los ratones.

A los roedores se les mostraba en una pantalla imágenes de barras horizontales o de barras verticales. No me acuerdo bien de los detalles, pero lo importante es que los habían entrenado para asociar las barras verticales con lamer un jugo que salía de una cánula. Cuando aparecían las barras horizontales no hacían nada.

Los investigadores fueron capaces de saber qué neuronas concretamente se activaban cuando se mostraban a los ratones las barras horizontales y cuáles se disparaban cuando aparecían en pantalla las barras verticales, y eran neuronas diferentes en los dos casos. Técnicamente hacer esto es muy complicado, y supone un gran avance metodológico.

Y ahora viene el experimento crucial para poner a prueba la teoría de los conjuntos neuronales de Rafael Yuste. ¿Qué pasaría si se activaran desde fuera las neuronas que corresponden a la visión de las barras horizontales, pero sin mostrarles nada en la pantalla a los ratones? No pasaba nada. Los ratones no lamían.

¿Pero qué pasaría si se estimularan desde fuera las neuronas que se activan cuando aparecen las barras verticales, pero con la pantalla en blanco? Lo que pasaba es que los ratones lamían el líquido.

Es decir, el experimentador había confirmado la teoría de los conjuntos de neuronas que se disparan a la vez, por un lado. Y por otro lado había producido algo así como una alucinación en los ratones, que *veían* barras verticales en una pantalla en blanco. O por lo menos actuaban como si las vieran.

Rafael Yuste terminó la conferencia diciendo que estos descubrimientos pueden en el futuro tener una aplicación médica en algunos trastornos neurológicos como la esquizofrenia, enfermedad en la que los pacientes sufren alucinaciones visuales y auditivas.

¿Pero hemos visto realmente los pensamientos del ratón con el experimento, o solo el conjunto de neuronas que se activan? Quiero decir, ¿qué pasa con la experiencia subjetiva, íntima, de tener un pensamiento, un recuerdo o una visión? ¿Qué pasa con la sensación? ¿Dónde y cómo se genera?

Ya sabemos que pensamos con las neuronas y cada vez conoceremos más de los circuitos neuronales implicados en la percepción, los pensamientos y los recuerdos, ¿pero cómo se relaciona esa realidad objetiva, física, con nuestras experiencias interiores, con nuestras vivencias? ¿Cómo se relaciona el cerebro con la mente, el fenómeno biológico con el psicológico?

¿Realmente podemos ver los pensamientos, como dice Rafael Yuste, o solo podemos ver cómo se disparan los conjuntos de neuronas que producen los pensamientos?

Hay quien dice que nunca se podrán contestar estas preguntas. O que no son importantes. Yo no sé contestarlas, lo admito, pero me cuento entre los que piensan que son preguntas importantes y que algún día tendremos la respuesta, como ha ocurrido con tantos otros problemas científicos.

De todos modos, ¿quién dice que no se puede ver un pensamiento? Nosotros lo hacemos todos los días. Somos capaces de ver nuestros propios pensamientos e incluso los pensamientos de los demás. Es nuestro trabajo como miembros de una sociedad humana, y lo hacemos muy bien.

YO SOY ESA MÁQUINA. Y TÚ TAMBIÉN

«Por lo tanto la cuestión ahora no es: "*¿Podría* una máquina ser consciente o tener un alma?". Claro que podría: yo soy esa máquina, y tú también. Más bien la cuestión es: "¿Qué *clase* de máquina podría ser consciente?".» Nicholas K. Humphrey (1987).

Mente y *consciencia* son términos independientes pero sin duda relacionados. Intentaré, antes de meternos en honduras, daros una versión breve y simplificada de cómo podría ser esa relación.

Para Antonio Damasio la mente procesa información *objetiva*, la que viene del mundo exterior, esa realidad que está ahí fuera y no se puede modificar porque existe al margen de nosotros, pero que necesitamos conocer y representarnos interiormente para tomar decisiones vitales para la supervivencia: esas son las funciones cognitivas. Por otra parte la consciencia viene del propio cuerpo, de las vísceras y de los músculos, que generan *espontáneamente* sensaciones *subjetivas*, de naturaleza íntima, que están al servicio de la regulación de los sistemas corporales (la *homeostasis*, en biología), produciéndonos bienestar o malestar. Sin la primera, el animal estaría ciego (*en todos los sentidos*); sin la segunda un animal sería una máquina (un autómata o un ordenador). Se distingue así técnicamente entre tres tipos de información que llegan al sistema nervioso central: la *propiocepción*, que es la información sobre la posición de todas las partes de nuestro cuerpo en cada momento; la *exterocepción*, que es la información que nos llega a través de los sentidos, incluida la piel, y la *interocepción*, que es la información que viene del interior del cuerpo.

Cuando se reúnen la información objetiva, externa, con la información subjetiva, interna, de nuestro propio cuerpo se forma la *mente consciente*, y de eso os quiero hablar en este capítulo.

Mucha gente se imagina los ojos como dos cámaras de televisión que envían las imágenes al cerebro por medio de un cable, que sería el nervio óptico. Luego las imágenes se integran en el cerebro y así tenemos una visión 3D. Pero ¿es así cómo funciona? ¿Tenemos una pantalla de plasma dentro de la cabeza para ver los partidos de fútbol o las películas? ¿Quién ve las imágenes?

Es verdad que el ojo de los vertebrados tiene una estructura de cámara con lente (el de los pulpos también y además está mejor hecho porque el nervio óptico no sale a través de la retina creando un punto ciego). La retina, en cambio, no es una emulsión fotográfica, como en las ya antiguas cámaras analógicas, ni tampoco un sensor, como en las actuales cámaras digitales. Y el nervio óptico tampoco es un cable eléctrico de cobre forrado de plástico aislante. Pero demos por buena la analogía. La señal llega al cerebro, sin duda, a la corteza visual, concretamente, que está en la parte occipital. ¿Y entonces qué? ¿Se forma una especie de holograma? Y si es así, ¿quién lo ve?

Cada vez que escucho a alguna persona (científicos incluidos) explicarme con toda la naturalidad del mundo que la función de que sintamos dolor o miedo es que evitemos un peligro, y la de que sintamos placer es que busquemos activamente lo que nos beneficia, me hago la misma pregunta: ¿quién es el que experimenta ese placer o ese dolor? ¿Dónde se mete? ¿Es consciente el que me lo cuenta como si fuera algo evidente de que aquí hay un problema?

Decimos que una persona está inconsciente cuando no sabe nada de sí misma. No sabe *que está*, no sabe siquiera que *existe*. Cuando abre los ojos le preguntamos cómo se llama, qué día es hoy, dónde se encuentra y otras cosas por el estilo para ver si está consciente y orientada. Para saber si sabe *quién* es. Así que recuperar la consciencia consiste en despertar de la inconsciencia. Volver a la realidad. Y la pregunta que se hace el paleontólogo que estudia la evolución humana es esta: ¿cuándo despertamos *a la consciencia*? ¿Qué especie fue la primera?

Para empezar, ¿cómo definiremos la consciencia? Tal vez como la capacidad de examinar y poder describir nuestros razonamientos, percepciones y emociones. Tener un yo. Eso no quiere decir que los animales más cercanos a nuestra especie no tengan pensamientos, sensaciones, impresiones del mundo que les llegan a través de los sentidos y estados de ánimo.

No nos lo pueden decir, porque no hablan, pero solo por su cercanía evolutiva a la especie humana, y por su semejanza genética, anatómica y fisiológica, hay sobradas razones para pensar que *sienten y padecen*, como decimos en español, y es una gran definición.

También los invertebrados, de los que llevamos más de 500 millones de años separados. Han aprobado ya en varios países leyes por las que se prohíbe cocer a los crustáceos decápodos (gambas, langostas, bogavantes, centollos y demás) porque se considera tortura animal, ya que, dicen estas legislaciones, la ciencia ha probado que tales artrópodos sufren hasta que mueren.

Las especies más inteligentes (grandes simios, delfines, cuervos) podrían tener incluso un asomo de yo.

Podemos sin ningún problema atribuir consciencia, entendida como *vida interior*, a muchos animales, y reservar el término *autoconsciencia*, o consciencia de uno mismo, o consciencia reflexiva (autorreflexión también), solo para cuando se habla de los seres humanos (y quizás, en un grado menor, de unas pocas especies que nos maravillan por su perspicacia).

No se excluye, por lo tanto, que los animales tengan mente, sintiencia y una visión subjetiva, propia, única, una perspectiva individual del mundo, que es exclusiva. Incluidos los pulpos y las jibias, que tanta admiración suscitan en los últimos tiempos por su inteligencia. Pero los animales, aunque tengan experiencias subjetivas, lo que llamamos *vivencias*, no nos las describen.

El filósofo de la mente norteamericano Thomas Nagel escribió en 1974 un artículo que hizo fortuna, por lo menos el título: «What Is It Like to Be a Bat?», algo así como «¿qué se siente siendo un murciélago?». En este trabajo, que tengo la impresión de que casi nadie ha leído más allá del título, Nagel criticaba los excesos del *fisicalismo* de su tiempo, es decir, la actitud reduccionista preponderante entre los neurocientíficos de entonces de igualar la mente con el cerebro, como si fueran la misma cosa. Y así quedaría el problema solucionado sin necesidad de dualismos.

A mí me impresionó sobre todo el comienzo del artículo. Dice Nagel que todos los reduccionistas de la ciencia utilizan metáforas, pero que todas las metáforas que intentan explicar la dualidad mente/cerebro se tropiezan con la subjetividad, que impide que ninguna funcione satisfactoriamente.

Pensad en todas las metáforas que utilizáis en vuestra vida normal, cuando decís que «esto es como aquello». La poesía consiste precisamente en usar metáforas. Por ejemplo: «Nuestras vidas son los ríos / que van a dar en la mar / que es el morir». (Jorge Manrique, «Coplas por la muerte de su padre».)

La metáfora que más se usa ahora es la que compara el cerebro con un ordenador. Antes se lo comparaba con una central telefónica, por aquello de la semejanza entre las conexiones de las neuronas y las de los cables telefónicos. El «cableado del cerebro» es una metáfora que se usa mucho.

El ordenador tiene una parte física, se dice, que sería el hardware, con su procesador y sus almacenes de memoria RAM (de trabajo) y ROM (de datos y programas). Estas son las cosas que se comparan con el cerebro. Mientras que la mente sería el software, «la información» ni más ni menos, una palabra mágica que parece referirse a algo etéreo, incorpóreo. Mucha gente piensa que los programas (los algoritmos, como se dice ahora) y los datos no son algo físico, pero naturalmente que lo son. Están *escritos*. En todo caso, se ha invertido la dirección de la metáfora, porque ya no se dice que el cerebro es como un ordenador, sino que un ordenador es como un cerebro, con sus redes neuronales incluidas.

Muy bien, aceptemos la metáfora, ¿pero dónde está la subjetividad en toda esta historia? Porque no hay ninguna buena metáfora que explique la subjetividad. Probad vosotros mismos: la consciencia es como...

Bueno, en realidad hay una muy buena metáfora, pero que no nos sirve. Es la de René Descartes: la mente sería una entidad inmaterial (la *res cogitans* o cosa pensante) que gobierna un cuerpo material (*res extensa*), cerebro incluido, como el piloto gobierna su nave. Pero la ciencia no estudia entidades inmateriales, por lo que la metáfora del piloto y la nave no funciona para nosotros. La nave se gobierna sola.

El tema es pues la subjetividad y la dificultad de estudiarla científicamente. La ciencia estudia la realidad objetiva, aquella a la que se puede acceder, mientras que los fenómenos de la consciencia son internos, individuales, subjetivos, privados. Tal vez inaccesibles para la ciencia.

«¿Cómo es eso de ser un murciélago?», se preguntaba Thomas Nagel. Simplemente con que sea «como algo» (y no «como nada») ya podemos atribuirle al murciélago consciencia, y muchos animales, empezando por todos los mamíferos, tienen seguramente consciencia, aunque sea difícil demostrarlo. Esos animales conscientes se sienten *como algo* (*como un delfín*, por ejemplo, o *como una rata topo desnuda*, o *como un pulpo*), si no estamos muy equivocados. Todo el mundo cree en ello, y Nagel no lo pone en duda (no me he atrevido a escribir «sentirse como una hormiga», y lo dejo a vuestro criterio).

Pero, opina Nagel, no podemos saber qué se siente siendo un murciélago porque no tenemos un cerebro de murciélago, por mucho que intentemos ponernos en su lugar e imaginar que volamos y utilizamos un sonar para explorar lo que hay a nuestro alrededor y orientarnos en la oscuridad de la noche o de la cueva por ecolocación. Ni aunque nos colguemos cabeza abajo.

Aceptemos que siendo un murciélago se siente algo. Eso que se siente es diferente siendo un murciélago de lo que se siente siendo un ciervo, ¿pero saben los murciélagos y los ciervos lo que se siente o solo lo sienten?

En las dos décadas finales del siglo xx un neurocientífico inglés llamado Nicholas Humphrey describiría la autoconsciencia como un ojo que mira hacia adentro. Un ojo que examina los estados cerebrales, es decir, las funciones del cerebro en su terreno más puramente biológico de la interactividad de las neuronas. Ese ojo es metafórico, por supuesto, no os vayáis a creer que estoy imaginando un ojo de verdad, un ojo de cámara. Y los estados cerebrales que observa ese ojo interior los traduce en un lenguaje que el cerebro puede comprender, es decir, en forma de estados mentales. En lo que tú personalmente percibes, cavilas y sientes en lo más íntimo de tu ser. No hay nadie que esté triste, o enamorado, y no lo sepa.

Lo repito por si no se ha entendido bien. Ese ojo interior metafórico *ve* neuronas disparando, *ve* circuitos de neuronas, *ve* todo lo que *ve* el científico en su laboratorio, pero no se lo *cuenta* al cerebro en esos términos físicos, químicos y biológicos, sino en los de la mente. Convierte los procesos cerebrales en fenómenos mentales. Yo encuentro oscuro este planteamiento, que no me acaba de convencer, pero sigamos adelante.

Ese ojo interior, en definitiva, es el que permite la introspección. Como siempre ocurre, la etimología de las palabras nos permite profundizar en su significado. *Introspección* es «inspeccionar lo que hay dentro», percatarse de lo que pasa en el cerebro. Vivir deliberadamente.

El caso es que los animales (quizás con alguna excepción) no tendrían según Nicholas Humphrey esa visión interior, la introspección, y por lo tanto no son conscientes de sus procesos cerebrales y no los pueden traducir en funciones mentales.

En sus propias palabras: «Te pediría que te imaginaras primero la situación de un animal o una máquina sin consciencia, que no tiene la facultad de la introspección. Tiene un cerebro que recibe información de los órganos de los sentidos y envía información a los sistemas motores, y entre medias actúa como un tomador de decisiones altamente sofisticado. El animal o la máquina pueden ser extremadamente inteligentes y complejamente motivados, pero de todos modos el mecanismo descrito es puramente reflejo porque no tienen una imagen de lo que el cerebro-ordenador está haciendo o de cómo funciona. El animal es realmente un autómata cartesiano inconsciente». Y luego pasa a describir lo que ocurriría si el animal fuera realmente consciente y estuviese dotado de visión interior.

¿Cómo podría el cerebro observarse a sí mismo?, te preguntarás. No es tan difícil, dice Humphrey, porque tú mismo te puedes examinar los pies, que también son parte de tu cuerpo. E incluso puedes observar tus propios ojos mirándote en el espejo. La evolución, por lo tanto, habría dotado al cerebro humano de un *ojo* y un *espejo* (los dos metafóricos, no físicos, naturalmente). A fin de cuentas, *autorreflexión* viene a ser verse a uno mismo reflejado en un espejo, ¿no?

Puede pareceros esta metáfora una estupidez completa, o puede haceros gracia y ayudaros a entender la mente humana, aunque sea por analogía. Pero la cuestión importante no es esa, sino por qué la evolución nos ha dotado del *ojo* y del *espejo*, por qué nos ha proporcionado la introspección. ¿Cuál es su utilidad en la vida práctica?

Antes de contestar a la pregunta detengámonos un momento. ¿Por qué debería tener una utilidad la autoconsciencia? ¿No podría haber aparecido porque sí, por casualidad, y no tener función práctica alguna? Si ese fuera el caso, el yo sería lo que se llama un *epifenómeno*, una curiosidad irrelevante, un efecto colateral, casual, que acompaña a un fenómeno importante, pero que no tiene función.

No conviene confundir *epifenómeno* con *propiedad emergente*. Esta última, de la que ya hemos hablado, es una propiedad nueva que surge en un sistema cuando se alcanza un cierto grado de complejidad. Para que lo recordéis, una célula tiene propiedades que no tienen los átomos y las moléculas que la componen. Se dice así que la vida, como fenómeno, no se puede *reducir* a la física y a la química. Es algo distinto de los átomos y las moléculas. En realidad, tampoco las moléculas pueden *reducirse* a átomos.

Y sin duda un cerebro puede hacer cosas que no pueden hacer las neuronas por separado, como una colmena tiene capacidades que no tienen las abejas una por una. Ya os he hablado de esto cuando dije que me gustaba más comparar una colmena con un cerebro que con un Estado político.

Pero un epifenómeno es una propiedad gratuita, inesperada, podríamos decir, que acompaña a un fenómeno importante.

Ese fenómeno importante sería en el caso que nos ocupa ahora el de la complejización de la materia y la cerebralización de los mamíferos, y dentro de ellos de los primates, que alcanzaría su valor crítico en la corteza cerebral de los humanos.

Podríamos decir que el fenómeno sería la inteligencia y el epifenómeno, la autoconsciencia, la introspección, la visión interior.

En el caso de los ordenadores la aparición de la autoconsciencia, de producirse, sería un epifenómeno. Un producto inútil que acompañaría al colosal desarrollo de la inteligencia artificial. Porque ¿de qué le serviría la autoconsciencia al ordenador? Funcionarían exactamente igual sus programaciones sin tener un yo. La gente teme que ese yo se resista a ser desenchufado y se vuelva contra nosotros como el ordenador HAL 9000 de la película *2001: Una odi-*

sea del espacio. Pero ¿por qué habría de tener esa ansia de inmortalidad una máquina? Nosotros, los animales, tenemos un instinto de supervivencia muy acusado de naturaleza totalmente biológica y que nos ha sido muy útil para llegar hasta aquí. Todos los seres vivientes actuales descendemos de antepasados muy bien dotados de ese instinto de supervivencia. Pero la IAG no tendría por qué tenerlo, ya que no es un producto de la selección natural, salvo que los programadores lo hayan insertado en sus códigos.

Yo no creo, para resumir, que ese epifenómeno vaya a darse, y por lo tanto los ordenadores *con alma* de las películas y novelas de ciencia ficción no van a existir en la realidad. Ahora bien, ¿cómo lo sabríamos si se comportaran como si tuvieran *alma*, aunque no la tuvieran? ¿O si nos hablaran como si tuvieran un yo, aunque no lo tuvieran?

Pero los chips están hechos de silicio y los seres vivos de carbono, así que volvamos al mundo orgánico.

Como seguidores de Darwin y de Wallace, los paleontólogos tendemos a ser *adaptacionistas*, y buscar explicaciones funcionales a todo lo que nos encontramos. Nuestra principal herramienta de trabajo, por esa razón, es la morfología funcional.

Cuando trabajamos con fósiles los paleontólogos hacemos ingeniería inversa, los *desmontamos* y tratamos de averiguar cómo funcionaban sus diferentes piezas, ya que no los podemos estudiar vivos como hacen los biólogos. Tal vez seamos demasiado adaptacionistas, y ya hemos sido advertidos de ello, pero dejadme que a pesar de las advertencias me pregunte en este caso para qué sirve la autoconsciencia, si es que sirve para algo.

Para contestar a la pregunta primero hay que conocer el nicho ecológico de la especie, como nos indica Nicholas

Humphrey. ¿Para qué le serviría la introspección a un murciélago? Para nada, exactamente igual que a nosotros no nos sirve para nada disponer de un sistema de orientación nocturno por ecolocación como el de los murciélagos. Ya hemos convenido que el juego de la vida consiste en convertir energía en hijos, así que la pregunta es: ¿tendríamos más hijos si invirtiéramos muchísima energía en dotarnos de un costoso sistema de navegación a ciegas? Me parece que no, creo más bien que tendríamos menos hijos porque estaríamos despilfarrando calorías. Los primates superiores somos animales diurnos. Por la noche descansamos, al revés que los murciélagos.

Y así puedes elaborar tú mismo una lista de adaptaciones absurdas. Por ejemplo, ¿para qué querríamos tener los humanos un caparazón como el de las tortugas? ¿O un pico como el de los cuervos? ¿O un marsupio como el de los canguros? ¿O unas aletas como las de los delfines? ¿O unos cuernos como los de los toros? ¿O una visión del color ultravioleta como los insectos? Etc.

¿Y para qué querrían ser autoconscientes los canguros, o las tortugas, o los toros?

Sin embargo, no me he atrevido a preguntar para qué querrían tener un ojo interior los cuervos y los delfines, porque puede ser que a ellos les resultara práctica la introspección, y no fuera un despilfarro sino una buena inversión. Pensad vosotros en qué especies podrían salir ganando con consciencia de sí mismas y llegaréis seguro a la misma lista que yo.

Y esa es la clave, que la autoconsciencia podría ser una ventaja para desenvolverse en el medio social, podría ser una adaptación de las especies cuyos individuos no pueden vivir en solitario, como los humanos, los chimpancés y bonobos, los delfines y los cuervos. ¿Pero de qué modo podría ser útil tener un yo, saber quién soy? Esa es, me parece, la parte más interesante del razonamiento de Nicholas Humphrey.

He empezado este capítulo definiendo la consciencia —en términos médicos— por oposición a la inconsciencia, como si la consciencia fuera un estado de la mente. Cuando se está desmayado, o anestesiado, se pierde la consciencia, que se recupera luego cuando te despiertas. La mente, sin embargo, se define habitualmente por oposición al cuerpo, o al cerebro, como si fuera una entidad independiente de naturaleza no material. Y hemos visto como Humphrey hablaba de esa *visión interna* que tenemos los humanos cuya función es traducir los procesos cerebrales de naturaleza físico-química-biológica en fenómenos mentales, psicológicos, conectando así los conceptos de cuerpo y mente.

Vimos también que todos los animales que se sienten *como algo* tienen consciencia, aunque no lo sepan, es decir, aunque no sean conscientes de sí mismos. Explicado de otra manera, las especies sintientes tienen *vida interior*, pero les falta la *visión interior*.

Los delfines y los grandes simios son animales muy inteligentes, con grandes capacidades cognitivas, es decir, capacidades mentales. Hasta un pulpo, se dice ahora, tiene una mente, porque es muy inteligente. Atribuyámosles entonces también una mente a los murciélagos, aunque no sea una mente de tipo humano.

Pero sea lo que quiera que sea la mente de un murciélago estaremos de acuerdo en que debe incluir una representación interior, creada por su cerebro, del mundo exterior, de *su* mundo exterior. Una realidad virtual. Sin esa representación no podemos imaginar una mente, y por eso los ordenadores no tienen una mente muy desarrollada (por lo menos de momento). Es en ese mundo virtual donde de verdad viven los murciélagos y les pasan cosas. Y su mente, por supuesto, también es individual e intransferible, porque cada murciélago tiene la suya, como la consciencia.

No te hagas ilusiones porque tu mente tampoco es una ventana abierta de par en par al mundo exterior, ni siquiera una reproducción muy exacta del mundo exterior, sino una representación que la selección natural ha creado a lo largo de mucho tiempo, y que ha resultado tan útil a nuestros antepasados que la hemos heredado. Tu mundo también es realidad virtual, siento decirte, pero nos va bien así y eso es lo que cuenta. Nuestros antepasados sobrevivieron y tuvieron hijos con una mente del tipo humano, y lo mismo puede decirse de las demás especies, cada una con su mente particular que las adapta a su nicho ecológico específico, que no es otra cosa que su manera de ganarse una vida y de tener hijos.

Por supuesto la mente de los murciélagos está formada a partir de ecos, como la de los delfines, que también se orientan por ecolocación. Pero no por eso deja de ser una representación 3D del mundo exterior. Unos objetos están más cerca y otros, más lejos, como les informa el sonar del que disponen. A fin de cuentas, lo que llega al cerebro de un murciélago o de un delfín no son ecos, sino impulsos nerviosos, aunque su sentido principal sea el oído y no la vista.

Y la representación de la mayor parte de los mamíferos terrestres se construye a partir de olores, porque el bulbo olfativo y la corteza olfativa son las partes más desarrolladas de su cerebro. Su mundo exterior está hecho de olores, pero su representación interior, su realidad virtual, se ha formado por medio de impulsos nerviosos, que son iguales para todos los sentidos.

Nosotros somos primates superiores, y nuestro mundo exterior es audiovisual y tridimensional, porque nuestros ojos están frontalizados y sus campos visuales se superponen. La selección natural se ha decantado por ese mundo para los primates superiores, unos mamíferos que viven habitualmente en las copas de los árboles de los bosques tropicales y comen hojas y frutos. Hay otros mundos, más olfativos, o más auditivos, o más táctiles, y también están en este planeta. Incluso hay mundos eléctricos, porque hay peces que crean un campo eléctrico a su alrededor para explorar el mundo que los rodea. Les ha ido bien detectando variaciones en el campo eléctrico y aquí están también. Pero su realidad virtual también es necesariamente tridimensional, como la nuestra.

Lo que caracteriza a la mente humana es que está llena de *otros*. De otras personas, porque somos una especie muy social, y nuestro medio, nuestro mundo, es el grupo al que pertenecemos. Por eso, según Nicholas Humphrey, la evolución nos ha dotado del ojo interior. Utilizamos muestra mente como referencia para entender las mentes de las demás personas y saber lo que van a hacer. Es una plantilla. La introspección nos resulta extremadamente útil porque esperamos que los demás se comporten como lo haríamos nosotros en su misma situación. Utilizamos el conocimiento que tenemos de nuestra propia mente para entender a los otros. Después de todo nos parecemos mucho a los demás miembros del grupo.

Somos psicólogos naturales, y nos va la vida en ello. Sobre todo a nuestros antepasados, que no podían vivir sin el grupo. Las otras especies supersociales de mamíferos y de aves también se beneficiarían de tener esa herramienta del ojo interior y del *espejo* porque también son, aunque en menor grado, psicólogos naturales, y por eso nos preguntamos si han atravesado ya el umbral de la autoconsciencia.

En resumen, para Humphrey la autoconsciencia no es un epifenómeno (sin utilidad alguna) sino una adaptación (muy conveniente a efectos de supervivencia) para la vida social.

A lo largo de la historia de la paleontología humana se han dado sobre todo tres tipos de explicaciones para nuestra superior inteligencia y para el aumento del cerebro que se registra en los fósiles.

Una tiene que ver con la ecología. Hemos desarrollado una inteligencia extraordinaria para poder sobrevivir en toda clase de medios. Recordad que venimos de antepasados que hace muy poco (en tiempo geológico) vivían en las selvas lluviosas y se alimentaban de frutos maduros y de brotes. Hace casi dos millones de años, con el *Homo erectus*, salimos de África, y desde hace más de un millón de años hay seres humanos viviendo en Sudáfrica, Java y Atapuerca, las tres esquinas del Viejo Mundo. Para conseguir tal proeza hace falta ser un primate muy inteligente y adaptable, sin duda.

La otra explicación es la tecnológica. Hemos desarrollado nuestros grandes cerebros para fabricar instrumentos cada vez más complejos. De hecho fue la tecnología, incluyendo el fuego, lo que nos permitió adaptarnos a toda clase de hábitats. Nuestras adaptaciones no son biológicas, como en el resto de las especies, sino tecnológicas.

Fabricábamos herramientas de piedra y con ellas obteníamos los filos que necesitábamos para cortar, y que la biología no nos había proporcionado. Y no olvidéis que gracias al fuego pudimos aumentar el número de calorías que obteníamos de los alimentos animales y vegetales. Sin duda la tecnología es una prueba de nuestra inteligencia.

Finalmente, la explicación que está ahora más de moda, el paradigma actual, podríamos decir, es la inteligencia social, y yo estoy de acuerdo en que debe de ser el factor fundamental, sin excluir a los otros dos, con los que además está muy relacionado.

Pero añadiría un matiz a la teoría de Nicholas Humphrey, y es el de que el *espejo* del que habla, y que habría producido la autoconsciencia y el yo en nuestra especie, no está dentro de nuestra cabeza sino más bien en los ojos de los demás seres humanos. Nos miramos a través de los otros, y la capacidad de saber cómo nos ven es sin duda una adaptación muy importante en el juego social. Nos pasamos la vida probándonos ropa y peinados y haciéndole gestos al espejo de cristal para saber qué impresión vamos a causar cuando salgamos de nuestra casa.

CONOCIMIENTO Y SABIDURÍA

Si eres un científico como yo debes de saber que hay una forma segura de que te hagan caso en los medios de comunicación. O mejor dicho, dos: el triunfalismo y el catastrofismo. Si te limitas a analizar los datos disponibles con rigor y serenidad no tendrás nunca un titular para promocionar tu producto. Y sin titular no hay reportaje.

El problema que tiene la ciencia para llegar al gran público es que lo importante está más en el texto que en el titular. Yo espero, por supuesto, que mi público, es decir, vosotros, sea diferente, pero estaréis de acuerdo en lo que os digo en cuanto lo explique.

La vía triunfalista al éxito es la de la inmortalidad. Vamos a vivir indefinidamente gracias a los progresos de la ciencia, nos dice cada día algún profeta de la eterna juventud. Y son legión porque los seres humanos no nos queremos morir.

Por supuesto que creo que llegar a vivir casi un siglo, con muy buena calidad de vida hasta el final, está dentro de las posibilidades de la ciencia. Y lo creo porque existen muchos casos. Pero no soy optimista respecto de la inmortalidad ni del rejuvenecimiento. Me interesa más este último porque se puede comprobar fácilmente si funciona algún producto que revierta el envejecimiento sin tener que esperar muchos años. Como sucede con los milagros, o es instantáneo o no es milagro. No existe el milagro a largo plazo, que yo sepa.

Mis razones para un optimismo tan moderado ya os las expuse en muchos capítulos y son esencialmente que, aunque podamos evitar todas las causas externas de muerte (la llamada *muerte accidental*) y salgamos triunfadores (más aún) de nuestra eterna lucha con los patógenos, no podremos escapar de la *muerte que viene de dentro*, es decir, de las enfermedades degenerativas, las propias de las edades avanzadas. Son muchas y la selección natural no ha podido librarnos de ellas porque en el pasado nadie llegaba a la *edad de la jubilación*. Y lo mismo les pasa al resto de las especies, cada una a su debido tiempo, de modo que es mal de muchos. Habrá que seguir investigando, eso sin dudarlo, porque nadie quiere perder la cabeza de viejo, y yo el primero, pero creo que el triunfalismo exagerado de nuestros días está fuera de lugar.

Recuerdo haber leído hace muchos años un relato de Isaac Asimov sobre la *mente* de los robots, un tema que le preocupaba mucho, el de la inteligencia artificial general (IAG), como se dice ahora. En realidad no recuerdo si era un robot o una computadora, pero en todo caso era una máquina. No encuentro el libro, así que dejad que me lo medio invente.

En el cuento de Asimov, un humano discutía con una máquina sobre las respectivas capacidades. «Eres muy lista —acababa reconociendo el humano—, ¿pero serías capaz de pintar los bisontes de Altamira?» Y la máquina le contestaba: «Yo no, ¿y tú?».

Efectivamente, casi ninguno de nosotros sería capaz de pintar algo ni medianamente parecido a los bisontes de Altamira, pero ahora resulta que la IAG sí que es capaz y cualquiera lo puede comprobar. El mundo se está llenando de imágenes producidas por las máquinas. No serán mejores que las que hacen los artistas, pero superan a las de la mayoría de las personas. Lo mismo sucede con lo que escribe la IAG. No superará a los grandes escritores, pero sí a la gente normal.

Viene ahora a cuento lo que dijo Louis Leakey al enterarse del descubrimiento de Jane Goodall de que los chimpancés fabrican herramientas: «Ahora debemos redefinir lo que es una herramienta, redefinir al ser humano, o aceptar al chimpancé como humano».

Que traducido a los tiempos actuales vendría a ser: «Ahora debemos redefinir lo que es la inteligencia, redefinir al ser humano, o aceptar a la IAG como humana».

Los catastrofismos son dos. El primero, el cambio climático, con el que estoy de acuerdo, pero como síntoma de algo mucho más grave, que es la destrucción de todos los biomas terrestres y los océanos por el ser humano. Esta locura no puede continuar, como tampoco la del consumo creciente de energía.

Y eso nos lleva a unos nuevos devoradores de energía, de agua y de otros recursos limitados que son los centros de procesamiento de datos y la inteligencia artificial. Este peligro sí es real, y está cambiando no solo la naturaleza del planeta que habitamos sino también la geopolítica.

Me resulta inquietante la imagen de unos enormes procesadores de datos conectados, cada uno de ellos, a una central nuclear propia, como si fueran organismos gigantescos y autónomos. Nadie podría decir que producen CO_2, aunque van a necesitar mucha agua para su refrigeración y materiales para la reparación y el mantenimiento.

Los catastrofistas predicen que la IAG nos esclavizará, o en todo caso nos superará y prescindirá de nosotros, y eso va a suceder cuando la IAG sea capaz de crear una versión más inteligente de sí misma, que a su vez creará otra todavía superior, y así indefinidamente a una velocidad cada vez mayor. Exponencialmente. A ese acontecimiento que se proclama muy cercano se lo llama la *singularidad*.

¿Pero cómo va a ser eso posible, me pregunto? Los seres humanos hemos creado máquinas más fuertes o más rápidas que nosotros, pero lo hemos hecho con nuestra inteligencia. ¿Podemos crear máquinas más inteligentes que nosotros, o máquinas que tengan la capacidad de crear máquinas más inteligentes que ellas mismas? Hummm, esto hay que pensarlo un poco más despacio.

Yo no veía tan claro este catastrofismo de la IAG y me ha agradado leer en un libro del filósofo Jesús Zamora Bonilla contra los catastrofismos que él tampoco está de acuerdo.

No tenemos más que pensar en nosotros mismos, en nuestra propia especie. ¿Cómo hemos conseguido ser tan inteligentes? El mérito no es nuestro, quiero decir de nuestros antepasados, sino de la selección natural. ¿Y cómo lo ha hecho? ¿Se lo ha propuesto?

No, la ciencia no atribuye propósito alguno a la naturaleza. Todo ha ocurrido por variación al azar y competencia por los recursos. Los miembros de una especie son genética y físicamente diferentes, no hay comida para todos (o cualquier otro recurso imprescindible) y solo sobreviven los mejor adaptados. O si lo prefieres así: sobreviven los que sobreviven (por algo será) y a esos los llamamos los mejor adaptados. Finalmente, se producen mutaciones y algunas veces son beneficiosas para la adaptación. Ser más inteligentes (ecológica, tecnológica y socialmente) resultó adaptativo en nuestro caso, y aquí estamos nosotros. Pero no era necesario que ocurriera, ni mucho menos, y de hecho nuestra especie, con toda su enorme dimensión actual, procede de una población muy pequeña que estuvo a punto de desaparecer en alguna ocasión antes de su salida de África.

No sé cómo algo parecido a la selección natural y la adaptación podría darse en la IAG. Y no conocemos ningún caso de progreso de la inteligencia hasta ahora que no haya ocurrido por este procedimiento.

Así que yo no me cuento entre los apocalípticos de la IAG, porque me dan más miedo los seres humanos. Al contrario, me parece que la IAG puede ser un aliado imprescindible para pasar a una nueva fase. Un mundo mejor con el que podemos permitirnos soñar.

Decía Teilhard de Chardin que nuestra evolución había discurrido por los cauces habituales de la biología hasta la aparición de la especie humana actual. A partir de aquí el mecanismo cambia, porque algo lo hace cambiar, produciendo un resultado sorprendente y apuntando hacia algo todavía difícil de imaginar, pero que podría ser maravilloso. O terrorífico.

La estructura de la evolución que he adoptado en este libro, y que es la misma que uso siempre, es la de la aparición rápida de novedades biológicas seguidas de periodos largos en los que solo se producen variantes menores, no grandes innovaciones, hasta que la novedad evolutiva se extingue y desaparece de la biosfera, dando unas veces lugar a otra novedad evolutiva y otras veces sin dejar descendencia alguna, como una rama muerta y seca del árbol de la evolución que acaba cayendo al suelo, que es el registro fósil.

En la zoología de vertebrados, lo que yo llamo novedades evolutivas correspondería a los géneros, y las variantes, a las especies. Por ejemplo, dentro del género *Canis* se reconocen diferentes especies, como *Canis lupus*, el lobo, *Canis latrans*, el coyote, *Canis aureus*, el chacal dorado. Sin embargo, el zorro (*Vulpes vulpes*) es otro modelo de cánido que tiene género propio. Como lo es el licaon (*Lycaon pictus*) o el cuon (*Cuon alpinus*), que vive en Asia pero habitó en Europa en el Pleistoceno y al que encontramos fosilizado en los yacimientos.

Aprovecho para decir que muchos cánidos son sociales, como los licaones, los cuones y los lobos, y forman manadas que cazan juntas grandes presas, pero no han llegado al nivel de las verdaderas especies eusociales. Con todo, su comportamiento cooperativo nos admira e interesa, porque nosotros sí formamos sociedades supercomplejas y nos gusta pensar que otras especies también las tienen, aunque sea en la ficción. Este que os habla fue un niño que leyó *El libro de la selva*, el verdadero, el de Rudyard Kipling, y nunca lo ha olvidado. En él salen tanto los lobos como los cuones (que en la traducción de mi libro se llamaban *perros jaros*), y libran una batalla a muerte como si se tratara de ejércitos.

Por lo general las especies clasificadas dentro del mismo género viven en diferentes regiones, lo que hace pensar que el factor geográfico es fundamental para que se forme una nueva especie. Dos especies del mismo género pueden intercambiar genes allá donde sus territorios se ponen en contacto, y se solapan incluso, aunque se mantiene la integridad de las dos especies porque no llegan a fusionarse convirtiéndose en una sola con características intermedias o mezcladas.

Es el caso de los lobos y de los coyotes en América, por ejemplo.

Las especies de diferentes géneros, en cambio, no suelen tener descendencia fértil, porque los géneros llevan evolucionando por separado mucho tiempo y se ha llegado al aislamiento genético completo.

Es el caso de los caballos y de los asnos. Estos últimos no se clasifican como un género diferente, sino como un subgénero, pero para el caso es lo mismo.

Es también el caso de los chimpancés, bonobos, gorilas, orangutanes y humanos. Los chimpancés y los bonobos pueden cruzarse entre sí, porque sabemos que lo han hecho en el pasado, pero no con los otros homínidos. Sin embargo, es probable que hubiera intercambios limitados de genes al principio de las líneas, es decir, cuando empezaron a separarse los antepasados de los chimpancés de los nuestros, por ejemplo.

En el año 1972 dos paleontólogos estadounidenses llamados Niles Eldredge y Stephen Jay Gould propusieron una teoría de la evolución que llamaron de los *equilibrios puntuados* y que venía a decir que la aparición de las especies es rápida comparada con el periodo total de vida de estas después de su aparición. Ellos trabajaban con especies de invertebrados (trilobites y caracoles terrestres, respectivamente), con lo que el modelo se tiene que adaptar al caso de los vertebrados, pero para mí sigue siendo válido. Solo hay que cambiar las especies por los géneros.

Es decir, la novedad evolutiva se corresponde con la aparición del género (*Canis*, por ejemplo), y lo que pasa luego hasta que se extingue el género son historias menores, por lo general locales, que no cambian la esencia del relato. Así que pienso que Eldredge y Gould tenían sustancialmente razón, y por eso yo interpreto de la misma manera el registro fósil de la evolución humana. Los géneros *Ardipithecus*, *Australopithecus*, *Paranthropus* y *Homo* serían las grandes novedades de la historia evolutiva de los homininos, y las especies de esos géneros (especialmente de los tres primeros) solo representan variaciones geográficas del diseño original, adaptaciones locales.

Pero yo estoy convencido de que la especie humana actual es otro modelo, muy reciente, aunque pertenezca oficialmente al mismo género *Homo* que el *Homo habilis* y el *Homo erectus*. Podríamos discutir ahora si los neandertales (*Homo neanderthalensis*) son una variante del mismo modelo que nosotros o son un modelo diferente, que es como yo lo veo. Es cierto que algunas poblaciones humanas han absorbido algunos genes de los neandertales y los denisovanos, pero ahora ellos ya no pertenecen a este mundo y nosotros estamos genéticamente aislados de cualquier otra especie animal. Somos la especie solitaria, no podemos hibridar con ninguna otra.

De todo esto ya os he hablado, pero era necesario recordarlo porque Teilhard de Chardin afirmaba que una vez aparecida nuestra especie, por el mecanismo darwinista de la selección natural, cambió el modelo de evolución, aunque solo en nuestro caso. Es una afirmación muy rotunda que necesita ser examinada a fondo.

Para explicarla tenemos que pensar en una esfera. Supongamos que nuestra especie, el *Homo sapiens*, surge en el polo superior de la esfera. A partir de su origen geográfico se va dirigiendo hacia el ecuador en múltiples líneas, como si fuera un haz de rayos divergentes que siguen la curvatura de la esfera, al modo de los meridianos. Espero que entendáis que esto es una metáfora, porque naturalmente no quiero decir que la especie humana se haya originado en el Polo Norte.

En esta analogía las diferentes líneas de expansión se van separando, alejando unas de otras, divergiendo. Esto es lo que pasa normalmente en paleontología, dice Teilhard de Chardin, una radiación y proliferación de especies a partir de una raíz común. Una explosión. Fuegos artificiales. Pero en el caso humano, llegados al ecuador (de la metáfora, ¡ojo!), los diferentes radios del haz empiezan, sorprendentemente, a converger hacia el polo inferior, que el paleontólogo, jesuita y místico francés con el que ahora me estoy reconciliando llama el punto Omega. Un poco grandilocuente para mi gusto, pero inspirado en la tradición cristiana.

Por decirlo en pocas palabras el resultado final de esa convergencia, cuando se consiga, será simplemente maravilloso. Será el mundo actual pero más integrado, es decir, la humanidad de dentro de poco tiempo. Estamos casi a punto de verlo.

¿Por qué estoy, en parte, de acuerdo con esta visión mística de Teilhard de Chardin? Porque creo que la verdadera ciencia acaba de empezar y que el futuro no tendría por qué ser catastrófico, como vaticinan los apocalípticos. Os explico brevemente por qué.

Hasta ahora el trabajo científico se ha basado en el análisis, en la descomposición de lo complejo en sus unidades fundamentales. Ahí están, por ejemplo, la tabla periódica de los elementos de Mendeléyev, la neurona de Ramón y Cajal y el ADN de Watson y Crick. *Análisis* significa en griego «cortar», «dividir». Y hemos hecho un gran trabajo teniendo en cuenta que la ciencia moderna empezó en los siglos XVI y XVII y solo en Europa. Pero la tarea de la deconstrucción está casi completada. Ya solo nos quedan las partículas más pequeñas por conocer. Entendedme bien. No quiero decir que no haya organismos por estudiar, la biodiversidad es casi inabarcable en su totalidad, pero lo fundamental del trabajo de *ingeniería inversa* ya está hecho.

La ciencia del futuro abordará lo más difícil, la complejidad, es decir, el estudio de los sistemas supercomplejos, incluyendo la biosfera, la atmósfera, el genoma y el cerebro humano, del que se suele decir (y los tópicos siempre tienen algo de razón) que es el sistema más complejo del universo. No puedo imaginar que en el futuro (si es que hay un futuro) no se haga ingeniería planetaria, aunque solo sea para evitar una nueva glaciación cuando toque. La llevamos haciendo desde el Neolítico, cuando empezamos a transformar los ecosistemas, pero me refiero a una geoingeniería científica y que sirva a los intereses de toda la humanidad. Y para eso hace falta ponerse de acuerdo, claro está.

Para ese futuro la IAG puede ser un aliado fundamental, no un obstáculo. Necesitamos a los ordenadores, con toda su gigantesca capacidad de procesar información, para ese proyecto. No lo conseguiremos sin la informática porque hasta una bacteria es un sistema demasiado complejo para que seamos capaces de entender su funcionamiento nosotros solos.

Lo explicaré mejor: podemos vislumbrar las leyes generales de los sistemas supercomplejos, que es lo realmente importante, pero no los detalles particulares de cada caso en tiempo real.

Cuando podamos, con la ayuda de la informática, comprender y predecir el comportamiento de los sistemas supercomplejos las posibilidades que se nos ofrecerán serán ilimitadas. Ya hemos empezado a hacerlo, ¿pero quién puede dudar de que el futuro de la especie podría ser maravilloso si se alcanza ese grado de conocimiento y de globalización?

Creo que si Pierre Teilhard de Chardin viviera hoy estaría de acuerdo conmigo en que los ordenadores pueden ser nuestros aliados para conseguirlo, porque ya escribía en

1950 lo siguiente: «Y pienso aquí en esas inmensas máquinas electrónicas (esbozo y esperanza de la joven cibernética) que relevan y multiplican nuestro poder mental de calcular y de combinar siguiendo un procedimiento, y en proporciones tales que anuncian, en esta dirección, progresos tan maravillosos como los que la óptica ha traído a nuestra visión».

Pero hay un problema, y se llama tribalismo. El conocimiento y la sabiduría no son la misma cosa.

Los grupos de los mamíferos están basados en el parentesco. No se organizan en sociedades los individuos de la misma especie que no tienen nada que ver familiarmente, genéticamente, entre sí. Por el contrario, se forman en torno a la familia, y por eso la selección familiar, de la que os he hablado tanto, ha tenido un papel tan importante, aunque no sea el único factor de cohesión grupal. Los miembros de los grupos intercambian también favores y cooperan si el beneficio es general. Todo eso hace que la vida social sea muy compleja y basada en alianzas que se tejen y se destejen continuamente.

De ahí venimos. De especies con una compleja vida social, en las que la *inteligencia maquiavélica* ha tenido una gran importancia. La selección natural examinaba a nuestros antepasados por sus habilidades sociales. Y solo aprobaban los mejores.

Pero en un momento aún por determinar se produjo un fenómeno único en la biosfera, y fue el de la aparición de las tribus, la etnicidad. Me refiero con esto al momento en el que se crearon las identidades simbólicas y se formaron unos grupos, las etnias, que iban más allá de la familia nuclear, e incluso de la familia extendida, de *la parentela*. En esa época todavía vivíamos en el Paleolítico y obteníamos el alimento, y otros recursos necesarios, de la naturaleza. Éramos una especie extractiva, como lo son todas.

Estoy convencido de que la agricultura y la ganadería aparecieron, en múltiples lugares, solo cuando las etnias se habían desarrollado lo suficiente y contaban con un número elevado de miembros. Por ese motivo tardaron mucho en llegar, y por ese mismo motivo surgieron independientemente en tantas regiones de la Tierra. El final de la Edad del Hielo sin duda ayudó a la domesticación de los animales y las plantas, porque la población humana se hizo más grande y ocupó una mayor superficie del planeta. Había muchas más bocas que alimentar. Y ha sido el Neolítico lo que ha transformado la biosfera y nos ha llevado a la crisis ecológica global.

Es imposible pensar en una economía basada en la producción del alimento en un grupo familiar nómada. Se necesita una estructura social mucho más amplia en cuanto a territorio y número de miembros.

Cuando aparecieron las tribus, todavía en el Paleolítico, nos convertimos de verdad en especies eusociales, no antes. Estamos dispuestos a los mayores sacrificios, incluyendo el de la vida. Exactamente igual que las abejas, las hormigas y las termitas se sacrifican hasta la muerte por la colmena, el hormiguero o el termitero.

Dulce et decorum est pro patria mori. «Es dulce y honorable morir por la patria», escribió Horacio, y desde el tiempo de los romanos se repite en todas las patrias.

Somos un tipo nuevo de animal eusocial porque el pegamento que une a los miembros de los grupos no es de naturaleza biológica, como en los demás casos, sino cultural. Por eso nos faltan rasgos comunes a los demás animales eusociales, como el de tener una abeja, una hormiga o una termita reina. Aquí nos reproducimos casi todos.

Somos al mismo tiempo seres racionales y seres irracionales, pero no irracionales al modo animal, sino al modo humano. Conviven en nosotros dos mentes, la lógica y la mágica. Y ambas han surgido por el viejo mecanismo de la selección natural, porque las dos mentes nos han ayudado a sobrevivir y por eso han sido favorecidas.

Estas identidades étnicas ampliaron enormemente el tamaño de los grupos humanos, que se hicieron, sobre todo cuando las tribus empezaron a producir el alimento y a multiplicarse el número de sus miembros, potencialmente ilimitados. Pero no lo son en la práctica. Las tribus no son universales, como tampoco lo son las colmenas, los hormigueros o los termiteros. Todos están en lucha permanente con sus vecinos, como escribía E. O. Wilson. Los animales eusociales no conocen la paz, y ese es otro rasgo que compartimos con ellos.

Siguen existiendo identidades simbólicas excluyentes a pesar de la globalización, incluso a pesar de que la ciencia es una sola y no distingue de credos, ni de lenguas ni de ideologías. Es curioso que estemos unidos por la ciencia pero no por la política. La tabla periódica es universal, y la neurona y el ADN se estudian exactamente igual en todas partes, pero no han desaparecido los viejos conflictos entre tribus, que utilizan, eso sí, los mismos conocimientos técnicos para destruirse. Las carreras armamentísticas están basadas en la ciencia y la tecnología que compartimos todos los seres humanos, pero los enfrentamientos son tribales. La mente racional está al servicio de la mente mágica.

También es dulce y decoroso matar por la patria, por lo visto.

A esto es a lo que se referían científicos como E. O. Wilson o escritores como Gore Vidal cuando decían que el tribalismo es el principal problema de la humanidad. Y uno de los pensadores que más admiro, el filósofo austríaco Karl Popper (de ascendencia judía), se pasó la vida combatiendo la regresión a la tribu, que tuvo oportunidad de conocer en primera persona.

No estoy hablando del amor a lo propio, porque la diversidad cultural enriquece a la humanidad, sino del odio a lo ajeno, claro está.

Tenía razón Nelson Mandela cuando decía que ningún niño nace odiando. Al contrario, tenemos un gran apego innato, un amor desmedido por todo lo que nos es familiar, por nuestra tribu, como si durante nuestra infancia sufriéramos el *imprinting* que estudiaba Konrad Lorenz en las ocas, el troquelado. A odiar a las otras tribus nos enseñan, pero, caramba, ¡es tan fácil!

Para la creación de identidades simbólicas hace falta una mente simbólica, por supuesto, con un lenguaje humano, es decir, basado en símbolos. Yo no dudo de que los neandertales tuvieran una mente simbólica, de que se *decoraran* el cuerpo, como suele decirse, con pinturas y plumas, de que conocieran la inevitabilidad de la muerte y de que realizaran rituales funerarios, e incluso de que marcaran las paredes de las cuevas con grabados, manchas y signos.

No puedo dudar de su capacidad simbólica porque con el director del Museo de Arqueología y Paleontología de la Comunidad de Madrid, Enrique Baquedano, y con el geólogo Alfredo Pérez codirijo desde hace bastantes años la excavación de unos yacimientos de neandertales en el valle alto del Lozoya, en la sierra de Guadarrama (ya me he referido otras veces a ellos).

Uno de los yacimientos es un gran abrigo en el que muchas veces los neandertales acamparon, hicieron fuego y llevaron a cabo sus actividades cotidianas. Pero hay otro yacimiento que es muy distinto. Se trata de una cavidad que solo contiene cráneos de animales con diferentes tipos de cuernos, pero todos ellos *armados*: uros, bisontes, ciervos macho y rinocerontes. Animales abundantísimos en los ecosistemas de la época y presas habituales de los neandertales pero que no tienen cuernos, como los caballos y las propias ciervas, no están representados en el yacimiento. Tampoco se encuentran cuernos aislados. Con los cráneos hay algunos utensilios y pequeños fuegos.

No cabe ninguna duda de que los neandertales transportaron a la cavidad esos cráneos y los prepararon antes de depositarlos, y es seguro que no lo hicieron por ninguna razón práctica (como comérselos, para empezar), sino por orgullo de cazadores. No era un comportamiento funerario, ni tenía nada que ver con los muertos, sino que se trataba de algo así como la celebración de un gran éxito por parte del grupo. Esos *trofeos* los tendrían que transportar en ocasiones desde larga distancia, desde el lugar donde les hubieran dado muerte, lo que da una idea de la importancia que les otorgaban los neandertales a estas cazas excepcionales de presas tan grandes y a la vez tan peligrosas.

Pero pienso que el *Homo sapiens* ha llevado la mente simbólica hasta el delirio, y esa es nuestra gloria y nuestro tormento. Los neandertales me parecen, ¿cómo decirlo?, más locales y hasta cierto punto más *prácticos* en general. La representación máxima del tribalismo es el trapo de colores, la bandera, y me cuesta imaginarme a los neandertales enarbolando una bandera o cualquier otro signo identitario, de pertenencia a una comunidad que tiene sus propios y exclusivos mitos.

El arte figurativo es hasta ahora exclusivamente producto de la mente del *Homo sapiens*, pero cambiaré mi opinión e incluiré a los neandertales en la misma categoría que nosotros el día que aparezca una figura animal pintada, esculpida o grabada salida de sus manos. Es decir, si llegáramos a la conclusión de que entre los neandertales también existían grupos étnicos, tribus, mitos.

Pero eso no cambiaría el discurso sobre el tribalismo como el principal obstáculo para hacer realidad esa visión de un mundo maravilloso que podríamos conseguir si dejáramos de enfrentarnos por identidades míticas que, a fin de cuentas, son delirios de la mente humana.

Konrad Lorenz, en su famoso libro de 1963 *Sobre la agresión: el pretendido mal*, proponía dos recetas contra el fanatismo. La ciencia y el humor.

Dice Lorenz: «No me parece de ninguna manera utópica la idea de proporcionar a todo ser humano sensato un conocimiento de los hechos esenciales de la biología, que son efectivamente mucho más fáciles de comprender que el cálculo integral, por ejemplo, o el cálculo del interés compuesto. [...] El conocimiento suficiente del hombre y de su posición dentro del universo determinaría, como ya he dicho, automáticamente los ideales que debemos empeñarnos en implantar. Una dosis suficiente de humor inmunizaría al hombre contra los ideales fingidos y fraudulentos. El humor y el conocimiento son las dos grandes esperanzas de la civilización».

Amén.

Cuando pasa su tiempo siempre se descubre que todos los dictadores y los agitadores de masas que arrastraban a las multitudes al delirio fanático eran en realidad unos personajes ridículos.

Que suenen unas grandes carcajadas en este momento.

A veces creo que lo conseguiremos, a veces pienso que nunca lo lograremos. Y en esos casos de desesperación conecto mi televisor. Y me pongo un partido de rugby de la selección de Sudáfrica (los Springboks) jugando en algún estadio de su país. El rugby me encanta (mi abuelo materno fue capitán de la selección nacional española durante muchos años), pero no es solo por eso. Sudáfrica es una de las cunas de la humanidad, y como recordaréis el lugar donde Raymond Dart descubrió en 1924 el primer australopiteco, el Niño de Taung. Me entusiasma como país y voy siempre que puedo con el pretexto de estudiar fósiles. Pero Sudáfrica fue un lugar donde el tribalismo alcanzó una de sus peores expresiones con la ideología del *apartheid*. Por mi amor a Sudáfrica yo he sufrido en la distancia con el régimen racista, como mucha más gente, sintiéndome impotente para cambiarlo.

Y ahora miro la televisión. Veo el estadio, veo al público, veo el equipo, veo una sola bandera y un solo himno. Veo algo que jamás pensé que podría llegar a contemplar, porque me parecía imposible, impensable incluso. Me froto los ojos pero es verdad. Ya sé que hay problemas, en Sudáfrica como en todas partes, pero míralo. Nelson Mandela lo consiguió, con la ayuda de muchos hombres y mujeres de buena voluntad.

Y entonces pienso que el tribalismo podría dejar de ser una amenaza, la peor amenaza, y la diversidad cultural de la especie podría convertirse en un patrimonio común.

Y me imagino un espectáculo similar al del estadio sudafricano en Jerusalén, la capital de la llamada *Tierra Santa*. No me parece imposible porque conozco a muchos, en esa región, que albergan el mismo sueño y luchan por él.

¿Por qué no? Entonces seremos una especie de verdad sabia, el *Homo sapiens*.

LA PREGUNTA

La pregunta, obviamente, solo puede ser una de estas: ¿por qué estamos aquí?, ¿qué sentido tiene todo esto?, ¿somos producto del azar o de la necesidad? Son preguntas metafísicas, no científicas, pero veamos qué podemos hacer con ellas sin salirnos demasiado del terreno de la ciencia.

Dicen los que saben de física teórica que un cambio levísimo en tan solo uno de los parámetros básicos de la materia haría imposible la vida en el universo. Pero nosotros estamos aquí, vivitos y coleando, y a mucha gente este concepto le da tema para cavilar. ¿Cómo es posible que hayamos tenido tanta suerte?, se preguntan. Tantísima suerte. A mí, en cambio, no me hace pensar demasiado. La materia tiene las propiedades que tiene y la vida es posible. Si no fuera así no estaríamos haciéndonos estas preguntas. Y eso es todo.

Tengo que reconocer que puestos a especular me divierte más la teoría del multiverso, es decir, que existen muchos universos y que nosotros pertenecemos a un universo en el que la vida es posible. Entonces la pregunta metafísica se convierte en una cuestión puramente estadística. ¿Cuántos universos habrá como el nuestro? ¿Muchos o pocos? ¿Hemos tenido mucha suerte o quizás no tanta? ¿Lo nuestro es normal (estadísticamente hablando)?

Desgraciadamente los expertos afirman con expresión desolada y movimientos laterales de la cabeza que va a ser muy difícil contactar con otros universos, incluso probar su existencia. Una verdadera lástima.

Pero una vez que estamos en este universo, la pregunta que procede es la de por qué han aparecido la vida y el ser humano en nuestro planeta. ¿Fue una cuestión de suerte?

Lo que caracteriza el pensamiento de Pierre Teilhard de Chardin y lo hace parecer finalista es que estaba convencido de que a partir de la materia no viviente la vida tiene necesariamente que abrirse camino. Es fatal (inevitable). Y a partir de la materia viviente la autoconsciencia tiene que surgir una vez que se alcanza un determinado nivel de complejidad, cuando se atraviesa un umbral. Sería una especie de ley cósmica, como la gravedad universal. En la evolución los organismos *caen* hacia la complejidad, como si se vieran atraídos por ella.

Para este autor, la vida no es un epifenómeno de la materia, sino su auténtica esencia, y el pensamiento no es un epifenómeno de la vida, sino la esencia misma del fenómeno de la vida.

En palabras de Teilhard de Chardin: «En todos los casos (y esta es en el fondo la única cuestión que aquí nos importa) resulta que si, en una u otra forma, nuestro Mundo es en verdad algo que se ordena, entonces se comprende mejor que la Vida no puede ya ser considerada en el Universo como un accidente superficial, sino que hemos de considerarla como presionando en todas partes —pronta a brotar por cualquier parte del Cosmos, por la menor resquebrajadura—, y una vez aparecida es incapaz de no utilizar toda oportunidad y todos los medios para llegar al extremo de lo que puede alcanzar exteriormente en cuanto a Complejidad, interiormente en cuanto a Consciencia».

Bellas palabras, pero que hacen pensar que el universo tiene un propósito, una especie de determinismo, aunque esa no fuera quizás la intención de quien las escribió.

Yo prefiero los fríos números, no en vano la primera asignatura que impartí en la universidad fue la de Bioestadística, y además como profesor de problemas. No como profesor de teoría, sino de problemas. Números y más números en una pizarra. Y eso te deja marcado para toda la vida. De hecho, cuando alguien hace una afirmación general y rotunda sobre algo (del estilo de «ahora se lee menos que nunca»), no puedo dejar de preguntarle: «¿Y cuáles son tus números?» (por cierto, ahora se lee más que nunca, en el futuro ya veremos).

¿Es la vida un accidente? Si es poco frecuente en nuestra galaxia, o si la Tierra es el único planeta que la alberga, evidentemente la vida se puede calificar de muy rara, una casualidad, un epifenómeno de la materia, algo para nada esencial. La probabilidad de que aparezca, incluso en planetas con agua en estado líquido, podría llegar a ser ínfima. Solo la inmensidad del universo, con un número inconcebible de galaxias, haría que una probabilidad tan insignificante se materializara en un planeta como la Tierra.

Pero yo creo que tiene que haber mucha vida por ahí fuera, en el universo, por tres razones.

La primera razón es que hay muchas estrellas que tienen planetas. De hecho parece ahora que la mayor parte de las estrellas tienen planetas orbitando alrededor de ellas. Y en muchos planetas, los que tienen el tamaño correcto y la distancia adecuada a su sol, puede haber agua en estado líquido, la condición indispensable de la vida.

Ya sé que muchos de vosotros pensaréis que me estoy refiriendo a *la vida tal y como la conocemos*, pero es que solo podemos hablar de la vida tal y como la conocemos. No puedo imaginar cómo vamos a identificar la vida tal y como *no* la conocemos. Será otra cosa. Por poner un ejemplo, nadie diría que en la Luna existe la vida tal y como no la conocemos. Y tampoco en Venus. Pero quizás en algún satélite de Júpiter (como Europa) o de Saturno (como Encélado) exista la vida tal y como la conocemos.

La segunda razón es que la aparición de los primeros organismos en nuestro propio planeta fue muy temprana, hace 3.500 millones de años o quizás más tiempo. Cuando los meteoritos dejaron de bombardearlo, haciendo que se evaporasen periódicamente las masas de agua líquida, la vida no se demoró mucho y aparecieron los procariotas (bacterias y arqueas), que no dejan de ser unos organismos extremadamente complejos.

El argumento en contra es que en realidad solo ha aparecido la vida una única vez en la Tierra, no muchas como cabría esperar si fuera algo inevitable, porque todos los organismos que existen, a pesar de su increíble variedad, tienen el mismo código genético. Y desde entonces no ha vuelto a aparecer la vida. No existe la generación espontánea de vida, como demostró Louis Pasteur en el siglo XIX.

El contrargumento es que la forma de vida que conocemos no deja que se desarrollen otras formas de vida.

La tercera razón tiene que ver con los meteoritos y los asteroides. Los meteoritos son rocas que llegan a la Tierra procedentes del espacio. Al principio eran verdaderos martillos pilones golpeándola y haciendo imposible la vida, como he dicho antes, pero luego se fueron espaciando. Con todo y con eso un meteorito acabó con todos los dinosaurios (menos las aves) hace unos 66 millones de años.

Los meteoritos son buscados por los científicos para conocer cosas de planetología (la composición de las rocas que los forman) y también de biología, o por lo menos de química orgánica, porque los meteoritos han resultado ser vehículos de moléculas que también forman parte de los seres vivos.

Por eso me entusiasma un proyecto que llevó a cabo la NASA que consistió en enviar una sonda espacial a un asteroide llamado Bennu para ver qué viaja en él. Este asteroide orbita alrededor del Sol y llega hasta cerca de Marte, pero no es un peligro para la Tierra. Menos mal. Solo mide medio kilómetro de diámetro, pero nos haría un buen destrozo si nos golpeara.

La sonda llegó felizmente al asteroide y tomó una muestra, que trajo de vuelta a la Tierra en septiembre de 2023, y desde entonces está siendo analizada en diferentes laboratorios del mundo. Han aparecido moléculas orgánicas muy importantes, como la glucosa, que es el combustible de las células. Tu cerebro ahora mismo está consumiendo glucosa.

Te preguntarás entonces para qué almacenamos grasas en el cuerpo las personas, si no están hechas de glucosa. Aunque nos distraiga del tema del asteroide voy a contestar esta pregunta, que me parece importante porque los humanos, ya lo sabéis, almacenamos mucha más grasa en nuestro cuerpo que el resto de los primates, y lo hacemos desde el nacimiento. Venimos al mundo envueltos en grasa. Los chimpancés casi no la tienen y sus bebés no son gorditos como los nuestros.

La respuesta es que las cetonas que proceden de las grasas también son moléculas energéticas. La glucosa, que es un hidrato de carbono simple, se almacena en forma de glucógeno, un hidrato de carbono complejo, en el hígado y en los músculos, pero en cantidad menor que las grasas.

Cuando se hace un esfuerzo intenso y prolongado el cuerpo se queda sin glucógeno y tiene que recurrir a las grasas. La mayor parte de las células del cerebro pueden funcionar perfectamente consumiendo cetonas, pero algunas de sus células solo pueden utilizar glucosa. Afortunadamente el hígado también puede fabricar glucosa (eso se llama *neoglucogénesis*) a partir de moléculas que no son hidratos de carbono, como los aminoácidos y ciertos derivados del metabolismo de los lípidos (el glicerol o glicerina). Ya sabéis algo más de biología molecular, que es necesaria para entender el funcionamiento del cuerpo humano. Podemos volver al asteroide Bennu.

Encontrar glucosa en un asteroide es una gran noticia. Ya se había identificado en meteoritos, pero cabía siempre la posibilidad de que fuera contaminación terrestre. Ahora se ha despejado esa duda. Lo mismo pasa con las otras moléculas que se han aislado en los diferentes laboratorios con muestras de Bennu. Tenemos la garantía de que proceden del espacio.

Las proteínas son cadenas de aminoácidos, que también se habían identificado en los meteoritos y ahora en Bennu. Hay 20 aminoácidos *canónicos* (es decir, codificados en el genoma) y se han encontrado ya 14 de esos aminoácidos procedentes del espacio. A mí, que estudié biología hace más de medio siglo, me causa asombro, porque tenía mucho respeto por los aminoácidos y ahora resulta que viajan por el espacio a bordo de asteroides como si tal cosa.

Pero un ser vivo tiene la capacidad de replicarse (esa es precisamente una de las características que definen la vida) y para ello necesita material genético. Se habían encontrado ya en los meteoritos, y ahora en Bennu, las cuatro bases nitrogenadas (o nucleobases) imprescindibles para codificar aminoácidos, porque son las cuatro letras del alfabeto genético. Sin ellas no hay texto.

Con cuatro letras hay 64 combinaciones posibles de tres letras. Cada aminoácido está codificado por un triplete (o por varios, como dijimos) y el genoma humano tiene algo así como 3.000 millones de pares de bases. Una barbaridad.

En este libro os he hablado hasta ahora siempre del ADN, pero en realidad el material genético es de dos tipos: ADN y ARN, unas letras que son las iniciales de Ácido Desoxirribonucleico y Ácido Ribonucleico. Para simplificar la cosa, el ADN lleva un azúcar que se llama *desoxirribosa*, y el ARN, un azúcar que se llama *ribosa*. Estos azúcares forman junto con el fosfato (que también se encuentra en los meteoritos y en el asteroide Bennu) la *columna vertebral* del ADN y del ARN. Como veis, hay metáforas para todo en biología, menos para la consciencia, como decía Thomas Nagel.

Ahora que sabéis la diferencia entre ADN y ARN puedo explicaros que en realidad las bases nitrogenadas son cinco, no cuatro. Hay cuatro en el ADN y cuatro en el ARN, pero una de las bases es diferente en las dos moléculas, con lo que en total suman cinco. En el ADN las bases son A, C, G y T, mientras que en el ARN las bases son A, C, G y U (de uracilo).

En la inmensa mayoría de los seres vivos el ADN contiene la información genética de las células, pero el ARN es el mensajero que lleva esa información a los ribosomas, que son los orgánulos de las células donde se fabrican las proteínas.

No pretendo daros una clase de biología molecular, pero todo esto es importante porque los biólogos que estudian el origen de la vida se preguntan qué fue antes: el ADN o el ARN. Y muchos opinan que el ARN fue la primera de las dos moléculas de la herencia biológica, entre otras cosas porque puede replicarse a sí misma, cosa que no es capaz de hacer el ADN *sin la ayuda de la célula*. Esta teoría se llama *mundo ARN*. Quizás la vida empezó como una molécula de ARN que se replicaba continuamente y fue proliferando en el adecuado caldo de cultivo hasta que se rodeó de una pared celular que lo aislaba del medio.

Lo que ha aparecido en el asteroide es precisamente ribosa. Nada de desoxirribosa, así que, por exclusión (por la ausencia de desoxirribosa), se diría que la teoría del *mundo ARN* gana crédito. Pero en ciencia se dice que la ausencia de evidencia no es lo mismo que la evidencia de la ausencia. Veremos.

Parece, por lo tanto, que los *ladrillos de la vida*, las moléculas imprescindibles para las células, se encuentran en muchos lugares de nuestro sistema solar desde hace miles de millones de años. Y hasta puede que la vida llegara a la Tierra a bordo de un meteorito, aunque nunca se ha encontrado ningún ser vivo en uno de ellos.

En resumen, yo creo que organismos unicelulares simples del tipo de nuestras bacterias y nuestras arqueas existen en muchos planetas extrasolares, con nuestro mismo código genético o con otro. Así que a la pregunta de por qué estamos aquí quizás algún día contestemos que la vida es bastante frecuente en los planetas con agua en estado líquido, es decir, los planetas que no sean ni muy calientes ni muy fríos y tengan la masa suficiente para retener una atmósfera. Esa estadística se puede hacer y se hará. No es algo que esté más allá de las posibilidades del ser humano. Y quizás se demuestre que en el origen de la vida hay más necesidad que azar. Eso quiere decir, en términos estadísticos, que la vida es probable.

Tendremos números, en vez de palabras. Será ciencia, no metafísica. Podéis hacer vuestras apuestas.

La aparición del pensamiento en cambio tardó mucho en producirse en nuestro planeta, fue hace prácticamente nada en términos de tiempo geológico, miles de millones de años después de la aparición de la vida. Por eso creo que no va a ser fácil encontrar una inteligencia extraterrestre como la nuestra. Se necesita mucho tiempo, porque no hay un único umbral, una sola puerta, para pasar directamente de la vida al pensamiento.

Hay que atravesar varios umbrales, las llamadas «grandes transiciones evolutivas»: primero la transición hacia las células complejas, formadas por asociación de células simples del tipo de las bacterias y de las arqueas, luego la transición hacia la multicelularidad y la aparición de los animales, luego la de los vertebrados, la salida del agua, el control de la temperatura corporal, el desarrollo protegido en el interior del cuerpo de la madre, la famosa cerebralización, etc.

La propia aparición de células más complejas que nuestras bacterias y arqueas debe de ser muy difícil, porque al menos en este planeta llevó mucho tiempo que ocurriera, unos 1.500 o 2.000 millones de años. Eso es tiempo. Y sin células complejas no habría sido posible la aparición de organismos pluricelulares, animales y finalmente seres humanos. Habría que mirar en los planetas en los que la vida lleve más de 3.000 millones de años existiendo para ver hasta dónde han llegado. Pero las probabilidades van disminuyendo, de manera que el azar se va imponiendo a la necesidad.

Y cuanto más disminuyen las probabilidades, más aislados y separados entre sí estarán los pocos planetas que alberguen organismos complejos. Puede que haya muchos, porque el número de galaxias es enorme, del orden de cientos de miles de millones, y también lo es el número de estrellas en cada galaxia, pero como no se puede viajar a una velocidad superior a la de la luz va a ser difícil que entremos en contacto con seres inteligentes, salvo que hayamos tenido la suerte descomunal de que haya algún planeta en una estrella muy cercana en el que se haya desarrollado una civilización tecnológica como la nuestra o más avanzada.

En su libro *La vida maravillosa* (1989) el gran paleontólogo Stephen Jay Gould sostenía que los vertebrados podrían haber sido uno de los muchos *experimentos* fallidos del Cámbrico, y, en ese caso, nadie estaría ahora leyendo un libro. Fue simplemente cuestión de suerte que sobrevivieran. Y los demás filos no han producido nada que se acerque a la inteligencia de los vertebrados, con la notable excepción de los pulpos y sepias.

Sin embargo, uno de los protagonistas principales del libro de Gould, el paleontólogo inglés Simon Conway Morris, está más en la línea de Teilhard de Chardin, aunque a su manera y de forma independiente.

Como ya he dicho, yo creo que la aparición de una civilización tecnológica en un planeta es algo extremadamente improbable, y no una propiedad de la vida. Un epifenómeno, más que la esencia misma del fenómeno de la vida. Tiene más de azar que de necesidad.

Quien quiera saber más de estos temas del azar o la necesidad, con todas las opiniones y referencias necesarias, tiene a su disposición mi libro *Vida. La gran historia*, que ya apareció mencionado en el prólogo porque tiene mucho que ver con el nacimiento de *La respuesta*.

Pero las preguntas *por qué* no son las preguntas propias de la ciencia. Las nuestras son las preguntas *cómo*, y eso es lo que he tratado de hacer en este libro, intentar explicar cómo hemos llegado hasta aquí. A fin de cuentas eso es lo que se espera que cuente el Viejo de la Tribu.

Ese iba a ser el final del libro. Era el final del libro. Y era un buen final. Pero lo leí una última vez y me decidí a contaros algo que nunca he revelado porque es personal, no científico.

Estamos todavía alrededor del fuego, donde aún quedan rescoldos, y quiero despedirme con esta confesión.

El primer congreso científico al que asistí en mi vida fue también el primer Simposio de Antropología Biológica de España, que se celebró en 1978 en el salón de actos de mi facultad de la Universidad Complutense de Madrid. Casi ha pasado medio siglo.

Allí conocí a Jean-Pierre Bocquet-Appel, un antropólogo y paleodemógrafo que me impresionó mucho. Me pareció original, brillante, riguroso y revolucionario. Me gustó su estilo radical y hablamos largamente durante el simposio.

Me enviaba sus publicaciones según iban saliendo y todas me parecían ciencia de la mejor clase, pero no volvimos a coincidir en persona porque nuestros congresos ya no eran los mismos. Hasta que un día me escribió por correo electrónico para decirme que quería hacer un estudio de la paleodemografía de la Sima de los Huesos de Atapuerca, estudio que efectivamente terminamos y publicamos en 1999. Como no podía ser de otra manera viniendo de Jean-Pierre el trabajo fue exhaustivo... y revolucionario. Analizábamos dos casos diferentes: el de la Sima de los Huesos y el del yacimiento croata de neandertales de Krapina, que tenían en común que, a nuestro entender, no estaban compuestos de individuos muertos por causas naturales.

Así que quedamos Jean-Pierre y yo para vernos en Madrid, y en la fecha convenida llegó a mi despacho directamente desde París. Estuvimos trabajando varios días y finalmente se fue de vuelta a su laboratorio. Cuando nos estábamos despidiendo me preguntó:

—¿Qué, Juan Luis, finalmente lo has encontrado?

—Sí, claro, mira cuántos fósiles humanos hemos encontrado —le respondí.

—No me refería a eso —me dijo Jean-Pierre—. Cuando nos conocimos en el simposio de Madrid, en este mismo edificio ya hace tantos años, me pareció que buscabas algo. Fuera lo que fuera, ¿lo has encontrado?

—No —le contesté—, no lo he encontrado.

Jean-Pierre murió en 2018, a los sesenta y ocho años. Yo he tenido una larga carrera científica y me ha ido fabulosamente bien, por lo que le estoy agradecido a la vida.

Pero no, Jean-Pierre, aún no lo he encontrado.

BIBLIOGRAFÍA

Me ha parecido que el tono del libro no se prestaba a que interrumpiera constantemente el relato con citas bibliográficas y notas a pie de página o (todavía peor) al final del libro. Sobre todo porque me había propuesto contar lo que pensaba yo de los diferentes temas sin hacer alardes de erudición. Pero en mis libros anteriores en la editorial Destino no he ahorrado referencias a los trabajos científicos y libros de otros autores, de manera que pensé que estaba dispensado de hacerlo también en este. A continuación podéis ver una relación de esos libros previos, que contienen una amplia bibliografía sobre la evolución humana.

La especie elegida (con Ignacio Martínez).
El collar del neandertal.
Amalur (con Ignacio Martínez).
El sello indeleble (con Manuel Martín-Loeches).
Vida, la gran historia.
Nuestro cuerpo.